教育部高等学校电子信息类专业教学指导委员会规划教材

高等学校电子信息类专业系列教材

Lectures on Communication Principles

通信原理教程

张甫翊　徐炳祥　编著

Zhang Fuyi　　Xu Bingxiang

清华大学出版社

北京

内 容 简 介

本书深入和系统地讨论现代通信系统中涉及的基本理论和分析方法。内容涵盖模拟通信和数字通信，但侧重数字通信。

全书共 12 章，内容涉及通信系统的基本概念、确定性信号、随机过程、信道、模拟通信系统、数字基带传输、正弦载波数字传输、模拟信号的数字传输、数字信号的最佳接收、差错控制编码、伪随机序列、同步原理等。各章均设有习题和思考题，书后附有部分习题答案。

本书内容丰富，取材恰当，讲述由浅入深，简明透彻，概念清楚，注重理论联系实际，既便于教学也方便广大工程技术人员参考。

本书可作为"通信原理"课程的本科生和研究生教材，也可作为研究生入学考试的参考书，还可作为相关大学教师和科学技术人员的参考资料。

图书在版编目（CIP）数据

通信原理教程/张甫翊，徐炳祥编著.—北京：清华大学出版社，2018
（高等学校电子信息类专业系列教材）
ISBN 978-7-302-49246-7

Ⅰ．①通…　Ⅱ．①张…②徐…　Ⅲ．①通信理论－高等学校－教材　Ⅳ．①TN911

中国版本图书馆 CIP 数据核字（2018）第 002492 号

责任编辑：文　怡
封面设计：李召霞
责任校对：白　蕾
责任印制：杨　艳

出版发行：清华大学出版社
　　　　　网　　　址：http://www.tup.com.cn，http://www.wqbook.com
　　　　　地　　　址：北京清华大学学研大厦 A 座　　　　　　邮　　编：100084
　　　　　社 总 机：010-62770175　　　　　　　　　　　　　邮　　购：010-62786544
　　　　　投稿与读者服务：010-62776969，c-service@tup.tsinghua.edu.cn
　　　　　质量反馈：010-62772015，zhiliang@tup.tsinghua.edu.cn
　　　　　课件下载：http://www.tup.com.cn，010-62795954
印 装 者：三河市金元印装有限公司
经　　销：全国新华书店
开　　本：185mm×260mm　　　　印　　张：21.25　　　　字　　数：490 千字
版　　次：2018 年 2 月第 1 版　　　　　　　　　　　　　　印　　次：2018 年 2 月第 1 次印刷
印　　数：1～1500
定　　价：49.00 元

产品编号：077547-01

高等学校电子信息类专业系列教材

序
FOREWORD

　　我国电子信息产业销售收入总规模在 2013 年已经突破 12 万亿元,行业收入占工业总体比重已经超过 9%。电子信息产业在工业经济中的支撑作用凸显,更加促进了信息化和工业化的高层次深度融合。随着移动互联网、云计算、物联网、大数据和石墨烯等新兴产业的爆发式增长,电子信息产业的发展呈现了新的特点,电子信息产业的人才培养面临着新的挑战。

　　(1) 随着控制、通信、人机交互和网络互联等新兴电子信息技术的不断发展,传统工业设备融合了大量最新的电子信息技术,它们一起构成了庞大而复杂的系统,派生出大量新兴的电子信息技术应用需求。这些"系统级"的应用需求,迫切要求具有系统级设计能力的电子信息技术人才。

　　(2) 电子信息系统设备的功能越来越复杂,系统的集成度越来越高。因此,要求未来的设计者应该具备更扎实的理论基础知识和更宽广的专业视野。未来电子信息系统的设计越来越要求软件和硬件的协同规划、协同设计和协同调试。

　　(3) 新兴电子信息技术的发展依赖于半导体产业的不断推动,半导体厂商为设计者提供了越来越丰富的生态资源,系统集成厂商的全方位配合又加速了这种生态资源的进一步完善。半导体厂商和系统集成厂商所建立的这种生态系统,为未来的设计者提供了更加便捷却又必须依赖的设计资源。

　　教育部 2012 年颁布了新版《高等学校本科专业目录》,将电子信息类专业进行了整合,为各高校建立系统化的人才培养体系,培养具有扎实理论基础和宽广专业技能的、兼顾"基础"和"系统"的高层次电子信息人才给出了指引。

　　传统的电子信息学科专业课程体系呈现"自底向上"的特点,这种课程体系偏重对底层元器件的分析与设计,较少涉及系统级的集成与设计。近年来,国内很多高校对电子信息类专业课程体系进行了大力度的改革,这些改革顺应时代潮流,从系统集成的角度,更加科学合理地构建了课程体系。

　　为了进一步提高普通高校电子信息类专业教育与教学质量,贯彻落实《国家中长期教育改革和发展规划纲要(2010—2020 年)》和《教育部关于全面提高高等教育质量若干意见》(教高〔2012〕4 号)的精神,教育部高等学校电子信息类专业教学指导委员会开展了"高等学校电子信息类专业课程体系"的立项研究工作,并于 2014 年 5 月启动了《高等学校电子信息类专业系列教材》(教育部高等学校电子信息类专业教学指导委员会规划教材)的建设工作。其目的是为推进高等教育内涵式发展,提高教学水平,满足高等学校对电子信息类专业人才培养、教学改革与课程改革的需要。

　　本系列教材定位于高等学校电子信息类专业的专业课程,适用于电子信息类的电子信息工程、电子科学与技术、通信工程、微电子科学与工程、光电信息科学与工程、信息工程及其相近专业。经过编审委员会与众多高校多次沟通,初步拟定分批次(2014—2017年)建设约 100 门课程教材。本系列教材将力求在保证基础的前提下,突出技术的先进性和科学的前沿性,体现创新教学和工程实践教学;将重视系统集成思想在教学中的体现,鼓励推陈出新,采用"自顶向下"的方法编写教材;将注重反映优秀的教学改革成果,推广优秀的教学经验与理念。

　　为了保证本系列教材的科学性、系统性及编写质量,本系列教材设立顾问委员会及编审委员会。顾问委员会由教指委高级顾问、特约高级顾问和国家级教学名师担任,编审委员会由教育部高等学校电子信息类专业教学指导委员会委员和一线教学名师组成。同时,清华大学出版社为本系列教材配置优秀的编辑团队,力求高水准出版。本系列教材的建设,不仅有众多高校教师参与,也有大量知名的电子信息类企业支持。在此,谨向参与本系列教材策划、组织、编写与出版的广大教师、企业代表及出版人员致以诚挚的感谢,并殷切希望本系列教材在我国高等学校电子信息类专业人才培养与课程体系建设中发挥切实的作用。

 教授

前言
PREFACE

本书源自《通信原理(第 2 版)》(清华大学出版社)[12]和《通信原理(第 5 版)》(国防工业出版社)[4]。因此,在学术上本书与以上两本书是紧密衔接的,在习题选用上本书与以上两本书大多是类同的,在内容安排上本书更符合部分高校的教学要求。

全书共 12 章,主要内容包括模拟通信和数字通信,但侧重数字通信。全书分为三部分。第一部分(第 1~5 章),阐述通信基础知识和模拟通信原理,其中第 2 章和第 3 章扼要介绍本书其他章节所需的确定性信号、随机过程与噪声分析原理;第二部分(第 6~9 章),论述数字通信、模拟信号数字化和数字信号最佳接收原理;第三部分(第 10~12 章),讨论通信中的编码、同步和伪随机序列等技术。各章配有习题和思考题,书后附有部分习题答案。

本书主要具有以下特点。①保留了《通信原理(第 5 版)》(国防工业出版社)的优点(例如,安排有模拟通信内容,但主要论述数字通信;先讲解数字信号普通接收机,后论述最佳接收机;合理要求先修"随机过程"课程和"实际模拟通信系统"课程;采用可简易进行高精度计算误码率的补误差函数形式等)。②继承了《通信原理(第 2 版)》(清华大学出版社)的严谨性和系统性等长处。③讲述由浅入深,简明透彻,概念清楚;取材恰当,注重理论联系实际,既便于教学也便于自学;总之,更适应通信事业发展的需求。

本书参考学时数为 46~80 学时,也可根据需要灵活安排较少学时。根据学生先修课程情况,第 2 章可少讲或不讲,第 3 章大部分可少讲,多让学生自修(因为本书要求先修"随机过程"课程)。在教学过程中,需配合一定示教和实验。本书有已出版的《通信原理学习辅导》(清华大学出版社)一书作配套。本书编著者有张甫翊和徐炳祥。由张甫翊定稿,统编全书。

本书在编写中得到西安电子科技大学通信工程学院的大力支持,对此表示感谢。在此还需感谢清华大学出版社文怡编辑的热心帮助和读者对本书的支持。

书中难免有不当或错误之处,诚心希望读者指正。

编者电子邮件地址: fuyi_zhang@sina.com。

编　者

2017 年 10 月

目 录
CONTENTS

第1章
CHAPTER 1

绪　　论

1.1　引言

在两地之间迅速而准确地传递信息是通信的任务。

信息交流是人类社会活动和发展的基础,通信是推动人类社会文明、进步和发展的巨大动力。从信息源形式看,人类经历了语言方式交流、语言文字方式交流、语言文字和印刷品交流、多种方式交流等发展阶段;从通信的手段看,人类经历了人力-马力-烽火台传递信息、电子传递信息和光电传递信息等步步向前的阶段。目前人类已进入信息时代,随着现代科学技术和现代经济的发展,现已建立起全球通信网。

现代通信与传感技术、计算机技术紧密结合,成为整个社会的高级"神经中枢",使人类已建立起的世界性全球通信网或地区部门通信网成为各国现代经济的最重要的基础结构之一。一般来说,社会生产力水平要求社会通信水平与之相适应。可以说,没有现代通信就没有现代经济的高速发展。可见,通信是十分重要的领域。

本书讨论信息的传输原理。在深入讨论上述内容之前,本章简要讨论通信系统的组成、分类、通信方式、信息度量和主要性能指标,给出通信系统的最初步的基础知识。

1.2　通信系统的组成

1.2.1　一种简化的电通信系统模型

通信系统的目的是有效而可靠地把被称为信源的消息或信息通过一条通路传输给被称为信宿的终端用户。信源和信宿通常远隔两地。为完成上述目的,存在一种简化的电通信系统模型,如图 1-1 所示。

图 1-1　一种简化的电通信系统模型

图 1-1 中信源可以是话筒、摄像机、电传机或计算机等。信源将消息转换成电或光信号。消息是信息的物理表现，它有不同的形式，如文字、符号、数据、话音和图片或活动图像等。根据所传递消息的不同，目前通信业务可分为电报、电话、传真、数据传输及可视电话等。如果从广义的角度看，则广播、电视、雷达、导航、遥测遥控等也可列入通信的范畴。信源输出的电或光信号常被称为原始信号。

发送设备对原始信号起到放大、滤波或调制等作用。即放大以满足发送功率要求；滤波以消除谐波干扰；调制以使设备的输出信号适合在信道中传输和提高传输的抗干扰能力。

这里的信道是物理媒质，是传输发送设备的输出信号至接收设备之通道。它可以是大气空间或宇宙空间，也可以是传导线体，如双绞线、架空明线、同轴电缆及光纤等。

接收设备对信道的输出信号起放大、滤波或解调等作用。即放大以获得需要的电平；滤波以增强抗噪声性能；解调是发端调制的反变换，以便良好抑制噪声和恢复发端原始信号。解调器将已恢复的原始信号输出给信宿，于是完成原始信号的传输过程。

信宿，有时称收信者，可以是扬声器、显像器、电传打字机或计算机等。

图 1-1 中的噪声源是信道中噪声及分散在通信系统其他各处噪声的集中表示。

上述模型概括地反映了通信系统的共性。根据研究对象及所关心的问题不同将会使用更详细和具体的通信系统模型。对通信原理的讨论就是围绕通信系统模型而展开的。

1.2.2 模拟通信系统和数字通信系统

通信传输的消息是多种多样的，可以是符号、文字、语音、图像等。各种不同的消息可以分成两类：一类称作离散消息；另一类称作连续消息。离散消息是指消息的状态是可数的或离散型的，如符号、文字或数据等。离散消息也称为数字消息。而连续消息则是其状态连续变化的消息，如连续变化的语音、图像等。连续消息也称为模拟消息。

为了传递消息，各种消息需要转换成电或光信号。由图 1-1 的通信过程看到，消息与电信号之间必须建立单一的对应关系，否则在接收端就无法复制出原来的消息。通常，把消息装载于电信号的某一参量上，如果该参量携带着离散消息，则其必将是离散取值的。这样的信号就称为数字信号。例如，计算机输出的信号就是数字信号，见图 1-2 的 $m(t)$。如果电信号的参量连续取值，则称这样的信号为模拟信号。例如，普通电话机输出的信号 $m(t)$ 就是模拟信号，见图 1-3。按照信道中传输的是模拟信号还是数字信号，可以相应地把通信系统分成两类：模拟通信系统和数字通信系统。

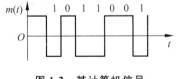

图 1-2　某计算机信号

图 1-3　某话音信号

还需指出，可以先把模拟信号变换成数字信号（这种变换称作模拟-数字变换），经数字通信方式传输后，在接收端再进行相反的变换（即数字-模拟变换），以还原出模拟信号。此时的通信系统通常仍称为数字通信系统。

本书主要讨论点对点通信。下面分别给出点对点通信时这两类通信系统模型的说明。

1. 一种常见的模拟通信系统

一种常见的模拟通信系统模型如图 1-4 所示。模拟信源输出的是原始模拟信号,如话音信号或图像信号等。由于该原始模拟电信号具有很低的频谱分量,通常不宜不作任何变换就直接传输给信宿,因此需加一调制器作变换后再通过信道传输。也就是说,调制器将模拟基带信号变换成适合信道传输的信号,该输出信号称为已调信号。已调信号经过信道传输后到达接收端的解调器,解调器的作用是把已调信号反变换为所期望的原始基带信号,并对噪声起尽可能的抑制作用。解调器输出的原始模拟信号输送给受信者(又称为信宿),于是完成模拟信号传输的全过程。噪声源是信道中噪声和通信系统其他各处噪声折算到该噪声源输出端的集中表示。

图 1-4 一种常见的模拟通信系统模型

模拟通信系统将在第 5 章作深入、扼要的介绍。

2. 一种常见的数字通信系统功能框图

数字通信系统是利用数字信号来传输数字信息或模数变换后信息的通信系统。一种常见的数字通信系统功能框图如图 1-5 所示。信源和信宿可以是模拟的也可以是数字的。当信源输出原始模拟信号时信源编码器需完成模数变换功能,对于数字信号它还起到数字压缩的作用;信源译码是信源编码的逆变换,其输出就是原始模拟信号或原始数字信号。为保密通信,加密器对输入数字序列进行加密;在接收端的解密器则作相应的反变换以恢复原未加密数字序列。为了传输时的抗干扰,信道编码器对其输入序列按一定的编码法则加入多余度,在接收端的信道译码器则根据该编码法则纠正或检测出收到序列中发生错误的码元,从而提高系统的传输可靠性。调制器的主要作用是将输入数字信号变换成适合于信道传输的信号和提高抗干扰性;解调器则是调制器的反变换,用于良好地抑制噪声和恢复调制器输入端上的数字序列信号。

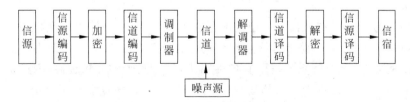

图 1-5 一种常见的数字通信系统功能框图

数字通信中传输的是有节拍性的一个接一个的数字信号码元,接收端必须以同样的节拍性一一地接收,否则会造成数字信息的混乱,即需要实现数字码元同步。此外,数字消息信号要编成组,就好像一句话之后有一个标点符号那样,需收发实现同样的编组,这就是所谓的码组同步、群同步等问题,否则组消息不能恢复。图 1-5 中未标出同步框图,因为该类框图所在位置不是固定的。实际数字通信系统也可根据设计要求作一些简化或变更。

此外还有一种基本的数字通信系统,即所谓的数字基带传输系统,它的功能框图明显不同于图 1-5,该系统将在第 6 章中详细讨论。

自 1838 年莫尔斯(Morse)发明有线电报以来,电报通信已经历了 170 多年。长期以来,由于电报通信不如电话通信方便,因此作为数字通信主要形式的电报不如 1876 年贝尔(Bell)发明的电话发展迅速。直到 20 世纪 60 年代以后,数字通信才日益兴旺起来,以至出现了数字通信替代模拟通信的趋势,目前这种趋势更为显著。除了计算机的广泛应用需要传输大量数字信息的客观要求外,数字通信迅速发展的根本原因是它与模拟通信相比,更能适应对通信技术越来越高的要求。数字通信系统与模拟通信系统相比有以下优点。

(1) 远距离传输时可降低甚至避免噪声的积累,以获得高质量的通信。模拟通信系统传输时要求在接收端恢复发送端的模拟信号,若该信号中已含噪声(这在一次传输中是不可避免的)则信号加噪声一同被恢复。这样一来,在远距离通信的多次中继传输时多次噪声加入就会发生噪声积累。数字通信系统传输时恢复的是"发送端发的是哪一个波形",而不是恢复波形本身。例如二进制数字通信系统只要求恢复的是状态 0 或状态 1。这时,在数字微波中继通信一次传输中,恢复的信号可尽可能地去除噪声,因此远距离通信时中继传输可避免噪声积累。

(2) 可利用信道编码技术来实现差错控制,从而改善了传输质量。信道编码即差错控制编码技术和原理将在第 10 章中讨论。

(3) 便于使用现代数字信号处理技术来对数字信息进行处理、变换和存储。例如,模拟通信系统中采用的是模拟交换机,而现在的数字通信系统中采用的是数字交换机,这显著提高了信息交换的性能。

(4) 易于采用数字集成技术,因此便于降低成本和使设备小型化。

(5) 数字信息易于作数字加密技术以提高传输的保密性。有关加密技术和原理在后续课程的教材中研究。

(6) 数字通信可以综合传递各种消息或业务,如数据、话音和图像等,使通信系统功能增强。

数字通信系统与模拟通信系统相比也存在不足。例如,一路电话在模拟通信系统中只占据 4kHz 的带宽,而一路传输质量相同的电话在数字通信系统中要占用数十千赫的带宽;如前所述,数字通信系统需要有各种同步,且对同步的要求较高,因此给设备带来一定的复杂性。在系统频带紧张的场合,数字通信的这一缺点显得很突出;但在系统频带富裕的场合,如在毫米波通信、光通信等系统中,数字通信的方式几乎成了唯一的选择。目前的通信系统中已存在大量的模拟通信系统,人们还常常需要利用它来传输数字信号,这时可作局部改造或加装数字终端部件来实现。

1.3 通信系统的分类及通信方式

1.3.1 通信系统的分类

根据系统某方面的不同特点,人们可对通信系统作以下分类。

1. 按通信业务分类

按通信系统提供通信业务的不同,通信系统可分为电报通信系统、数据通信系统、电话通信系统、图像通信系统和综合业务网通信系统等。除综合业务网通信系统外,这些通信系统可以是专用的,但通常是兼容的或并存的。由于电话网(系统)最为发达和普及,因而其他业务的通信系统常常借助公用电话网来组成。综合业务网通信系统可用来传输、交换和处理各种各样的业务,是处在研究期的未来的系统。

2. 按所传输信号的时域特征来分类

在前面已解释过,按照信道中传输的是模拟信号还是数字信号,有数字通信系统和模拟通信系统之分。

3. 按信道传输信号的谱特征来分类

若信道上所传输的信号是基带谱信号,则相应系统称为基带通信系统,这将在第6章中讨论。若信道上所传输的信号是带通型的谱信号,则相应系统称为带通型通信系统,对此将在第5章和第7章中讨论。

4. 按调制方式分类

(1) 载波调制:将在第5章和第7章中讨论。

① 幅度调制:包括标准幅调、抑制载波双边带(DSB-SC)调制、残留边带(VSB)调制和单边带(SSB)调制。按此可对应不同的通信系统。

② 角度调制:包括频率调制(FM)和相位调制(PM)。

③ 数字调制:包括幅移键控(ASK)、频移键控(FSK)、相移键控(PSK)、差分相移键控(DPSK)和其他高效数字调制。

(2) 脉冲调制:将在第8章中讨论。

① 脉冲模拟调制:包括脉幅调制(PAM)、脉宽调制(PDM)和脉位调制(PPM)。

② 脉冲数字调制:包括脉码调制(PCM)、增量调制(DM)、差分脉码调制(DPCM)和各种语言编码方式等。

5. 按传输媒质分类

按此可分为有线通信系统和无线通信系统两类。有线通信,是用传导线体(如双绞线、架空明线、同轴电缆、光纤和波导等)作为传输媒质完成的通信,如市内电话系统、有线电视系统和海底电缆系统等。无线通信,是借用电磁波在大气空间或自由空间传播来实现通信,如短波电离层传播的无线广播系统、微波视距传播系统和卫星中继等。

6. 按工作频段分类

按此可分为极低频通信($3\sim30$Hz),用于远程导航和水下通信;超低频通信($30\sim300$Hz),用于水下通信;特低频通信($300\sim3000$Hz)和甚低频通信($3\sim30$kHz),用于远程导航;低频通信($30\sim300$kHz),用于导航、信标、电力线通信;中频通信(300kHz~3MHz)和高频通信($3\sim30$MHz),用于海事通信、广播、业余无线电;甚高频通信($30\sim300$MHz),用于电视、调频广播、空中交通管制、车辆通信、导航;特高频通信($0.3\sim3$GHz),用于电视、蜂窝网、GPS、空间遥测、雷达导航;超高频通信($3\sim30$GHz),用于微波接力、卫星通信、机载雷达、气象雷达、公用地面移动通信;极高频通信($30\sim300$GHz),用于微波接力、卫星通信、雷达、射电天文学;红外、可见光、紫外线($10^5\sim10^7$GHz),可用于光通信。

7. 按工作波段分类

按此可分为长波通信(波长 $\lambda=10^8\sim10^3$m)、中波通信($\lambda=10^3\sim10^2$m)、短波通信($\lambda=10^2\sim10$m)、米波通信($\lambda=10\sim1$m)、分米波通信($\lambda=100\sim10$cm)、厘米波通信($\lambda=10\sim1$cm)、毫米波通信($\lambda=10\sim1$mm)和激光通信($\lambda=3\times10^{-4}\sim3\times10^{-6}$cm)等。

8. 按传送信号的复用方式分类

传输多路信号有三种复用方式,即频分复用、时分复用和码分复用。频分复用是用频谱搬移的方法使不同用户的信号占据不同的频率范围,以实现多路通信,详细原理将在第5章中讲述;时分复用是用脉冲调制的方法使不同用户的信号占据不同的时间区间,以实现多路通信,其原理将在第8章中讨论;码分复用是用正交的脉冲序列分别代表不同信号以实现多路通信。

模拟通信中都采用频分复用,随着数字通信的发展,时分复用的使用越加广泛。码分复用主要用于空间通信和移动通信中。

此外,按同步方式不同,可分为同步通信和异步通信;按通信设备与传输线路之间的连接类型,可分为点对点通信、点对多点及多点之间通信(网通信);还可以按通信的网络拓扑结构来划分。由于通信网的基础是点对点之间的通信,所以本书重点放在点对点之间的通信系统上。

1.3.2　通信方式

通信方式是指传输消息的方向和时间或码元次序和通路所特有的工作方式。

1. 单工、半双工和全双工通信

对于点对点通信,按消息传输的方向与时间的关系,通信方式可分为单工通信、半双工通信和全双工通信三种。

（1）单工（simplex）通信，是指只能单方向传输消息的工作方式，如图 1-6（a）所示。显然，发端只能发不能收，而收端只能收。例如，遥测和遥控通信以及点对多点的广播通信就采用单工通信方式。

（2）半双工（halfduplex）通信，是指通信双方都能收发消息但不能同时收和发消息的工作方式，如图 1-6（b）所示。例如，用同一载频工作的无线电对讲机通信、问询或检索就是该工作方式。

（3）全双工（fullduplex）通信，是指通信双方可同时进行收发消息的工作方式，如图 1-6（c）所示。例如，普通电话就是一种常见的全双工通信方式。

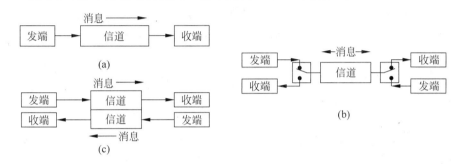

图 1-6 单工（a）、半双工（b）和全双工（c）传输示意图

2. 串行传输和并行传输

这种工作方式大多见于数字通信中，它决定着一数字序列的码元传输次序和序列传输的信道数。

（1）串行传输，是按码元序列的原码元次序逐个码元地在一条信道上传输的工作方式，如图 1-7（a）所示。该图中的带箭头线条代表有线传导信道，设序列是 10010。一般的远距离数字通信大都采用串行传输方式，因为这种方式只需占用一条通道。

（2）并行传输，是按 n 长度码元序列的原码元次序在 $n(>1)$ 条并行信道上同时传输的工作方式，如图 1-7（b）所示。该图中的带箭头线条代表有线传导信道，设序列是 10010。计算机和打印机之间的数字传输就采用并行传输。

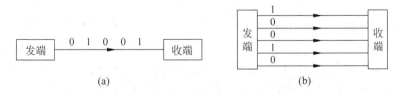

图 1-7 串行通信（a）和并行通信（b）的传输举例

以上两种方式相比较，串行传输的优点是线路铺设费用低，仅为并行传输的 $1/n$，缺点是传输速度慢及需在序列码组同步上付出费用。

1.4　信息及其度量

通信的目的在于传递信息。为了便于今后对通信系统的主要性能作定量的分析,对信息这个术语的含义以及它的定量描述作扼要的讨论是必要的。

信息一词在概念上与消息的意义相似,但它的含义却更普遍化、抽象化。信息可被理解为消息中包含的有意义的内容。这就是说,不同形式的消息,可以包含相同的信息。例如,分别用语音和文字发送的天气预报,所含信息内容相同。如同运输货物多少采用"货运量"来衡量一样,传输信息的多少使用"信息量"去衡量。现在的问题是信息如何度量。

消息是多种多样的,度量消息中所含的信息量的方法,必须能够用来度量任何消息的信息量,而与消息种类无关。另外,消息中所含信息量的多少也应与消息的重要程度无关。

在一切有意义的通信中,虽然消息的传递意味着信息的传递,但对于接收者而言,某些消息比另外一些消息却含有更多的信息。例如,若一方告诉另一方一件非常可能发生的事件"今年冬天的气候要比去年冬天的更冷些",比起告诉另一方一件很不可能发生的事件"今年冬天的气候将与去年夏天的一样热"来说,前一消息包含的信息显然要比后者少些。因为在接收者看来,前一事件很可能发生,不足为奇,但后一事件却极难发生,听后使人惊奇。这表明消息确有量值的意义。而且,我们可以看出,对接收者来说,事件越不可能,越是使人感到意外和惊奇,信息量就越大。

概率论表明,事件的不确定程度,可以用其出现的概率来描述。亦即事件出现的可能性越小,则概率就越小;反之,则概率就越大。由此我们得到:消息中的信息量与消息发生的概率紧密相关,消息出现的概率越小,则消息中包含的信息量就越大。如果事件是必然的(概率为1),则它传递的信息量应为零;如果事件是不可能的(概率为0),则它将有无穷的信息量。如果我们得到的不是由一个事件构成而是由若干个独立事件构成的消息,那么这时我们得到的总的信息量,就是若干个独立事件的信息量的总和。

综上所述,为了计算信息量,消息中所含的信息量 I 与消息 x 出现的概率 $P(x)$ 间的关系式应当反映如下规律。

(1) 消息中所含的信息量 I 是该消息出现概率 $P(x)$ 的函数,即

$$I=I[P(x)]$$

(2) 消息出现概率越小,它所含的信息量越大;反之信息量越小。且当 $P(x)=1$ 时,$I=0$。

(3) 若干个互相独立事件构成的消息,所含信息量等于各独立事件信息量的和,即

$$I[P(x_1)P(x_2)\cdots]=I[P(x_1)]+I[P(x_2)]+\cdots$$

人们提出了信息量的定义是:若 $P(x)$ 为符号(或消息)x 出现的概率,则称

$$I=-\log_a P(x) \tag{1.4-1}$$

为离散符号 x 的信息量。不难验证该定义就满足上面叙述的三条要求。式中 a 通常取2,这时信息量 I 的单位是比特或 bit;当 $a=e$ 时,信息量 I 的单位是奈特(nat);当 $a=10$ 时,信息量 I 的单位是哈特莱(Hartly)。通常广泛使用的单位是比特。

上面讨论了单个消息或符号的信息量计算。实际中还会遇到对整体信源而言的每符号(或消息)平均信息量之计算。依据概率论求统计平均公式得下面的计算式。

设 $P(x_i)$ 为符号(或消息)x_i 出现的概率;信源中含有的符号是 $x_1,x_2,\cdots,x_M$,且信源各符号出现是独立的,那么信源每符号(或消息)平均信息量 H 为

$$H(x) = -\sum_{i=1}^{M} P(x_i)\log_2 P(x_i) \tag{1.4-2}$$

H 的单位是比特/符号或 bit/符号。信源每符号(或消息)平均信息量 H 的计算公式很相似于热力学中的熵形式,所以人们又称此 H 为信源熵。

信源发出 m 长度消息的总信息量可通过信源熵 H 来计算,即总信息量

$$I_{总} = mH \tag{1.4-3}$$

例 1-1 设有二进制信源(0,1),每个符号独立出现。

(1)若 0 出现的概率是 1/4,求每个符号的信息量和平均信息量(熵)。

(2)若 0 和 1 出现等概,重复(1)的计算。

解:(1)题给定 $P(0)=1/4$,将此代入式(1.4-1),得到 0 符号的信息量

$$I_0 = -\log_2 P(0) = -\log_2(1/4) = 2(\text{bit})$$

和 1 符号的信息量

$$I_1 = -\log_2 P(1) = -\log_2(3/4) = -1.584 + 2 = 0.416(\text{bit})$$

题给定各符号出现独立,所以可将 $P(0)=1/4$ 和 $P(1)=3/4$ 代入式(1.4-2),得到每符号平均信息量

$$H = P(0)I_0 + P(1)I_1 = (1/4) \times 2 + (3/4) \times 0.416 = 0.812(\text{bit/符号})$$

(2)题给定等概,所以 $P(0)=P(1)=1/2$,将此代入式(1.4-1),得到 0 符号的信息量 I_0 和 1 符号的信息量 I_1 为

$$I_0 = I_1 = -\log_2(1/2) = 1(\text{bit})$$

题给定各符号出现独立,所以可将 $P(0)=P(1)=1/2$ 代入式(1.4-2),得到每符号平均信息量

$$H = P(0)I_0 + P(1)I_1 = (1/2) \times 1 + (1/2) \times 1 = 1(\text{bit/符号})$$

由本例看到,对于二进制非等概信源,出现概率越小的符号,其信息含量越大;二进制独立等概信源的各符号信息量为 1bit;二进制独立等概信源熵为 1bit/符号;对比(1)和(2)计算得到的信源熵值,显然有二进制独立等概信源熵大于二进制独立非等概信源熵。读者自己可证明二进制独立信源在等概时,其熵有最大值为

$$H_{\max} = 1(\text{bit/符号}) \tag{1.4-4}$$

在此基础上可进一步推论,对于 M 进制独立信源在等概时,其熵有最大值为

$$H_{\max} = \log_2 M(\text{bit/符号}) \tag{1.4-5}$$

例 1-2 设有四进制等概信源(0,1,2,3),每个符号独立出现,求其每个符号的平均信息量。

解:题给定各符号出现独立,所以可将 $P(0)=P(1)=P(2)=P(3)=1/4$ 代入式(1.4-2),得到每符号平均信息量

$$H = P(0)I_0 + P(1)I_1 + P(2)I_2 + P(3)I_3 = [(1/4) \times 2] \times 4 = 2(\text{bit/符号})$$

从本题计算看到,独立等概时,四进制符号或码元的信息含量是二进制符号或码元的信息含量的 2 倍。从物理上看,一个四进制符号或码元用两个二进制符号或码元来表示。可见此物理表现与理论结果是相符的。由本题可得到如下推论。

【推论 1-1】 $M=2^k$ 进制独立等概符号或码元的信息含量是二进制符号或码元的信息含量的 k 倍。此值刚好等于"表示 M 进制符号或码元所需采用的二进制符号或码元个数"。

例 1-3 一信息源由四个符号 0、1、2、3 组成。它们出现的概率分别为 3/8、1/4、1/4、1/8,且每个符号的出现都是独立的。

(1) 试求信源的平均信息量(熵)。

(2) 求信源发送 100233110000222111… 的信息量,其中 0 出现 37 次,1 出现 26 次,2 出现 24 次,3 出现 13 次,该发送序列的长度为 100 个符号。

解:(1) 题给定各符号出现独立,所以可将 $\{P(x_i)\}$ 代入式(1.4-2),得到每符号平均信息量

$$H = -(3/8)\log_2(3/8) - 2 \times (1/4)\log_2(1/4) - (1/8)\log_2(1/8)$$
$$= 0.375(3 - 1.585) + 1 + 0.375 = 1.906(\text{bit/符号})$$

(2) 若用各符号信息量相加的方法来计算该序列的总信息量,则为

$$I_{总} = 37I_0 + 26I_1 + 24I_2 + 13I_3$$
$$= -37\log_2(3/8) - 26\log_2(1/4) - 24\log_2(1/4) - 13\log_2(1/8)$$
$$= 37 \times 1.415 + 26 \times 2 + 24 \times 2 + 13 \times 3 = 191.35(\text{bit})$$

下面第二种方法计算用到熵与总信息量关系公式。即将题给定的序列长度 $m=100$ 和第(1)问中已求得的 $H=1.906(\text{bit/符号})$ 代入式(1.4-3),得

$$I_{总} = 100 \times 1.906 = 190.6(\text{bit})$$

由上看到,计算信源输出独立符号 m 长序列所含总信息量的方法有两种,一是用各符号信息量相加的方法;二是利用熵与总信息量关系公式。随着序列长度的增加,两种方法的计算结果误差将变小。当消息序列较长时,第二种方法更为方便。

前面我们讨论了离散消息的信息度量。关于连续消息的信息量可以用概率密度来计算。可以证明,连续消息的信息量为

$$H(x) = -\int_{-\infty}^{\infty} f(x)\log_2 f(x)\mathrm{d}x \tag{1.4-6}$$

式中 $f(x)$ 是连续消息出现的概率密度。

关于信息量的进一步讨论,读者可参考有关的信息论专著[17]。

1.5 通信系统的主要性能指标

在设计和评价通信系统时需要涉及该系统的主要性能指标,用来衡量该系统质量的好坏。

通信系统的性能指标包括有效性、可靠性、适应性、标准性、经济性和维护方便性等。其中,通信的有效性和可靠性是主要的。有效性是指,传输一定信息量所占用的信道资源

（频带宽度或时间间隔）的多少,占用得多则表明有效性差;可靠性是指信宿收到的信息准确程度。这两个指标既相互矛盾又相互联系,通常是可以互换的,它们是通信系统的主要性能指标。

1.5.1　模拟通信系统主要传输性能指标

（1）有效性。传输同样的模拟消息所占用信道带宽 B 越小则说明传输系统有效性越高。将在第5章讨论和指出,单边带系统比双边带系统的有效性要高。

（2）可靠性。同样的信道传输信噪比条件下,若信宿输入端上的信号噪声比高则说明能更可靠地通信。后面第5章将讨论和指出,调频通信系统的抗干扰性能优于调幅,但调频通信系统所需的传输频带却比调幅要宽。通常要求电话的信噪比为20～40dB,电视要求40dB以上,这样才能保证清晰可靠地通信。

1.5.2　数字通信系统主要传输性能指标

（1）有效性。它主要涉及传码率、传信率和频带利用率指标。

① 传码率的定义：每秒钟传输码元的数目被称为传码率（码元速率,字母速率）,其单位是波特（Baud 或 Bd）,记为 R_B。

由此定义可得

$$R_B = 1/T \tag{1.5-1}$$

式中,T 是码元的宽度。

② 传信率的定义：每秒钟传输比特数目被称为传信率（信息速率,比特速率）。

传信率 R_b 与传码率 R_{BM} 的换算公式为

$$R_b = R_{BM}H \tag{1.5-2}$$

式中,M 是码元的进制数;R_{BM} 是 M 进制码元的传码率,单位是波特;H 是 M 进制信源熵。

当码元取 M 进制状态时是相互独立和等概,那么上述换算公式变为

$$R_b = R_{BM}\log_2 M \tag{1.5-3}$$

式中,R_b 的单位是比特/秒（bps）。

需注意的是,在计算机学科中的比特是指二进制数字,收到一个二进制数字即收到一个比特;在通信原理中的比特是指信息量的单位;在二进制数字出现独立等概时,一个二进制数字含1比特信息量,即两个领域的数量取得一致。

传码率和传信率的单位分别是波特和比特每秒,因此它们分别被称作波特率和比特率;波特率的计算与码元进制数无关,只与码元宽度有关;比特率的计算不仅与码元速率有关而且与码元的进制数有关。下面通过一个例子来说明波特率和比特率计算。

例1-4　对于二电平数字信号,每秒钟传输300个码元,问此传码率 $R_B=$？若该数字信号0和1出现是独立等概的,那么传信率 $R_b=$？

解：根据式（1.5-1）,本题所求传码率

$$R_B = 300(\text{Bd})$$

题给定 $M=2$ 和独立等概,所以可把得到的数字代入式（1.5-3）,得传信率为

$$R_b = R_{B2} \times \log_2 2 = R_{B2} = 300(\text{bps})$$

③ 频带利用率。系统数字传输的有效性不仅与传码率 R_B 或传信率 R_b 有关,显然还与其占有的带宽 B 有关,频带利用率有关。

人们称

$$\eta_B = R_B/B \tag{1.5-4}$$

$$\eta_b = R_b/B \tag{1.5-5}$$

为该系统的频带利用率,式(1.5-4)的单位是波特/赫兹,式(1.5-5)的单位是比特/(秒·赫兹)。

(2) 可靠性。显然当误码率或误信率越小时表示系统的传输可靠性越好。

误码率公式:

$$P_e = N_e/N \tag{1.5-6}$$

式中,N 为收到的码元总数,N_e 为收到码元中的差错数,P_e 为该系统的误码率。

误信率(或误比特率,比特差错率)公式:

$$P_{eb} = N_{eb}/N_b \tag{1.5-7}$$

式中,N_b 为收到的比特总数,N_{eb} 为收到比特中的差错数,P_{eb} 为该系统的误信率。

例 1-5 有四电平数字信号,其码元宽度为 $(2/3)\text{ms}$,且设四电平信号取各状态是独立等概的。该信号通过一传输系统,在连续工作 1h 后于接收端发现有 6 个错码,且每个错码中仅出现 1 比特的错误。

(1) 求该系统的码元速率和信息速率;

(2) 给出系统的误码率和误信率。

解:(1) 将数值 $600\mu\text{s}$ 代入式(1.5-1),得该系统码元速率

$$R_B = 1/[(2/3) \times 10^{-3}] = 1500(\text{Bd})$$

依据式(1.5-3),得到该系统的信息速率

$$R_b = 1500 \times 2 = 3000(\text{bps})$$

(2) 题给 $N_e = 6$;1h 内收到的码元总数为

$$N = R_B \times 3600 = 54 \times 10^5$$

依据式(1.5-6),代入上述数字,得到该系统误码率

$$P_e = (6/54) \times 10^{-5} = 1.1 \times 10^{-6}$$

题给 $N_{eb} = 6$;1h 内收到的比特总数

$$N_b = N \times 2 = 108 \times 10^5$$

依据式(1.5-7),代入上述数字,得到该系统误比特率

$$P_{eb} = (6/108) \times 10^{-5} = 5.5 \times 10^{-7}$$

不同业务的通信系统对误码率的要求是不同的。例如,数字电话通信系统通常要求误比特率 $P_{eb} \leqslant 10^{-5}$,计算机信号要求误比特率 $P_{eb} \leqslant 10^{-9} \sim 10^{-8}$,而电报要求 $P_{eb} \leqslant 10^{-5} \sim 10^{-4}$。若达不到相应的误码率指标,则系统需进一步采用抗干扰措施。

思 考 题

1-1 以无线广播和有线电视为例,给出图 1-1 所示的系统中除发和收设备以外的各要素的具体内容。

1-2 何谓原始模拟信号和原始数字信号？举例说明。

1-3 何谓数字通信？与模拟通信系统相比数字通信有何优缺点？

1-4 数字通信系统常见模型(图1-5)各组成部分的主要功能是什么？

1-5 按通信业务,分类通信系统。

1-6 按所传输信号时域特征,分类通信系统。

1-7 按信道传输信号谱特征,分类通信系统。

1-8 按调制方式,举例分类通信系统。

1-9 按传输媒质,分类通信系统。

1-10 按工作波段,举例分类通信系统。

1-11 按信号复用方式,分类通信系统。

1-12 什么叫单工、半双工和全双工的工作方式？

1-13 复述模拟通信系统的主要传输性能指标。

1-14 复述数字通信系统的主要传输性能指标。

1-15 什么叫串行传输和并行传输？

1-16 消息的信息量与何因素有关？

习　　题

1-1 设英文字母 E 出现的概率为 0.105,X 出现的概率为 0.002。试求 E 及 X 的信息量。

1-2 某信息源的符号集由 A、B、C、D 和 E 组成,设每一符号独立出现,其出现概率分别为 1/4、1/8、1/8、3/16 和 5/16。

试求该信息源符号的平均信息量。

1-3 设有 4 个符号,其中前 3 个符号的出现概率为 1/4、1/8、1/8,且各符号的出现是相对独立的。试计算该符号集的平均信息量。

1-4 一个由字母 A、B、C、D 组成的字,对于传输的每一个字母用二进制脉冲编码 00 代替 A,01 代替 B,10 代替 C,11 代替 D,每个脉冲宽度为 5ms。

(1) 不同的字母是独立等可能出现时,试计算传输的平均信息速率;

(2) 若每个字母出现的可能性分别为 $P_A = 1/5$,$P_B = 1/4$,$P_C = 1/4$,$P_D = 3/10$,试计算传输的平均信息速率。

1-5 国际莫尔斯电码用点和划的序列发送英文字母,划用持续 3 单位的电流脉冲表示,点用持续 1 个单位的电流脉冲表示,且划出现的概率是点出现概率的 1/3。

(1) 计算点和划的信息量;

(2) 设点和划的出现相互独立,试计算点和划的平均信息量。

1-6 设一信息源由 128 个不同符号组成。其中 16 个出现的概率为 1/32,其余 112 个出现概率为 1/224。信息源每秒发出 1000 个符号,且每个符号彼此独立。试计算该信息源的平均信息速率。

1-7 若题 1-2 中信息源以 1000Bd 速率传送信息,则传送 1h 的信息量为多少？传

送 $1h$ 可能达到的最大信息量为多少?

1-8 如果二进制独立等概信号,码元宽度为 $0.5\mathrm{ms}$,求 R_{B2} 和 R_{b2};有四进制信号,码元宽度为 $0.5\mathrm{ms}$,求传码率 R_{B4} 和独立等概时的传信率 R_{b4}。

1-9 已知某四进制数字传输系统的信息速率为 $4800\mathrm{bps}$,且设四进制信号取各状态是独立等概的。接收端在 $0.5\mathrm{h}$ 内共收到 54 个四进制错误码元,试计算该系统的误码率。

第 2 章

确定性信号

2.1 确定性信号的类型

本章的大部分内容在大学低年级课程中已学过。这里只是结合本课程的特点作简要复习。

信号是传递消息或信息的物理载体,通常呈现为随时间而变化的电压或电流。在数学上,信号为一个或多个自变量的函数。根据其自身的特性不同,信号可以划分为确定性信号和随机信号。确定性信号又常简称为确定信号。

1. 确定信号和随机信号

"在预先就可确定在定义域内的任一时刻取何值"的信号,被称为确定性信号或简称确定信号。显然,该信号可用一确定函数、图形或曲线来描述。例如,振幅、频率和相位都预先确定的正弦波,就是一确定信号。

"在事先不能确定在定义域内的任一时刻取何值"的信号,被称为随机信号或不确定信号。随机信号或随机过程的严格定义将在第 3 章中讲述。例如,通信系统中的热噪声就属于随机信号。

确定信号是研究随机信号的基础,本章只讨论确定信号。

2. 周期信号和非周期信号

按照信号是否具有周期性把信号分为周期信号和非周期信号。

若对于常数 $T_0 > 0$,信号 $s(t)$ 满足

$$s(t) = s(t + T_0), \quad -\infty < t < \infty \tag{2.1-1}$$

则称 $s(t)$ 为周期信号。上式中,满足 $s(t) = s(t+T)$ 的可能 T 值中的最小值为 T_0,该 T_0 被称为信号周期,而称 $f_0 = 1/T_0$ 为该信号的基频。显然,该式意指信号 $s(t)$ 每隔 T_0 时间段取同样的值,即信号波形按同样的规律以周期 T_0 作改变。例如,信号 $s(t) = 2\cos(2t+1)$,$-\infty < t < \infty$,就属周期信号,其周期为 $T_0 = \pi$。

对于不满足式(2.1-1)周期性质的信号,被称为非周期信号。例如,正负号函数 $\text{sgn}(t)$、单位冲激信号 $\delta(t)$ 和单位阶跃函数 $u(t)$ 等都属于非周期信号。

3. 能量信号和功率信号

按照信号的能量是否有限,可将其分为能量信号和功率信号。在电信号理论中已得

知,对于一确定的电压或电流信号 $s(t)$,它在单位电阻(1Ω)上消耗的瞬时功率为 $s^2(t)$,此功率又常称为归一化(normalized)瞬时功率。在本书以后许多涉及的参数计算中,常假设在单位电阻条件下讨论,即计算的是归一化功率。为方便起见,今后在该参数或类似参数名称前都略去"归一化"。

人们称

$$\int_{-\infty}^{\infty} s^2(t)\mathrm{d}t = E_s \qquad (2.1\text{-}2)$$

为信号 $s(t)$ 的能量。E_s 的单位是焦耳(J)。而称

$$\lim_{T\to\infty}(1/T)\int_{-T/2}^{T/2} s^2(t)\mathrm{d}t = P_s \qquad (2.1\text{-}3)$$

为信号 $s(t)$ 的平均功率,式中 T 是观察时间。P_s 的单位是瓦(W)。

如果式(2.1-2)的

$$0 < E_s < \infty \qquad (2.1\text{-}4)$$

则称该 $s(t)$ 为能量有限的信号,简称为能量信号。比如单个矩形信号就属于能量信号。

如果式(2.1-3)的

$$0 < P_s < \infty \qquad (2.1\text{-}5)$$

则称该 $s(t)$ 为功率有限的信号,简称为功率信号。例如,直流信号、周期信号和第 3 章要讲述的高斯白噪声的样本函数等都属于功率信号。

需指出,若信号 $s(t)$ 是功率信号,则它必定不是能量信号;反之,信号 $s(t)$ 是能量信号,则它必定不是功率信号。这是因为,对于功率信号来说其能量为无穷大,即信号不满足式(2.1-4);而对于能量信号来说其平均功率为 0,即信号不满足式(2.1-5)。

2.2 确定性信号的频域分析

信号可以从时域和频域两个方面来描述。确定信号的频率特性是指信号的各频率分量沿频域分布的状况,它是信号的最重要的性质之一。这些频域特性可通过傅里叶级数或傅里叶变换来获得。傅里叶级数适合于周期信号的频域分析,而傅里叶变换对周期信号和非周期信号皆适用。下面讨论确定信号的频率特性,例如傅里叶系数谱、幅谱密度、能量谱密度和功率谱密度。

2.2.1 周期信号的傅里叶级数

设确定信号 $s(t)$ 是周期为 T_0,若它满足狄利克雷(Dirichlet)条件,则可展开成复指数傅里叶级数

$$s(t) = \sum_{n=-\infty}^{\infty} C_n \exp(\mathrm{j}2\pi n f_0 t) \qquad (2.2\text{-}1)$$

式中,傅里叶系数

$$C_n = (1/T_0)\int_{-T_0/2}^{T_0/2} s(t)\exp(-\mathrm{j}2\pi n f_0 t)\mathrm{d}t \qquad (2.2\text{-}2)$$

这里 n 是在 $(-\infty,\infty)$ 上的 0 或整数;f_0 是信号 $s(t)$ 的基频;$n f_0$ 是 $s(t)$ 的 n 次谐波频

率。式(2.2-1)表明,周期信号 $s(t)$ 可以由无穷多个离散的、频率为 nf_0 的、复振幅为 C_n 的复指数信号 $\exp(j2\pi nf_0t)$ 叠加而成。也就是说,傅里叶系数 C_n 反映了频率为 nf_0 的谐波的幅度状况,于是称 $C_n \sim f$ 为信号的傅里叶系数谱,也常称其为周期信号的频谱。由式(2.2-2)看到,C_n 一般是 jnf_0 或 $jn\omega_0$ 的函数,所以常记为 $C(jnf_0)$ 或 $C(jn\omega_0)$,其单位是电平单位,如"伏(V)"。同时看到 C_n 一般是复数,也可表示为

$$C_n = \mid C_n \mid \exp(j\theta_n) \tag{2.2-3}$$

人们称 $\mid C_n \mid$ 随频率而变化的特性为信号的幅值谱,称 C_n 的相位 θ_n 随频率而变化的特性为信号的相位谱。当 $n=0$ 时,由式(2.2-2)得到

$$C_0 = (1/T_0)\int_{-T_0/2}^{T_0/2} s(t)dt \tag{2.2-4}$$

它刚好是信号的时间平均值,即是信号的直流分量。

若 $s(t)$ 为实信号时,则复指数级数的傅里叶系数满足

$$C_{-n} = C_n^* \tag{2.2-5}$$

即傅里叶系数谱 C_n 的正频率部分和负频率部分存在复共轭关系。或者说,其幅值谱是偶对称的,相位谱是奇对称的。

将式(2.2-5)代入式(2.2-1),并将 C_n 表示为 $C_n=0.5(A_n+jB_n)$ 代入,于是得到周期实信号 $s(t)$ 的正余弦傅里叶级数

$$s(t) = A_0 + \sum_{n=1}^{\infty} \left[A_n\cos(2\pi nf_0t) + B_n\sin(2\pi nf_0t)\right] \tag{2.2-6}$$

式中

$$A_0 = C_0 \tag{2.2-7}$$

$$A_n = (2/T_0)\int_{-T_0/2}^{T_0/2} s(t)\cos(2\pi nf_0t)dt \tag{2.2-8}$$

$$B_n = (2/T_0)\int_{-T_0/2}^{T_0/2} s(t)\sin(2\pi nf_0t)dt \tag{2.2-9}$$

将式(2.2-6)整理后还可得到余弦傅里叶级数

$$s(t) = A_0 + \sum_{n=1}^{\infty} \sqrt{A_n^2 + B_n^2}\cos(2\pi nf_0t + \theta_n)$$

$$= C_0 + \sum_{n=1}^{\infty} 2\mid C_n \mid \cos(2\pi nf_0t + \theta_n) \tag{2.2-10}$$

式中

$$\theta_n = \arctan(B_n/A_n) \tag{2.2-11}$$

总之,周期信号 $s(t)$ 的傅里叶级数有三种表示形式:复指数形式、正余弦形式和余弦形式。这三种形式所含信号谱信息是相同的,只是表现形式不同而已。

式(2.2-1)级数展开时提到了展开的条件,这涉及了傅里叶级数收敛定理,又称狄利克雷(Dirichlet)定理,下面对此作一些解释。

【定理 2-1】 如果周期信号 $f(t)$ 在一个周期上分段单调,而且除了有限个第一类间断点外是连续的,那么 $f(t)$ 的傅里叶级数在该周期上收敛,或者说 $f(t)$ 可展开为傅里叶级数。

　　解释：①分段单调，指 $f(t)$ 在一个周期上含有限个极大值和极小值；②有限个第一类间断点，指在该有限个间断点上的左右极限存在。以上两个条件称为狄利克雷条件，显然是充分条件。满足该条件的函数是很宽的，对于实际中遇到的周期函数几乎都能满足，即大多都可展开成傅里叶级数。

　　例 2-1　试求图 2-1 所示周期为 T_0 的周期方波 $s(t)$ 之频谱，并绘出相应的曲线图。

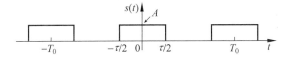

图 2-1　周期方波的波形

　　解：依据式(2.2-2)，代入 $s(t)$ 给定参数，得复指数级数的傅里叶系数

$$C_n = (1/T_0)\int_{-T_0/2}^{T_0/2} s(t)\exp(-\mathrm{j}2\pi nf_0 t)\mathrm{d}t = (1/T_0)\int_{-\tau/2}^{\tau/2} A\exp(-\mathrm{j}2\pi nf_0 t)\mathrm{d}t$$

$$= \frac{A}{-\mathrm{j}2\pi nf_0 T_0}\exp(-\mathrm{j}2\pi nf_0 t)\Big|_{-\tau/2}^{\tau/2} = \frac{A}{\pi n}\sin(\pi nf_0 \tau)$$

上式推导中用到了 $f_0 T_0 = 1$ 和 $\mathrm{e}^{\mathrm{j}\theta} - \mathrm{e}^{-\mathrm{j}\theta} = 2\mathrm{j}\sin\theta$。我们可以把上式写成

$$C_s(nf_0) = Af_0\tau[\sin(\pi nf_0 \tau)/(\pi nf_0 \tau)] = Af_0\tau\mathrm{Sa}(\pi nf_0 \tau)$$

式中函数 $\mathrm{Sa}(x) = \sin x/x$，被称为抽样函数。下面设 $\tau/T_0 = 4$，由此绘出 $|C_s(nf_0)|$ 曲线和 $C_s(nf_0)$ 的相位曲线如图 2-2(a)和(b)所示。其中 τ/T_0 值被称为周期方波的占空比。

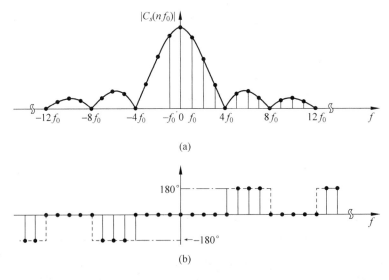

图 2-2　周期矩形信号幅值谱(a)和相位谱(b)

　　由该例看到周期信号频谱具有以下特性。①离散性：频谱由间隔为 f_0 的一系列谱线所组成。②谐波性：谱线只出现在基频 f_0 的整数倍 nf_0 上。nf_0 上的谱线被称为 n 次谐波。③收敛性：各次谐波的振幅虽然不一定随谐波次数 n 的增大而单调减小，但总趋

势是下降的。

2.2.2 能量信号的傅里叶变换

若信号 $s(t)$ 满足绝对可积,即

$$\int_{-\infty}^{\infty} | s(t) | \, \mathrm{d}t < \infty \tag{2.2-12}$$

则存在 $s(t)$ 的傅里叶变换为

$$S(f) = \int_{-\infty}^{\infty} s(t) \exp(-\mathrm{j}2\pi ft) \mathrm{d}t \tag{2.2-13}$$

并记为

$$S(f) = \mathcal{F}[s(t)] \tag{2.2-14}$$

若信号 $s(t)$ 的傅里叶变换 $S(f)$ 存在,则 $S(f)$ 的傅里叶反变换为

$$s(t) = \int_{-\infty}^{\infty} S(f) \exp(\mathrm{j}2\pi ft) \mathrm{d}f \tag{2.2-15}$$

并记为

$$s(t) = \mathcal{F}^{-1}[S(f)] \tag{2.2-16}$$

式(2.2-15)表明,该信号 $s(t)$ 可以由连续无穷多个频率为 f、复振幅为 $S(f)$ 的复指数信号 $\exp(\mathrm{j}2\pi ft)$ 叠加而成。人们称 $S(f)$ 为信号 $s(t)$ 的幅谱密度,也常简称其为信号 $s(t)$ 的频谱。此时注意不要同周期信号频谱 C_n 相混淆。需指出,这里的 $S(f)$ 的单位是伏/赫 (V/Hz)。

信号 $s(t)$ 和它的傅里叶变换 $S(f)$,两者一同被称为傅里叶变换对,记为

$$s(t) \Leftrightarrow S(f) \tag{2.2-17}$$

如果傅里叶变换的变量是角频率 ω 而不是 f,则有

$$S(\omega) = \int_{-\infty}^{\infty} s(t) \exp(-\mathrm{j}\omega t) \mathrm{d}t \tag{2.2-18}$$

$$s(t) = \frac{1}{2\pi} \int_{-\infty}^{\infty} S(\omega) \exp(\mathrm{j}\omega t) \mathrm{d}\omega \tag{2.2-19}$$

例 2-2　已知一脉冲 $\mathrm{rect}(t/\tau)$,波形如图 2-3 所示,求其频谱,并画出频谱图。

解:矩形脉冲函数的表达式为

$$\mathrm{rect}(t/\tau) = \begin{cases} 1, & | t | \leqslant \tau/2 \\ 0, & \text{其他} \end{cases} \tag{2.2-20}$$

依据式(2.2-18),代入式(2.2-20),得所需求的频谱

$$S_{\mathrm{re}}(\omega) = \int_{-\tau/2}^{\tau/2} \exp(-\mathrm{j}\omega t) \mathrm{d}t = [\exp(-\mathrm{j}\omega\tau/2) - \exp(\mathrm{j}\omega\tau/2)]/(-\mathrm{j}\omega) = 2\mathrm{j}\sin(\omega\tau/2)/(\mathrm{j}\omega)$$

$$= \tau \frac{\sin(\omega\tau/2)}{\omega\tau/2} = \tau \mathrm{Sa}(\omega\tau/2)$$

或

$$S_{\mathrm{re}}(f) = \tau \mathrm{Sa}(\pi f\tau) \tag{2.2-21}$$

由式(2.2-21)画出的频谱如图 2-4 所示。

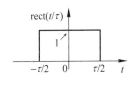

图 2-3 矩形脉冲

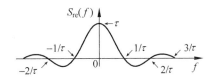

图 2-4 矩形脉冲的频谱

由上例看到单个矩形脉冲能量信号频谱的两个特点如下。①连续性：每个频率 f 点上的左右极限是相等的。这显然不同于周期信号的离散性和谐波性。②收敛性：各频率 f 上的振幅虽然不一定随频率 f 值的增大而单调减小，但总趋势是下降的。这显然与矩形脉冲周期信号的收敛性相类似。

2.2.3 功率信号的傅里叶变换

下面先引入单位冲激函数 $\delta(t)$。它的引入使许多不满足绝对可积的信号，如周期信号、阶跃信号和正负号函数等，都可以存在有傅里叶变换，扩大了傅里叶变换的应用范围。

（1）单位冲激函数 $\delta(t)$

冲激函数的定义有两种。先讨论第一种方法。若有

$$\int_{-\infty}^{\infty} \delta(t)\mathrm{d}t = 1 \tag{2.2-22}$$

和

$$\delta(t) = \begin{cases} \infty, & t = 0 \\ 0, & t \neq 0 \end{cases} \tag{2.2-23}$$

成立，则称式中函数 $\delta(t)$ 为单位冲激函数。

第二种方法是把冲激函数看作某一类脉冲序列的极限。如下面用抽样函数 $(k/\pi)\mathrm{Sa}(kt)$ 来引入 $\delta(t)$ 函数。这里

$$\mathrm{Sa}(t) = \sin t/t \tag{2.2-24}$$

可以证明

$$\int_{-\infty}^{\infty} (k/\pi)\mathrm{Sa}(kt)\mathrm{d}t = 1 \tag{2.2-25}$$

式中 k 越大，相应抽样函数的振幅越大，且离开原点时的振荡频率加快和衰减越迅速，但积分面积仍保持为 1。当 $k \to \infty$ 时得到冲激函数，即称

$$\lim_{k \to \infty}(k/\pi)\mathrm{Sa}(kt) = \delta(t) \tag{2.2-26}$$

为单位冲激函数。

除可用抽样函数引入 $\delta(t)$ 函数以外，还可利用矩形脉冲、三角脉冲和双边指数脉冲等来引入单位冲激函数。

在大学低年级的"信号分析"课程中常使用单位阶跃函数（unit step function）：

$$u(t) = \begin{cases} 0, & t < 0 \\ 1, & t \geq 0 \end{cases}$$

单位冲激函数也可看作单位阶跃函数 $u(t)$ 的导数,即

$$u'(t) = \delta(t)$$

冲激函数具有以下重要性质。

性质1：$\delta(t)$ 函数的傅里叶变换为1,即

$$\delta(t) \Leftrightarrow 1 \tag{2.2-27}$$

该式表示它的各频率分量连续地均匀分布在整个频域上。图2-5显示出单位冲激函数 $\delta(t)$ 的示意波形(a)和其频谱 $\Delta(f)$ 曲线(b)。图中的 δ 函数用一个高度为1的箭头表示。

图2-5　$\delta(t)$ 函数(a)及其频谱(b)

性质2：它是偶函数,即

$$\delta(t) = \delta(-t) \tag{2.2-28}$$

性质3：它有抽样特性,即

$$\int_{-\infty}^{\infty} f(t)\delta(t-t_0)\mathrm{d}t = f(t_0) \tag{2.2-29}$$

式中假设信号 $f(t)$ 在 t_0 处连续。

证明：根据式(2.2-23),单位冲激响应只在 $t=t_0$ 处不为零,所以被积函数中 $f(t)$ 对积分有贡献的是 $f(t_0)$,以至于可被提放到积分号之前,然后利用式(2.2-22),得

$$\int_{-\infty}^{\infty} f(t)\delta(t-t_0)\mathrm{d}t = f(t_0)\int_{-\infty}^{\infty} \delta(t-t_0)\mathrm{d}t = f(t_0)$$

证毕。

上式中积分的含义可以看作为"用 δ 函数在 $t=t_0$ 时刻对 $f(t)$ 抽样"。

(2) 周期信号的傅里叶变换

设信号 $s(t)$ 具有周期 T_0,则该信号的傅里叶变换为

$$S(f) = \sum_{n=-\infty}^{\infty} C_n \delta(f - nf_0) \tag{2.2-30}$$

式中 C_n 是信号的傅里叶系数,如式(2.2-2)所示。上式的证明如下。

证明：因为是周期信号,加上实际中的周期信号一般都满足狄利克雷条件,所以可利用傅里叶级数展开式(2.2-1),得

$$s(t) = \sum_{n=-\infty}^{\infty} C_n \exp(\mathrm{j}2\pi nf_0 t)$$

对上式两边取傅里叶变换,并交换右式中的累加和傅里叶变换运算,得

$$\mathcal{F}[s(t)] = \sum_{n=-\infty}^{\infty} C_n \mathcal{F}[\exp(\mathrm{j}2\pi nf_0 t)] = \sum_{n=-\infty}^{\infty} C_n \mathcal{F}[\exp(\mathrm{j}n\omega_0 t)]$$

利用表2-1中的第3行公式,$\exp(\mathrm{j}n\omega_0 t) \Leftrightarrow 2\pi\delta(\omega - n\omega_0)$,得所求的该信号的傅里叶变换

$$\mathcal{F}[s(t)] = 2\pi \sum_{n=-\infty}^{\infty} C_n \delta(\omega - n\omega_0)$$

即可写成

$$S(f) = \sum_{n=-\infty}^{\infty} C_n \delta(f - nf_0)$$

式中傅里叶系数 C_n 根据式(2.2-2)计算。证毕。

该式表明,周期信号的傅里叶变换是由位于信号 0 频率、基频 f_0 和谐频 nf_0 上的强度为 C_n 的冲激脉冲所组成。显然,只要求出周期信号的傅里叶级数系数即可得到周期信号的傅里叶变换。

（3）一些常用信号的傅里叶变换如表 2-1 所示。

表 2-1　常用函数 $f(t)$ 的傅里叶变换 $F(\omega)$

序号	名　称	$f(t)$	$F(\omega)$
1	单位冲激	$\delta(t)$	1
2	常数	1	$2\pi\delta(\omega)$
3	复指数	$\exp(j\omega_0 t)$	$2\pi\delta(\omega-\omega_0)$
4	正负号	$\mathrm{sgn}(t)$	$2/(j\omega)$
5	频域正负号	$j/(\pi t)$	$\mathrm{sgn}(\omega)$
6	单位阶跃	$u(t)$	$\pi\delta(\omega) + 2/(j\omega) + 1/(j\omega)$
7	矩形脉冲	$\mathrm{rect}(t/\tau)$	$\tau\mathrm{Sa}(\omega\tau/2)$
8	三角脉冲	$\mathrm{tri}(t)$	$\mathrm{Sa}^2(\omega/2)$
9	双边指数	$\exp(-\alpha|t|)$	$\dfrac{2\alpha}{\alpha^2+\omega^2}$
10	单边指数	$u(t)\exp(-\alpha|t|)$	$1/(\alpha+j\omega)$
11	高斯	$\exp[-t^2/(2\sigma^2)]$	$\sigma\sqrt{2\pi}\exp(-\sigma^2\omega^2/2)$
12	余弦	$\cos(\omega_0 t)$	$\pi[\delta(\omega-\omega_0)+\delta(\omega+\omega_0)]$
13	正弦	$\sin(\omega_0 t)$	$(\pi/j)[\delta(\omega-\omega_0)-\delta(\omega+\omega_0)]$
14	周期	$\sum\limits_{n=-\infty}^{\infty} C_n\exp(jn\omega_0 t)$	$2\pi\sum\limits_{n=-\infty}^{\infty} C_n\delta(\omega-n\omega_0)$
15	冲激脉冲列	$\sum\limits_{n=-\infty}^{\infty} C_n\delta(t-nT)$	$(2\pi/T)\sum\limits_{n=-\infty}^{\infty} C_n\delta(\omega-n2\pi/T)$

例 2-3　求表 2-1 中第 15 行的单位冲激序列的傅里叶变换。

解：因为 $\sum\limits_{n=-\infty}^{\infty} C_n\delta(t-nT) = \delta_T(t)$ 是周期 T 的信号,所以可利用式(2.2-30),得

$$\mathcal{F}[\delta_T(t)] = 2\pi\sum_{n=-\infty}^{\infty} C_n\delta(\omega-n\omega_0) \tag{2.2-31}$$

和

$$C_n = (1/T)\int_{-T/2}^{T/2} \delta_T(t)\exp(-j2\pi nf_0 t)\,dt$$
$$= (1/T)\int_{-T_0/2}^{T_0/2} \delta(t)\exp(-j2\pi nf_0 t)\,dt = 1/T$$

把此 C_n 值代入式(2.2-1),得所需求的单位冲激序列的傅里叶变换

$$\mathcal{F}\big[\delta_T(t)\big] = (2\pi/T)\sum_{n=-\infty}^{\infty}\delta(\omega - n\omega_0) \tag{2.2-32}$$

或

$$S_{\delta_T}(f) = (1/T)\sum_{n=-\infty}^{\infty}\delta(f - nf_0) \tag{2.2-33}$$

讨论：单位冲激序列 $\delta_T(t)$ 的频谱仍是一周期冲激序列，而且其频域周期与时域周期成反比。

（4）傅里叶变换的常用定理如表 2-2 所示。

表 2-2　傅里叶变换中的常用定理：设 $f(t)\Leftrightarrow F(\omega)$ 或 $f_i(t)\Leftrightarrow F_i(\omega)$

名　称	函　数	傅里叶变换
线性	$af_1(t)+bf_2(t)$	$aF_1(\omega)+bF_2(\omega)$
比例	$f(at)\,a\neq 0$	$(1/|a|)F(\omega/a)$
时移	$f(t\pm t_0)$	$F(\omega)\exp(\pm\mathrm{j}\omega t_0)$
频移	$f(t)\exp(\pm\mathrm{j}\omega_0 t)$	$F(\omega+\omega_0)$
时域微分	$\dfrac{\mathrm{d}^n f(t)}{\mathrm{d}t^n}$	$(\mathrm{j}\omega)^n F(\omega)$
频域微分	$(-\mathrm{j}t)^n f(t)$	$\dfrac{\mathrm{d}^n F(\omega)}{\mathrm{d}\omega^n}$
时域积分	$\displaystyle\int_{-\infty}^{t}f(\tau)\mathrm{d}\tau$	$\dfrac{F(\omega)}{\mathrm{j}\omega}+\pi F(0)\delta(\omega)$
时域卷积	$f_1(t)*f_2(t)$	$F_1(\omega)F_2(\omega)$
频域卷积	$f_1(t)f_2(t)$	$\dfrac{1}{2\pi}F_1(\omega)*F_2(\omega)$
对称	$F(t)$	$2\pi f(-\omega)$
反演	$f(-t)$	$F(-\omega)=F^*(\omega)$
频域积分	$\dfrac{1}{-\mathrm{j}t}f(t)$	$\displaystyle\int_{-\infty}^{\omega}F(\Omega)\mathrm{d}\Omega$
巴塞伐尔能量定理	$\displaystyle\int_{-\infty}^{\infty}f^2(t)\mathrm{d}t=\dfrac{1}{2\pi}\int_{-\infty}^{\infty}|F(\omega)|^2\mathrm{d}\omega$	

相应定理描述了信号在时域发生某种数学运算，如加、减、乘、积分和微分等运算后，傅里叶变换发生何样的变化，或描述在相反变换的方向上信号发生何种变化。

例 2-4　已知 $s(t)\Leftrightarrow S(f)$，求 $s(t)\cos\omega_0 t$ 和 $s(t)\sin\omega_0 t$ 的傅里叶变换。

解：利用复指数函数公式，得

$$s(t)\cos\omega_0 t = 0.5s(t)\big[\exp(\mathrm{j}\omega_0 t) + \exp(-\mathrm{j}\omega_0 t)\big]$$

$$s(t)\sin\omega_0 t = 0.5\mathrm{j}s(t)\big[\exp(-\mathrm{j}\omega_0 t) - \exp(\mathrm{j}\omega_0 t)\big]$$

利用表 2-2 中的傅里叶变换的频移定理，得

$$s(t)\cos\omega_0 t\Leftrightarrow 0.5\big[S(\omega+\omega_0)+S(\omega-\omega_0)\big] \tag{2.2-34}$$

$$s(t)\sin\omega_0 t\Leftrightarrow 0.5\mathrm{j}\big[S(\omega+\omega_0)-S(\omega-\omega_0)\big] \tag{2.2-35}$$

或

$$s(t)\cos 2\pi f_0 t\Leftrightarrow (0.25/\pi)\big[S(f+f_0)+S(f-f_0)\big] \tag{2.2-36}$$

$$s(t)\sin 2\pi f_0 t\Leftrightarrow (0.25\mathrm{j}/\pi)\big[S(f+f_0)-S(f-f_0)\big] \tag{2.2-37}$$

式(2.2-34)和式(2.2-35)及式(2.2-36)和式(2.2-37),被称为调制定理。该定理在通信系统的调制和解调分析中经常使用。

2.2.4 能量谱密度和功率谱密度

(1)巴塞伐尔能量定理

若能量信号 $s(t)$ 的傅里叶变换为 $S(f)$,那么

$$\int_{-\infty}^{\infty} s^2(t)\mathrm{d}t = \int_{-\infty}^{\infty} |S(f)|^2 \mathrm{d}f \tag{2.2-38}$$

成立。该定理常称为巴塞伐尔能量定理。

证明:把傅里叶反变换代入上式的左边得

$$\int_{-\infty}^{\infty} s^2(t)\mathrm{d}t = \int_{-\infty}^{\infty} s(t)\left[\int_{-\infty}^{\infty} S(f)\exp(\mathrm{j}2\pi ft)\mathrm{d}f\right]\mathrm{d}t$$

交换 f 和 t 的积分次序得

$$\int_{-\infty}^{\infty} s^2(t)\mathrm{d}t = \int_{-\infty}^{\infty} S(f)\left[\int_{-\infty}^{\infty} s(t)\exp(\mathrm{j}2\pi ft)\mathrm{d}t\right]\mathrm{d}f$$

$$= \int_{-\infty}^{\infty} S(f)*S(f)\mathrm{d}f = \int_{-\infty}^{\infty} |S(f)|^2 \mathrm{d}f$$

证毕。

讨论:依据式(2.1-2),式(2.2-38)的左式刚好计算的是信号 $s(t)$ 的能量 E_s,所以其右式则给出了用频谱函数来计算信号的能量。

(2)能量谱密度

由式(2.2-38)看到,其中的被积函数 $|S(f)|^2$ 沿频域的积分得到了信号的能量,那么此被积函数应该是信号的能量谱密度。因此可以说,若能量信号 $s(t)$ 的傅里叶变换为 $S(f)$,则称

$$G_s(f) = |S(f)|^2 \tag{2.2-39}$$

为该信号 $s(t)$ 的能量谱密度,单位是 J/Hz。

例 2-5 试求例 2-2 中的矩形脉冲的能量谱密度。

解:在例 2-2 中已求出其频谱为

$$S_{re}(f) = \tau\mathrm{Sa}(\pi f\tau)$$

根据式(2.2-39),代入上式,得到所求的矩形脉冲的能量谱密度为

$$G_s(f) = |S_{re}(f)|^2 = |\tau\mathrm{Sa}(\pi f\tau)|^2 = \tau^2 |\mathrm{Sa}(\pi f\tau)|^2$$

(3)周期信号的总平均功率

根据式(2.1-3)可知,周期信号平均功率可以在一个周期 T_0 上作平均运算,即

$$P_T = \lim_{T\to\infty}(1/T)\int_{-T/2}^{T/2} s^2(t)\mathrm{d}t = (1/T_0)\int_{-T_0/2}^{T_0/2} s^2(t)\mathrm{d}t \tag{2.2-40}$$

由上式出发易于证得

$$P_T = \sum_{n=-\infty}^{\infty} |C_n|^2 \tag{2.2-41}$$

再利用 δ 函数和上式构成谱函数

$$P_s(f) = \sum_{n=-\infty}^{\infty} \mid C_n \mid^2 \delta(f - nf_0) \qquad (2.2\text{-}42)$$

人们称式(2.2-42)为周期信号功率谱密度。式中 C_n 是该周期信号复傅里叶级数的傅里叶系数，f_0 是该周期信号的基波频率。功率谱密度的单位是 W/Hz。

证明：对上式作积分，然后交换积分和累加的运算次序，最后用 δ 函数性质，得

$$\int_{-\infty}^{\infty} P_s(f)\mathrm{d}f = \int_{-\infty}^{\infty} \left[\sum_{n=-\infty}^{\infty} \mid C_n \mid^2 \delta(f - nf_0) \right] \mathrm{d}f$$

$$= \sum_{n=-\infty}^{\infty} \mid C_n \mid^2 \int_{-\infty}^{\infty} \delta(f - nf_0)\mathrm{d}f = \int_{-\infty}^{\infty} \mid C_n \mid^2$$

再利用式(2.2-41)得

$$\int_{-\infty}^{\infty} P_s(f)\mathrm{d}f = P_T$$

即谱 $P_s(f)$ 的积分是信号的总功率 P_T，因此称式(2.2-42)为周期信号的功率谱密度。

例 2-6　试求例 2-1 中周期方波信号的功率谱密度。

解：在例 2-1 中已求出周期方波信号的傅里叶系数

$$C_s(nf_0) = Af_0\tau \mathrm{Sa}(\pi nf_0\tau)$$

根据式(2.2-42)，代入上式的结果，得到所求的功率谱密度为

$$P_s(f) = (Af_0\tau)^2 \sum_{n=-\infty}^{\infty} \mathrm{Sa}^2(\pi nf_0\tau)\delta(f - nf_0)$$

（4）一般功率信号的功率谱密度

对于一般功率信号 $s(t)$，若该函数 $P_s(f)$ 沿频域的积分得到了信号的功率，那么这被积函数称为信号的功率谱密度，即

$$P_{\text{to}} = \int_{-\infty}^{\infty} P_s(f)\mathrm{d}f \qquad (2.2\text{-}43)$$

式中 P_{to} 是该信号的总平均功率。根据式(2.1-5)，功率谱密度必满足

$$0 < \int_{-\infty}^{\infty} P_s(f)\mathrm{d}f < \infty \qquad (2.2\text{-}44)$$

人们还从如下的角度来定义功率信号的功率谱密度。首先将信号 $s(t)$ 截短为长度为 T 的一个截短信号

$$s_T(t) = s(t), \quad -T/2 < t < T/2 \qquad (2.2\text{-}45)$$

显然该 $s_T(t)$ 是一个能量信号。对于 $s_T(t)$ 用傅里叶变换可求得其频谱函数 $S_T(f)$，然后得到其能量谱密度 $\mid S_T(f) \mid^2$，采用上面的巴塞伐尔能量定理得

$$E = \int_{-T/2}^{T/2} s_T^2(t)\mathrm{d}t = \int_{-\infty}^{\infty} \mid S_T(f) \mid^2 \mathrm{d}f \qquad (2.2\text{-}46)$$

于是我们可定义该信号 $s(t)$ 的功率谱密度为

$$\lim_{T \to \infty}(1/T) \mid S_T(f) \mid^2 \qquad (2.2\text{-}47)$$

并记为 $P_s(f)$。上述公式在今后分析信号谱时常会用到。

2.3 确定性信号的时域分析

在时域上研究确定信号,常见的是其自相关函数和互相关函数,作如下讨论。

2.3.1 互相关函数

若 $s_1(t)$ 和 $s_2(t)$ 为能量信号,则称

$$\int_{-\infty}^{\infty} s_1(t)s_2(t+\tau)\mathrm{d}t \qquad (2.3\text{-}1)$$

为该两能量信号的互相关函数,记为 $R_{12}(\tau)$。

若 $s_1(t)$ 和 $s_2(t)$ 为功率信号,则称

$$\lim_{T\to\infty}(1/T)\int_{-T_0/2}^{T_0/2} s_1(t)s_2(t+\tau)\mathrm{d}t \qquad (2.3\text{-}2)$$

为该两功率信号的互相关函数,记为 $R_{12}(\tau)$。

若 $s_1(t)$ 和 $s_2(t)$ 是周期为 T_0 的信号,则称

$$(1/T_0)\int_{-T_0/2}^{T_0/2} s_1(t)s_2(t+\tau)\mathrm{d}t \qquad (2.3\text{-}3)$$

为该两周期信号的互相关函数,仍记为 $R_{12}(\tau)$。

显然,互相关函数表示了两个信号的相互关联性。

2.3.2 自相关函数

当 $s_1(t)=s_2(t)$ 时,上面互相关函数公式就变成同一信号关联性的公式,即得到自相关函数表示式。若 $s(t)$ 为能量信号,则称

$$\int_{-\infty}^{\infty} s(t)s(t+\tau)\mathrm{d}t \qquad (2.3\text{-}4)$$

为该能量信号的自相关函数,记为 $R_S(\tau)$。若 $s(t)$ 为功率信号,则称

$$\lim_{T\to\infty}(1/T)\int_{-T/2}^{T/2} s(t)s(t+\tau)\mathrm{d}t \qquad (2.3\text{-}5)$$

为该功率信号的自相关函数,记为 $R_S(\tau)$。若 $s(t)$ 是周期为 T_0 的信号,则称

$$(1/T_0)\int_{-T_0/2}^{T_0/2} s(t)s(t+\tau)\mathrm{d}t \qquad (2.3\text{-}6)$$

为该周期信号的自相关函数,仍记为 $R_S(\tau)$。

2.3.3 相关函数的性质

1. 互相关函数的性质

(1) 若对任意 τ 有

$$R_{12}(\tau)=0 \qquad (2.3\text{-}7)$$

则说这两个信号互不相关。

(2) 有 $\qquad\qquad R_{12}(\tau)=R_{21}(-\tau) \qquad\qquad (2.3\text{-}8)$

可见互相关函数和相乘的两个信号的次序有关。

（3）有 $$R_{12}(0) = R_{21}(0) \tag{2.3-9}$$

它表示两个信号在无时间差时的相关性；$R_{12}(0)$ 越大则说明两者的这种相关性越大；$R_{12}(0)$ 又称为两信号的互相关系数。

2. 自相关函数的性质

（1）该函数是偶函数，即 $$R_S(\tau) = R_S(-\tau) \tag{2.3-10}$$

（2）两信号无时差或 $\tau = 0$ 时，最为相关。即 $$|R_S(\tau)| \leqslant R_S(0) \tag{2.3-11}$$

（3）能量信号的自相关函数在 $\tau = 0$ 时为该信号的能量，即 $$R_S(0) = E_s \tag{2.3-12}$$

功率信号的自相关函数在 $\tau = 0$ 时为该信号的功率，即 $$R_S(0) = P_s \tag{2.3-13}$$

例 2-7 试求 $s(t) = A\cos\omega_0 t$ 的自相关函数，并由其自相关函数求出其功率。设该信号中的参数 A 和 ω_0 皆为常数。

解：（1）其是周期为 T_0 的信号，所以可采用式(2.3-6)得所需求的自相关函数

$$R_S(\tau) = (1/T_0)\int_{-T_0/2}^{T_0/2} s(t)s(t+\tau)\mathrm{d}t = (A^2/T_0)\int_{-T_0/2}^{T_0/2} \cos\omega_0 t\cos\omega_0(t+\tau)\mathrm{d}t$$

$$= (0.5A^2/T_0)\int_{-T_0/2}^{T_0/2} \left[\cos\omega_0\tau + \cos\omega_0(2t+\tau)\right]\mathrm{d}t$$

$$= 0.5A^2\cos\omega_0\tau + (0.5A^2/T_0)(1/2\omega_0)\sin\omega_0(2t+\tau)\Big|_{-T_0/2}^{T_0/2} = 0.5A^2\cos\omega_0\tau$$

（2）依据式(2.3-13)得该信号的功率

$$P_s = R_S(0) = A^2/2$$

3. 相关函数与谱密度的关系

（1）能量信号的自相关函数和其能量谱密度呈傅里叶变换对，即 $$R_S(\tau) \Leftrightarrow |S(f)|^2 \tag{2.3-14}$$

（2）功率信号的自相关函数和其功率谱密度呈傅里叶变换对，即 $$R_S(\tau) \Leftrightarrow P_s(f) \tag{2.3-15}$$

（3）信号的互相关函数和其互谱密度也类似上面两式呈傅里叶变换对。

思　考　题

2-1　何谓确定性信号？与此不同的另一类信号是什么信号？

2-2　何谓能量信号和功率信号？

2-3　何谓周期信号和非周期信号？非周期信号一定是能量信号吗？

2-4　描述单位冲激函数的定义。给出此函数的三个性质。

2-5　画出单位阶跃函数曲线。

2-6　幅谱密度 $S(f)$ 和傅里叶系数谱 $C(\mathrm{j}nf_0)$ 的单位分别是什么？

2-7   简述自相关函数的性质。

2-8   自相关函数与谱密度有何关系？

习   题

2-1   试证明图 P2-1 中周期信号的傅里叶级数为

$$s(t) = \frac{4}{\pi} \sum_{n=0}^{\infty} \frac{(-1)^n}{2n+1} \cos[2(2n+1)\pi t]$$

并给出信号 $s(t)$ 的基频信号频率和振幅值。

2-2   设一信号 $s(t)$ 可以表示成

$$s(t) = 2\cos(4\pi t + \theta), \quad -\infty < t < \infty$$

式中 θ 是某常数。试问它是功率信号还是能量信号？并求出其功率谱密度或能量谱密度。

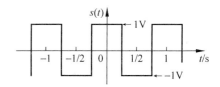

图 P2-1   周期信号 $s(t)$ 波形

2-3   设有一信号

$$s(t) = \begin{cases} A\exp(-\alpha t), & t \geqslant 0 \\ 0, & t < 0 \end{cases}$$

式中 A 和 α 是大于 0 的常数。试问它是功率信号还是能量信号？并求其功率谱密度或能量谱密度。

2-4   试问下列函数中哪些满足功率谱密度的性质？其中 a 为常数。

(1) $\delta(f) + f_2$ (2) $\cos^2 2\pi f$ (3) $\exp(a - f^2)$

（提示：可以用式(2.2-44)来验证。）

2-5   试求 $s(t) = A\cos(\omega_0 t + \theta)$ 的自相关函数，并从其自相关函数求出其功率。设该信号中的参数 A、ω_0 和 θ 皆是常数。

2-6   设信号 $s(t)$ 的傅里叶变换为 $S(f) = \sin\pi f / \pi f$，求此信号的自相关函数 $R_S(\tau)$。

2-7   已知一信号 $s(t)$ 的自相关函数为

$$R_S(\tau) = (k/2)\exp(-k|\tau|), \quad k \text{ 是常数}$$

(1) 试求其功率谱密度 $P_s(f)$ 和功率 P_{to}；

(2) 试画出 $R_S(\tau)$ 和 $P_s(f)$ 的曲线。

2-8   已知一信号 $s(t)$ 的自相关函数是以 2 为周期的周期性函数：

$$R_S(\tau) = 1 - |\tau|, \quad -1 \leqslant \tau \leqslant 1$$

试求 $s(t)$ 的功率谱密度 $P_s(f)$，并画出其曲线。

2-9   已知一信号 $s(t)$ 的双边功率谱密度为

$$P_s(f) = \begin{cases} 3 \times 10^{-9} f^2 (\text{W/Hz}), & -3\text{kHz} < f < 3\text{kHz} \\ 0, & \text{其他} \end{cases}$$

试求其平均功率。

第 3 章

随 机 过 程

3.1 引言

在第 1 章中已指出,通信过程是有用信号通过通信系统的过程,在这一过程中伴随有噪声的加入。通信系统中遇到的有用信号,通常总带有某种随机性,即它们的某个或几个参数不能预知或不能完全预知,如能预知的话通信就没有必要了。我们把这种具有随机性的信号称为随机信号。通信系统中必然遇到的噪声,例如自然界中的各种电磁波噪声和设备本身产生的热噪声、散粒噪声等会在通信系统的不同位置上与有用信号混合,它们的取值不能预测。这些噪声统称为随机噪声,或简称噪声。另外,通信系统中的传输特性也常存在随机变化。所有这些随机现象都离不开用随机过程理论来作分析。

本章前几节内容在大学低年级课程中已学过,这里只是结合本课程特点作扼要复习。本章介绍随机过程的基本特性、平稳随机过程、各态历经过程、高斯过程、随机过程通过线性系统、窄带随机过程、白噪声、低通白噪声、带通白噪声和正弦波加窄带噪声。

3.2 随机过程的基本特性

本节首先用实验方法讨论噪声的随机性,从而引入随机过程的基本定义。然后从随机过程的定义出发,转到讨论它的统计特性,即讨论随机过程的分布函数、概率密度和数字特征。

我们可作如下一个试验。设有 n 台性能完全相同的通信机,它们的工作条件也相同。现用 n 部记录仪同时记录各台通信机的输出噪声波形。测试结果将会表明,得到的 n 张记录图形并不因为有相同的条件而输出相同的波形,如图 3-1 所示。恰恰相反,即使 n 足够大,也找不到两个完全相同的波形。这就是说,通信机输出的噪声电压函数在实验前是不可预知的,或者说随机性就体现在通信机输出端出现哪一个波形是不确定的,可见它是一个随机过程。需指出,这里的一次记录的图 3-1 中的一个波形称作一个样本,无数个样本构成的总体是一个样本空间。

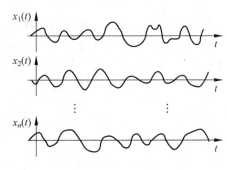

图 3-1 n 台通信机的输出记录

在数学上,随机过程的定义如下:设随机试验 E 的可能结果为 $\xi(t)$,试验的样本空间 S 为 $\{x_1(t), x_2(t), \cdots, x_i(t), \cdots\}$,$i$ 为正整数,$x_i(t)$ 为第 i 个样本函数(又称之为第 i 个实现),每次试验之后,$\xi(t)$ 取空间 S 中的某一样本函数,于是称此 $\xi(t)$ 为随机函数。当 t 代表时间量时,称此 $\xi(t)$ 为随机过程。

人们还常使用下面的描述来定义随机过程:若对于某时刻 t 有随机变量 $\xi(t)$,随着 t 的改变而得到不同的随机变量 $\xi(t)$,于是称此 $\xi(t)$ 为随机过程。比如,由上例中某一台通信机输出端的记录试验看出,在 t 时刻记录值是一随机变量 $\xi(t)$ 值,另一时刻的记录值则是另一随机变量 $\xi(t)$ 值,于是把随 t 而变的 $\xi(t)$ 称为随机过程是合适的。既然随机过程任一时刻都是一随机变量,那么就可以用随机变量的分布函数对其统计特性进行描述,具体见下面所述。

3.2.1　随机过程的分布函数

设 $\xi(t)$ 是一个随机过程,则在任意一个时刻 t_1 上 $\xi(t_1)$ 是一个随机变量。由概率论知,这个随机变量的统计特性可用分布函数或概率密度去描述,即有

$$F_1(x_1, t_1) = P\{\xi(t_1) \leqslant x_1\} \tag{3.2-1}$$

为随机过程 $\xi(t)$ 的一维分布函数。如果存在

$$\frac{\partial F_1(x_1, t_1)}{\partial x_1} = f_1(x_1, t_1)$$

则称 $f_1(x_1, t_1)$ 为 $\xi(t)$ 的一维概率密度函数。无疑,在一般情况下用一维分布函数去描述随机过程的完整统计特性是不充分的,通常需要在足够多的时刻上考虑随机过程的多维分布函数。$\xi(t)$ 的 n 维分布函数被定义为

$$F_n(x_1, x_2, \cdots, x_n; t_1, t_2, \cdots, t_n) = P\{\xi(t_1) \leqslant x_1, \xi(t_2) \leqslant x_2, \cdots, \xi(t_n) \leqslant x_n\} \tag{3.2-2}$$

如果存在

$$\frac{\partial F_n(x_1, x_2, \cdots, x_n; t_1, t_2, \cdots, t_n)}{\partial x_1 \partial x_2 \cdots \partial x_n} = f_n(x_1, x_2, \cdots, x_n; t_1, t_2, \cdots, t_n)$$

则称上式为 $\xi(t)$ 的 n 维概率密度函数。显然,n 越大,用 n 维分布函数或 n 维概率密度函数来描述 $\xi(t)$ 的统计特性就越充分。

3.2.2　随机过程的数字特征

实际中有时需研究随机过程的数字特征。相应于对随机变量数字特征的定义方法,容易得到关于随机过程的数字特征,比如随机过程的均值、方差、自协方差函数和自相关函数。下面逐一讨论。

随机过程 $\xi(t)$ 的均值被定义为

$$\int_{-\infty}^{\infty} x f_1(x, t) \mathrm{d}x \tag{3.2-3}$$

式中,$f_1(x, t)$ 是 $\xi(t)$ 的一维概率密度;x 是 $\xi(t)$ 的可能取值;t 是任一时刻值。该式常记为 $E[\xi(t)]$,E 表示对 $\xi(t)$ 作集合平均运算。该式的结果记为 $a(t)$。可见,随机过程的均值是时间 t 的确定性函数。上述均值又常称为过程的数学期望。

随机过程的方差定义为

$$E\{\xi(t) - E[\xi(t)]\}^2 \tag{3.2-4}$$

该式常记为 $D[\xi(t)]$，D 表示对 $\xi(t)$ 作方差运算。该式的结果记为 $\sigma^2(t)$。可见，随机过程的方差是时间 t 的确定性函数。

展开式(3.2-4)可得

$$D[\xi(t)] = E[\xi^2(t)] - [E\xi(t)]^2 = \int_{-\infty}^{\infty} x^2 f_1(x,t)\mathrm{d}x - a^2(t) \tag{3.2-5}$$

用来描述随机过程任意两个时刻上的随机变量的统计相关特性，有协方差函数 $B(t_1, t_2)$ 和相关函数 $R(t_1, t_2)$。协方差函数被定义为

$$B(t_1, t_2) = E\{[\xi(t_1) - a(t_1)][\xi(t_2) - a(t_2)]\}$$

$$= \int_{-\infty}^{\infty}\int_{-\infty}^{\infty} [x_1 - a(t_1)][x_2 - a(t_2)]f_2(x_1, x_2, t_1, t_2)\mathrm{d}x_1\mathrm{d}x_2 \tag{3.2-6}$$

式中，t_1 与 t_2 是任取的两个时刻；$a(t_1)$ 与 $a(t_2)$ 为在 t_1 及 t_2 时刻的数学期望；$f_2(x_1, x_2, t_1, t_2)$ 为随机过程 $\xi(t)$ 的二维概率密度函数。

相关函数 $R(t_1, t_2)$ 被定义为

$$R(t_1, t_2) = E[\xi(t_1)\xi(t_2)]$$

$$= \int_{-\infty}^{\infty}\int_{-\infty}^{\infty} x_1 x_2 f_2(x_1, x_2, t_1, t_2)\mathrm{d}x_1\mathrm{d}x_2 \tag{3.2-7}$$

显然，将式(3.2-6)展开，并把式(3.2-7)代入该展开式中，可得 $B(t_1, t_2)$ 与 $R(t_1, t_2)$ 之间的关系式：

$$B(t_1, t_2) = R(t_1, t_2) - E[\xi(t_1)] \cdot E[\xi(t_2)] \tag{3.2-8}$$

由上式看到，若 $E[\xi(t_1)]$ 或 $E[\xi(t_2)]$ 为零，则 $B(t_1, t_2)$ 与 $R(t_1, t_2)$ 完全相等。这里的 $B(t_1, t_2)$ 及 $R(t_1, t_2)$ 描述的是同一随机过程的相关程度，因此，它们又常分别称为自协差函数及自相关函数。

协方差函数和相关函数的概念也可引入两个或更多个随机过程中去，从而获得互协方差及互相关函数。设 $\xi(t)$ 和 $\eta(t)$ 分别表示两个随机过程，则互协方差函数定义为

$$B_{\xi\eta}(t_1, t_2) = E\{[\xi(t_1) - a\xi(t_1)][\eta(t_2) - a\eta(t_2)]\} \tag{3.2-9}$$

而互相关函数定义为

$$R_{\xi\eta}(t_1, t_2) = E[\xi(t_1)\eta(t_2)] \tag{3.2-10}$$

以上自相关函数或互相关函数显然与所选的两个时刻 t_1 和 t_2 有关。如果 $t_2 > t_1$，并令 $t_2 = t_1 + \tau$，即 τ 是 t_2 与 t_1 之间的时间间隔，则相关函数 $R(t_1, t_2)$ 可表示为 $R(t_1, t_1 + \tau)$，即

$$R(t_1, t_1 + \tau) = E[\xi(t_1)\xi(t_1 + \tau)]$$

这说明，相关函数依赖于起始时刻(或时间起点)t_1 及时间间隔 τ，即相关函数是所选的起始时刻 t_1 和时间间隔 τ 的函数。或者写成

$$R(t, t + \tau) = E[\xi(t)\xi(t + \tau)] \tag{3.2-11}$$

3.3 平稳随机过程

3.3.1 狭义平稳随机过程和广义平稳随机过程

通信系统中常见到平稳随机过程，即其统计特性不随时间而变化的随机过程。平稳

随机过程有狭义平稳(又称严平稳)过程和广义平稳(又称宽平稳)过程。

若对于任意的正整数 n 和任意实数 $t_1,t_2,\cdots,t_n,\tau$,随机过程 $\xi(t)$ 的 n 维概率密度函数满足

$$f_n(x_1,x_2,\cdots,x_n;t_1,t_2,\cdots,t_n) = f_n(x_1,x_2,\cdots,x_n;t_1+\tau,t_2+\tau,\cdots,t_n+\tau)$$

(3.3-1)

则称 $\xi(t)$ 是狭义平稳或严平稳过程。由此可见,它的任何 n 维分布函数或概率密度函数与时间起点无关,或者说该平稳随机过程的概率分布将不随时间的推移而不同。它的一维分布与 t 无关,二维分布只与时间间隔 τ 有关。

若随机过程 $\xi(t)$ 的均值 $E[\xi(t)]$ 和自相关函数 $R(t_1,t_2)$ 满足

$$\begin{cases} E[\xi(t)] = a \\ R_\xi(t_1,t_2) = R_\xi(\tau) \end{cases}$$

(3.3-2)

式中,a 为常数,$\tau = t_2 - t_1$,则称 $\xi(t)$ 为广义平稳的。上式表明只要随机过程的数学期望与 t 无关,为 a,它的自相关函数只与时间间隔 τ 有关,则该随机过程为广义平稳的。

通信系统中遇到的信号或噪声,大多数可视为平稳过程。本书中以后研究的平稳随机过程若不作特殊申明,均指的是广义平稳的。

3.3.2　平稳过程的自相关函数和功率谱密度

平稳随机过程的自相关函数是特别重要的一个函数。这是因为,一方面它是平稳随机过程的基本的数字特征;另一方面,相关函数还揭示了随机过程的频谱特性。我们先来讨论实平稳随机过程 $\xi(t)$ 的相关函数的主要性质及含义。

(1) 有
$$R_\xi(0) = E[\xi^2(t)]$$
(3.3-3)

上式 $R_\xi(0)$ 表示的是随机过程 $\xi(t)$ 的总平均功率。

(2) 有
$$R_\xi(\tau) = R_\xi(-\tau)$$
(3.3-4)

上式表示自相关函数是偶函数。上面两等式可由式(3.2-11)出发得到证明。

(3) 有
$$|R_\xi(\tau)| \leqslant R(0)$$
(3.3-5)

上式表示自相关函数绝对值的上界是 $R_\xi(0)$。这可由非负式 $E[\xi(t)\pm\xi(t+\tau)]^2 \geqslant 0$ 推演而得证。

(4) 如果对足够大的 τ 有 $\xi(t)$ 和 $\xi(t+\tau)$ 是独立的,且 $\xi(t)$ 不含周期分量,则

$$\lim_{\tau\to\infty} R_\xi(\tau) = \{E[\xi(t)]\}^2$$

(3.3-6)

上式表示 $R_\xi(\infty)$ 是随机过程 $\xi(t)$ 的直流功率,而 $E[\xi(t)]$ 是随机过程 $\xi(t)$ 的直流电平。

证明：$\lim_{\tau\to\infty} R_\xi(\tau) = \lim_{\tau\to\infty} E[\xi(t)\xi(t+\tau)] = E[\xi(t)]\cdot E[\xi(t+\tau)] = \{E[\xi(t)]\}^2$

证毕。

(5) 有

$$R_\xi(0) - R_\xi(\infty) = \sigma^2$$

(3.3-7)

上式方差 σ^2 表示随机过程 $\xi(t)$ 的交流功率;当直流功率为 0 时 $R_\xi(0) = \sigma^2$。

平稳随机过程的频谱特性通常用功率谱密度来描述。下面以两条定理的形式来描述

它的功率谱密度 $P_\xi(\omega)$ 与相关函数 $R_\xi(\tau)$ 的关系。

【**定理 3-1**】 如果一平稳随机过程 $\xi(t)$ 的自相关函数 $R_\xi(\tau)$ 满足

$$\int_{-\infty}^{\infty} |R_\xi(\tau)| \, d\tau < \infty \tag{3.3-8}$$

那么它的傅里叶变换 $P_\xi(\omega)$ 为

$$P_\xi(\omega) = \int_{-\infty}^{\infty} R_\xi(\tau)\exp(-j\omega\tau)d\tau \tag{3.3-9}$$

并被称为 $\xi(t)$ 的功率谱密度或功率密度谱。

【**定理 3-2**】 一平稳随机过程 $\xi(t)$ 的功率谱密度 $P_\xi(\omega)$ 之傅里叶反变换为 $\xi(t)$ 的自相关函数 $R_\xi(\tau)$,即

$$R_\xi(\tau) = (1/2\pi)\int_{-\infty}^{\infty} P_\xi(\omega)\exp(j\omega\tau)d\omega \tag{3.3-10}$$

以上两个定理的证明利用傅里叶变换理论可完成。这里从略。

对于周期随机功率信号仍可采用式(3.3-9),这时需利用数学上的 δ 函数。涉及该类信号的重要的傅里叶变换对是

$$A\delta(t-t_0)\Leftrightarrow A\exp(-j\omega t_0) \tag{3.3-11}$$
$$A\exp(-j2\pi f_0 t)\Leftrightarrow A\delta(f-f_0) \tag{3.3-12}$$

式中,$\Leftrightarrow$ 表示为傅里叶变换对;t_0 为某时间常数;f_0 为某频率常数。

总之,平稳过程的自相关函数 $R_\xi(\tau)$ 与其功率谱密度 $P_\xi(\omega)$ 呈傅里叶变换对。

此外,随机过程的功率谱密度还常用截短函数的形式来表示,导出该表示式的过程如下。由式(2.2-47)得到的是确定性信号的功率谱密度,对于这里功率型随机过程的每一实现也将是功率信号,因此每一实现的功率谱密度可用式(2.2-47)来表示,那么过程的功率谱密度应该是其可能实现的功率谱密度之平均。即设 $\xi(t)$ 的功率谱密度为 $P_\xi(\omega)$,$\xi(t)$ 的截短函数为

$$\xi_T(t) = \xi(t), \quad -T/2 < t < T/2 \tag{3.3-13}$$

而且有 $\xi_T(t)$ 与 $\mathcal{F}_T(\tau)$ 呈傅里叶变换对,于是依据式(2.2-38)和对其作统计平均,得

$$P_\xi(\omega) = \lim_{T\to\infty} \frac{E|\mathcal{F}_T(\omega)|^2}{T} \tag{3.3-14}$$

上式就是今后分析中常会遇到的平稳随机过程功率谱密度的截短函数表达式。下面通过两个例子说明相关函数与功率谱密度关系公式和其性质的使用。

例 3-1 求随相正弦波 $\xi(t) = \sin(\omega_0 t + \theta)$ 的数学期望和自相关函数,并求其总功率和功率谱密度。式中 ω_0 是常数;θ 是在区间 $(0, 2\pi)$ 上均匀分布的随机变量。

解:先利用式(3.2-3),得随相正弦波 $\xi(t)$ 的数学期望 $a(t)$:

$$a(t) = E[\sin(\omega_0 t + \theta)] = E[\sin\omega_0 t\cos\theta + \cos\omega_0 t\sin\theta] = E[\sin\omega_0 t\cos\theta] + E[\cos\omega_0 t\sin\theta]$$

$$= \sin\omega_0 t\int_0^{2\pi}\cos\theta(1/2\pi)d\theta + \cos\omega_0 t\int_0^{2\pi}\sin\theta(1/2\pi)d\theta = 0 \tag{3.3-15}$$

再将随相正弦波 $\xi(t)$ 的表示式代入式(3.2-7),得自相关函数

$$R(t_1, t_2) = E[\xi(t_1)\xi(t_2)] = E[\sin(\omega_0 t_1 + \theta)\sin(\omega_0 t_2 + \theta)]$$

令 $t_1 = t, t_2 = t + \tau$,则上式的自相关函数变为

$$R(t,t+\tau) = E[\sin(\omega_0 t + \theta)\sin(\omega_0 t + \omega_0 \tau + \theta)]$$
$$= E\{\sin(\omega_0 t + \theta)[\sin(\omega_0 t + \theta)\cos\omega_0\tau + \cos(\omega_0 t + \theta)\sin\omega_0\tau]\}$$
$$= \cos\omega_0\tau E[\sin^2(\omega_0 t + \theta)] + \sin\omega_0\tau E[\sin(\omega_0 t + \theta)\cos(\omega_0 t + \theta)]$$
$$= \cos\omega_0\tau E\{0.5[1 - \cos2(\omega_0 t + \theta)]\} + \sin\omega_0\tau E[0.5\sin2(\omega_0 t + \theta)]$$
$$= 0.5\cos\omega_0\tau - 0.5\cos\omega_0\tau\int_0^{2\pi}\cos2(\omega_0 t + \theta)(1/2\pi)\mathrm{d}\theta$$
$$+ 0.5\sin\omega_0\tau\int_0^{2\pi}\sin2(\omega_0 t + \theta)(1/2\tau)\mathrm{d}\theta = 0.5\cos\omega_0\tau = R(\tau) \quad (3.3\text{-}16)$$

将式(3.3-15)、式(3.3-16)与式(3.3-2)对照,显然相一致,所以 $\xi(t)$ 是广义平稳的。于是可将式(3.3-16)代入式(3.3-9),并利用积分公式(3.3-12),得随相正弦波 $\xi(t)$ 的功率谱密度

$$P_\xi(\omega) = \int_{-\infty}^{\infty} 0.5\cos\omega_0\tau \mathrm{e}^{-\mathrm{j}\omega\tau}\mathrm{d}\tau = \int_{-\infty}^{\infty} 0.25(\mathrm{e}^{\mathrm{j}\omega_0\tau} + \mathrm{e}^{-\mathrm{j}\omega_0\tau})\mathrm{e}^{-\mathrm{j}\omega\tau}\mathrm{d}\tau$$
$$= 0.25\int_{-\infty}^{\infty} \mathrm{e}^{\mathrm{j}(\omega-\omega_0)\tau}\mathrm{d}\tau + 0.25\int_{-\infty}^{\infty} \mathrm{e}^{\mathrm{j}(\omega+\omega_0)\tau}\mathrm{d}\tau$$
$$= 0.5\pi\delta(\omega-\omega_0) + 0.5\pi\delta(\omega+\omega_0)$$

讨论:实验中,当我们接通一高频率稳定度的正弦波产生器时,其输出的信号就属本例所给的随相正弦波信号;在通信系统中也常见到这种信号。

例 3-2　例 3-1 的随相正弦信号 $\xi(t)$ 的直流功率、交流平均功率和总平均功率 P_{to} 分别为多少?

解:式(3.3-15)为均值,所以得随相信号 $\xi(t)$ 的直流功率为 0。

将式(3.3-15)代入式(3.2-5),利用式(3.2-5)和式(3.3-3),得 $\xi(t)$ 的所需求的交流平均功率

$$D[\xi(t)] = E[\xi^2(t)] = R(0) = 0.5$$

依据式(3.3-7),并代入以上两项结果,得 $\xi(t)$ 的总平均功率

$$P_{\mathrm{to}} = 0 + 0.5 = 0.5$$

3.4　各态历经过程

平稳随机过程一般具有一个有趣且非常有用的特性,这个特性称为"各态历经性(又称为遍历性)",即许多平稳随机过程的数字特征,可以由"时间平均"替代"统计平均"来获取的一种特性。下面逐一解释。

随机过程 $X(t)$ 的时间平均均值定义为

$$\lim_{\tau\to\infty}(1/T)\int_{-T/2}^{T/2} X(t)\mathrm{d}t = <a> \quad (3.4\text{-}1)$$

随机过程 $X(t)$ 的时间平均自相关函数定义为

$$\lim_{\tau\to\infty}(1/T)\int_{-T/2}^{T/2} X(t)X(t+\tau)\mathrm{d}t = <R_X(\tau)> \quad (3.4\text{-}2)$$

式(3.4-1)和式(3.4-2)中的 T 是作时间平均的观察时间。

将式(3.4-1)和式(3.4-2)相应对照式(3.2-3)和式(3.2-7)[或式(3.3-2)],显然这里实行的是时间平均,而那里实行的是统计平均。

若广义平稳随机过程 $X(t)$ 具有性质：均值

$$a = <a> \tag{3.4-3}$$

和平均自相关函数

$$R_X(\tau) = <R_X(\tau)> \tag{3.4-4}$$

式中,"="是指以概率为 1 相等,则称随机过程 $X(t)$ 是各态历经的；a 和 $R_X(\tau)$ 是统计平均量,而 $<a>$ 和 $<R_X(\tau)>$ 是时间平均量。

式(3.4-3)和式(3.4-4)意指：该随机过程 $X(t)$ 的任一实现作均值和自相关函数方面的时间平均,可用来替代 $X(t)$ 的均值和自相关函数方面的统计平均。或者说,为实验计算统计均值和统计自相关函数时需作大量的样本测量,而在实验计算时间均值和时间自相关函数时只需获得 $X(t)$ 的一个实现来作时间平均,即可得到 $X(t)$ 的数学期望和统计平均自相关函数。这使实验计算的问题大为简化,给实验研究平稳随机过程的数字特征带来很大的方便。这时得到的随机过程的任一实现好像经历了随机过程的所有可能状态,以至于能用其时间平均来替代过程的统计平均,于是该过程 $X(t)$ 被称为各态历经的。

需注意的是,具有各态历经的随机过程一定是平稳的,反之不一定成立；当 $\tau \to \infty$ 时,如果平稳随机过程的 $<a>$ 和 $<R_X(\tau)>$ 的均方差趋于零,则该过程是各态历经的[15]。在通信系统中遇到的随机信号或噪声一般能满足各态历经条件。

例 3-3　例 3-1 的随相正弦信号 $\xi(t)$ 是否是各态历经过程的? 请作证明。

解：由例 3-1,已证明随相正弦信号 $\xi(t)$ 是广义平稳过程,而且统计均值 $a=0$,统计平均自相关函数

$$R_\xi(\tau) = 0.5\cos\omega_0\tau$$

依据式(3.4-1)得

$$<a> = \lim_{\tau \to \infty}(1/T)\int_{-T/2}^{T/2} \sin(\omega_0 t + \theta)\mathrm{d}t = 0 \tag{3.4-5}$$

依据式(3.4-2)得

$$\begin{aligned}
<R_\xi(\tau)> &= \lim_{\tau \to \infty}(1/T)\int_{-T/2}^{T/2} \sin(\omega_0 t + \theta)\sin(\omega_0 t + \omega_0\tau + \theta)\mathrm{d}t \\
&= 0.5\lim_{\tau \to \infty}(1/T)\int_{-T/2}^{T/2}[\cos\omega_0\tau - \cos(2\omega_0 t + \omega_0\tau + 2\theta)]\mathrm{d}t \\
&= 0.5\cos\omega_0\tau
\end{aligned} \tag{3.4-6}$$

将式(3.4-5)、式(3.4-6)分别与式(3.3-15)、式(3.3-16)作比较得

$$<a> = a = 0 \quad 和 \quad <R_\xi(\tau)> = R_\xi(\tau) = 0.5\cos\omega_0\tau$$

即符合前面所述的各态历经过程定义,所以该 $\xi(t)$ 是各态历经的。

3.5　高斯随机过程

高斯过程又称正态随机过程,它是通信系统中一种普遍存在和重要的随机过程。比如通信信道中的热噪声就是一种高斯过程。

3.5.1 高斯过程的概率密度

所谓高斯过程 $\xi(t)$,即指它的任意 n 维($n=1,2,\cdots$)概率密度函数由下式表示的过程:

$$f_n(x_1,x_2,\cdots,x_n;\ t_1,t_2,\cdots,t_n)=\frac{1}{(2\pi)^{n/2}\sigma_1\sigma_2\cdots\sigma_n\mid\boldsymbol{B}\mid^{1/2}}$$
$$\times\exp\left[\frac{-1}{2\mid\boldsymbol{B}\mid}\sum_{j=1}^{n}\sum_{k=1}^{n}\mid\boldsymbol{B}_{jk}\mid\left(\frac{x_j-a_j}{\sigma_j}\right)\left(\frac{x_k-a_k}{\sigma_k}\right)\right]$$

$$(3.5-1)$$

式中,$a_k=E[\xi(t_k)]$;$\sigma_k^2=E[\xi(t_k)-a_k]^2$;$\mid\boldsymbol{B}\mid$ 为归一化协方差矩阵的行列式,即

$$\mid\boldsymbol{B}\mid=\begin{vmatrix}1 & b_{12} & \cdots & b_{1n}\\ b_{21} & 1 & \cdots & b_{2n}\\ \vdots & \vdots & & \vdots\\ b_{n1} & b_{n2} & \cdots & 1\end{vmatrix}$$

$\mid\boldsymbol{B}_{jk}\mid$ 为行列式 $\mid\boldsymbol{B}\mid$ 中元素 b_{jk} 的代数余因子;b_{jk} 为归一化协方差函数,

$$b_{jk}=\frac{E\{[\xi(t_j)-a_j][\xi(t_k)-a_k]\}}{\sigma_j\sigma_k}$$

$$(3.5-2)$$

3.5.2 高斯过程的重要性质

由式(3.5-1)可以看出,正态随机过程的 n 维分布仅由各随机变量的数学期望、方差和两两之间的归一化协方差函数所决定,因此分析高斯过程的性质时只需关注高斯过程的这三种数字特征就可以了。高斯过程有以下四项常用的重要性质。

(1) 如果高斯过程是宽平稳的,则该过程必是严平稳的。

证明:如果过程是宽平稳的,即其均值与时间无关,协方差函数只与时间间隔 τ 有关,而与时间起点无关,则由式(3.5-1)看到它的 n 维分布与时间起点无关,故它也是严平稳的。证毕。

(2) 如果高斯过程的 n 个随机变量是不相关的,则该 n 个随机变量是统计独立的。

证明:如果各随机变量两两之间互不相关,即在式(3.5-2)中,对所有 $j\neq k$ 有 $b_{jk}=0$,故式(3.5-1)变为

$$f_n(x_1,x_2,\cdots,x_n;\ t_1,t_2,\cdots,t_n)=\frac{1}{(2\pi)^{n/2}\prod\limits_{j=1}^{n}\sigma_j}\exp\left[-\sum_{j=1}^{n}\frac{(x_j-a_j)^2}{2\sigma_j^2}\right]$$

$$=\prod_{j=1}^{n}\frac{1}{\sqrt{2\pi}\sigma_j}\exp\left[-\frac{(x_j-a_j)^2}{2\sigma_j^2}\right]$$

$$=f(x_1,t_1)f(x_2,t_2)\cdots f(x_n,t_n) \qquad (3.5-3)$$

即表示该 n 个随机变量是统计独立的。证毕。

(3) 若干个高斯过程的和,仍是高斯的。

(4) 高斯过程经过线性变换(即经过线性系统)后,仍是高斯的。

3.5.3 高斯平稳过程的一维分布

高斯平稳过程的一维分布有关公式是通信原理中的常用知识,为此作以下介绍。利用式(3.5-1),将 $n=1$ 代入该式得一维高斯概率密度函数为

$$f(x) = \frac{1}{\sqrt{2\pi}\sigma}\exp\left[-\frac{(x-a)^2}{2\sigma^2}\right] \tag{3.5-4}$$

式中,a 及 σ 是两个常量(均值及均方根),$f(x)$ 曲线如图 3-2 所示。

由式(3.5-4)及图 3-2 容易看到 $f(x)$ 有如下特性(所有的证明都很容易,在此就不证明了)。

(1) $f(x)$对称于 $x=a$ 这条直线,即

$$f(a+x) = f(a-x) \tag{3.5-5}$$

(2)

$$\int_{-\infty}^{\infty} f(x)\mathrm{d}x = 1 \tag{3.5-6}$$

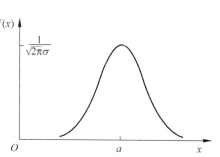

图 3-2 正态分布的概率密度

或

$$\int_{-\infty}^{a} f(x)\mathrm{d}x = \int_{a}^{\infty} f(x)\mathrm{d}x = 1/2 \tag{3.5-7}$$

(3) $f(x)$ 在 $(-\infty, a)$ 内单调上升,在 (a, ∞) 内单调下降,且在点 a 处达到极大值 $\frac{1}{\sqrt{2\pi}\sigma}$。当 $x \to -\infty$ 或 $x \to \infty$ 时,$f(x) \to 0$。

(4) 对不同的 a(固定 σ),表现为 $f(x)$ 的图形左右平移;对不同的 σ(固定 a),$f(x)$ 的图形将随 σ 的减小而变高和变窄。

人们称式(3.5-4)中 $a=0$ 和 $\sigma=1$ 的分布为标准正态分布。由标准正态分布可导出通信系统误码率计算中常见的标准正态分布函数

$$\Phi(x) = \frac{1}{\sqrt{2\pi}}\int_{-\infty}^{x} \exp\left(-\frac{z^2}{2}\right)\mathrm{d}z \tag{3.5-8}$$

由此还可导出通信系统误码率计算中常见的另两个函数:误差函数 erf(x) 和补误差函数 erfc(x)。误差函数为

$$\mathrm{erf}(x) = \frac{2}{\sqrt{\pi}}\int_{0}^{x} \exp(-z^2)\mathrm{d}z \tag{3.5-9}$$

补误差函数为

$$\mathrm{erfc}(x) = 1 - \mathrm{erf}(x) = \frac{2}{\sqrt{\pi}}\int_{x}^{\infty} \exp(-z^2)\mathrm{d}z \tag{3.5-10}$$

以上的标准正态分布函数、误差函数和补误差函数在数学计算手册中都可找到相应的函数积分值表,查值都较方便。从表示各种传输系统的误码率来看,用补误差函数表示较为简便。本书的附录 B 给出了补误差函数的数值表。

3.6　平稳随机过程通过恒参线性系统

随机信号通过线性系统的分析是建立在确定信号通过线性系统原理的基础之上。确定信号通过线性系统的原理指出,线性系统响应 $y_i(t)$ 等于输入信号 $x_i(t)$ 与单位冲激响应 $h(t)$ 的卷积,即

$$y_i(t) = \int_{-\infty}^{\infty} x_i(\tau) h(t-\tau) \mathrm{d}\tau$$

由上式看到,系统输入为 $x_1(t)$ 时系统输出为 $y_1(t)$,系统输入为 $x_2(t)$ 时系统输出为 $y_2(t)$,…,即输入端上有随机过程 $X(t)$ 的样本函数集合 $\{x_1(t), x_2(t), \cdots, x_i(t), \cdots\}$ 和对应输出端上有随机过程 $Y(t)$ 的样本函数集合 $\{y_1(t), y_2(t), \cdots, y_i(t), \cdots\}$,这表示有

$$Y(t) = \int_{-\infty}^{\infty} X(\tau) h(t-\tau) \mathrm{d}\tau \tag{3.6-1}$$

或

$$Y(t) = \int_{-\infty}^{\infty} h(\tau) X(t-\tau) \mathrm{d}\tau \tag{3.6-2}$$

设已给定输入随机过程 $X(t)$ 的某统计特性量和时不变线性系统参量,并设 $X(t)$ 是平稳的,下面分析在此条件下的输出过程 $Y(t)$ 的统计特性量。

1. $Y(t)$ 的数学期望

依据数学期望的定义和式(3.6-2),得

$$E[Y(t)] = \int_{-\infty}^{\infty} h(\tau) E[X(t-\tau)] \mathrm{d}\tau \tag{3.6-3}$$

再根据 $X(t)$ 平稳性的假设,有 $E[X(t-\tau)] = \mu_X$(常数),于是得

$$E[Y(t)] = \mu_X \int_{-\infty}^{\infty} h(\tau) \mathrm{d}\tau = H(0) \mu_X \tag{3.6-4}$$

式中 $H(0)$ 是时不变线性系统的直流增益,是与时间无关的常数。该式表明,输出过程 $Y(t)$ 的均值 $E[Y(t)]$ 等于 $H(0)$ 乘以输入过程的均值 μ_X;输出过程的均值是与时间无关的常数。

2. 输出过程 $Y(t)$ 的自相关函数

依据自相关函数定义式(3.6-2),得

$$R_Y(t, t+\tau) = E[Y(t)Y(t+\tau)] = E\left[\int_{-\infty}^{\infty} h(\alpha) X(t-\alpha) \mathrm{d}\alpha \int_{-\infty}^{\infty} h(\beta) X(t+\tau-\beta) \mathrm{d}\beta\right]$$

$$= \int_{-\infty}^{\infty}\int_{-\infty}^{\infty} h(\alpha) h(\beta) E[X(t-\alpha) X(t+\tau-\beta)] \mathrm{d}\alpha \mathrm{d}\beta$$

因设输入过程是平稳的,所以上式中的 $E[X(t-\alpha)X(t+\tau-\beta)] = R_X(\tau+\alpha-\beta)$,得

$$R_Y(t, t+\tau) = \int_{-\infty}^{\infty}\int_{-\infty}^{\infty} h(\alpha)h(\beta) R_X(\tau+\alpha-\beta) \mathrm{d}\alpha \mathrm{d}\beta = R_Y(\tau) \tag{3.6-5}$$

上式表明,输入过程平稳条件下,时不变线性系统的输出相关函数只依赖时间间隔 τ 而与

时间的起点无关。

式(3.6-4)和式(3.6-5)表明,若输入过程是宽平稳的,则时不变线性系统的输出过程是宽平稳的。

3. $Y(t)$ 的功率谱密度

根据式(3.3-9)和式(3.6-5)得

$$P_Y(\omega) = \int_{-\infty}^{\infty} R_Y(\tau) \exp(-j\omega\tau) d\tau$$
$$= \int_{-\infty}^{\infty} d\tau \int_{-\infty}^{\infty} d\alpha \int_{-\infty}^{\infty} h(\alpha) h(\beta) R_X(\tau + \alpha - \beta) \exp(-j\omega\tau) d\beta$$

令 $\tau + \alpha - \beta = \tau'$,则有

$$P_Y(\omega) = \int_{-\infty}^{\infty} h(\alpha) \exp(j\omega\alpha) d\alpha \int_{-\infty}^{\infty} h(\beta) \exp(-j\omega\beta) d\beta \int_{-\infty}^{\infty} R_X(\tau') \exp(-j\omega\tau') d\tau'$$
$$= H^*(\omega) H(\omega) P_X(\omega) = |H(\omega)|^2 P_X(\omega) \tag{3.6-6}$$

上式表明,系统输出功率谱密度 $P_Y(\omega)$ 等于系统频率响应函数取模的平方乘以输入功率谱密度。

4. 输出过程 $Y(t)$ 的概率分布

在给定输入过程的概率分布的情况下,原理上借助于式(3.6-2)总可以确定输出过程的概率分布。其中特别有用的是输入过程是高斯型的情况。

【定理 3-3】 高斯随机过程经线性变换后的输出随机过程仍为高斯的。

该定理在概率论中有严格证明,这里只作简要说明。依据式(3.6-2)可将输出随机过程表示成一个和式的极限:

$$Y(t) = \lim_{\Delta\tau_k \to 0} \sum_{k=0}^{\infty} h(\tau_k) X(t - \tau_k) \Delta\tau_k \tag{3.6-7}$$

由于 $X(t)$ 已假设是高斯型的,所以任意时刻 $(t - \tau_k)$ 上的 $h(\tau_k) X(t - \tau_k) \Delta\tau_k$ 仍是高斯随机变量。可见在任一时刻 t 上的输出随机变量将是无限多个(独立的或不独立的)正态随机变量之和。由概率论知,这个"和"仍是正态随机变量,即式(3.6-7)的输出过程在任一时刻的随机变量都服从正态分布。概率论还证明,输出过程的 n 维联合分布也是正态的,故输出过程则是正态的。需指出的是,此时的输出过程的数字特征已不同于输入正态过程的数字特征。

3.7 窄带随机过程

通信系统中,许多实际的信号和噪声都满足"窄带"的假设,即其频谱均被限制在"载波"或某中心频率附近一个窄的频带上。例如,无线广播系统中的中频信号及噪声就是如此。如果这时的信号或噪声是一个随机过程,则称它们为窄带随机过程。为了表述窄带随机过程,让我们来导出窄带信号的一般表示式。

窄带波形的定义可借助于它的频谱图 3-3 来说明。图中,波形的频带为 Δf,中心频

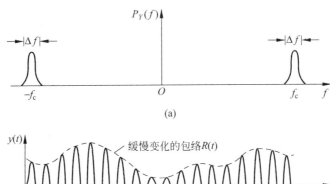

图 3-3　窄带波形的频谱（a）及示意波形（b）

率为 f_c。若波形满足 $\Delta f \ll f_c$，则称该波形为窄带的。

窄带随机过程有两种表示，一种是包络相位表示式，另一种是正交表示式。下面对此作解释。

在示波器上观察这个过程的一个实现的波形，它呈现为一个包络和相位缓慢变化的正弦波。因此，窄带随机过程可用所谓的包络相位表示如下：

$$Y(t) = R(t)\cos[\omega_c t + \theta(t)], \quad R(t) \geqslant 0 \tag{3.7-1}$$

式中，$R(t)$ 及 $\theta(t)$ 是窄带随机过程 $Y(t)$ 的包络函数及随机相位函数；ω_c 是正弦波的中心角频率。显然，这里的 $R(t)$ 及 $\theta(t)$ 变化一定比载波 $\cos\omega_c t$ 的变化要缓慢得多。

将式（3.7-1）的三角函数展开得

$$Y(t) = R(t)\cos\omega_c t\cos\theta(t) - R(t)\sin\omega_c t\sin\theta(t) \tag{3.7-2}$$

令上式中的

$$R(t)\cos\theta(t) = Y_c(t) \tag{3.7-3}$$

$$R(t)\sin\theta(t) = Y_s(t) \tag{3.7-4}$$

将上面两个式子代入式（3.7-2），得到窄带过程的正交表示式

$$Y(t) = Y_c(t)\cos\omega_c t - Y_s(t)\sin\omega_c t \tag{3.7-5}$$

这里的 $Y_c(t)$ 及 $Y_s(t)$ 通常分别称为 $Y(t)$ 的同相分量及正交分量。

第一步是先确定 $Y_c(t)$ 及 $Y_s(t)$ 的统计特性。对式（3.7-5）求数学期望得

$$E[Y(t)] = E[Y_c(t)]\cos\omega_c t - E[Y_s(t)]\sin\omega_c t \tag{3.7-6}$$

因为 $Y(t)$ 是平稳的，且已假设均值为零，也就是说，对于任意的时间 t，有 $E[Y(t)]$ 等于零，故由式（3.7-6）得

$$E[Y_c(t)] = 0 \quad 和 \quad E[Y_s(t)] = 0 \tag{3.7-7}$$

再来看 $Y(t)$ 的自相关函数。依据自相关函数定义，代入式（3.7-5），得其自相关函数

$$R_Y(t,t+\tau) = R_{Y_c}(t,t+\tau)\cos\omega_c t\cos\omega_c(t+\tau) - R_{Y_cY_s}(t,t+\tau)\cos\omega_c t\sin\omega_c(t+\tau)$$

$$-R_{Y_s Y_c}(t, t+\tau)\sin\omega_c t\cos\omega_c(t+\tau) + R_{Y_s}(t, t+\tau)\sin\omega_c t\sin\omega_c(t+\tau)$$

$$(3.7\text{-}8)$$

式中

$$R_{Y_c}(t, t+\tau) = E[Y_c(t)Y_c(t+\tau)], \qquad R_{Y_c Y_s}(t, t+\tau) = E[Y_c(t)Y_s(t+\tau)]$$

$$R_{Y_s Y_c}(t, t+\tau) = E[Y_s(t)Y_c(t+\tau)], \qquad R_{Y_s}(t, t+\tau) = E[Y_s(t)Y_s(t+\tau)]$$

因为 $Y(t)$ 是平稳的,故有

$$R_Y(t, t+\tau) = R_Y(\tau)$$

这就要求式(3.7-8)的右边与时间 t 无关,而仅与 τ 有关。若令 $t=0$,则式(3.7-8)仍应成立,于是得

$$R_Y(\tau) = R_{Y_c}(t, t+\tau)\cos\omega_c\tau - R_{Y_c Y_s}(t, t+\tau)\sin\omega_c\tau \qquad (3.7\text{-}9)$$

显然仍需保持右式与 t 无关,即

$$R_{Y_c}(t, t+\tau) = R_{Y_c}(\tau) \qquad (3.7\text{-}10)$$

和

$$R_{Y_c Y_s}(t, t+\tau) = R_{Y_c Y_s}(\tau)$$

所以式(3.7-9)变为

$$R_Y(\tau) = R_{Y_c}(\tau)\cos\omega_c\tau - R_{Y_c Y_s}(\tau)\sin\omega_c\tau \qquad (3.7\text{-}11)$$

再令 $t=\pi/(2\omega_c)$,则同理可求得

$$R_{Y_s}(t, t+\tau) = R_{Y_s}(\tau) \qquad (3.7\text{-}12)$$

$$R_Y(\tau) = R_{Y_s}(\tau)\cos\omega_c\tau + R_{Y_s Y_c}(\tau)\sin\omega_c\tau \qquad (3.7\text{-}13)$$

从式(3.7-11)及式(3.7-13)还看到,要使这两个式子同时成立,则应有

$$R_{Y_c}(\tau) = R_{Y_s}(\tau) \qquad (3.7\text{-}14)$$

$$R_{Y_c Y_s}(\tau) = -R_{Y_s Y_c}(\tau) \qquad (3.7\text{-}15)$$

可是,根据互相关函数的性质,应有

$$R_{Y_c Y_s}(\tau) = R_{Y_s Y_c}(-\tau)$$

将上式代入式(3.7-15),则得

$$R_{Y_c Y_s}(\tau) = -R_{Y_c Y_s}(-\tau) \qquad (3.7\text{-}16)$$

上式表明,$R_{Y_c Y_s}(\tau)$ 是 τ 的一个奇函数,故

$$R_{Y_c Y_s}(0) = 0 \qquad (3.7\text{-}17)$$

同理可证

$$R_{Y_s Y_c}(0) = 0 \qquad (3.7\text{-}18)$$

将式(3.7-17)和式(3.7-18)代入式(3.7-11)和式(3.7-13),得到

$$R_Y(0) = R_{Y_c}(0) = R_{Y_s}(0) \qquad (3.7\text{-}19)$$

或写成

$$\sigma_Y^2 = \sigma_{Y_c}^2 = \sigma_{Y_s}^2 \qquad (3.7\text{-}20)$$

由式(3.7-7)、式(3.7-10)、式(3.7-12)和式(3.7-20)看到,$Y_c(t)$ 和 $Y_s(t)$ 已满足宽平稳过程的条件,所以如果 $Y(t)$ 是平稳的,则 $Y_c(t)$ 和 $Y_s(t)$ 必是宽平稳的。

此外,由式(3.7-5)可得

$$t_1 = 0 \text{ 时}, \quad Y(t_1) = Y_c(t_1); \quad t_2 = \pi/(2\omega_c) \text{ 时}, \quad Y(t_2) = -Y_s(t_2)$$

因为 $Y(t)$ 是高斯的,由上两式看到 $Y_c(t_1)$ 和 $Y_s(t_2)$ 必是高斯的。上面已证得 $Y_c(t)$ 和 $Y_s(t)$ 是平稳的,其特性与 t 无关,故 $Y_c(t)$ 和 $Y_s(t)$ 是高斯的。式(3.7-17)已说明 $Y_c(t)$ 和 $Y_s(t)$ 是不相关的,加上两个分量是高斯的结论,依据式(3.5-3),那么这两个分量则是独立的。

综上所述,可以得到在以后分析中我们用到的有关窄带过程的一个重要结论如下。

【结论 3-1】 若 $Y(t)$ 是均值 0、方差 σ_Y^2 的平稳高斯窄带随机过程,则它的 $Y_c(t)$ 和 $Y_s(t)$ 都是均值为 0、方差为 σ_Y^2 的相互独立的高斯随机变量,即

$$f_2(y_c, y_s) = \frac{1}{2\pi\sigma_Y^2} \exp\left(-\frac{Y_c^2 + Y_s^2}{2\sigma_Y^2}\right) \tag{3.7-21}$$

且都是宽平稳过程。

下面来分析 $R(t)$、$\theta(t)$ 的一维分布函数。设 $R(t)$、$\theta(t)$ 的二维分布密度函数为 $f_2(r,\theta)$,则根据概率论知识[7,15]有

$$f(r,\theta) = Jf_2[y_c(r,\theta), y_s(r,\theta)] \tag{3.7-22}$$

利用式(3.7-3)和式(3.7-4),计算上式中的雅可比行列式

$$J = \left|\frac{\partial(y_c, y_s)}{\partial(r,\theta)}\right| = \begin{vmatrix} \dfrac{\partial y_c}{\partial r} & \dfrac{\partial y_s}{\partial r} \\ \dfrac{\partial y_c}{\partial \theta} & \dfrac{\partial y_s}{\partial \theta} \end{vmatrix} = \begin{vmatrix} \cos\theta & \sin\theta \\ -r\sin\theta & r\cos\theta \end{vmatrix} = r$$

把 J 值、式(3.7-3)、式(3.7-4)和式(3.7-21)代入式(3.7-22),得

$$\begin{aligned} f(r,\theta) &= \frac{r}{2\pi\sigma_Y^2} \exp\left[-\frac{(r\cos\theta)^2 + (r\sin\theta)^2}{2\sigma_Y^2}\right] \\ &= \frac{r}{2\pi\sigma_Y^2} \exp\left[-\frac{r^2}{2\sigma_Y^2}\right], \quad r \geqslant 0, \theta \in (0, 2\pi) \end{aligned} \tag{3.7-23}$$

再利用概率论中边际分布知识,可分别求得 $f_R(r)$ 和 $f_\theta(\theta)$。即

$$\begin{aligned} f_R(r) &= \int_0^{2\pi} f(r,\theta)\mathrm{d}\theta = \int_0^{2\pi} \frac{r}{2\pi\sigma_Y^2} \exp\left[-\frac{r^2}{2\sigma_Y^2}\right]\mathrm{d}\theta \\ &= \frac{r}{\sigma_Y^2} \exp\left[-\frac{r^2}{2\sigma_Y^2}\right], \quad r \geqslant 0 \end{aligned} \tag{3.7-24}$$

可见,$R(t)$ 服从瑞利分布;而

$$f_\theta(\theta) = \int_{-\infty}^{\infty} \frac{r}{2\pi\sigma_Y^2} \exp\left[-\frac{r^2}{2\sigma_Y^2}\right]\mathrm{d}r = 1/(2\pi), \quad \theta \in (0, 2\pi) \tag{3.7-25}$$

上式中的积分用到了瑞利分布的积分值为 1 的性质。该式说明 $\theta(t)$ 服从均匀分布。

总之,可得到窄带随机过程常用的第二个结论如下。

【结论 3-2】 均值 0、方差 σ_Y^2 的平稳高斯窄带噪声 $Y(t)$,它的包络 $R(t)$ 和相位 $\theta(t)$ 的一维概率密度函数,分别服从瑞利分布和均匀分布。就一维分布而言,$R(t)$ 和 $\theta(t)$ 是统计独立的。即

$$f_R(r) = \frac{r}{\sigma_Y^2} \exp\left(-\frac{r^2}{2\sigma_Y^2}\right), \quad r \geqslant 0 \tag{3.7-26}$$

$$f_\theta(\theta) = 1/(2\pi), \quad \theta \in (0, 2\pi) \tag{3.7-27}$$

3.8　白噪声、低通白噪声和带通白噪声

既然有窄带过程,则必存在非窄带过程。这里介绍一个理想的宽带过程——白噪声,然后讨论常用的低通白噪声和带通白噪声。

3.8.1　白噪声

功率谱密度取值在整个频域内是平坦分布的噪声,被称作白噪声,即一噪声若有功率谱密度

$$P_n(\omega) = n_0/2 \quad -\infty < \omega < \infty \qquad (3.8\text{-}1)$$

式中,$n_0/2$ 表示某常数,则称该噪声为白噪声。

对此需说明以下几点:①功率谱密度必是非负函数,所以 $n_0/2$ 一定是非负的常数,即其在整个频域内呈平坦分布。其单位取 W/Hz。②该噪声称呼的引入是来自光学词汇"白光",白光的谱很宽,在这里为了表示噪声的谱很宽,于是采用了"白噪声"一词。③若白噪声在时域服从高斯分布,则称为高斯白噪声,在分析通信系统性能时人们常用它作为信道中的噪声模型。

式(3.8-1)中定义域是在所有正负频率,所以该谱是双边功率谱密度;包含在该式中的因子 2 表示该功率谱密度是双边的。有的教材或习题中给出的是白噪声的单边功率谱表示式,即

$$P_n(\omega) = n_0, \quad 0 < \omega < \infty \qquad (3.8\text{-}2)$$

在作傅里叶变换计算时,要把上式变回到双边功率谱密度表示后才可进行。

依据式(3.3-10),利用式(2.2-27),对式(3.8-1)作傅里叶反变换得白噪声自相关函数为

$$R_n(\tau) = (n_0/2)\delta(\tau) \qquad (3.8\text{-}3)$$

显然,白噪声的自相关函数仅在 $\tau=0$ 时才不为零;而对于其他任意的 τ,它都为零。这说明,白噪声只有在 $\tau=0$ 时才相关,而它在任意两个不同时刻上的随机变量都是不相关的。白噪声的自相关函数及其功率谱密度分别如图 3-4(a)和(b)所示。

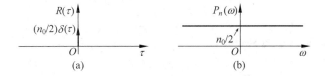

图 3-4　白噪声自相关函数(a)及其功率谱密度(b)

3.8.2　低通白噪声

如果功率谱密度为 $n_0/2$ 的白噪声通过截止频率为 ω_H 的理想 LPF(低通滤波器),则称该滤波器的输出噪声为带限白噪声。此时被称为理想 LPF 的频率响应函数是

$$H(\omega) = \begin{cases} 1, & |\omega| \leqslant \omega_H \\ 0, & \text{其他} \end{cases} \qquad (3.8\text{-}4)$$

依据式(3.6-6)得输出噪声功率谱密度

$$P_n(\omega) = |H(\omega)|^2(n_0/2) = \begin{cases} n_0/2, & \omega \leqslant \omega_H \\ 0, & 其他 \end{cases} \tag{3.8-5}$$

上式(3.8-5)的噪声为带限白噪声,又称为低通白噪声。

根据式(3.3-10)有带限白噪声自相关函数

$$R_n(\tau) = (1/2\pi)\int_{-\omega_H}^{\omega_H}(n_0/2)\exp(j\omega\tau)d\omega = f_H n_0 Sa(\omega_H\tau) \tag{3.8-6}$$

式中,$\omega_H = 2\pi f_H$。由上式看到,带限白噪声只有在 $\tau = k/(2f_H)$ 上($k = \pm 1, \pm 2, \pm 3, \cdots$)时,所得到的随机变量才不相关。它告诉我们,如果对带限白噪声按抽样定理(该定理将在第8章中讲解)抽样的话,则各抽样值是互不相关的随机变量。带限白噪声的自相关函数与功率谱密度如图 3-5(a)和(b)所示。

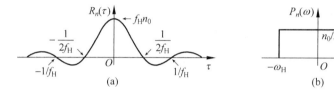

图 3-5　带限白噪声自相关函数(a)及其功率谱密度(b)

例 3-4　一随机过程 $\xi(t)$ 的功率谱密度如图 3-6 所示。试求其:

(1) 自相关函数 $R_\xi(\tau)$;

(2) 直流功率;

(3) 交流功率。

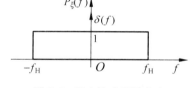

图 3-6　$\xi(t)$ 的功率谱密度

解:

(1) 由图 3-6 所示曲线可写出表示式

$$P_\xi(f) = \delta(f) + rect(f) \tag{3.8-7}$$

式中

$$rect(f) = \begin{cases} 1, & |f| \leqslant f_H \\ 0, & 其他 \end{cases}$$

由式(3.3-12)得傅里叶变换对

$$\delta(f) \Leftrightarrow 1$$

根据式(3.3-10)得

$$R_{re}(\tau) = \int_{f_H}^{f_H} \exp(j2\pi f\tau)df = 2f_H Sa(2\pi f_H\tau)$$

利用以上两个结果得所需求的自相关函数

$$R_\xi(\tau) = 1 + 2f_H Sa(2\pi f_H\tau) \tag{3.8-8}$$

(2) 依据式(3.3-6),代入上式,得所需求的直流功率

$$R_\xi(\infty) = 1$$

(3) 依据式(3.3-7),代入式(3.8-8),得所需求的交流功率,即方差

$$\sigma^2 = R_\xi(0) - R_\xi(\infty) = 1 + 2f_H - 1 = 2f_H$$

3.8.3 带通白噪声

如果将一个功率谱密度 $n_0/2$ 的白噪声加到一个中心角频率为 ω_c、带宽为 $B(Hz)$ 的理想 BPF(带通滤波器)上,则称该滤波器的输出噪声为带通白噪声。

依据式(3.6-6),代入理想带通特性和已知输入功率谱密度 $n_0/2$,得噪声输出功率谱密度为

$$P_n(\omega) = |H(\omega)|^2(n_0/2) = \begin{cases} n_0/2, & \omega_c - \pi B \leqslant |\omega| \leqslant \omega_c + \pi B \\ 0, & \text{其他} \end{cases} \tag{3.8-9}$$

上式功率谱密度的曲线如图 3-7(a)所示。

依据式(3.3-10),相关函数与功率谱密度呈傅里叶变换对,得

$$R_n(\tau) = (1/2\pi)\int_{-\infty}^{\infty} P_n(\omega) e^{j\omega\tau} d\omega$$

$$= \frac{1}{2\pi}\int_{-\omega_c-\pi B}^{-\omega_c+\pi B} (n_0/2) e^{j\omega\tau} d\omega + \frac{1}{2\pi}\int_{\omega_c-\pi B}^{\omega_c+\pi B} (n_0/2) e^{j\omega\tau} d\omega$$

$$= \frac{n_0}{4\pi j\tau}(e^{-j\omega_c\tau} j2\sin\pi B\tau + e^{j\omega_c\tau} j2\sin\pi B\tau) = n_0 B Sa(\pi B\tau)\cos\omega_c\tau \tag{3.8-10}$$

上式相关函数曲线如图 3-7(b)所示,该曲线假设了 $f_c = 2B$。

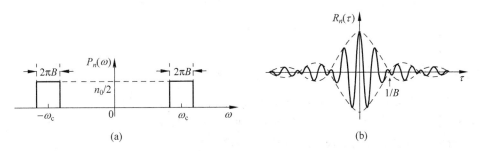

图 3-7 带通白噪声功率谱密度(a)和其相关函数(b)

带通白噪声的平均功率

$$P_n = R_n(0) = n_0 B \tag{3.8-11}$$

以上带通白噪声的有关结论和分析方法在今后带通型传输系统的抗干扰分析中经常会用到。

3.9 窄带随机过程加正弦波

在通信系统中经常会遇到的一种情况是平稳窄带高斯噪声加正弦波,即

$$r(t) = A\cos(\omega_c t + \theta) + n(t) \tag{3.9-1}$$

式中,A、ω_c 为常数;θ 是在$(0, 2\pi)$内均匀分布的随机变量;$n(t)$ 为方差等于 σ^2 的平稳窄带高斯噪声。在通信系统分析中需要寻求 $r(t)$ 的包络和相位之概率密度函数,于是作以

下分析。首先,展开和合并上式得

$$r(t) = [A\cos\theta + n_c(t)]\cos\omega_c t - [A\sin\theta + n_s(t)]\sin\omega_c t$$

令

$$\begin{cases} r_c(t) = A\cos\theta + n_c(t) \\ r_s(t) = A\sin\theta + n_s(t) \end{cases} \tag{3.9-2}$$

得 $r(t)$ 的正交表示式

$$r(t) = r_c(t)\cos\omega_c t - r_s(t)\sin\omega_c t \tag{3.9-3}$$

令

$$Z(t) = \sqrt{r_c^2(t) + r_s^2(t)}, \quad Z \geqslant 0 \tag{3.9-4}$$

和

$$\Phi(t) = \arctan[r_s(t)/r_c(t)], \quad \Phi \in (0, 2\pi) \tag{3.9-5}$$

并将式(3.9-4)和式(3.9-5)代入式(3.9-3),得

$$r(t) = Z(t)[\cos\Phi(t)\cos\omega_c t - \sin\Phi(t)\sin\omega_c t] = Z(t)\cos[\omega_c t + \Phi(t)] \tag{3.9-6}$$

上式被称为 $r(t)$ 的包络相位表达式。$Z(t)$ 是合成信号 $r(t)$ 的包络,$\Phi(t)$ 是该信号的相位。

下一步是求在 θ 出现的条件下 r_c 和 r_s 的概率密度函数。从式(3.9-2)出发,在 θ 出现的条件下,依据式(3.7-6)作数学期望,得

$$E[r_c(t)] = E[A\cos\theta] + E[n_c(t)] = A\cos\theta$$

$$E[r_s(t)] = E[A\sin\theta] + E[n_s(t)] = A\sin\theta$$

$$D[r_c(t)] = D[r_s(t)] = \sigma^2$$

所以

$$f_2(r_c, r_s/\theta) = \frac{1}{2\pi\sigma^2}\exp\{-[(r_c - A\cos\theta)^2 + (r_s - A\sin\theta)^2]/(2\sigma^2)\} \tag{3.9-7}$$

第三步是求 Z 和有关 Φ 的概率密度函数。比较式(3.9-3)和式(3.9-6)得到

$$r_c = Z\cos\Phi \quad \text{和} \quad r_s = Z\sin\Phi \tag{3.9-8}$$

下面用概率论中的雅可比变换法求得雅可比行列式:

$$J = \left| \frac{\partial(r_c, r_s)}{\partial(Z, \Phi)} \right| = \begin{vmatrix} \dfrac{\partial r_c}{\partial Z} & \dfrac{\partial r_s}{\partial Z} \\ \dfrac{\partial r_c}{\partial \Phi} & \dfrac{\partial r_s}{\partial \Phi} \end{vmatrix} = \begin{vmatrix} \cos\Phi & \sin\Phi \\ -Z\sin\Phi & Z\cos\Phi \end{vmatrix} = Z \tag{3.9-9}$$

于是有

$$f(z, \varphi/\theta) = Jf_2[r_c(z, \varphi), r_s(z, \varphi)/\theta] \tag{3.9-10}$$

将式(3.9-8)和式(3.9-9)代入上式,得 θ 出现的条件下 Z 和 Φ 的概率密度函数

$$f(z, \varphi/\theta) = \frac{z}{2\pi\sigma^2}\exp\{-[z^2 + A^2 - 2Az\cos(\theta - \varphi)]/(2\sigma^2)\} \tag{3.9-11}$$

所以 θ 出现的条件下包络 z 的概率密度为

$$f(z/\theta) = \int_0^{2\pi} f(z, \varphi/\theta)\mathrm{d}\varphi$$

$$= \frac{z}{2\pi\sigma^2}\exp[-(z^2 + A^2)/(2\sigma^2)]\int_0^{2\pi}\exp[Az\cos(\theta - \varphi)/\sigma^2]\mathrm{d}\varphi$$

$$= \frac{z}{\sigma^2} \exp[-(z^2 + A^2)/(2\sigma^2)] I_0(Az/\sigma^2) \tag{3.9-12}$$

式中

$$I_0(Az/\sigma^2) = \frac{1}{2\pi} \int_0^{2\pi} \exp[Az\cos(\theta - \varphi)/\sigma^2] d\varphi \tag{3.9-13}$$

称为零阶修正贝塞尔函数。由式(3.9-12)看到,该函数与 θ 无关,因此正弦波加窄带高斯过程的包络 Z 的概率密度函数为

$$f_1(z) = \frac{z}{\sigma^2} \exp[-(z^2 + A^2)/(2\sigma^2)] I_0(Az/\sigma^2), \quad Z \geqslant 0 \tag{3.9-14}$$

上式概率密度函数称为广义瑞利分布,也称莱斯(Rice)分布。如果 $A=0$,利用零阶修正贝塞尔函数的性质 $I_0(0)=1$,则上式变为式(3.7-26)的形式,即变为瑞利分布。从另一角度看,这显然是因为 $A=0$ 就是正弦波为 0,这造成所要分析的对象中只剩下窄带噪声,其结果当然同以前分析窄带噪声时的结论一致。

由式(3.9-14)可画出在 $A/\sigma=0$、1、2、4 和 6 时的包络分布 $f(z)$[即上式中的 $f_1(z)$],如图 3-8 所示。显然,该 A/σ 所对应的信号噪声功率比 $A^2/(2\sigma^2)$ 是 0、0.5、2、8 和 18。由此看到,该信噪比为 0 的曲线是瑞利分布;当该信噪比增加时分布曲线右移,即包络均值增加;在大信噪比时,包络在均值附近的分布很类似高斯分布,这不但从该曲线可看出,而且由上式利用 $I_0(x) \approx e^x \sqrt{2\pi x}$(在 x 很大时)作推演后也可得到"类似高斯分布"的结论。

下面转到求 $f(\varphi/\theta)$。此时,由式(3.9-11)出发,利用边际积分公式得到

$$f(\varphi/\theta) = \int_0^\infty f(z, \varphi/\theta) dz$$

$$= \frac{1}{2\pi\sigma^2} \exp\left[-\frac{A^2}{2\sigma^2} \sin^2(\theta - \varphi)\right] \int_0^\infty z \exp\{-[z - \cos(\theta - \varphi)]^2/(2\sigma^2)\} dz \tag{3.9-15}$$

由上式出发可以画出正弦波加窄带高斯过程的相位分布 $f(\varphi/\theta)$ 如图 3-9 所示。各条曲线旁用箭头标注的是 A/σ 所对应的数字 1、2、4 和 8。该曲线说明,信噪比大时的相位 Φ 以大的概率靠近信号的相位 θ;信噪比小时的相位 Φ 以大的概率远离信号相位 θ。

当信噪比为 0 时,所研讨的合成信号只剩下窄带高斯噪声,显然此时的相位 Φ 的分布与式(3.7-27)一样将服从均匀分布。

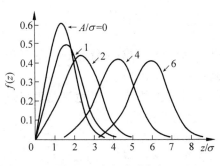

图 3-8 广义瑞利分布

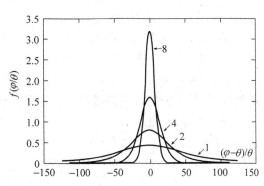

图 3-9 正弦波加窄带噪声时的相位分布

思 考 题

3-1 何谓随机过程？写出随机过程的 n 维概率密度函数的一般表示式。

3-2 何谓随机过程的数学期望和方差？它们描述了随机过程的什么性质？

3-3 什么是随机过程的协方差函数和自相关函数？它们之间有何关系？它们反映了随机过程的什么性质？

3-4 什么是广义平稳随机过程和狭义平稳随机过程？它们之间有何关系？

3-5 广义平稳随机过程的自相关函数具有什么特点？

3-6 什么是各态历经过程？对于各态历经的噪声电压,它的数学期望和方差代表什么？它的自相关函数在 $\tau=0$ 处的 $R(0)$ 又代表什么？

3-7 什么是高斯噪声？什么是白噪声？何谓低通白噪声和带通白噪声？

3-8 高斯白噪声 $n(t)$ 的数学期望和方差皆为 1,试写出它的二维概率密度函数。

3-9 什么是误差函数和补误差函数？

3-10 什么是窄带高斯噪声？它的波形有何特点？它的包络和相位各服从什么概率分布？

3-11 什么是窄带高斯噪声的同相分量和正交分量？它们各具有什么样的统计特性？

3-12 正弦波加窄带高斯噪声的合成包络服从什么概率分布？

3-13 广义平稳随机过程通过恒参线性系统时,输入随机过程和输出随机过程的数学期望之间有何关系？输入和输出的功率谱密度又有何关系？

习 题

3-1 设随机过程 $\xi(t)$ 可表示成 $\xi(t)=2\cos(2\pi t+\theta)$,式中 θ 是一个离散随机变量,且 $P(\theta=0)=1/2,P(\theta=\pi/2)=1/2$,试求 $E[\xi(1)]$ 及 $R_\xi(0,1)$。

3-2 设 $Z(t)=X_1\cos\omega_0 t-X_2\sin\omega_0 t$ 是一随机过程,若 X_1 和 X_2 是彼此独立且具有均值为 0、方差为 σ^2 的正态随机变量,试求:

(1) $E[Z(t)]$、$E[Z^2(t)]$;

(2) $Z(t)$ 的一维分布密度函数 $f_1(z)$;

(3) $B(t_1,t_2)$ 与 $R(t_1,t_2)$。

3-3 求乘积 $Z(t)=X(t)Y(t)$ 的自相关函数。已知 $X(t)$ 与 $Y(t)$ 是统计独立的平稳随机过程,且它们的自相关函数分别为 $R_X(\tau)$、$R_Y(\tau)$。

3-4 若随机过程 $Z(t)=m(t)\cos(\omega_0 t+\theta)$,其中,$\omega_0$ 是某常数,$m(t)$ 是宽平稳随机过程,且自相关函数 $R_Z(\tau)$ 为

$$R_Z(\tau)=\begin{cases}1+\tau, & -1<\tau<0 \\ 1-\tau, & 0\leqslant\tau<1 \\ 0, & \text{其他}\end{cases}$$

θ 是服从均匀分布的随机变量,它与 $m(t)$ 彼此统计独立。

(1) 证明 $Z(t)$ 是宽平稳的;   (2) 绘出自相关函数 $R_Z(\tau)$ 的波形;

(3) 求功率谱密度 $P_Z(\omega)$ 及功率 S。

3-5 已知噪声 $n(t)$ 的自相关函数 $R_n(\tau)=(a/2)\mathrm{e}^{-a|\tau|}$,$a$ 为常数。

(1) 求 $P_n(\omega)$ 及 S;   (2) 绘出 $R_n(\tau)$ 及 $P_n(\omega)$ 的图形。

3-6 $\xi(t)$ 是一个平稳随机过程,它的自相关函数是周期为 2s 的周期函数。在区间 $(-1,1)$(s)上,该自相关函数 $R(\tau)=1-|\tau|$。

试求 $\xi(t)$ 的功率谱密度 $P_\xi(\omega)$,并用图形表示。

3-7 将一个均值为零、功率谱密度为 $n_0/2$ 的高斯白噪声加到一个中心角频率为 ω_c、带宽为 $B(\mathrm{Hz})$ 的理想 BPF 上,如图 P3-1 所示。

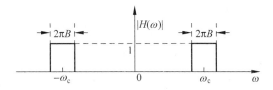

图 P3-1 理想 BPF

(1) 求滤波器输出噪声的自相关函数;

(2) 写出输出噪声的一维概率密度函数。

3-8 设 RC 型 LPF 如图 P3-2 所示,求当输入均值为零、功率谱密度为 $n_0/2$ 的白噪声时,输出过程的功率谱密度和自相关函数。

3-9 将均值为零、功率谱密度为 $n_0/2$ 的高斯白噪声加到图 P3-3 所示的 LR 型 LPF 的输入端。

(1) 求输出噪声 $n_0(t)$ 的自相关函数;

(2) 求输出噪声 $n_0(t)$ 的方差。

图 P3-2 RC 型 LPF   图 P3-3 LR 型 LPF

3-10 设有一个随机二进制矩形脉冲波形,它的每个脉冲的持续时间为 T_b,脉冲幅度取 ± 1 的概率相等。现假设任一间隔 T_b 内波形取值与任何别的间隔内取值统计无关,且过程具有宽平稳性,试证:

(1) 自相关函数

$$R_\xi(\tau)=\begin{cases}1-|\tau|/T_b, & |\tau|\leqslant T_b \\ 0, & |\tau|>T_b\end{cases}$$

(2) 功率谱密度 $P_\xi(\omega)=T_b[\mathrm{Sa}(\pi f T_b)]^2$。

3-11 已知图 P3-4 为单个输入、两个输出的线性过滤器,单位冲击响应分别为 $h_1(t)$

和 $h_2(t)$。若输入过程 $\eta(t)$ 是平稳的,求 $\xi_1(t)$ 与 $\xi_2(t)$ 的互功率谱密度的表示式。(提示:互功率谱密度与互相关函数为傅里叶变换对。)

图 P3-4　双路线性过滤器　　　　　　　　图 P3-5　延时相加器

3-12　若 $\xi(t)$ 是平稳随机过程,自相关函数为 $R_\xi(\tau)$。试求它通过如图 P3-5 所示的系统后的自相关函数及功率谱密度。

3-13　若通过图 P3-2 的随机过程是均值为零、功率谱密度为 $n_0/2$ 的高斯白噪声,试求输出过程的一维概率密度函数。

3-14　一噪声的功率谱密度如图 P3-6 所示,试证明其自相关函数为

$$KSa(\Omega\tau/2) \cdot \cos\omega_0\tau$$

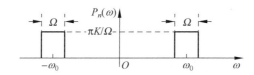

图 P3-6　一带通型功率谱密度

第 4 章

信　　道

4.1　引言

在第 1 章的各种通信系统模型中已介绍过信道,在那里信道指的是信号传输媒质。该章还指出,有线通信借用传导线体作为传输媒质或信道来完成通信,该传导线体称为有线信道。无线通信借用大气空间或自由空间即无线信道来传播电磁波,以实现通信。

在通信系统中研究消息传输性能时发现,还需要将信道的范围扩大,即信道除包括传输媒质外,还需包括有关的信号变换装置,如发送设备、接收设备、馈线与天线、调制器、解调器等。人们称这种扩大范围的信道为广义信道,而称前面的传输媒质信道为狭义信道。

本章首先研究广义信道的分类和数学描述,适当讨论狭义信道传输。然后,介绍信道中存在的噪声和信道的一种传输特性:信道容量。

4.2　信道的分类

如前所述,信道是供信号传输的通道,它分为狭义信道和广义信道。狭义信道有无线信道和有线信道之分。为研究通信系统某一段框图传输特性而定义的信道为广义信道,如下面讨论的调制信道和编码信道就属广义信道。

通信系统中的局部框图如图 4-1 所示。该图中调制器输出端到解调器输入端之间的所有框图总体被称作调制信道,并用虚线框住。这样一来,我们可以只关心调制信道的输入已调信号和输出后的信号情况,而不用去了解发设备和收设备对信号作了什么样的变换以及传输媒质选用什么样的具体媒质,此对研究调制和解调性能是合适而方便的。

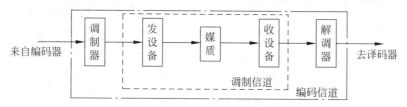

图 4-1　调制信道和编码信道

与上面同样的道理,在图 4-1 中从编码器输出端到译码器输入端之间的所有框图总体被称作编码信道,并用点划线框住。这样一来,我们可以只关心编码信道的输入数字信号序列和其输出的数字信号序列的情况,而无须具体研究编码信道中包含的各小功能框图的变换,这对研究编码器和解码器带来了很大的方便。此外,根据人们对通信系统中的研究对象或问题的不同,也可定义其他类型的广义信道。

4.3 调制信道和编码信道的数学描述

4.3.1 调制信道模型

4.2 节已指出,对于调制和解调的性能来说只需关心调制信道输出信号和输入信号之间的关系。下面我们来讨论这个问题。

在我们对调制信道作大量实际传输考察后,发现它具有以下共性:

(1) 有一对或多对输入端或一对或多对输出端;

(2) 绝大多数的信道都是线性的,即满足叠加原理;

(3) 信号通过信道具有一定的迟延时间,而且还会受固定的或时变的损耗;

(4) 即使没有信号输入,在信道的输出端仍有一定的噪声功率输出。

根据上述共性人们用一个二对端或多对端的时变线性网络来表示调制信道。二对端和多对端调制信道可用二对端和多对端时变线性网络来表示,分别如图 4-2 和图 4-3 所示,这两个网络被称为调制信道模型。

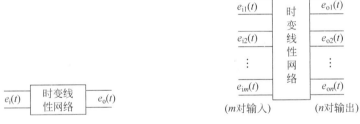

图 4-2　二对端调制信道模型　　　　图 4-3　多对端调制信道模型

由上看到,二对端输出 $e_o(t)$ 与输入 $e_i(t)$ 的关系应该为

$$e_o(t) = f[e_i(t)] + n(t) \tag{4.3-1}$$

式中,$e_i(t)$ 为输入的已调信号,$e_o(t)$ 为信道总输出波形,$n(t)$ 为始终存在的与信号 $e_i(t)$ 独立的信道加性噪声(又称加性干扰),都是连续信号;$f[\cdot]$ 表示已调输入信号通过网络发生的(时变)线性变换。

有时人们还由上式引入调制信道简单模型的传输特性描述,这时令 $f[e_i(t)] = k(t)e_i(t)$,于是得到

$$e_o(t) = k(t)e_i(t) + n(t) \tag{4.3-2}$$

式中,$n(t)$ 仍是信道加性干扰,而 $k(t)$ 显然可称为信道乘性干扰。上式为二对端调制信道的一种数学模型。

通常乘性干扰 $k(t)$ 是一复杂的函数,它可能引起信号的线性畸变及非线性畸变。同时由于信道的迟延特性和损耗特性随时间而随机变化,故 $k(t)$ 往往只能作为随机过程来对待。不过,经大量实验观察表明,有些信道的 $k(t)$ 基本不随时间变化,或者说,信道对信号的影响是固定的或变化极为缓慢的,人们称此类信道为恒参(恒定参数)信道。另一类信道却不然,它们的 $k(t)$ 是随机快变化的,人们称此类信道为随参(随机参数)信道。

4.3.2 编码信道

现在转到讨论编码信道模型,它与调制信道模型有明显的不同。调制信道的输入信号和输出信号是振幅值连续的信号,而编码信道的输入信号和输出信号是数字信号序列。或者说,调制信道实现的是模拟性的变换,而编码信道实现的是将一个输入数字序列变换成一个输出数字序列的数字性变换。由此人们常称调制信道为模拟信道,而称编码信道为数字信道。

由图 4-1 看到,编码信道输入端即是信道编码器输出端,编码信道输出端即是信道译码器输入端。由于信道编译码器都是对数字信号编译码,因此编码信道的输入输出端出现的是数字信号。从信息传输的观点看,希望编码信道输出数字序列与其输入序列完全一致,即实现无误码地传输,但实际传输总是有数字单元的传递发生错误,可见编码信道的特性应与该信道的转移差错概率有关。下面以二进制编码信道输入和输出皆为二进制数字信号(0,1)为例,画出其模型如图 4-4 所示。该编码信道的输入端是一个二进制取值的离散随机变量 X,并且该模型图左边的两个节点代表随机变量 X 的可能值 0 和 1。该编码信道的输出端则是一个二进制取值的离散随机变量 Y,并且该模型图右边节点旁标记有该变量可能的取值 0 和 1。该模型图有四条路由连接输入节点和输出节点。该图的顶部

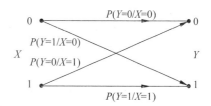

图 4-4 二进制编码信道模型

路由代表一个输入 0,传输出现一个正确的输出 0;由 0 到 1 的斜线路由代表一个输入比特 0 因噪声引起在输出端上的 1;由 1 到 0 的斜线路由代表一个输入比特 1 因噪声引起在输出端上的 0;底部路由代表一个输入 1,传输出现一个正确的输出 1。

该信道中差错的发生是随机的方式,且我们能够用统计学来描述它。下面讨论常见到的一种情况是在任一比特间隔内是否发生差错不影响其他比特间隔上的差错是否发生,人们称这种编码信道为无记忆信道。

通常用实验给定发端 X 的概率 $P(X=0)$ 和 $P(X=1)$,分别简记为 $P(0)$ 和 $P(1)$。图 4-4 中四条路由分别对应其条件概率。$P(Y=0|X=0)$ 对应于顶部路由;$P(Y=1|X=1)$ 对应于底部路由;$P(Y=1|X=0)$ 对应于由 0 到 1 的斜线路由;$P(Y=0|X=1)$ 对应于由 1 到 0 的斜线路由。这些条件概率 $P(Y=j|X=i)$ 表示发端的 X 取值 i 的条件下收端的 Y 取值 j 的概率,在二进制信道中 i 和 j 的可能取值为 0 和 1。通常将这些条件概率标注在图中的路由旁,如图 4-4 所示。一旦该组条件概率给定,则此二进制编码信道的统计特性就完全可以得知。

上面的条件概率 $P(Y=j|X=i)$ 在后文中常简记为 $P(j|i)$。图 4-4 中的 $P(1|0)$ 和

$P(0|1)$ 属错误转移的条件概率,而 $P(0|0)$ 和 $P(1|1)$ 属正确转移的条件概率。需要指出,转移概率一般需要对实际编码信道作大量的统计分析才能得到。注意,此模型中显然有

$$P(0|0) + P(1|0) = 1 \quad 和 \quad P(0|1) + P(1|1) = 1 \tag{4.3-3}$$

如果上述二进制编码信道有

$$P(0|0) = P(1|1) = q \tag{4.3-4}$$

则称其为二进制对称信道(BSC)。

依据概率的计算方法,得二进制编码信道的传输误码率为

$$P_e = P(X=0, Y=1) + P(X=1, Y=0)$$
$$= P(0)P(1|0) + P(1)P(0|1) \tag{4.3-5}$$

由无记忆二进制编码信道模型,容易推出无记忆多进制编码信道模型。图 4-5 给出一个无记忆四进制编码信道模型。该图中有 16 条路由,相应各路由的转移概率留给读者自己写出。

需要指出,如果编码信道是有记忆的,即信道中前后码元发生差错的事件为非独立事件,则编码信道模型要比图 4-4 或图 4-5 所示的模型复杂得多,信道转移概率表示式也变得很复杂,这里就不再讨论了。

由图 4-1 还看到,编码信道包含着调制信道,调制信道常会引起传输的差错,这就是编码信道转移错误概率不为 0 的现象与调制信道构造紧密相关的直接原因。下面需对恒参调制信道和随参调制信道分别加以讨论。

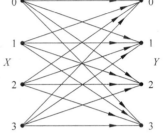

图 4-5　四进制编码信道模型

4.4　有线信道和无线中继及卫星中继

恒参调制信道包括有线信道和部分无线信道。处于气候环境变化较慢的有线信道和传播条件较好的部分无线信道属于恒参信道。

4.4.1　有线信道

有线信道分两大类,一类是传输电信号的电导线,主要分为明线、对称电缆和同轴电缆;另一类是传输光信号的光纤或光缆。

明线是指平行架设在电线杆上的导线。缺点较多,故已逐渐被通信电缆所代替。

对称电缆是放在同一保护套内的许多对相互绝缘的双导线组成的传输媒质。为减小各对导线之间的干扰,各对导线都拧成扭绞状;导线材料是铝或铜,直径为 $0.4 \sim 1.4\text{mm}$。由于结构上的这些特点,其传输损耗比明线大得多,但传输特性比较稳定。对称电缆在有线电话网中广泛作为用户接入线路。

图 4-6 示出了一单根同轴电缆的结构图。图中,同轴电缆由同轴的两个导体构成,外导体是一个圆柱形空管或金属丝编织网,内导体是金属芯线。它们之间填充着电介质,电介质可能是塑料,也可能是空气。在空气绝缘的情况下,内导体依靠有一定间距的绝缘子来定位。由于同轴电缆的外导体通常接地,所以它有很好的屏蔽干扰的作用。目前由于

光纤技术和应用的迅速发展,远距离传输的干线通路多采用光纤替代同轴电缆。

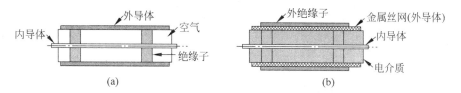

图 4-6 单根同轴电缆(a)和可弯曲电缆(b)的结构

几根同轴线缆常放在一大护套内,如图 4-7 所示。同轴电缆现在主要用在有线广播电视网中作为用户接入线。

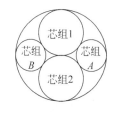

光纤信道是指以光导纤维(简称光纤)为传输媒质和光波为载波的通道,可提供极大的传输容量。光纤传输具有损耗低、频带宽、线径细、重量轻、可弯曲半径小、不怕腐蚀、节省有色金属以及免受电磁干扰等优点,并已获得广泛使用。

图 4-7 容量较大的同轴电缆结构

4.4.2 无线信道

在通常良好环境(如地形或气候等)条件下的视距无线电中继信道和卫星中继信道皆属恒参无线信道。

视距无线电中继信道是指,工作在超短波或微波波段上的电磁波基本沿视线传播的用中继方式通信的链路。相邻中继站的距离为 $40\sim50\text{km}$。无线中继站的链路构成如图 4-8 所示,它由终端站、中继站和各站间的无线电波传播路径组成。微波中继有模拟微波和数字微波之分,目前数字微波的容量已超过模拟微波。此通信方式主要受到光纤通信方式的挑战。

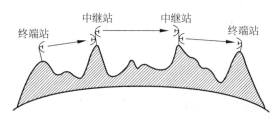

图 4-8 视距无线电中继

由于中继传输的视线距离和天线的架设高度有关,天线架设越高则视线传输距离越远,故人们提出用空中卫星来实现远距离的中继通信。通常将此利用人造卫星转发信号的通信称为卫星通信。许多发达国家和发展中国家已拥有自己的国内卫星通信系统。

上面介绍了几个恒参信道的例子,下面讨论恒参信道特性和其对信号传输的影响。

4.5 恒参信道的传输分析

4.4 节讨论的恒参信道属线性时不变信道,对该信道的分析方法类同于"信号与系统"课程中已讲解的方法,这里以本课程基带无失真传输系统为例复习和讨论如下。

定性地说,如果输出信号 $y(t)$"很相似于"系统输入信号 $s(t)$,则称该 $y(t)$ 是无失真的。数学上说,如果输出信号 $y(t)$ 不同于系统输入信号 $s(t)$ 在于一个幅度比例常数 K 和一个有限时延常数 t_d,那么该传输被称为无失真传输,即

$$y(t) = Ks(t - t_d) \tag{4.5-1}$$

"信号与系统"课程中已证明,基带无失真传输系统的条件是

$$
\begin{cases}
\text{幅频特性} & |H(\omega)| = K, & |\omega| < \omega_H \tag{4.5-2a} \\
\text{相频特性} & \varphi(\omega) = \omega t_d, & |\omega| < \omega_H \tag{4.5-2b}
\end{cases}
$$

或

$$
\begin{cases}
\text{幅频特性} & |H(\omega)| = K, & |\omega| < \omega_H \tag{4.5-3a} \\
\text{群时延特性} & \tau(\omega) = t_d, & |\omega| < \omega_H \tag{4.5-3b}
\end{cases}
$$

式中,K 和 t_d 为某常数;ω_H 为输入基带信号 $s(t)$ 的最高频率成分。

实际的传输系统并不理想,常引起两种传输失真:幅频失真和相频失真。

幅频失真是指,在信号的频率范围内,系统的幅频特性

$$|H(\omega)| \neq \text{常数 } K \tag{4.5-4}$$

所引起的失真。这显然是由于系统对信号的各频率成分的衰减不一样造成输出信号的失真。系统传输的幅频特性不理想是常遇到的现象,如典型的音频电话信道,在话音频带内幅频特性就不为常数,如图 4-9 所示。由图可见,低频端截止频率约在 300Hz 以下,这时每倍频程衰耗达 15~25dB;在 300~1100Hz 范围上衰耗比较平坦;在 1100~2900Hz 上衰耗通常是线性上升(2600Hz 衰耗比 1100Hz 处高 8dB);在 2900Hz 以上,衰耗增加很快,每倍频程增加 80~90dB。

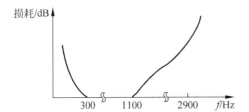

图 4-9 典型音频电话信道的相对衰耗

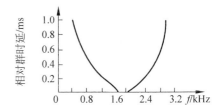

图 4-10 群时延-频率特性举例

对于模拟信号,幅频失真将引起信号失真,导致输出信噪比下降;对于数字信号,幅频失真将引起相邻码元在时间上的相互重叠,出现码间串扰,导致误码率上升。

在设计电话信道总传输特性时必须控制幅频特性在一定的范围之内。幅频失真是一种线性失真,可以在系统中插入一线性网络用来补偿这种失真,以使总的合成幅频特性接近满足式(4.5-2a),人们称该网络为幅频均衡器。

相频失真(或群时延失真)是指,在信号的频率范围内,系统的相频特性(或群时延-频率特性)

$$\varphi(\omega) \neq \omega t_d \quad \text{或} \quad \tau(\omega) \neq \text{常数 } t_d \tag{4.5-5}$$

所引起的失真。

所谓群时延-频率特性是相频特性对频率的导数。或者说,若相频特性为 $\varphi(\omega)$,那么

群时延-频率特性为

$$\tau(\omega) = \mathrm{d}\varphi(\omega)/\mathrm{d}\omega \qquad (4.5\text{-}6)$$

实际的信道特性总是多少偏离式(4.5-3)所示的群时延-频率特性,例如图 4-10 给出了一个典型的电话信道的群时延-频率特性。显然,非单一频率的信号通过该图特性的信道时,信号谱中的不同频率成分将有不同的群时延,即它们到达输出端时间不一样,从而引起信号的失真。这种失真可通过图 4-11 的例子来说明。图 4-11(a)是信道输入端上未经时延的信号,它由基波和三次谐波组成,其幅度比为 2∶1。若信号所含的两个频率成分经受了不同的时延,基波相移 π,三次谐波相移 2π,则信道输出的合成波形如图 4-11(b)所示,该输出波形与输入波形有了很大的差别,这个差别或失真就是群时延-频率特性不理想造成的。

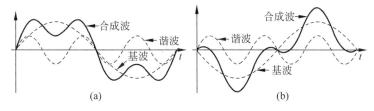

图 4-11 群时延失真举例

对于话音信号,由于人耳对相频失真不太灵敏,因此群时延-频率失真的影响不大;对于模拟视频信号,此失真会显著影响输出信噪比;对于数字信号,该失真会引起码间串扰,尤其在传输速率高时的码间串扰更严重,导致误码率上升。

幅频失真和相频失真都属于线性失真。线性失真可利用在通信系统中插入线性网络来补偿,该网络分别称为幅度均衡器和相位均衡器。

除了幅频失真和相频失真以外,恒参信道中还可能存在其他类型的传输失真,如非线性失真、频率偏移和相位抖动等。非线性失真是由于信道中非线性元件的存在,它引起谐波失真和一些寄生频率等。频率偏移失真起因于信道中收端解调载频与发端调制载频的误差。相位抖动失真是因为收端或发端载频振荡器的相位抖动所造成。如果出现了上述的非线性畸变,在系统中则难以消除。在系统设计中要控制这种畸变在允许的范围之内。

4.6 短波信道和对流层散射信道

实际中常见到的随参信道有短波电离层反射、超短波或微波对流层散射、超短波流星余迹散射、超短波电离层散射及超短波视距绕射等传输媒质构成的调制信道。有必要对其中的前两种典型信道作介绍,从而可进一步分析随参调制信道的特性。

4.6.1 短波电离层反射信道

波长为 $10 \sim 100\mathrm{m}$ 的无线电波称为短波。这种波的传播可沿地表面进行,也可通过电离层反射来实现。前者称为地波传播,后者称为天波传播。该地波的传播限于几十千米之内的距离,而天波可传播几千千米到上万千米的距离。下面就电离层一次反射路径、工作频率、多径传播等情况作介绍。

电离层位于地面上空 50～500km,它是因太阳紫外线和宇宙射线的照射使大气电离的结果。它由分子、原子、离子和自由电子组成。实际测试表明,在白天强烈阳光之下它可分为 D、E、F_1、F_2 四层,D 层高度为 50～100km,E 层高度为 100～150km,F 层高度为 150～500km,F 层分为 F_1 和 F_2 两层;而在夜晚 D 和 F_1 层几乎消失,只剩下 E 和 F_2 层。

当电磁波在这样的媒质中传播时,因逐步折射使轨道发生弯曲,从而在某一高度将产生全反射。短波电磁波从电离层一次反射传播路径如图 4-12 所示。一次反射的最大距离约为 4000km。

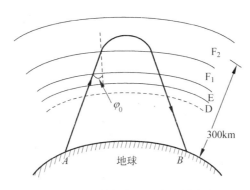

图 4-12   短波电离层一次反射路径

为了良好地实现短波通信,一是选用工作频率 f_w<最高工作频率;二是使电磁波在 D 和 E 层的吸收较小。最高工作频率和电离层参数通常由电离层观测站提供。

在短波电离层反射信道中,引起多径传播的主要原因是,电波经电离层的一次反射和多次反射;电离层不同高度上引起的反射;地球磁场引起的电磁波束分裂成寻常波与非寻常波;电离层不均匀性引起的漫射。以上四种情况下的多径传播示意图分别如图 4-13(a)～(d)所示。由于上述第一种情况下的路程时延差最大,可达几毫秒,故它不仅引起快衰落,而且还会产生多径时延失真。相比之下,后三种情况属于细多径,主要导致快衰落。

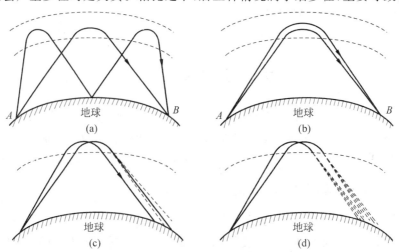

图 4-13   短波时多径传播的四种情况

该快衰落信号振幅大体服从广义瑞利分布,但在工程设计时仍按瑞利分布考虑,从而估计到最严重衰落情况。为克服快衰落,一般采用分集接收的方法。

短波电离层反射信道,过去是、现在仍然是远距离传输的重要信道之一。

4.6.2　对流层散射信道

从地面至 $10\sim12\text{km}$ 间的大气层称为对流层,其间的大气存在强烈的上下对流现象,形成湍流,出现大气的不均匀性。这种不均匀性会导致入射电波的散射。图 4-14 示出对流层散射传播路径示意图。图中发射天线波束和接收天线波束相交于对流层中,该相交的区域称为有效散射域。有效散射域包含了许多不均匀气团,各个气团都呈现出不同的反射,即出现散射。散射有很强的集中于前方的方向性。图中 $abcd$ 之内为有效散射域的前纵向剖面,用密集小点表示。对图中路径两端作实际测试,发现有以下主要特点。

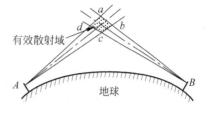

图 4-14　对流层散射传播路径

(1) 接收信号电平存在慢衰落和快衰落两种表现。慢衰落与气象条件有关。快衰落是指信号的振幅和相位发生快速随机变化现象;有效散射域内的不均匀气团造成的散射所引起的多条路径传输的存在,导致出现快衰落;实验表明散射信号电平服从瑞利分布,相位服从均匀分布。

(2) 经验证实,该信道可使用带宽

$$B_c \approx 1/\tau_m \tag{4.6-1}$$

式中 τ_m 是信道最大多径时延差。若信号带宽小于该信道允许带宽时则波形不会产生失真,反之信号将会严重失真。关于此问题的数学分析见 4.7 节。

对流层散射常用于海岛与陆地、边远地区与中心城市之间的通信。

4.7　随参信道传输的分析

由 4.6 节具体信道的讨论看到,随参信道的传输有三个特点:传输损耗随时间而变化;传输时延随时间而变化;信号经过多条路径到达接收端,而且各条路径的长度(即时延)和衰减都随时间而变化,即存在多径传播。

设发射信号为 $A\cos\omega_0 t$,它经过 n 条路径传播到接收端,则接收信号 $R(t)$ 为

$$R(t) = \sum_{i=1}^{n} \mu_i(t)\cos\omega_0[t - \tau_i(t)]$$

$$= \sum_{i=1}^{n} \mu_i(t)\cos[\omega_0 t + \varphi_i(t)] \tag{4.7-1}$$

式中,$\mu_i(t)$ 为第 i 条路径的收端信号随机振幅,$\tau_i(t)$ 为第 i 条路径的收端信号随机时延,$\varphi_i(t) = -\omega_0\tau_i(t)$。实验观察表明,$\mu_i(t)$ 和 $\varphi_i(t)$ 与 ω_0 相比,随时间的变化很缓慢,即是慢变化随机过程。这时,式(4.7-1)可改写成

$$R(t) = \sum_{i=1}^{n} \mu_i(t)\cos\varphi_i(t)\cos\omega_0 t - \sum_{i=1}^{n} \mu_i(t)\sin\varphi_i(t)\sin\omega_0 t \tag{4.7-2}$$

令

$$X_c(t) = \sum_{i=1}^{n} \mu_i(t)\cos\varphi_i(t) \qquad (4.7\text{-}3)$$

$$X_s(t) = \sum_{i=1}^{n} \mu_i(t)\sin\varphi_i(t) \qquad (4.7\text{-}4)$$

显然 $X_c(t)$ 和 $X_s(t)$ 都是慢变化的。将式(4.7-3)和式(4.7-4)代入式(4.7-2)得

$$R(t) = X_c(t)\cos\omega_0 t - X_s(t)\sin\omega_0 t = V(t)\cos[\omega_0 t + \varphi(t)] \qquad (4.7\text{-}5)$$

式中

$$\begin{cases} V(t) = \sqrt{X_c^2(t) + X_s^2(t)} \\ \varphi(t) = \arctan[X_s(t)/X_c(t)] \end{cases} \qquad (4.7\text{-}6)$$

因 $\mu_i(t)$ 和 $\varphi_i(t)$ 是慢变化的,所以 $X_c(t)$ 和 $X_s(t)$ 都是慢变化的,导致包络 $V(t)$ 和相位 $\varphi(t)$ 也是慢变化的。由窄带随机过程理论知,此时 $R(t)$ 可视为窄带随机过程。

既然 $R(t)$ 为窄带随机过程,那么其频谱类似于图 3-3(b),只是把该图中的 ω_c 改为 ω_0,这就是说发射端的单一频率信号经多径传输信道后输出变成了窄带信号,即产生了所谓频率弥散现象;另一方面,其波形类似于图 3-3(a),只是把该图中的 ω_c 改为 ω_0,这就是说发射端的恒定振幅的信号经多径传输信道后变成了振幅电平起落的信号,即产生了所谓振幅衰落现象。

下面进一步讨论 $V(t)$ 和 $\varphi(t)$ 的统计特性。由式(4.7-3)和式(4.7-4)看到,在任一时刻 t 上的 $X_c(t)$ 和 $X_s(t)$ 是 n 个随机变量之和,可以设 n 充分地大及在和式中每一个随机变量是独立地出现且具有均匀特性,于是根据概率论的中心极限得到" $X_c(t)$ 和 $X_s(t)$ 是高斯的"。又因上面分析时与 t 无关,所以 $X_c(t)$ 和 $X_s(t)$ 也是平稳的。这样一来可利用 3.7 节中窄带高斯过程理论得, $V(t)$ 和 $\varphi(t)$ 的一维分布分别服从瑞利分布和均匀分布。信号包络服从瑞利分布率的衰落常称为瑞利型衰落,这时随机变量 V 的一维概率密度为

$$f(v) = \frac{v}{\sigma^2}\exp\left[-\frac{v^2}{2\sigma^2}\right], \quad v \geqslant 0 \qquad (4.7\text{-}7)$$

式中,信道的参数 σ 为某正的常数。

用上式来分析实际中的散射引起的衰落是较准确的,但在反射中出现一条确定镜面反射信号时 $V(t)$ 将服从广义瑞利分布, $\varphi(t)$ 也将偏离均匀分布。

多径传播造成了上述频率弥散和振幅衰落,而且会引起频率选择性衰落。下面用一个例子来说明这种衰落。

设发送信号 $f(t)$ 的多径传播路径有两条,各路的衰减系数相同,均为 V_0;第一路对信号时延为 t_0,而第二路对信号时延为 $t_0+\tau$。此时可画出该两径传播模型如图 4-15 所示。现在来求该模型的频域传输特性。

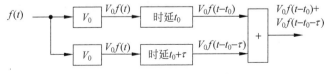

图 4-15 两径传播模型

设 $f(t)$ 的傅里叶变换为 $F(\omega)$，依据傅里叶变换特性得

$$V_0 f(t-t_0) \Leftrightarrow V_0 F(\omega)\exp(-\mathrm{j}\omega t_0)$$

$$V_0 f(t-t_0-\tau) \Leftrightarrow V_0 F(\omega)\exp[-\mathrm{j}\omega(t_0+\tau)]$$

$$V_0 f(t-t_0) + V_0 f(t-t_0-\tau) \Leftrightarrow V_0 F(\omega)\exp(-\mathrm{j}\omega t_0)[1+\exp(-\mathrm{j}\omega\tau)]$$

所以该模型的频域传输特性为

$$H(\omega) = V_0 F(\omega)\exp(-\mathrm{j}\omega t_0)[1+\exp(-\mathrm{j}\omega\tau)]/F(\omega)$$
$$= V_0\exp(-\mathrm{j}\omega t_0)[1+\exp(-\mathrm{j}\omega\tau)]$$

式中，V_0 是常数衰减因子，$\exp(-\mathrm{j}\omega t_0)$ 取模为 1，所以不影响 $H(\omega)$ 取模的波动性，即不影响传输的相对幅频特性。这时上述模型的相对幅频特性为

$$|1+\exp(-\mathrm{j}\omega\tau)| = |1+\cos\omega\tau - \mathrm{j}\sin\omega\tau|$$
$$= |2\cos^2(\omega\tau/2) - \mathrm{j}2\sin(\omega\tau/2)\cos(\omega\tau/2)|$$
$$= 2|\cos(\omega\tau/2)| \tag{4.7-8}$$

由上式可画出该两径传播模型的归一化幅频特性如图 4-16 所示。由此看到，该信道对不同频率的信号有不同传输衰减值，例如其特性在 $\omega = 2n\pi/\tau$（n 为整数）时出现传输最大点 1，而在 $\omega = (2n+1)\pi/\tau$（n 为整数）时出现传输零点。并且由于两路径的时延差 τ 随时间在变化，故该幅频特

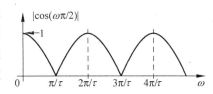

图 4-16 两径传播时归一化幅频特性

性的零点和最大点在频率轴上的位置也在随时间而改变。这样一来，当所传输信号的频谱宽度约大于两零点距 $1/\tau$ 时必发生幅频失真，或者说信号在频域某些点或域上发生传输系数严重下降导致信号传输的失真，人们称此现象为频率选择性衰落。

两径传输的上述情况也可推广到多径传输中，后者虽然幅频传输特性要复杂得多，但造成频率选择性衰落的原因都是各路径之间的相对时延差的存在，且多径时延差 τ 越大则对传输的影响越大。显然用最大多径时延差来评价多径信道的相关带宽是合适的。设多径信道的最大多径时延差为 τ_m，则称信道各路经之间的最大时延差 τ_m 的倒数为信道的相关带宽 B_{co}，即

$$B_{co} = 1/\tau_m \tag{4.7-9}$$

如果所传输信号的带宽大于该信道相关带宽，则很容易产生频率选择性衰落。这种频率选择性衰落会使数字信号发生码串扰，导致误码率显著上升。为避免这种衰落的影响，在工程上有一经验设计公式，为

$$B_s = (1/3 \sim 1/5)B_{co} \tag{4.7-10}$$

式中，B_s 为信号占用带宽。

数字信号的传输常希望有较高的传输速率，这就需占用较宽的信号频带，也就易于出现频率选择性衰落。这种衰落会引起数字信号的码间串扰，导致传输误码率的上升。或者说，为减小误码率和避免码间串扰需限制传输速率。

对于前面所述的慢衰落，因它的变化速度很缓慢，通常可以调整设备参数如发射功率来弥补。

为了克服衰落的影响，人们可采用多种措施，如各种抗衰落的调制解调技术、抗衰落

接收技术及扩频技术等。其中,明显有效且被广泛采用的措施之一,是分集接收技术。更多的分集接收知识可参考有关文献[8]。

4.8 通信系统中的噪声

人们称在通信系统中伴随着消息信号的不想要的信号为噪声。噪声总是存在于通信系统之中。叠加在信号上的噪声限制了接收机正确识别想要信号的能力,并因此限制了信息传输速率。

4.8.1 噪声分类

按噪声产生的缘由可分为人为噪声和自然噪声两大类。人类活动造成的信号称为人为噪声,如外台信号、开关接触噪声、汽车点火系统的电火花干扰和荧光灯干扰等。自然噪声是指自然界的电磁波源所产生的噪声,如闪电、大气中电暴、银河系噪声、各种宇宙噪声和热噪声等。

按噪声产生的位置可分为内部噪声和外部噪声。人们称在通信系统设备内部产生的噪声为内部噪声,如系统中的电导体热噪声、电真空管或半导体的散弹噪声及电源噪声等。反之,称在通信系统设备外部产生的噪声为外部噪声。

通信系统中的随机噪声按其形状可分为单频噪声、窄带噪声、脉冲噪声和起伏噪声。单频噪声是幅度和频率大体稳定的正弦波干扰,如电源噪声、内部振荡的谐波干扰等。这种噪声可发现并加以消除。窄带噪声是占用带宽较窄的一连续波形干扰,其为幅度、频率或相位在随机变化的一受调正弦波,如干扰电台造成的噪声。该噪声一般是存在于特定频率、特定时间或特定空间的噪声,因此常常可测定和避开。脉冲噪声是指出现时刻随机、幅度大、时宽短和相邻脉冲常有较长寂静期的噪声,如工业点火辐射、闪电和电气开关通断等所引起的噪声。这种噪声的频谱较宽,从低频到高频,且频率越高则频谱强度越小。该噪声对模拟信号传输的影响不大,对数字信号会引起一连串的误码,这时人们常采用纠检错码技术来降低误码。起伏噪声,又称为平稳背景噪声,它是以热噪声、散弹噪声和宇宙噪声为代表的噪声。若从时域看,这类噪声始终都存在。此外,热噪声、散弹噪声和宇宙噪声都服从高斯分布,而且频谱在很宽的范围内均匀分布,所以在今后的分析中起伏噪声都作为高斯白噪声来对待。由上面分析看到,起伏噪声不同于其他三种噪声,无论在时域还是在频域上它总是存在并影响着通信系统的传输,因此本书主要对起伏噪声的影响作讨论和研究。

4.8.2 热噪声

在电阻一类的导体中,自由电子含热能而引起热能运动。这些电子与其他粒子随机碰撞,呈现出随机曲折的运动路径,人们称此运动为布朗运动。所有这些电子的布朗运动的总结果形成了通过导体的电流,这种电流是方向和大小皆随机的、均值为零的电流,且该电流含交流成分,人们称此电流为热噪声。

根据热噪声形成的物理过程看出,大量电子形成电流时满足中心极限定理,即热噪声服从高斯分布。而且,分析和测量表明热噪声电流的功率谱密度是

图 4-17　电阻噪声等效源

$$P_{in}(f) = 2kTG, \qquad f < 10^{12}\,\text{Hz} \qquad (4.8\text{-}1)$$

式中,k 为玻耳兹曼常数,其值为 1.3805×10^{-23} J/K;T 为热噪声源的绝对温度;G 为电导值。此时对应的电导热噪声等效源如图 4-17 所示,图中无噪电导 G 与功率谱密度为 $2kTG$ 的电流源 $i_n(t)$ 并联,输出端为 a 和 b。

4.8.3　散弹噪声

散弹噪声是由真空电子管或半导体器件中电子发射的随机性引起的。散弹噪声的物理性质可由图 4-18 所示的平行板热阴极电子发射来说明。在给定温度下,二极管热阴极每秒发射的电子平均数目是常数,但某时刻发射的电子数目是不可预测的。实际测试表明,发射电子所形成的电流是在一个平均值上起伏变化,如图 4-19 所示。

图 4-18　二极管电子发射

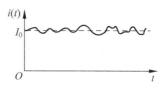

图 4-19　二极管总电流

图 4-19 所示的总电流 $i(t)$ 是许多单个电子单独作用的结果。观察表明 1A 的电流相当在 $1s$ 内通过 6×10^{18} 个电子,且从阴极发射的每一个电子可认为是独立出现的,所以总电流是相当多的独立小电流之和。根据中心极限定理,该总电流是一高斯随机过程,即散弹噪声为高斯随机过程。

利用普通电子学的知识可找到在温度限定下该散弹噪声的电流功率谱密度在频率不超过 100MHz 的范围内等于一恒定值 qI_0[15],其中 I_0 是平均电流值,q 是电子的电荷值为 1.6×10^{-19} C。

4.8.4　宇宙噪声

天体辐射的电磁波对通信系统形成的噪声称为宇宙噪声。它在整个空间的分布是不均匀的,最强的来自银河系中部,其强度与季节和频率等因素有关。通常在工作频率低于 300MHz 时需要考虑它的影响。实践证明宇宙噪声服从高斯分布,在一般工作范围内它具有平坦的功率谱密度。

综上所述,热噪声、散弹噪声和宇宙噪声都可看作为高斯噪声,且在相当宽的频率范围内具有平坦的功率谱密度。换句话说,起伏噪声可看作在相当宽的频率范围内具有平坦功率谱密度的高斯噪声,即它可近似看作高斯白噪声。

4.9　信道容量

这里讨论连续信道的信道容量。调制信道属连续信道。信道容量是数字通信系统的重要参数,它代表着在系统信道上以任意小的差错概率能够传递的最大信息速率。

下面用两个定理给出信道容量的含义和连续信道的信道容量的计算公式。这两个定理的数学证明较复杂,有兴趣的读者可参看文献[21]。

【定理 4-1】 设 C 是信道容量,R 是信源发信率。如果 $R \leqslant C$,则存在一种(编码)方法可使信源的输出以任意小的差错概率通过信道传输;若以 $R > C$ 的速率传输,那么无误差传输是不可能的。

该定理告诉我们,在通信系统设计中如果所要传递的传信率 $R \leqslant C$,总可以设计一通信系统来实现信息的无误差的传输。该定理又指出,设计中所要传递的传信率 R 不能超过信道容量,否则这种传输总会有差错,或者说这种传输一定会丢失信息量,这当然是人们所不希望的。

【定理 4-2】 有带宽 B(Hz)和加性高斯带限白噪声的连续信道,它的信道容量

$$C = B \log_2(1 + S/N) \tag{4.9-1}$$

式中 S 和 N 分别是信道输出端上平均信号功率(W)和平均噪声功率(W),C 的单位是bps。该定理常称为香农-哈特莱定理(Shannon-Hartley Theorem),而在信息论中常称上式为香农公式。

若该定理中的噪声是功率谱密度 $n_0/2$ 的高斯带限白噪声,那么信道输出端上平均噪声功率 $N = n_0 B$,则式(4.9-1)可变为另一形式

$$C = B \log_2[1 + S/(n_0 B)] \tag{4.9-2}$$

由上述公式看到,信道容量与信道带宽 B、信道输出信号平均功率 S 和噪声功率谱密度 $n_0/2$ 等所谓的"三要素"有关。下面一一加以讨论。

由式(4.9-2)看到,若 $n_0 \to 0$ 和其他两要素为某常数时,$C \to \infty$。$n_0 = 0$ 意味着信道无噪声,这实际上是做不到的,但该 n_0 和 C 的关系却指出了可用降低信道噪声的方法来提高信道容量。

同时由上式看到,若 $S \to \infty$ 和其他两要素为某常数时,$C \to \infty$。提高 S 意味着增加发射功率,功率的加大就会使发射机成本提高,使 $S \to \infty$ 实际上是做不到的,但该 S 和 C 的关系却指出了可用提高信道输出功率 S 的方法来提高信道容量 C。由上式还可看到,若 $B \to \infty$ 和其他两要素为某常数时,$C \to 1.44(S/n_0)$。即在理论上,信道带宽 B 趋向无穷并不会像 $S \to \infty$ 那样使 $C \to \infty$,而是使信道容量趋向一有限值。下面对此加以证明。

将式(4.9-2)改写为

$$C = \frac{S}{n_0} \frac{n_0 B}{S} \log_2\left(1 + \frac{S}{n_0 B}\right)$$

于是,当 $B \to \infty$ 时,则上式变为

$$\lim_{B \to \infty} C = \lim_{B \to \infty} \frac{S}{n_0}\left[\frac{n_0 B}{S} \log_2\left(1 + \frac{S}{n_0 B}\right)\right] \tag{4.9-3}$$

利用关系式

$$\lim_{x \to 0}(1/x)\log_2(1+x) = \log_2 e \approx 1.44$$

因此式(4.9-3)变为

$$\lim_{B \to \infty}C = (S/n_0)\log_2 e \approx 1.44(S/n_0) \tag{4.9-4}$$

此外,当信道容量保持某值时,信道带宽 B 和信噪比 S/N 可互换。该式还是扩展频谱技术的理论基础。

人们把达到理论极限信息速率 C 的传输差错率可任意小的通信系统称为理想通信系统。上述定理指出了理想通信系统的"存在性",但没有给出这种通信系统的实现方法。因此理想通信系统只能作为实际通信系统的理论界限。另外,上述讨论是在高斯白噪声的条件下进行的,对其他类型的噪声,香农公式需加以修正。

以上两个定理还告诉我们,通信系统设计中实际的传信率 R 一定要小于由式(4.9-1)或式(4.9-2)得出的计算值 C。下面举一个例子来说明信道容量在通信系统设计中的使用。

例 4-1　电视图像由 300 000 个小像元组成。对每一小像元取 10 个亮度电平(例如对应黑色、深灰色、浅灰色、白色等)。假设,对于任何像元,10 个亮度电平是独立等概地出现;该图像源每秒钟发送 30 帧图像;为了满意地重现图像,要求输出信噪比为 1000(即 30dB)。试计算传输上述信号所需的最小带宽。

解：首先计算每一元像所含的信息量。题给每一像元能以等概率取 10 个亮度电平,所以每个元像的信息量为 $I = \log_2 10 = 3.32$ (bit)。

每帧图像的信息量为 $I(帧) = 300\,000 \times I = 996\,000$ (bit)。

因为题给传帧率是每秒 30 帧,所以每秒内传送的信息量为

$$R = I(帧) \times 30 = 996\,000 \times 30 = 29.9 \times 10^6 \text{(bps)}$$

显然,这就是需要的信息速率 R。为传输该速率的信号,信道容量 C 至少必须等于 29.9×10^6 bps。题给 $S/N = 1000$,因此,将此 S/N 和上面已得到的 $C(=R)$ 值代入式(4.9-1),得

$$B = \frac{C}{\log_2(1+S/N)}$$

$$= \frac{29.9 \times 10^6}{\log_2 1001} == 2.997 \times 10^6 \text{(Hz)}$$

可见,所求带宽 B 约为 3MHz。

[注]　该题已作了近似假设,实际上图像的各像元之间有相关性,因而每个像元的信息量将小于所计算的信息量 $\log_2 10$ bit。

思 考 题

4-1　什么是调制信道?什么是编码信道?

4-2　什么是恒参信道?什么是随参信道?目前常见的信道中,哪些属于恒参信道?哪些属于随参信道?

4-3　信号在恒参信道中传输时主要有哪些失真？如何才能减小这些失真？

4-4　随参信道的特点如何？为什么在随参信道中信号传输会发生衰落现象？

4-5　通信系统中按噪声的形状划分，有哪几种？

4-6　信道中常见的起伏噪声有哪些？它们的主要特点是什么？

4-7　简述信道容量的定义。

4-8　香农公式有何意义？信道容量与"三要素"是什么？信道容量"三要素"的关系如何？

4-9　什么叫理想通信系统？

习　　题

4-1　设一恒参信道的幅频特性和相频特性分别为

$$\begin{cases} \mid H(\omega) \mid = K_0 \\ \varphi(\omega) = -\omega t_d \end{cases}$$

其中，K_0 和 t_d 都是常数。试确定信号 $s(t)$ 通过该信道后的输出信号的时域表示式，并讨论之。

4-2　设某恒参信道的频率响应特性为

$$H(\omega) = (1 + \cos\omega T_0)e^{-jt\omega_d}$$

其中 t_d 为常数。试确定信号 $s(t)$ 通过该信道后的输出信号表示式，并讨论之。

4-3　设某恒参信道可用图 P4-1 所示的线性二对端网络来等效。试求它的传输函数 $H(\omega)$，并说明信号通过该信道时会产生哪些失真。

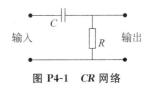

图 P4-1　CR 网络

4-4　有两个恒参信道，其等效模型分别如图 P4-2(a)、(b)所示。试求这两个信道的群时延特性，画出它们的群时延曲线，并说明信号通过它们时有无群时延失真。

(a)　　　　　　　　　　(b)

图 P4-2　分压电阻网络(a)和 RC 网络(b)

4-5　一信号波形 $s(t) = A\cos\Omega t\cos\omega_0 t$，通过衰减为固定常数值、存在相移的网络。试证明：若 $\omega_0 \gg \Omega$，且 $\omega_0 \pm \Omega$ 附近的相频特性曲线可近似为线性，则该网络对 $s(t)$ 的时延等于它的包络的时延(这一原理常用于测量群时延特性)。

4-6　瑞利型衰落的包络值 V 为何值时，V 的一维概率密度函数有最大值？

4-7　试根据教材式(4.7-7)，求包络值 V 的数学期望和方差。

4-8　假设某随参信道的两径时延差 τ 为 1 ms，试问该信道在哪些频率上传输衰耗最大？选用哪些频率传输信号最有利？

4-9 图 P4-3 所示的传号和空号相间的数字信号通过某随参信道。已知接收信号是通过该信道两条路径的信号之和。设两径的传输衰减相等（均为 d_0），且时延差 $\tau = T/4$。试画出接收信号的波形示意图。

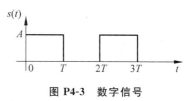

图 P4-3 数字信号

4-10 设某随参信道的最大多径时延差等于 3ms，为了避免发生频率选择性衰落，试估算在该信道上传输的数字信号占用的频率范围。

4-11 具有 6.5MHz 带宽的某高斯信道，若信道中信号功率与噪声单边功率谱密度之比为 45.5MHz，试求其信道容量。

4-12 设加性白噪声高斯低通信道的带宽为 4kHz，其输出信号与噪声的功率比为 63。试确定利用这种信道的理想通信系统之传信率和差错率。

4-13 某一特殊传输的图片含 2.25×10^6 个像元。为了很好地重现图片需要 12 个亮度电平。假若所有这些亮度电平独立等概率出现，试计算用 3min 传送一张图片时所需的信道最小带宽（设信道输出信噪功率比为 30dB）。

第 5 章

模拟调制通信系统

5.1　引言

从消息变换过来的原始信号具有频率较低的频谱分量,这种信号通常称为原始基带信号,在常见的许多带通信道中不适宜直接传输这种信号。因此,在通信系统的发送端通常需要将该信号变换成相适应的带通信号,人们称此变换为带通调制或简称调制。在接收端显然需要有反变换过程以恢复原始基带信号,人们称此反变换为带通解调或简称解调。

所谓载波调制,就是按消息信号 $m(t)$(又称原始基带信号)的变化规律去改变载波某些参数的过程。该消息信号 $m(t)$ 用来调制某载波,所以又称此 $m(t)$ 为调制信号。调制用的载波可以分为两类:用正弦信号作为载波;用脉冲串或一组数字信号作为载波。通常,调制可以分为模拟(连续)调制和数字调制两种方式。在模拟调制中,调制信号的取值是连续的;而数字调制中的调制信号的取值则为离散的。目前常见的模-数变换可以看成是一种用脉冲串作为载波的数字调制,它又称为脉冲编码调制。

调制在通信系统中具有重要的作用。通过调制,不仅可以进行频谱搬移,把调制信号的频谱搬移到所希望的位置上,从而将调制信号转换成适合于信道传输或便于信道多路复用的已调信号,而且它对系统的传输有效性和传输可靠性有着很大的影响。调制方式往往决定了一个通信系统的性能。

本章以及第 7、8 章将分别讨论上述的各种调制系统,重点介绍近些年来发展较快的数字调制。然而,考虑到模拟调制方式是其他调制的基础,故本章将首先扼要地讨论模拟调制通信系统的原理及其抗噪声性能。

最常用的模拟调制方式是用正弦波为载波的幅度调制和角度调制。幅度调制是调制信号对高频正弦载波作线性变换的过程,或者说调制后信号的频谱为调制信号频谱的平移及线性变换,因此幅度调制属于线性调制。常见的标准调幅(standard amplitude modulation,standard AM)、双边带(double sideband,DSB)、残留边带(vestigial sideband,VSB)和单边带(single sideband,SSB)等调制就是幅度调制的典型实例。角度调制与幅度调制不同,属于非线性调制,该已调信号频谱与输入调制信号的频谱不存在平移及线性变换的关系。频率调制则是角度调制中被广泛采用的一种。

考虑到读者在有关先修课程中已经学过模拟调制的基本原理,故本章将侧重讨论它的抗噪声性能。

5.2　幅度调制原理

幅度调制是正弦型载波的幅度随调制信号作线性变化的过程,所以又称为线性调制。设正弦型载波为

$$s(t) = A\cos(\omega_c t + \varphi_0) \tag{5.2-1}$$

式中,ω_c 是载波角频率;φ_0 是载波的初始相位;A 是载波幅度。

在此基础上,为方便起见,下面先给出幅度或线性调制器的一般模型,然后引出具体的几种线性调制信号,如标准 AM 信号、DSB-SC 信号、SSB 信号及 VSB 信号等框图。

幅度或线性调制器的一般模型如图 5-1 所示。

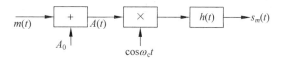

图 5-1　线性调制器的一般模型

它由相加器(加常数 A_0)、相乘器和冲激响应为 $h(t)$ 的 BPF 组成。该模型输出信号的时域表示式为

$$s_m(t) = \int_{-\infty}^{\infty} h(\tau) A(t - \tau) \cos(\omega_c t - \omega_c \tau) \mathrm{d}\tau$$

$$= \cos\omega_c t \int_{-\infty}^{\infty} h(\tau) A(t - \tau) \cos\omega_c \tau \mathrm{d}\tau$$

$$+ \sin\omega_c t \int_{-\infty}^{\infty} h(\tau) A(t - \tau) \sin\omega_c \tau \mathrm{d}\tau \tag{5.2-2}$$

注意,$h(t)$ 与滤波器频率响应呈傅里叶变换对。上述模型之所以称为调制器的一般模型,是因为在该模型中,适当选择输出端上滤波器的冲激响应 $h(t)$ 或频率响应 $H(\omega)$ 以及相加单元,便可以得到各种幅度调制或线性调制信号。

5.2.1　标准调幅信号

在图 5-1 中,如果输入的基带消息信号 $m(t)$ 没有直流分量和拥有最高频率分量 f_m,直流电压 $A_0 \geqslant |m(t)|$,且该图中相乘器输出可无失真地通过 $h(t)$ 理想 BPF,于是得到输出调幅信号

$$s_{AM}(t) = [A_0 + m(t)]\cos\omega_c t = A(t)\cos\omega_c t \tag{5.2-3}$$

式中,ω_c 是高频常数值。人们称上式所示的信号为标准调幅信号[18]或常规调幅信号[3],在不易引起误会的场合也简称其为调幅(AM)信号。上式中的 $A(t)$ 被称为 AM 信号的包络。

设式(5.2-3)中的消息信号 $m(t)$ 的傅里叶变换是 $M(\omega)$,图中给定 $h(t)$ 的傅里叶变换是中心频率为 ω_c 和带宽为 $2\omega_m$ 的理想 BPF,下面将寻求上式 AM 信号的频谱,然后分析一个典型的例子。

依据傅里叶变换公式有

$$\mathscr{F}[\cos\omega_c t] = \pi[\delta(\omega+\omega_c) + \delta(\omega-\omega_c)] \tag{5.2-4}$$

和

$$\mathscr{F}[A_0 + m(t)] = 2\pi A_0\delta(\omega) + M(\omega) \tag{5.2-5}$$

由上两式,依据调制定理得到

$$\mathscr{F}[s_{AM}(t)] = [1/(2\pi)]\{\mathscr{F}[\cos\omega_c t] * \mathscr{F}[A_0 + m(t)]\}$$

$$= \int_{-\infty}^{\infty} 0.5[2\pi A_0\delta(\Omega) + M(\Omega)][\delta(\omega-\Omega+\omega_c) + \delta(\omega-\Omega-\omega_c)]d\Omega$$

$$= \pi A_0[\delta(\omega+\omega_c) + \delta(\omega-\omega_c)] + 0.5[M(\omega+\omega_c) + M(\omega-\omega_c)] \tag{5.2-6}$$

上式频谱可全部通过题给理想 BPF,所以式(5.2-6)所表示的为标准 AM 信号频谱。

例 5-1 式(5.2-3)所示信号中的调制信号波形$[A_0 + m(t)]$和其频谱如图 5-2(a)和(b)所示。画出标准调幅信号产生器中其他各点波形和相应的频谱草图。

解:依据式(5.2-3)和图 5-2(a)可画出标准调幅信号产生器各点波形如图 5-2(c)和(e)所示。分别依据式(5.2-4)和式(5.2-6)可画出图 5-2(d)和(f)的标准 AM 信号产生器各点频谱草图。

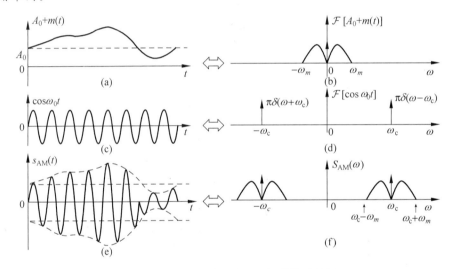

图 5-2 标准 AM 信号波形和频谱草图举例

由上例看到:①已调信号包络 $A(t)$ 的形状与调制信号 $m(t)$ 的形状完全相同,所以可用简单的包络检波解调器来实现。②设定直流偏压 $A_0 \geqslant |m(t)|$ 就能确保已调信号不发生包络失真;反之,会有包络失真,也就不能用包络检波解调器来实现无失真解调。③人们引入信号的一个重要参数,调幅指数 m_A。以 $m(t) = A_m\cos\omega_m t$ 为例,此时调幅指数定义为

$$m_A = A_m/A_0 \tag{5.2-7}$$

当 m_A 超过 1 时,该 AM 信号发生包络失真,或者说发生过载现象。

在图 5-2(f)的频谱图中,对于 $|\omega| > \omega_c$ 的消息信号谱称为上边带;而对于 $|\omega| < \omega_c$ 的消息信号谱称为下边带;在 $|\omega| = \omega_c$ 上的线谱信号是载波。标准 AM 信号就是含载波的双边带信号,由此图看出该信号的带宽为

$$B_{AM} = 2f_m \tag{5.2-8}$$

由式(5.2-3)可计算得 AM 信号平均功率为

$$P_{AM} = A_0^2/2 + \overline{m^2(t)}/2 = P_c + P_s \tag{5.2-9}$$

式中，$P_c = A_0^2/2$ 是载波功率；$P_s = \overline{m^2(t)}/2$ 是边带功率。

未调制的载波本身并不含带用户信息，边带则完全含带用户信息。因此可推断 AM 信号平均总功率的一部分花费在载波上，显然这部分花费越小为好，于是引入 AM 信号的功率效率这一指标。人们称 AM 信号的边带功率与已调信号总功率之比为其功率效率，即

$$\eta_{AM} = \frac{\overline{m^2(t)}}{\overline{m^2(t)} + A_0^2} \tag{5.2-10}$$

如果消息信号是余弦信号 $m(t) = A_m\cos\omega_m t$，下面讨论 AM 信号的最大功率效率。此时 $\overline{m^2(t)} = 0.5A_m^2$，将此式代入式(5.2-10)，得

$$\eta_{AM} = \frac{0.5A_m^2}{0.5A_m^2 + A_0^2} \tag{5.2-11}$$

由上式看到，A_m 越大则功率效率越高，另一方面标准 AM 信号要求值 $A_0 \geqslant |m(t)| = |A_m\cos\omega_m t|$，即 A_m 可能取的最大值是 A_0。因此 A_m 取最大值 A_0 时有最大功率效率，将 $A_m = A_0$ 代入式(5.2-11)，得 $\eta_{AMmax} = 1/3$。可见，标准 AM 信号的功率效率是相当低的。

5.2.2 抑制载波双边带(DSB-SC)信号

在图 5-1 中，如果输入的基带信号 $m(t)$ 没有直流分量，将 A_0 取为 0(这时相加器可略去)，且 $h(t)$ 是中心频率为 ω_c、带宽为 $2f_m$ 的理想 BPF，则得到的输出信号是无载波分量的 DSB 信号，或称抑制载波双边带(DSB-SC)信号。这时的 DSB-SC 信号实质上就是 $m(t)$ 与载波 $\cos\omega_c t$ 相乘，即

$$s_{DSB}(t) = m(t)\cos\omega_c t \tag{5.2-12}$$

依据傅里叶变换公式有

$$\mathcal{F}(\cos\omega_c t) = \pi[\delta(\omega + \omega_c) + \delta(\omega - \omega_c)] \tag{5.2-13}$$

和

$$\mathcal{F}[m(t)] = M(\omega)$$

由上两式出发，依据调制定理得到

$$\mathcal{F}[s_{DSB}(t)] = [1/(2\pi)]\{\mathcal{F}(\cos\omega_c t) * \mathcal{F}[m(t)]\}$$

$$= \int_{-\infty}^{\infty} 0.5M(\Omega)[\delta(\omega - \Omega + \omega_c) + \delta(\omega - \Omega - \omega_c)]d\Omega$$

$$= 0.5[M(\omega + \omega_c) + M(\omega - \omega_c)] \tag{5.2-14}$$

上式频谱可全部通过理想 BPF，显然其输出是不含载波的 DSB 谱，即该式为 DSB-SC 信号频谱。下面举一典型的例子来说明其波形和频谱的特点。

例 5-2 已知由图 5-1 所示调制器得到式(5.2-12)的 DSB-SC 信号。给定调制信号波形 $m(t)$ 和其频谱 $M(\omega)$ 如图 5-3(a)和(b)所示。给定 $h(t)$ 的傅里叶变换是中心频率为 ω_c、带宽为 $2\omega_m$ 的理想 BPF。画出该调制器各点波形和相应频谱草图。

解：依据式(5.2-12)和图 5-3(a)可画出 DSB-SC 信号各点波形如图 5-3(c)和(e)所

示。分别依据式(5.2-13)和式(5.2-14)可画出图 5-3(d)和(f)为 DSB-SC 调制器各点频谱草图。

由图 5-3(f)所示的频谱图看到,其具有无载波和含两个边带的特点,属 DSB-SC 信号,且该信号带宽为

$$B_{\text{DSB}} = B_{\text{AM}} = 2f_m \qquad (5.2-15)$$

由式(5.2-12)出发可计算得 DSB-SC 信号的平均功率为

$$P_{\text{DSB}} = \overline{m^2(t)}/2 = P_s \qquad (5.2-16)$$

该信号的载波功率为 0,式(5.2-16)就是信号的边带功率。依据式(5.2-10)得到 DSB-SC 信号的功率效率为 100%。

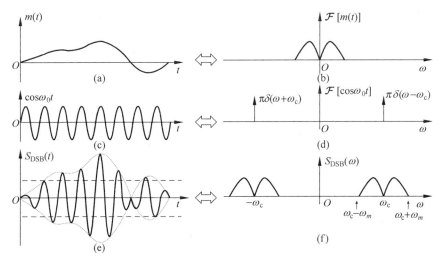

图 5-3 DSB-SC 信号波形和频谱草图举例

5.2.3 单边带(SSB)信号

上文已提到,双边带信号含有两个边带,即上边带和下边带。这两个边带包含的信息相同,因而只需传输一个边带即可完成信息传递的任务。于是人们采用传输一个边带的调制方式,即所谓的单边带调制方式。既然是传输信号的一个边带,一种显然的方法就是用滤波器滤除双边带信号的一个边带,而允许另一个边带通过以得到 SSB 信号。这就是下面要讨论的滤波法形成 SSB 信号。

SSB 信号分为上边带信号和下边带信号两种。从 DSB-SC 频域表示式(5.2-14)和图 5-4(a)看到,用理想滤波器 $H_L(\omega)$(如图 5-4(b)所示)滤出下边带的方法,可得到下边带信号的频域表示式为

$$S_{\text{LDB}}(\omega) = 0.5[M(\omega+\omega_c) + M(\omega-\omega_c)]H_L(\omega) \qquad (5.2-17)$$

式中滤波器

$$H_L(\omega) = \begin{cases} 1, & |\omega| < \omega_c \\ 0, & \text{其他} \end{cases}$$
$$= 0.5[\text{sgn}(\omega+\omega_c) - \text{sgn}(\omega-\omega_c)] \qquad (5.2-18)$$

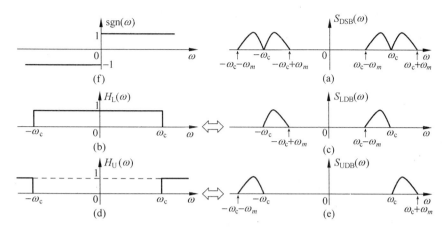

图 5-4　"形成 SSB 信号"的滤液特性和 SSB 信号频谱

式中 sgn 函数(正负号函数)如图 5-4(f)所示。将式(5.2-18)代入式(5.2-17)得到

$$S_{LDB}(\omega) = 0.25[M(\omega+\omega_c) + M(\omega-\omega_c)] + 0.25[M(\omega+\omega_c)\mathrm{sgn}(\omega+\omega_c)$$
$$- M(\omega-\omega_c)\mathrm{sgn}(\omega-\omega_c)] \tag{5.2-19}$$

根据希尔伯特变换公式有

$$0.25[M(\omega+\omega_c) + M(\omega-\omega_c)] \Leftrightarrow 0.5m(t)\cos\omega_c t$$

$$0.25[M(\omega+\omega_c)\mathrm{sgn}(\omega+\omega_c) - M(\omega-\omega_c)\mathrm{sgn}(\omega-\omega_c)] \Leftrightarrow 0.5\,\hat{m}(t)\sin\omega_c t$$

式中$\hat{m}(t)$是$m(t)$的希尔伯特变换。因此下边带信号的时域表示式为

$$S_{LDB}(t) = 0.5m(t)\cos\omega_c t + 0.5\,\hat{m}(t)\sin\omega_c t \tag{5.2-20}$$

用与上同样的方法可得上边带信号的时域表示式为

$$S_{UDB}(t) = 0.5m(t)\cos\omega_c t - 0.5\,\hat{m}(t)\sin\omega_c t \tag{5.2-21}$$

　　上述的 SSB 信号产生方法是从 DSB-SC 信号中用边带滤波器滤出信号单个边带,人们称为滤波法。此产生器由一个乘法器和边带滤波器 $H_L(\omega)$(或 $H_U(\omega)$)串接而成,其输出即为 SSB 信号。

　　SSB 信号可以用另一种相移法生成。这种方法不需要制作困难的边带滤波器。该相移法的框图如图 5-5 所示。它的组成原理就是用移相器、相乘器和相加(减)器实现式(5.2-20)或式(5.2-21)的运算。一振荡器产生 $\cos\omega_c t$,此经 90°相移得 $\sin\omega_c t$,此相移器是单频相移器;消息 $m(t)$经 90°相移得其希尔伯特变换$\hat{m}(t)$,该相移器对 $m(t)$的每一谱分量都有 90°相移,即是宽频相移器 $H_w(\omega)$;将已得到的两路正交振荡分别同两路正交的消息相

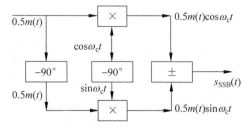

图 5-5　相移法产生 SSB 信号

乘。相乘后的两路信号若相加,则得到下边带信号;相乘后的两路信号若相加减,则得到上边带信号输出。

相移法实现的难点是宽带相移网络 $H_w(\omega)$ 的制作,它要求 $m(t)$ 的每一谱分量都有 $90°$ 相移,这是困难的。为解决这个难题,可以采用维弗(Weaver)法。读者如有需要,可参看文献[23]。

由图 5-4(c)或(e)看出,SSB 信号带宽为

$$B_{SSB} = f_m \tag{5.2-22}$$

将上式与式(5.2-8)及式(5.2-15)比较可知,SSB 信号比标准 AM 信号或 DSB-SC 信号占用带宽要节约一半。正是因为这个原因,SSB 信号已在拥挤的高频频谱域成为重要的调制方式。

由式(5.2-20)和式(5.2-21)出发计算 SSB 已调信号的平均功率为

$$\begin{aligned}
P_{SSB} &= \overline{[0.5m(t)\cos\omega_c t \pm 0.5\,\hat{m}(t)\sin\omega_c t]^2} \\
&= 0.25 \times 0.5\,\overline{m^2(t)} + 0.25 \times 0.5\,\overline{\hat{m}^2} \\
&= 0.25\,\overline{m^2(t)}
\end{aligned} \tag{5.2-23}$$

SSB 信号的载波功率为 0,依据式(5.2-10)得到与 DSB-SC 信号同样的功率效率,即为 100%。

综上所述,节约发射机功率和发射信号带宽是设计通信系统时非常期待的。AM 方案既浪费发送功率效率也浪费传输带宽。DSB-SC 方案发送功率效率明显优于 AM 方案,其传输带宽与 AM 方案带宽相同。SSB 方案不仅功率效率高,而且传输带宽将比 DSB-SC 和 AM 方案的带宽节约一半。

5.2.4 残留边带(VSB)信号

SSB 信号调制器要求有陡峭的边带滤波器以完全抑制双边带中不需要的一个边带,这种滤波器的制作给设备带来了复杂性。SSB 系统的另一缺点是,低频响应特性不好。如果保留几乎完整的一个边带和另一个边带残留谱的系统,即采用 VSB 信号的传输系统,那么降低设备的复杂性和改善低频响应是可能的,如在电视广播和高速数据传输中。

VSB 信号调制器,由一 DSB 信号或 AM 信号产生器之后串接 VSB 信号边带滤波器所组成,如图 5-6 所示。一典型残留部分下边带的 VSB 信号边带滤波器特性 $H_{VSB}(f)$ 见图 5-7,而一典型残留部分上边带的 VSB 信号的 $H_{VSB}(f)$ 如图 5-8 所示。VSB 信号边带滤波器特性 $H_{VSB}(f)$ 的通带传输系数为 1,止带传输系数为 0,在 f_c 附近的过渡带曲线以 $H_{VSB}(f)=0.5, f=f_c$ 为奇对称。由这两个图看到,$H_{VSB}(f)$ 满足下式:

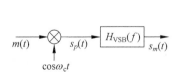

图 5-6　VSB 信号调制器

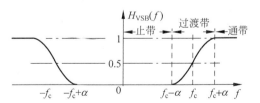

图 5-7　残留部分下边带时 VSB 滤波器特性

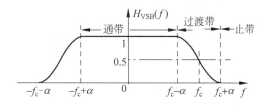

图 5-8 残留部分上边带时 VSB 滤波器特性

$$H_{\text{VSB}}(f+f_c) + H_{\text{VSB}}(f-f_c) = C, \quad |f| \leqslant f_m \tag{5.2-24}$$

式中，C 为常数；f_c 为信号载波频率；f_m 为消息信号的最高频率。人们称此等式为互补对称性。VSB 信号边带滤波器特性 $H_{\text{VSB}}(f)$ 曲线满足互补对称性是 VSB 信号正确解调的重要条件，此将在 5.3 节中证明。

由上图看到该 VSB 信号谱为

$$S_{\text{VSB}}(\omega) = 0.5[M(\omega+\omega_c) + M(\omega-\omega_c)]H_{\text{VSB}}(\omega) \tag{5.2-25}$$

当 DSB 信号通过上述 VSB 边带滤波器后的 VSB 信号带宽为

$$B_{\text{VSB}} = f_m + \alpha, \quad 0 < \alpha < f_m \tag{5.2-26}$$

式中，f_m 是消息信号的带宽。

5.3 幅度调制通信系统的抗噪声性能

5.3.1 幅度调制信号的解调

为了从接收到的已调信号中恢复出原始基带信号，需进行解调，解调是调制的反过程。幅度调制信号的解调主要有相干解调、包络检波解调和插入载波的包络检波解调，下面分别加以解释。

1. 相干解调

所有的幅度调制信号都可采用相干解调来恢复原始信号。相干解调器的一般模型如图 5-9 所示，它由相乘器和低通滤波器所组成。

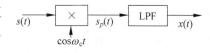

图 5-9 相干解调器

下面以 SSB 信号的相干解调为例来说明相干解调的原理。设接收到下边带信号 $s(t)$ 如式(5.2-20)所示，那么相乘器输出为

$$s_p(t) = [0.5m(t)\cos\omega_c t + 0.5\,\hat{m}(t)\sin\omega_c t]\cos\omega_c t$$

$$= 0.25m(t) + 0.5m(t)\cos2\omega_c t + 0.25\,\hat{m}(t)\sin2\omega_c t$$

上式中的第二和第三项是频率成分在 $2\omega_c$ 附近的高频信号，所以不能通过 LPF 输出；第一项是所需的低频信号，可以通过 LPF，于是得到输出

$$x(t) = m(t)/4 \tag{5.3-1}$$

可见，输出端上恢复了基带消息信号 $m(t)$。

图 5-9 相干解调器中的 $\cos\omega_c t$ 称为本地载波，它由接收机提供，与已调信号同频同相，否则影响解调性能。此同频同相，即是载波同步，因此又称相干解调为同步解调或同

步检波。有关载波同步及其性能问题将在第 12 章中讨论。

下面再讨论 VSB 信号的相干解调,以说明其调制器对残留边带滤波器的特性要求。其相干解调原理结构与图 5-9 相同,不同的是所接收到的信号是 $s_{VSB}(t)$。

由频域卷积定理得

$$S_p(\omega) = (1/2\pi)S_{VSB}(\omega) * [\pi\delta(\omega+\omega_c) + \pi\delta(\omega-\omega_c)]$$
$$= 0.5[S_{VSB}(\omega-\omega_c) + S_{VSB}(\omega+\omega_c)] \tag{5.3-2}$$

将式(5.2-25)代入上式,得

$$S_p(\omega) = 0.25H_{VSB}(\omega-\omega_c)[M(\omega) + M(\omega-2\omega_c)]$$
$$+ 0.25H_{VSB}(\omega+\omega_c)[M(\omega+2\omega_c) + M(\omega)]$$
$$= 0.25M(\omega)[H_{VSB}(\omega-\omega_c) + H_{VSB}(\omega+\omega_c)]$$
$$+ 0.25[H_{VSB}(\omega-\omega_c)M(\omega-2\omega_c) + H_{VSB}(\omega+\omega_c)M(\omega+2\omega_c)] \tag{5.3-3}$$

若选择合适的 LPF 之截止频率,滤除上式中的第二个方括号项,得

$$X(\omega) = 0.25M(\omega)[H_{VSB}(\omega-\omega_c) + H_{VSB}(\omega+\omega_c)] \tag{5.3-4}$$

由上式可知,为了保证该输出无失真地重现调制信号 $m(t)$,必须要求

$$H_{VSB}(\omega-\omega_c) + H_{VSB}(\omega+\omega_c) = C, \quad \omega \leqslant \omega_H \tag{5.3-5}$$

式中 ω_c 为信号载波角频率,ω_H 为消息信号的最高角频率。这就是前面提到过的 VSB 发端滤波器的式(5.2-24)的互补对称性。

满足此互补对称性的 VSB 信号滤波器的滚降形式可以有无穷多种,目前应用得最多的是直线滚降和余弦滚降,它们分别在电视信号传输和数据传输中得到应用。

2. 包络检波解调

由例 5-1 得到,满足 $A_0 \geqslant |m(t)|$ 的 AM 信号之包络,完全与原始信号 $m(t)$ 相似,于是可用简单的二极管包络检波器来获得包络,以得到基带消息信号 $m(t)$ 输出。此方法被称为包络检波解调。该解调方法的特点是:一是属非相干解调,以至无须相干载波;二是包络检波器又相当的简单。包络检波器通常由半波整流器或全波整流器和 LPF 组成。

一种最简单的包络检波器原理电路如图 5-10 所示,图中,D 为二极管,R 是电阻,C 代表电容。该电路是半波整流式的峰值检波器,随着输入信号的正反向引起二极管的导通和断开,相应时间电容器作充电和放电,结果呈现为输出取输入信号的峰值。这时的输出为

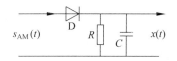

图 5-10　最简式包络检波器举例

$$x(t) = A_0 + m(t) \tag{5.3-6}$$

式中常数 A_0 是输出信号的直流成分。利用在该检波器输出端加一隔直流电容即可去除该直流,于是最终输出为基带消息信号 $m(t)$,完成解调任务。

3. 插入载波的包络检波解调

DSB-SC、SSB 和 VSB 等已调信号的包络变化不同于 $m(t)$,因此用包络检波不可恢复原始信号 $m(t)$。这时若插入很强的载波,使之成为或近似为 AM 信号,然后经过包络检波器

即可输出基带消息信号 $m(t)$，其原理图如图 5-11 所示。这时插入的载波要与 DSB-SC(SSB 或 VSB)已调信号载波同频同相，且强度要足够地大，否则性能会变坏。

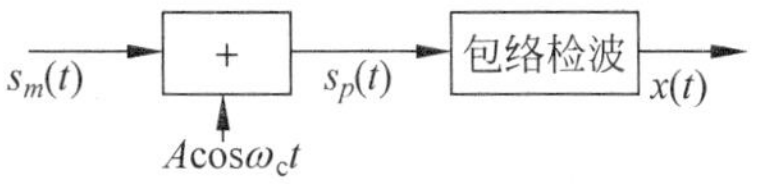

图 5-11　插入载波的包络检波解调

5.3.2　幅度调制接收系统的抗噪性能

第 4 章已指出，信道加性噪声主要取决于起伏噪声，而起伏噪声又可视为高斯白噪声。因此，本节将要讨论的是信道存在加性高斯白噪声时，各种线性调制通信系统的抗噪声性能。

加性噪声对通信系统传输的影响，表现在已调信号和噪声于接收系统中的传输。基于这种情况，我们可画出如图 5-12 所示的幅度调制接收系统抗噪性能分析模型。模型输入端的已调信号用 $s_m(t)$ 表示，信道用相加器表示，而功率谱密度 $n_0/2$ 的加性高斯白噪声用 $n(t)$ 表示。$s_m(t)$ 及 $n(t)$ 在到达解调器之前，通常都要经过一带通滤波器，该 BPF 将混合在噪声中的有用信号 $s_m(t)$ 基本无失真地滤出来，同时，尽可能地滤除滤波器带外噪声。因此，BPF 的带宽取已调信号的带宽值。这时在解调器输入端的信号可认为是 $s_m(t)$，而噪声 $n(t)$ 则由白噪声变成带通型噪声 $n_i(t)$。可见，解调器输入端的噪声带宽与已调信号的带宽是相同的。

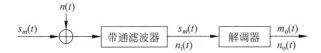

图 5-12　幅度调制接收系统性能分析模型

对于不同的调制系统，将有不同形式的信号 $s_m(t)$，但解调器输入端的噪声形式却都是由功率谱密度为 $n_0/2$ 的高斯白噪声通过 BPF 而得到的，即是带通型高斯噪声。下面分析时都设 BPF 是传输系数为 1 的理想 BPF。它可利用式(3.7-5)和式(3.7-1)将带通型噪声表示成

$$n_i(t) = n_c(t)\cos\omega_c t - n_s(t)\sin\omega_c t \qquad (5.3\text{-}7)$$

或

$$n_i(t) = V(t)\cos[\omega_c t + \theta(t)] \qquad (5.3\text{-}8)$$

根据式(3.7-20)，$n_i(t)$、$n_c(t)$ 及 $n_s(t)$ 均具有相同的平均功率，即

$$\overline{n_i^2(t)} = \overline{n_c^2(t)} = \overline{n_s^2(t)} \qquad (5.3\text{-}9)$$

式中，"—"表示统计平均(对随机信号)或时间平均。如果解调器输入噪声 $n_i(t)$ 具有带宽 B，则输入噪声平均功率为

$$N_i = \overline{n_i^2(t)} = n_0 B \qquad (5.3\text{-}10)$$

式中，n_0 是噪声单边功率谱密度，它在通带 B 内是恒定的。

若将经解调器解调后得到的有用基带信号记为 $m_0(t)$，解调器输出噪声记为 $n_0(t)$，则解调器输出信号平均功率 S_0 与输出噪声平均功率 N_0 之比可表示为

$$\frac{S_o}{N_o} = \frac{\overline{m_o^2(t)}}{\overline{n_o^2(t)}} \tag{5.3-11}$$

由上面求得的解调器输入及输出信噪比(SNR),便可以得到

$$G = \frac{S_o/N_o}{S_i/N_i} \tag{5.3-12}$$

式中 S_i 表示解调器输入有用信号的平均功率。这个 G 值通常称为解调增益。

下面将在给定 $s_m(t)$ 及 $n_i(t)$ 的情况下,推导出各种解调器的输入及输出 SNR,并在此基础上对各种调制系统的抗噪声性能作出评述。

1. 相干解调 DSB-SC 传输系统之性能分析

由于 DSB 信号的解调器为同步解调器,即由相乘器和 LPF 构成,故在解调过程中,输入信号及噪声可以分别单独作解调计算如下。

根据式(5.2-12),解调器输入有用信号为

$$s_m(t) = m(t)\cos\omega_c t$$

参见式(5.2-16),得平均功率为

$$S_i = \overline{m^2(t)}/2 \tag{5.3-13}$$

由上式及式(5.3-10)得解调器输入信噪比为

$$S_i/N_i = 0.5\,\overline{m^2(t)}/(n_0 B) \tag{5.3-14}$$

若同步解调器中的相干载波为 $\cos\omega_c t$,则解调器输出信号可写为

$$m_o(t) = 0.5m(t) \tag{5.3-15}$$

由上式得解调器输出端的有用信号功率

$$S_o = \overline{m_o^2(t)} = \overline{m^2(t)}/4 \tag{5.3-16}$$

为了计算解调器输出端的噪声平均功率,我们先求出相干解调的相乘器输出噪声,即

$$n_i(t)\cos\omega_c t = [n_c(t)\cos\omega_c t - n_s(t)\sin\omega_c t]\cos\omega_c t$$
$$= 0.5n_c(t) + 0.5[n_c(t)\cos2\omega_c t - n_s(t)\sin2\omega_c t]$$

由于 $n_c(t)\cos2\omega_c t$ 及 $n_s(t)\sin2\omega_c t$ 分别表示在 $2\omega_c$ 载频上的波形,它们将被解调器的 LPF 所滤除,故解调器最终的输出噪声为

$$n_o(t) = 0.5n_c(t) \tag{5.3-17}$$

利用上式、式(5.3-9)和式(5.3-10),得输出噪声功率为

$$N_o = \overline{n_o^2(t)} = \overline{n_c^2(t)}/4 = \overline{n_i^2(t)}/4 = n_0 B/4 \tag{5.3-18}$$

根据式(5.3-16)及式(5.3-18)得解调器输出 SNR 为

$$S_o/N_o = \overline{m^2(t)}/(n_0 B) = S_i/(n_0 f_m) \tag{5.3-19}$$

将式(5.3-14)和式(5.3-19)代入式(5.3-12),得

$$G_{DSB} = 2 \tag{5.3-20}$$

由此可见,对于 DSB-SC 调制系统而言,解调增益为 2。这就是说,DSB 信号的解调器使 SNR 改善一倍。

2. SSB 传输系统的性能分析

SSB 信号的解调方法与上述的 DSB-SC 信号解调相同,其区别仅在于解调器之前的 BPF 的传输特性。在 SSB 调制时,该 BPF 只让一个边带信号通过;而在 DSB-SC 调制时,该 BPF 必须让两个边带信号通过。可见,前者的 BPF 的带宽是后者的一半。由于 SSB 信号的解调器与双边带信号的相同,故计算 SSB 信号解调器输入及输出 SNR 的方法也相同。

SSB 信号解调器的输入噪声功率由式(5.3-10)给出,即

$$N_i = n_0 B \tag{5.3-21}$$

式中 B 是 SSB 的 BPF 的带宽。

根据式(5.2-23),得 BPF 输出 SSB 信号功率为

$$S_i = \overline{m^2(t)}/4 \tag{5.3-22}$$

由式(5.3-21)及上式得 SSB 解调器的输入 SNR 为

$$S_i/N_i = \overline{m^2(t)}/(4n_0 B) \tag{5.3-23}$$

依据式(5.3-1),SSB 信号解调器有用信号输出为

$$m_o(t) = m(t)/4$$

所以解调器输出有用信号功率

$$S_o = \overline{m_o^2(t)} = \overline{m^2(t)}/16 \tag{5.3-24}$$

参见式(5.3-18)得解调器输出噪声功率

$$N_o = \overline{n_i^2(t)}/4 = n_0 B/4 \tag{5.3-25}$$

由上两式得 SSB 解调器输出 SNR:

$$S_o/N_o = \overline{m^2(t)}/(4n_0 B) = S_i/(n_0 f_m) \tag{5.3-26}$$

将上式和式(5.3-23)代入式(5.3-12),得 SSB 信号解调增益

$$G_{SSB} = 1 \tag{5.3-27}$$

比较式(5.3-20)及式(5.3-27)可见,DSB 解调器的解调增益为 SSB 的 2 倍。由上述结果,并不能得出 DSB 解调性能比 SSB 好的结论。这是因为,SSB 信号所需带宽仅仅是 DSB 的一半。因而,在噪声功率谱密度相同的情况下,DSB 解调器的输入噪声功率是 SSB 的 2 倍,从而也使 DSB 解调器输出噪声功率比 SSB 的大一倍。因此,尽管 DSB 解调器的解调增益比 SSB 的大,但它的实际解调性能不会优于 SSB 的解调性能。不难看出,如果解调器的输入噪声功率谱密度相同,输入的信号功率也相等,则 DSB 和 SSB 在解调器输出端的 SNR 是相等的。这就是说,从抗噪声观点看,SSB 的解调性能和 DSB 是相同的。

3. AM 信号传输系统的性能分析

AM 信号可用同步检波和包络检波两种方法进行解调。实际中,AM 信号的解调器几乎都采用包络检波器(线性检波或平方律检波等),下面结合线性包络检波器来进行讨论。至于同步检波时 AM 系统的性能分析,其方法与前面 DSB-SC(或 SSB)信号相同,故

留作习题。

设分析 AM 系统的性能模型如图 5-12 所示,图中的解调器为包络检波器。其 $s_m(t)$ 如式(5.2-3)所示,即

$$s_m(t) = [A_0 + m(t)]\cos\omega_c t \tag{5.3-28}$$

式中,信号 $m(t)$ 没有直流分量,最高频率分量为 f_m;直流电平 $A_0 \geqslant |m(t)|$。

于是解调器输入信号功率与式(5.2-9)相同,为

$$S_i = A_0^2/2 + \overline{m^2(t)}/2 \tag{5.3-29}$$

参见式(5.3-10),得解调器输入噪声平均功率为

$$N_i = \overline{n_i^2(t)} = n_0 B \tag{5.3-30}$$

利用上面两式得到

$$S_i/N_i = \frac{A_0^2 + \overline{m^2(t)}}{2n_0 B} \tag{5.3-31}$$

为了求得包络检波器输出端的信号功率 S_o 和噪声功率 N_o,有必要求检波器输入端信号加噪声的合成包络。根据式(5.3-28)和式(5.3-7)得

$$s_m(t) + n_i(t) = [A_0 + m(t) + n_c(t)]\cos\omega_c t - n_s(t)\sin\omega_c t$$
$$= E(t)\cos[\omega_c t + \varphi(t)] \tag{5.3-32}$$

式中

$$E(t) = \sqrt{[A_0 + m(t) + n_c(t)]^2 + n_s^2(t)} \tag{5.3-33}$$

$$\varphi(t) = \arctan\left[\frac{n_s(t)}{A_0 + m(t) + n_c(t)}\right] \tag{5.3-34}$$

其中 $E(t)$ 就是所求的合成包络。当包络检波器的传输系数近似为 1 时,则检波器的输出就是 $E(t)$。

由式(5.3-33)看到,此检波是非线性检波,输出信号和噪声的分析在以下两种情况下才会显著简化:或是收到信号功率远大于输入噪声功率,或是信号功率远小于噪声功率。

(1) 大信噪比情况

所谓大信噪比情况是指

$$A_0 + m(t) \gg n_i(t)$$

即有 $A_0 + m(t) \gg n_c(t)$ 和 $A_0 + m(t) \gg n_s(t)$。换言之,大信噪比就是满足下式:

$$\frac{n_c(t)}{A_0 + m(t)} \ll 1 \quad \text{或} \quad \frac{n_s(t)}{A_0 + m(t)} \ll 1 \tag{5.3-35}$$

由式(5.3-33)提因子得

$$E(t) = [A_0 + m(t)]\sqrt{1 + \frac{2n_c(t)}{A_0 + m(t)} + \left[\frac{n_c(t)}{A_0 + m(t)}\right]^2 + \left[\frac{n_s(t)}{A_0 + m(t)}\right]^2}$$

由式(5.3-35)得上式的近似式为

$$E(t) \approx [A_0 + m(t)]\left[1 + \frac{2n_c(t)}{A_0 + m(t)}\right]^{1/2} \tag{5.3-36}$$

利用近似公式

$$(1+x)^{1/2} \approx 1 + x/2, \quad \text{当 } x \ll 1 \text{ 时} \tag{5.3-37}$$

得

$$E(t) \approx A_0 + m(t) + n_c(t) \tag{5.3-38}$$

式中，直流 A_0 被检波器中的电容器所阻隔而不会输出；$m(t)$ 是包络检波器的输出有用信号；$n_c(t)$ 是检波器的输出噪声。由此得解调器输出信号功率

$$S_o = \overline{m^2(t)} \tag{5.3-39}$$

输出噪声功率

$$N_o = \overline{n_c^2(t)} = n_0 B \tag{5.3-40}$$

于是得到 AM 包络检波解调输出 SNR

$$S_o/N_o = \overline{m^2(t)}/(n_0 B) \tag{5.3-41}$$

将上式和式(5.3-31)代入式(5.3-12)，得

$$G_{AM} = \frac{2\,\overline{m^2(t)}}{A_0^2 + \overline{m^2(t)}} \tag{5.3-42}$$

由上式看到，AM 信号在大信噪比情况下的 G_{AM} 值随载波振幅 A_0 的减小而增加，但对包络检波解调要求 A_0 不能减小到低于 $|m(t)|_{max}$，因此 G_{AM} 的最大值受到限制。下面以调制信号为单一正弦波为例，讨论 G_{AM} 的最大值。

例 5-3 设 AM 信号 $s_m(t) = A_0(1 + \sin\Omega t)\cos\omega_c t$，式中 A_0 为载波振幅，ω_c 为载波频率，Ω 是低频调制信号的频率。接收端采用包络检波解调，解调器输入端满足大信噪比的条件。计算该通信系统的解调增益 G_{AM}。

解： 显然调制信号是正弦 $A_0\sin\Omega t$，所以其功率

$$\overline{m^2(t)} = 0.5A_0^2$$

将此值代入式(5.3-42)，得

$$G_{AM} = 2 \times 0.5A_0^2/(A_0^2 + 0.5A_0^2) = 2/3 \tag{5.3-43}$$

上例中的调幅指数＝单一正弦波的振幅 A_0 ÷ 载波振幅 A_0 ＝100%，也就是说载波振幅再减小的话会发生过调幅而导致包络检波的解调失真。因此单一正弦波调制信号的 AM 信号，在大信噪比时的包络检波解调增益 G_{AM} 最大值为 2/3。

由该例还可计算出输出 SNR 与输入信号功率 S_i 的关系。由式(5.3-43)得

$$S_o/N_o = (2/3)S_i/N_i$$

再将式(5.3-30)代入上式得

$$S_o/N_o = S_i/(3n_0 f_m) \tag{5.3-44}$$

需要指出，AM 信号同步检波法解调时得到的解调增益 G_{AM} 与式(5.3-42)完全相同，此作为"习题 5-12"留给读者证明。由此可见，大信噪比时的包络检波解调增益与同步检波法的解调增益几乎一样，但是同步检波法的解调增益不受信号与噪声相对幅度比大小的限制。即同步检波法的 G_{AM} 与接收端的 SNR 无关，均由式(5.3-42)所确定。

（2）小信噪比情况

所谓小信噪比情况是指

$$A_0 + m(t) \ll n_i(t)$$

即有

$$A_0 + m(r) \ll n_c(t) \quad 和 \quad A_0 + m(t) \ll n_s(t) \tag{5.3-45}$$

由上式和式(5.3-33)得

$$E(t) \approx \sqrt{n_c^2(t) + n_s^2(t) + 2[A_0 + m(t)]n_c(t)}$$

$$= [n_c^2(t) + n_s^2(t)]^{1/2} \left\{ 1 + \frac{2[A_0 + m(t)]n_c(t)}{n_c^2(t) + n_s^2(t)} \right\}^{1/2} \tag{5.3-46}$$

因窄带噪声的包络

$$V(t) = [n_c^2(t) + n_s^2(t)]^{1/2}$$

窄带噪声的相位

$$\theta(t) = \arctan[n_s(t)/n_c(t)]$$

和

$$\cos\theta(t) = n_c(t)/V(t)$$

将上述表达式代入式(5.3-46)得

$$E(t) \approx V(t) \left\{ 1 + \frac{2[A_0 + m(t)]}{V(t)} \cos\theta(t) \right\}^{1/2} \tag{5.3-47}$$

因是小信噪比 $A_0 + m(t) \ll n_i(t)$，即 $A_0 + m(t) \ll V(t)$，所以可用式(5.3-37)，由上式得

$$E(t) \approx V(t) + [A_0 + m(t)]\cos\theta(t) \tag{5.3-48}$$

从上式看到，小信噪比时包络检波器的输出 $E(t)$ 中含有加性干扰 $V(t)$，且仅含有信号的项是 $m(t)\cos\theta(t)$。显然，有用信号 $m(t)$ 受到噪声 $\cos\theta(t)$ 的乘积干扰，也即信号被扰乱成输出噪声，使输出 SNR 严重恶化，出现了所谓的门限效应。进一步说，在大信噪比时输出 SNR 随输入 SNR 下降而以基本恒定比例下降，即近似线性地下降；在包络检波器输入 SNR 下降到一个特定数值时检波器输出 SNR 以很快的速度下降，人们称此现象为解调的门限效应。这里的"输入 SNR 下降到一个特定数值"的值，就是开始出现门限效应的门限。这种门限效应是由包络检波器解调的非线性所引起的。

综合起来看，在大信噪比时 AM 信号包络检波器的抗噪性能几乎与同步检测器相同；随着输入 SNR 的减小包络检波器将在一个特定的输入 SNR 上出现门限效应；一旦出现门限效应时解调器的输出 SNR 将急剧变坏。

这里需指出，AM 信号应用的大多数场合下的输入 SNR 较高，特别是在民用广播系统中采用的发射功率都很大，包络检波特别简单而易于实现，所以该检波方式获得了广泛的应用。

5.4 角度调制和解调原理

5.4.1 角度调制原理

一正弦载波含有三个参数：幅度、频率和相位。在前节中已详细地讲述了用基带调制信号改变载波幅度的幅度调制原理，本节将讨论用基带信号改变载波频率或相位的调制原理。用基带信号改变载波频率的调制被称为频率调制或调频(frequency modulation，FM)，而用基带信号改变载波相位的调制被称为调相(phase modulation，

PM),且在 FM 和 PM 时载波的幅度都保持恒定不变。在 FM 和 PM 时的相应载波频率和相位的变化都可看成载波角度的改变,因此把 FM 和 PM 统称为角度调制或调角。

幅度调制后的信号,其频谱是基带调制信号谱的线性搬移。与该幅度调制不同,角度调制后的信号之频谱虽完成了频谱的搬移,但它的谱已不再保持基带调制信号谱的结构,即调制后的信号谱与基带调制信号谱呈非线性关系,因此人们称角度调制为非线性调制。

1. 角度调制一般概念

角调信号的时域表达式

$$s_m(t) = A_c \cos[\omega_c t + \varphi(t)] \tag{5.4-1}$$

式中,A_c 是角调信号的恒定振幅;$\theta_i(t) = \omega_c t + \varphi(t)$ 是角调信号的瞬时相位;被称为瞬时相偏的相角 $\varphi(t)$ 是消息信号 $m(t)$ 的函数。称 $d[\omega_c t + \varphi(t)]/dt$ 为角调信号的瞬时频率,而 $d\varphi(t)/dt$ 为角调信号相对于载频的瞬时角频偏。

所谓 PM,是瞬时相偏 $\varphi(t)$ 随消息信号 $m(t)$ 成比例变化的调制,即

$$\varphi(t) = k_p m(t) \tag{5.4-2}$$

式中,k_p 为比例常数,称为相调灵敏度,单位是 rad/V。于是相调信号是

$$s_{PM}(t) = A_c \cos[\omega_c t + k_p m(t)] \tag{5.4-3}$$

所谓 FM,是瞬时频偏 $d\varphi(t)/dt$ 随消息信号 $m(t)$ 成比例变化的调制,即

$$d\varphi(t)/dt = k_f m(t) \tag{5.4-4}$$

式中,k_f 为比例常数,称为频调灵敏度,单位是 rad/(sV)。或是瞬时相偏

$$\varphi(t) = k_f \int m(t) dt \tag{5.4-5}$$

于是 FM 信号为

$$s_{FM}(t) = A_c \cos\left[\omega_c t + k_f \int m(t) dt\right] \tag{5.4-6}$$

FM 和 PM 有紧密的关系。比较式(5.4-3)和式(5.4-6)后可以看到,当 $m(t)$ 积分后调相,那么调相器输出的是 FM 信号;当 $m(t)$ 微分后调频,那么调频器输出的是 PM 信号。由此可以画出所谓直接 FM 和间接 FM 的框图如图 5-13(a)和(b)所示,也可画出所谓直接 PM 和间接 PM 的框图,如图 5-14(a)和(b)所示。

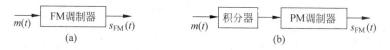

图 5-13　直接 FM(a)和间接 FM(b)

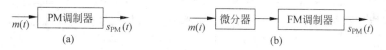

图 5-14　直接 PM(a)和间接 PM(b)

FM 波形和 PM 波形的特征很相似,因此在预先不知道调制信号 $m(t)$ 的具体形式时则无法判断已调信号是 PM 信号还是 FM 信号。两种波形的振幅都是恒定常数;它们的过零交点密度随消息信号的改变而变化,因此这两种信号的分析方法类同,于是这里只侧重于分析 FM 信号。

根据 FM 信号的瞬时相偏的大小,可以将频调分为窄带频调和宽带频调两种。该宽带与窄带调制的区分并无严格的界限,通常认为已调信号的最大瞬时相偏远小于 30° 时称为窄带调制。即

$$k_f \left| \left| \int m(t)\mathrm{d}t \right| \right|_{\max} \ll \pi/6 \qquad (5.4\text{-}7)$$

时,称式(5.4-6)为窄带频调(narrowband FM,NBFM)信号。此时由式(5.4-6)得到 NBFM 信号时域表示式

$$s_{\mathrm{NBFM}}(t) \approx A_c \cos\omega_c t - A_c k_f \left[\int m(t)\mathrm{d}t \right] \sin\omega_c t \qquad (5.4\text{-}8)$$

利用傅里叶变换公式得 NBFM 信号频域表示式

$$S_{\mathrm{NBFM}}(\omega) = A_c \pi [\delta(\omega+\omega_c) + \delta(\omega-\omega_c)]$$
$$+ 0.5A_c k_f \left[\frac{M(\omega-\omega_c)}{\omega-\omega_c} - \frac{M(\omega+\omega_c)}{\omega+\omega_c} \right] \qquad (5.4\text{-}9)$$

当式(5.4-7)不能得到满足时,则称为宽带频调(wideband FM,WBFM)信号。任意波形调制时的 FM 信号的分析是十分困难的。为此,我们先分析单音调制时的情况,然后把单音 FM 信号分析得到的结论推广到任意波形调制时的情况。

设单音调制信号

$$m(t) = A_m \cos\omega_m t \qquad (5.4\text{-}10)$$

则可得单音时 FM 信号

$$s_{\mathrm{FM}}(t) = A_c \cos[\omega_c t + (k_f A_m/\omega_m)\sin\omega_m t]$$
$$= A_c \cos(\omega_c t + m_f \sin\omega_m t) \qquad (5.4\text{-}11)$$

式中

$$m_f = k_f A_m/\omega_m = \Delta\omega/\omega_m = \Delta f/f_m \qquad (5.4\text{-}12)$$

被称为调频指数,表示调制信号引起的最大相偏。这里的 $\Delta\omega$ 被称为已调信号峰值角频偏;Δf 被称为峰值频偏。单音时 FM 信号谱分析需将式(5.4-11)作级数展开为

$$s_{\mathrm{FM}}(t) = A_c \sum_{n=-\infty}^{\infty} J_n(m_f)\cos(\omega_c + n\omega_m)t \qquad (5.4\text{-}13)$$

对上式作傅里叶变换即可得单音时 FM 信号的频域表达式

$$S(\omega) = \pi A_c \sum_{n=-\infty}^{\infty} J_n(m_f)[\delta(\omega-\omega_c-n\omega_m) + \delta(\omega+\omega_c+n\omega_m)] \qquad (5.4\text{-}14)$$

式中,$J_n(m_f)$ 为调频指数 m_f 的第一类 n 阶贝赛尔函数。

从上式看到,该 FM 信号的线谱由载波分量 ω_c 和无数边频分量 $\omega_c \pm n\omega_m$ 所组成,而对应的调制信号却是单音。可见 FM 信号的谱不是调制信号谱的线性搬移,即 FM 是一种非线性变换,所以 FM 属于非线性调制。

并且由上式看到,该 FM 信号的线谱分量 $\omega_c + n\omega_m$ 之相对振幅取决于 $J_n(m_f)$ 值,比如载波分量 ω_c 之相对振幅取决于 $J_0(m_f)$。当给定 m_f 值和 $n=1,2,3,\cdots$ 时,查贝赛尔函

数的数值表,可得到 $J_n(m_f)$ 值二元表(略)。由该表发现:在 $m_f \ll 1$ 时,$n \geqslant 2$ 的分量相对振幅很小,可忽略,只需考虑相对振幅明显大的 J_0、J_1 和 J_{-1},所以 NBFM 信号的带宽

$$B_{\text{NBFM}} = 2f_m \tag{5.4-15}$$

FM 信号的线谱分量相对功率之和为

$$S_N = \sum_{n=-N}^{N} J_n^2(m_f) \tag{5.4-16}$$

并由该表发现:在取 $N = m_f + 1$ 时的 S_N 是 FM 信号总相对功率的 98%,实验表明此时调制信号的失真可以忽略,因此 FM 信号带宽取为

$$B_{\text{FM}} = 2(m_f + 1)f_m \tag{5.4-17}$$

对于任意信号 $m(t)$,不可采用上式,因为上式中 m_f 是对于单音调制信号而引入的量。对带限于 f_m 的任意信号 $m(t)$,类似 m_f 引入偏移比 D:

$$D = \frac{k_f |m(t)|_{\max}}{\omega_m} \tag{5.4-18}$$

式中,$k_f|m(t)|_{\max}$ 是调制信号 $m(t)$ 引起的峰值角频偏;ω_m 是 $m(t)$ 信号的最高频率成分。用 D 替代式(5.4-17)中的 m_f,得到带限 ω_m 的任意调制信号 $m(t)$ 之 FM 信号带宽

$$B_{\text{FM}} = 2(D+1)f_m = 2(\Delta f_{\max} + f_m) \tag{5.4-19}$$

式中,$\Delta f_{\max} = Df_m$ 是 FM 信号峰值(或最大)频偏。此 FM 带宽计算式被称为卡森(Carson)法则。在窄带 FM 时,即 D(或 m_f)$\ll 1$ 时 NBFM 信号带宽为

$$B_{\text{NBFM}} = 2f_m \tag{5.4-20}$$

即 NBFM 信号带宽等于 DSB 信号的带宽,否则将大于 DSB 信号带宽。

2. FM 信号的产生

FM 信号的产生方法有直接 FM 和间接 FM,下面分别加以讨论。

(1) 直接 FM

直接频调就是用调制信号 $m(t)$ 直接改变正弦波振荡器的频率,使该频率随调制信号作线性变化。其原理框图如图 5-15 所示,图中的压控振荡器(VCO)的输出信号频率正比于输入信号电压大小。微波频率时用反射式速调管很易实现 VCO;较低频率时可用电抗管、变容管或集成电路实现 VCO。直接 FM 法的优点是可以得到较大的线性频调范围;该方法的缺点是频率稳定度不高,需采用稳频措施。

另外一种直接 FM 的方法是在利用 VCO 调频的基础上构成一锁相环输出调频信号,该方案的特点是所产生的 FM 信号的载频之频率稳定度高,可达到晶体振荡器的频率稳定度,但其低频调制特性较差。其实现和改善的方法,感兴趣者可另找文献。

(2) 间接 FM

由式(5.4-8)可给出 NBFM 信号产生器如图 5-16 所示。

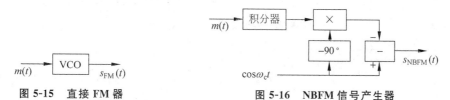

图 5-15   直接 FM 器   图 5-16   NBFM 信号产生器

用上述方案得到 NBFM 信号,然后经过一倍频器产生 WBFM 信号,此方法称为 FM
间接法或窄带频调-倍频法。此方法由阿姆斯特朗(Armstrong)最早提议,因此又称为阿
姆斯特朗法。该倍频器示于图 5-17。倍频器是一非线性设备,它设计为将输入信号的所
有频率成分乘以一给定的加倍因子。以理想平方律器件为例,其输入输出特性为

$$e_o(t) = ke_i^2(t) \tag{5.4-21}$$

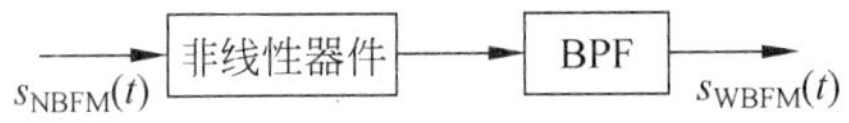

图 5-17　窄带至宽带变换的倍频器

将输入 FM 信号 $A_c \cos(\omega_c t + m_f \sin\omega_m t)$ 代入上式得平方律器件输出

$$s_o(t) = 0.5kA_c^2[1 + \cos(2\omega_c + 2m_f \sin\omega_m t)] \tag{5.4-22}$$

此信号中的直流成分不能通过中心角频率为 $2\omega_c$ 的 BPF,所以 BPF 的输出是

$$s_{FM}(t) = \cos(2\omega_c t + 2m_f \sin\omega_m t) \tag{5.4-23}$$

可见输出 FM 信号的载频频率和调频指数都加倍。同理,若非线性器件是 n 次方关系,则
BPF 输出的是调频指数为 nm_f 的 FM 信号。实际使用中的 n 值较大,所以该倍频器输出
的是 WBFM 信号。

5.4.2　FM 信号的解调原理

常见的 FM 信号的解调有非相干解调(鉴频器解调)和相干解调,下面逐一讨论。

1. 鉴频器解调

在前面的 FM 信号的调制原理中已指出,所谓频率调制就是使载波信号的瞬时频偏
随消息信号 $m(t)$ 成比例变化的过程。那么,FM 信号的解调就应该是它的反过程,即将
输入 FM 信号的频率变换为与 $m(t)$ 成比例的输出电压。或者说,需要一种频率到电压的
变换器,人们称为频率检波器或鉴频器。

采用鉴频器解调的接收系统如图 5-18 所示,它由 BPF、限幅器和鉴频器组成。其中
鉴频器由微分器和包络检波器构成。BPF 的作用是尽可能地滤除信号频带外的噪声和
让 FM 信号基本无失真地通过,限幅器的作用是过滤掉噪声引起的信号在振幅上的波动,
因此在鉴频器输入端得到一幅度基本恒定的 FM 波

$$s_{FML}(t) = A_c \cos\left[\omega_c t + k_f \int m(t)dt\right]$$

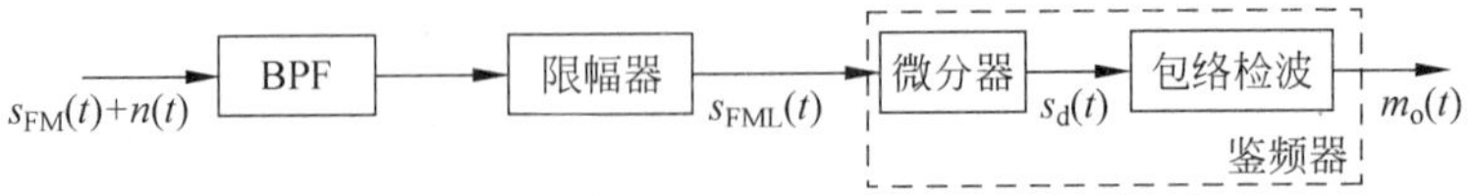

图 5-18　鉴频器解调时接收系统

此信号经微分器后得到

$$s_d(t) = -\left[\omega_c + k_f m(t)\right]A_c \sin\left[\omega_c t + k_f \int m(t)dt\right] \tag{5.4-24}$$

包络检波器的隔直流电容器去除了微分后信号的包络函数$[A_c\omega_c + A_c k_f m(t)]$中的直流$A_c\omega_c$,同时包络检波器检出包络函数中的交流。该包络检波器的最末端上的 LPF 在允许信号通过的同时还滤除带外噪声。于是最终输出

$$m_o(t) = k_d k_f m(t) \tag{5.4-25}$$

式中,常数 k_d 被称为鉴频器灵敏度,其单位是 V/(rad/s)。此式表明鉴频器完全恢复出所需的消息信号 $m(t)$。该理想鉴频器特性如图 5-19 所示。

2. 相干解调

上面描述的鉴频器解调可用于 WBFM 信号和 NBFM 信号的解调,而下面所述的相干解调只适用于 NBFM 信号的解调。

参见式(5.4-8),有 NBFM 信号时域表示式为

$$s_{\text{NBFM}}(t) \approx A_c\cos\omega_c t - A_c k_f \left[\int m(t)\mathrm{d}t\right]\sin\omega_c t$$

由上式看到,该信号分为同相和正交两部分,因此可采用线性调制信号的相干解调的方法来进行解调,其方框图如图 5-20 所示。图中 BPF 允许 FM 信号正常通过,抑制带外噪声,即有

$$s_i(t) = A_c\cos\omega_c t - A_c k_f \left[\int m(t)\mathrm{d}t\right]\sin\omega_c t \tag{5.4-26}$$

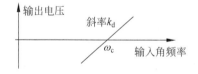

图 5-19 理想鉴频器特性

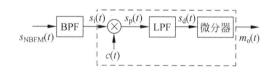

图 5-20 NBFM 信号的相干解调

设有本地相干载波

$$c(t) = -\sin\omega_c t \tag{5.4-27}$$

则相乘器的输出为

$$s_p(t) = -0.5A_c\sin2\omega_c t + 0.5A_c\left[k_f\int m(t)\mathrm{d}t\right](1-\cos2\omega_c t)$$

经 LPF 后得到

$$s_d(t) = 0.5A_c k_f\int m(t)\mathrm{d}t$$

再经微分器后,得解调输出

$$m_o(t) = 0.5A_c k_f m(t) \tag{5.4-28}$$

由此可见,上述相干解调可恢复出发端的消息基带信号 $m(t)$,但要求收端的本地载波要与 FM 信号载波实现同步,否则会引起解调失真。

5.5 鉴频接收系统的抗噪性能

正如 5.4 节所讨论,相干解调只适用于 NBFM 信号,而鉴频器解调对于 WBFM 和 NBFM 信号皆适用,后者也无须采用载波同步,于是获得了广泛的应用。因此有必要讨

论鉴频器构成的 FM 接收系统的抗噪性能。

5.5.1 分析模型和输入信噪比

鉴频器解调时所采用的分析模型与线性调制接收系统类同,如图 5-21 所示。由信道引入的噪声 $n(t)$ 是单边功率谱密度 n_0 的加性高斯白噪声。接收系统的输入是 FM 信号

$$s_{\text{FM}}(t) = A_c \cos\left[\omega_c t + k_f \int m(t)\,\mathrm{d}t\right] = A_c \cos[\omega_c t + \varphi(t)] \qquad (5.5\text{-}1)$$

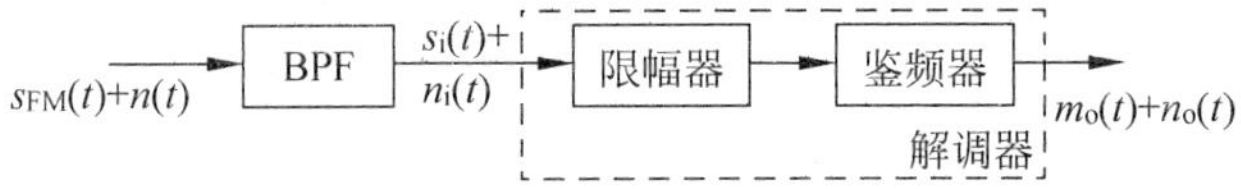

图 5-21 FM 接收系统抗噪性能的分析模型

BPF 抑制信号带宽以外的噪声,并允许 FM 信号无失真地通过,这里 BPF 的带宽取信号的带宽值 B_{FM}。依据功率计算公式得输入信号功率

$$S_i = \overline{s_i^2(t)} = \overline{s_{\text{FM}^2}(t)} = A_c^2/2 \qquad (5.5\text{-}2)$$

根据式(5.3-10)得输入噪声功率

$$N_i = n_0 B_{\text{FM}} \qquad (5.5\text{-}3)$$

利用上两式得输入信噪比

$$S_i/N_i = A_c^2/(2n_0 B_{\text{FM}}) \qquad (5.5\text{-}4)$$

下面进一步寻求解调器输出信噪比以便得到解调增益。

5.5.2 大信噪比时鉴频解调增益

白噪声 $n(t)$ 通过 BPF 后的 $n_i(t)$ 是窄带噪声,可用式(3.7-1)的表示式,即

$$n_i(t) = V(t)\cos[\omega_c t + \theta(t)] \qquad (5.5\text{-}5)$$

将两条余弦矢量式(5.5-1)和上式合成,可得 BPF 输出信号 $V'(t)\cos[\omega_c t + \psi(t)]$。该合成信号经限幅器后变成幅度为常数 V_0 的 $V_0\cos[\omega_c t + \psi(t)]$。鉴频器的输出只与该相角 $\psi(t)$ 有关,所以仅需求 $\psi(t)$。下面采用矢量合成法来求 $\psi(t)$。现在设

$$A_c \cos[\omega_c t + \varphi(t)] = a_1 \cos\phi_1 \qquad (5.5\text{-}6\text{a})$$

$$V(t)\cos[\omega_c t + \theta(t)] = a_2 \cos\phi_2 \qquad (5.5\text{-}6\text{b})$$

$$a_1 \cos\phi_1 + a_2 \cos\phi_2 = a\cos\phi \qquad (5.5\text{-}6\text{c})$$

利用三角函数的矢量表示法,合成矢量 $a\cos\phi$ 可用图 5-22 来表示。由此图看到为了求 ϕ,需先求出 $\phi - \phi_1$。利用三角函数关系式可得

$$\tan(\phi - \phi_1) = \overline{BC}/\overline{OB} = \frac{a_2 \sin(\phi_2 - \phi_1)}{a_1 + a_2 \cos(\phi_2 - \phi_1)}$$

因而

$$\phi = \phi_1 + \arctan\frac{a_2 \sin(\phi_2 - \phi_1)}{a_1 + a_2 \cos(\phi_2 - \phi_1)}$$

$$(5.5\text{-}7)$$

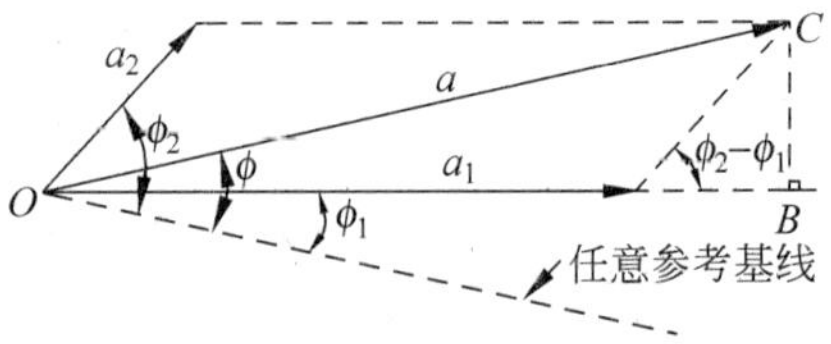

图 5-22 大信噪比时矢量合成图

利用上式和式(5.5-6)得

$$\psi(t) = \varphi(t) + \arctan \frac{V(t)\sin[\theta(t)-\varphi(t)]}{A_c + V(t)\cos[\theta(t)-\varphi(t)]} \tag{5.5-8}$$

输入大信噪比时,即 $A_c \gg V(t)$,上式可简化为

$$\psi(t) = \varphi(t) + [V(t)/A_c]\sin[\theta(t)-\varphi(t)] = \varphi(t) + \phi_n(t) \tag{5.5-9}$$

理想鉴频器的输出应与输入信号的瞬时频偏成正比,若设微分器传输系数为 1,那么由上式得到

$$v_0(t) = [\mathrm{d}\varphi(t)/\mathrm{d}t + \mathrm{d}\phi_n(t)/\mathrm{d}t] \tag{5.5-10}$$

上式中的第一项是有用信号项,第二项可视为噪声项。利用式(5.5-1)和上式,得解调器输出有用信号

$$m_o(t) = \mathrm{d}\varphi(t)\mathrm{d}t = k_d k_f m(t) \tag{5.5-11}$$

式中,k_d 为鉴频器灵敏度,单位是 V/(rad/s)。所以得解调器输出有用信号功率

$$S_o = \overline{m_o^2(t)} = k_d^2 k_f^2 \overline{m^2(t)} \tag{5.5-12}$$

由式(5.5-9)看到,解调器输入信号相位中的相位噪声是

$$\phi_n(t) = [V(t)/A_c]\sin[\theta(t)-\varphi(t)] \tag{5.5-13}$$

由于窄带噪声 $n_i(t)$ 的相位 $\theta(t)$ 在 $(-\pi,\pi)$ 范围内是均匀分布的,因此可认为 $\theta(t)-\varphi(t)$ 也在 $(-\pi,\pi)$ 范围内是均匀分布的,故上式可简化[16]为

$$\phi_n(t) = [V(t)/A_c]\sin\theta(t) = n_s(t)/A_c \tag{5.5-14}$$

式中,$n_s(t)$ 就是 $n_i(t)$ 的载频为 0 时的正交分量。噪声理论中已证明,$n_s(t)$ 的总功率等于窄带噪声 $n_i(t)$ 的总功率,且它是带宽 $B_{FM}/2$ 和功率谱密度 n_0 的低频噪声。因而解调器的输出噪声,即相位噪声通过微分网络和包络检波后输出噪声

$$n_o(t) = k_d \mathrm{d}\phi_n(t)/\mathrm{d}t = (k_d/A_c)\mathrm{d}n_s(t)/\mathrm{d}t \tag{5.5-15}$$

此理想微分网络的传输函数为

$$H_d(\omega) = \mathrm{j}\omega \tag{5.5-16}$$

所以该微分网络的输出噪声功率谱密度为

$$\begin{aligned} P_d(f) &= |H_d(\omega)|^2 P_d(\omega)\\ &= \begin{cases} |\mathrm{j}\omega|^2 n_0/A_c^2 = (2\pi f)^2 n_0/A_c^2, & |f| \leqslant B_{FM}/2\\ 0, & \text{其他} \end{cases} \end{aligned} \tag{5.5-17}$$

式中,B_{FM} 是 FM 信号的带宽。该输出噪声通过截止频率为 f_m 的理想 LPF,得到解调器输出功率谱密度

$$P_{n_o}(f) = \begin{cases} (2\pi k_d f)^2 n_0/A_c^2, & |f| \leqslant f_m\\ 0, & \text{其他} \end{cases} \tag{5.5-18}$$

式中,假设鉴频器灵敏度为 k_d。

以上功率谱密度计算表明,解调器输入信号相位中的相位噪声功率谱密度在 $(-B_{FM}, B_{FM})$ 频率范围内呈均匀分布,即正比于功率谱密度均匀分布的 $P_{n_s}(f)$,如图 5-23(a)所示;解调器输出噪声功率谱密度已变为抛物线分布,随着输出频率的增加而平方地增大,如图 5-23(b) $P_{n_o}(f)$ 所示。解调器输出端上 LPF 滤除调制信号频带以外的噪声,因而解

调器输出噪声功率应为图 5-23(b)中斜线部分所包含的面积,即鉴频器输出噪声 $n_\mathrm{o}(t)$ 的功率为

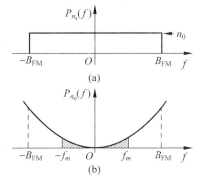

$$N_\mathrm{o} = 2\left[(2\pi k_\mathrm{d})^2 n_0/A_\mathrm{c}^2\right]\int_0^{f_m} f^2\,\mathrm{d}f \tag{5.5-19}$$

$$= \frac{8(\pi k_\mathrm{d})^2 n_0 f_m^3}{3A_\mathrm{c}^2}$$

由式(5.5-12)和上式,得鉴频解调输出 SNR

$$S_\mathrm{o}/N_\mathrm{o} = \frac{3A_\mathrm{c}^2 k_\mathrm{f}^2 \overline{m^2(t)}}{8\pi^2 n_0 f_m^3} \tag{5.5-20}$$

将式(5.5-4)和上式代入式(5.3-11),得鉴频器解调增益

图 5-23 鉴频解调时的功率谱密度

$$G_\mathrm{FM} = \frac{3k_\mathrm{f}^2 \overline{m^2(t)} B_\mathrm{FM}}{4\pi^2 f_m^3} \tag{5.5-21}$$

设调制信号为单一频率的 $m(t) = A_m\cos\omega_m t$,那么 $\overline{m^2(t)} = 0.5A_m^2$,将此值和式(5.4-12)代入式(5.5-20)得

$$S_\mathrm{o}/N_\mathrm{o} = \frac{3A_\mathrm{c}^2 m_\mathrm{f}^2}{4n_0 f_m} = \frac{3m_\mathrm{f}^2 S_\mathrm{i}}{2n_0 f_m} \tag{5.5-22}$$

将式(5.5-4)和上式代入式(5.3-12),得

$$G_\mathrm{FM} = 3m_\mathrm{f}^2 B_\mathrm{FM}/(2f_m)$$

再把式(5.4-17)代入上式,得单一正弦调制时的鉴频器解调增益

$$G_\mathrm{FM} = 3m_\mathrm{f}^2(m_\mathrm{f} + 1) \tag{5.5-23}$$

由上面看到,在输入大信噪比的条件下 FM 指数 m_f 值的增加一方面导致解调增益 G_FM 的上升,另一方面引起信号带宽 B_FM 的加大。或者说,解调器抗噪性能的改善是用信号带宽来换取的。FM 系统的这种用带宽换取输出 SNR 的改善受到输入 SNR 的限制,当带宽加大到一定值后,输入 SNR 变得相当的小,输出 SNR 的改善变差,即出现了下面将要叙述的门限效应。

5.5.3 小信噪比时鉴频解调的门限效应

当 $A_\mathrm{c} \ll V(t)$ 时,可以证明[20]

$$\psi(t) \approx \omega_\mathrm{c} t + \theta(t) + [A_\mathrm{c}/V(t)]\sin[\varphi(t) - \theta(t)]$$

由此式看到,其中已不含信号项,噪声已淹没了信号,鉴频器输出信噪比迅速趋于零,即已出现了门限效应。出现门限效应的输出信噪比的计算较复杂。理论分析和实验结果都指出门限效应的转折点,即门限值,与调频指数 m_f 有关。图 5-24 给出单频调制下不同 m_f 时输出 SNR 与输入 SNR 的近似关系曲线。从 m_f 为某值的单根曲线可看到,在大信噪比时鉴频器输出 SNR 随输入 SNR 以基本恒定比例下降,即近似线性地下降;在鉴频器输入 SNR 下降到一特定数值时鉴频器输出 SNR 以很快的速度下降,此时曲线出现一迅速下降的转折点,人们称此现象为解调的门限效应;该曲线出现的此转折点的输入 SNR 值,就是开始出现门限效应的门限值。

该组曲线还表明，m_f 越高则发生门限效应的门限值越大，即在较大的输入 SNR 上就发生门限效应；同样的 m_f 增量在门限值以上时引起的输出 SNR 的增量明显地大于门限值以下时带来的输出 SNR 的增量。

为便于比较，该图还给出了 DSB 信号在同步检波时输出 SNR 与输入 SNR 的关系曲线，由前面讨论可知它是一通过原点的直线，不存在门限效应。由图 5-24 看到，FM 门限效应的门限值大约发生在 10dB 的位置上。这种门限效应是由鉴频器解调的非线性所引起的。

为了改善鉴频器解调的抗噪性能，人们常采用加重技术。

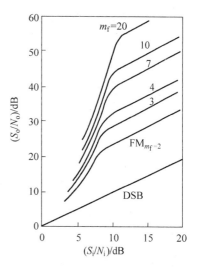

图 5-24　FM 和 DSB 信噪比曲线

由式（5.5-18）看到，FM 系统鉴频解调输出噪声功率谱密度以因子 ω^2 成比例地增大；由式（5.5-11）看到，消息信号被无失真地解调，即不含该因子 ω^2；消息信号谱通常随频率增长而减小。以上原因就造成在解调器输出端上随频率增长出现 SNR 的变坏。在引入加重技术以后，则可以提升高频段上的解调输出 SNR 和继续保持解调输出为无失真信号。仅就噪声而言，可在输出端上放置一个具有滚降为 $1/\omega^2$ 的所谓去加重滤波器以减少总的输出噪声功率。若此时不采用其他措施，该去加重滤波器输出的消息信号将是失真的。为了矫正这样的失真，可在 FM 发射机输入端故意地使调制信号逆失真以消除该去加重滤波器对有用信号解调的影响。为此，在 FM 调制器输入端上接入所谓预加重滤波器，该预加重滤波器的频率响应函数 $H_p(\omega)$ 必须是接收机端去加重滤波器频率响应函数 $H_d(\omega)$ 的倒数，即

$$H_p(\omega) = 1/H_d(\omega) \tag{5.5-24}$$

这样一来，不再出现输出消息失真，又提高了高频段上的输出 SNR。这时相应 FM 系统的框图如图 5-25 所示。

图 5-25　含有预加重和去加重时的 FM 传输系统

5.6　模拟传输系统的性能比较

根据前几节的分析结果，把各种模拟传输系统的已调信号带宽 B，解调输出信噪比 S_o/N_o 和设备复杂度列出在表 5-1 中，以便比较。表中还列出这些制度的主要用途。表中 S_o/N_o 的计算条件是：在接收机输入端上，已调信号功率为 S_i，噪声为功率谱密度 $n_0/2$ 的白噪声；调制信号 $m(t)$ 的最高频率为 f_m，$\overline{m(t)}=0$；AM 和 FM 的 S_o/N_o 均采用单音 f_m 调制，且此时 AM 信号的调幅度为 1，AM 制在大输入 SNR 环境下用包络检波。

表 5-1　模拟传输系统的 B、S_o/N_o、设备复杂度和主要用途

调制方式	B	S_o/N_o	设备复杂度	主 要 用 途
AM	$2f_m$［式(5.2-8)］	$S_i/(3n_0 f_m)$［式(5.3-44)］	简单	中短波 AM 广播
DSB	$2f_m$［式(5.2-15)］	$S_i/(n_0 f_m)$［式(5.3-19)］	中等	数字信号传输
SSB	f_m［式(5.2-22)］	$S_i/(n_0 f_m)$［式(5.3-26)］	高	频分复用载波电话，短波通信和数据传输
VSB	$f_m+a, 0<a<f_m$［式(5.2-26)］	$\approx(S_o/N_o)_{\text{SSB}}$	高	电视广播
WBFM	$2(D+1)f_m$［式(5.4-19)］	$1.5m_f^2 S_i/(n_0 f_m)$ ［式(5.5-22)］	中等	立体声广播

（1）频带利用率

由表 5-1 中各种调制方式与 B 的关系看到，对于同样一路话所要占用带宽由小到大的顺序是：SSB，VSB，DSB/AM，WBFM。同样由此看到，如果按频谱利用率由高到低排列，则顺序保持不变。

（2）抗干扰性能

图 5-26 给出 AM、DSB-SC、SSB 及 FM 通信系统的性能曲线。图中，圆点表示解调出现门限效应时的曲线拐点。在门限点以下的曲线将迅速跌落，这部分曲线略去未画出；在门限点以上，DSB-SC、SSB 时的输出信噪比要优于 AM 为 4.7dB 以上，而 FM($m_f=6$)时的输出信噪比要优于 AM 为 22dB。

（3）设备复杂度

在 5.3 节已指出，AM 设备的调制器和包络检波器都简单；DSB-SC 设备要求相干解调，复杂度为中等。FM 设备的调制器稍复杂，解调器较简单，复杂度为中等；VSB 设备的调制器要求难度大的对称滤波，还需复杂的相干解调；SSB 设备的调制器若用滤波法或相移法则需制作难度大的陡峭滤波器或宽带相移网络，且必须用复杂的相干解调。可见系统由简到繁的排列顺序通常是：AM，DSB-SC/FM，VSB/SSB。

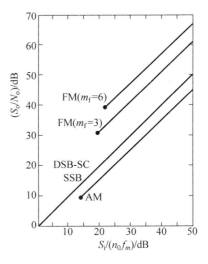

图 5-26　模拟传输系统的性能曲线

（4）已调信号功率利用率

由 5.2 节的功率利用率分析看到，功率利用率按高到低的顺序排列是：FM/DSB-SC/SSB/VSB，AM。

5.7　频分复用和多级调制及复合调制

5.7.1　频分复用

这里的"复用"是指"将若干个信号合并为可在同一信道上传输的总信号，以便在收端

将此总信号分解出子信号给各信宿"的方法。所谓"频分",就是将若干个信号放在不同的频段上以便在收端把子信号正确分给各信宿的方法。例如,将一个信道的通频带划分为 n 个不相重叠的子通频带,每一子通频带允许一路用户信号通过,一条信道的 n 个子通频带就允许 n 路用户信号同时通过,人们称该技术为频分复用(frequency division multiplexing,FDM)或频分多路,这里的各子通频带被称为频隙。

通常在通信系统中,信道所能提供的带宽比传输一路信号所需的带宽要宽得多,此时用一个信道传输一路信号是很浪费的。为了充分利用信道带宽资源,于是提出了信道的 FDM 问题。

FDM 时各路信号通过各自的调制器,各调制方式可任意选择,但最常用的是 SSB制,因为它最节约频带。

下面以 $n=3$ 为例作运行原理说明,其框图如图 5-27 所示。多路话音消息复用时,通常按 CCITT 标准:频隙宽度 B_{SL} 取 4kHz,含于频隙中的防护频带间隔 B_g 取 900Hz,以使邻路干扰电平低于 -40dB。各路话音信号首先滤除 3400Hz 以上的频率成分,然后进行 SSB 调制于不同的频隙上,接着相加,形成 FDM 信号 $s(t)$,该 $s(t)$ 信号的频谱结构如图 5-28 所示。为便于区分 3 路不同消息信号,分别用三角形、矩形和半圆形谱来表示。

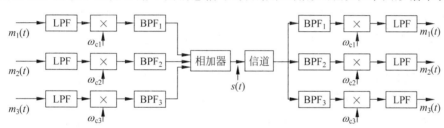

图 5-27　$n=3$ 的 FDM 系统原理框图

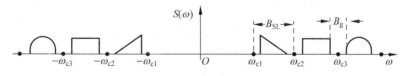

图 5-28　$n=3$ 的 FDM 信号频谱图

接收机收到的 FDM 信号送到中心频率不同而带宽等于 B_{SL}(含防护带)的 BPF,各带滤分离出不同的 SSB 信号,各信号经 SSB 解调器就恢复出相应的消息信号 $m_1(t)$、$m_2(t)$ 和 $m_3(t)$。

由上例看到,在采用 SSB 之上边带制时,第 i 个副载波值为

$$f_{ci} = f_{c1} + 4(i-1)\text{kHz} \tag{5.7-1}$$

式中,$i=1,2,\cdots,n$;f_{c1} 取给定的 FDM 信号最低频率成分值 f_{min}。

上述 n 话路时 FDM 信号带宽为

$$B_{FDM} = 4n \text{ kHz} \tag{5.7-2}$$

FDM 系统的优点是信道复用率高,技术成熟,分路方便;缺点是设备复杂和路间干扰大。它是模拟通信中最主要的一种复用方式,特别是在有线和微波通信中。

CCITT 推荐:SSB 制 12 话路、最低频率成分为 64kHz、带宽为 48kHz 的 FDM 信号,被称为基群信号;5 个基群组成一个 60 话路、最低频率成分为 312kHz、带宽为 240kHz 的 FDM 信号,被称为超群信号;将 10 个超群信号组成一个 600 话路、最低频率成分为 564kHz、带宽为 2520kHz 的 FDM 信号,被称为主群信号。人们甚至构成路数更多的 FDM 信号,以便于在主干线上传输。以上的 FDM 模拟电话系统曾在各国通信网的干线中广泛采用。但由于相应 FDM 设备本身的固有缺点,导致近年来已逐渐被时分复用设备系统所取代。不过,FDM 的基本原理和方法仍在其他许多通信设备中被使用。

多路复用有频分复用、时分复用(TDM)等多种方式。上面讲述了 FDM 的原理,第 9 章将讨论 TDM 的原理。其他方式的复用原理,因篇幅所限,这里略去。

5.7.2 多级调制及复合调制

合并后的 FDM 复用信号原则上可以在信道中传输,但有时为了更好地利用信道的传输特性,需要再进行一次调制。

所谓多级调制,通常是将同一基带信号实施两次或更多次的调制过程。这里所采用的调制方式可以是相同的,也可以是不同的。图 5-29 给出了一个多级调制的例子。这是一 FDM 系统,第一次调制是用载频为 ω_1 的 SSB 调制,各路相加以实现频分安排;第二次调制采用载频 ω_2 的 SSB 调制,一般记为 SSB/SSB 的两级调制。实际中,除常见 SSB/SSB 调制外,还有 SSB/FM、FM/FM 等调制方式。

所谓复合调制,就是对同一载波进行两种或更多种参数的调制。例如,对一个 FM 波再进行一次幅度调制,所得结果变成了频调-幅调波,或记为 FM-AM 波。这里的调制信号可以不止一个。在数字通信中常遇到的 QAM 就属于振幅-相位复合调制,这方面的例子将在后面有关章节中介绍。

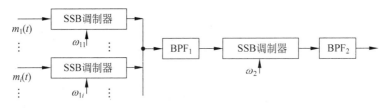

图 5-29 SSB/SSB 两级调制框图

思 考 题

5-1 什么是幅度调制?常见的幅度调制有哪些?

5-2 AM 信号的波形和频谱有哪些特点?

5-3 发端 VSB 滤波器的传输特性应如何?为什么?

5-4 什么叫解调增益?其物理意义如何?

5-5 DSB-SC 调制系统解调器的输入信号功率为什么和载波功率无关?

5-6 如何比较两个幅度调制通信系统的抗噪声性能?

5-7 DSB-SC 调制系统和 SSB 调制系统的抗噪声性能是否相同?为什么?

5-8　什么是门限效应？AM 信号采用包络检波法解调时为什么会产生门限效应？

5-9　相干解调是否存在门限效应？为什么？

5-10　什么是 FM？什么是 PM？两者的关系如何？

5-11　在小噪声情况下，试比较 AM 系统和 FM 系统抗噪声性能的优劣。

5-12　FM 系统产生门限效应的主要原因是什么？

5-13　FM 系统解调增益和信号带宽的关系如何？这一关系说明了什么问题？

5-14　FM 系统中采用加重技术的目的和原理是什么？

5-15　按照频带利用率由高到低，给出 WBFM、AM、DSB-SC、VSB、SSB 系统的调制制度的顺序。

5-16　按照设备复杂度由简到繁，给出幅度调制通信系统的调制制度的通常的排序。

5-17　什么是频分复用？

5-18　什么是复合调制？什么是多级调制？

习　　题

5-1　已知线性调制信号表示式如下：

（1）$\cos\Omega t\cos\omega_c t$

（2）$(1+0.5\sin\Omega t)\cos\omega_c t$

式中，$\omega_c=6\Omega$。试画出它们的波形和频谱。

5-2　根据图 P5-1 所示的调制信号波形，试画出 DSB-SC 及 AM 信号的波形图，并比较它们分别通过包络检波器后的波形差别。

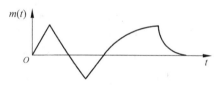

图 P5-1　调制信号波形

5-3　已知调制信号 $m(t)=\cos(2000\pi t)+\cos(4000\pi t)$，载波为 $\cos 10^4\pi t$，进行 SSB 调制，试确定该 SSB 信号的表示式，并画出频谱图。

5-4　将调幅波通过 VSB 滤波器产生 VSB 信号。若此滤波器的传输函数 $H(\omega)$ 如图 P5-2 所示（斜线段为直线），当调制信号为

$$m(t) = A[\sin 100\pi t + \sin 6000\pi t]$$

时，试确定所得 VSB 信号的表示式。

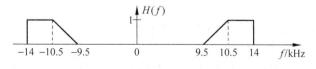

图 P5-2　滤波器特性

5-5　某调制方框图如图 P5-3(b)所示。已知 $m(t)$ 频谱如图 P5-3(a)，载频 $\omega_1\ll\omega_2$，$\omega_1>\omega_H$，且理想 LPF 的截止频率为 ω_1，试求输出信号 $s(t)$，并说明 $s(t)$ 为何种已调制信号。

5-6　某调制系统如图 P5-4 所示。为了在输出端同时分别得到 $f_1(t)$ 及 $f_2(t)$，试确定接收端的 $c_1(t)$ 及 $c_2(t)$，并作分路证明。

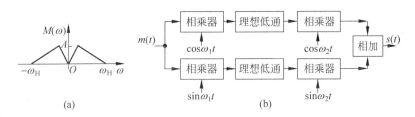

图 P5-3 消息信号频谱(a)和调制方案(b)

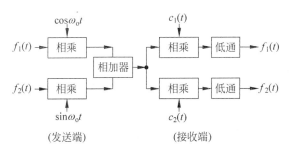

图 P5-4 某调制解调系统

5-7 设某信道具有均匀的双边噪声功率谱密度 $P_n(f)=0.5\times10^{-3}$ W/Hz。在该信道中传输 DSB-SC 信号,并设调制信号 $m(t)$ 的频带限制在 5kHz,而载波为 100kHz,收端收到的已调信号的功率为 10kW。若接收机的输入信号在加至解调器之前,先经过带宽为 10kHz 的一理想 BPF 滤波,试问:

(1)该理想 BPF 中心频率为多大?

(2)解调器输入端的信噪功率比为多少?

(3)解调器输出端的信噪功率比为多少?

(4)求出解调器输出端的噪声功率谱密度,并用图形表示出来。

5-8 若对某一信号用 DSB-SC 进行传输,设加至接收机的调制信号 $m(t)$ 之功率谱密度为

$$P_m(f)=\begin{cases}\dfrac{n_m}{2}\cdot\dfrac{|f|}{f_m}, & |f|\leqslant f_m\\[2mm]0, & |f|>f_m\end{cases}$$

式中,n_m 和 f_m 为常数。

试求:(1)接收机的输入信号功率;

(2)接收机的输出信号功率;

(3)若叠加于 DSB 信号的白噪声具有双边功率谱密度为 $n_o/2$,设解调器的输出端接有截止频率为 f_m 的理想 LPF,那么,输出信噪功率比是多少?

5-9 设某信道输出有均匀的双边噪声功率谱密度 $P_n(f)=0.5\times10^{-3}$ W/Hz 的噪声,在该信道中传输抑制载波的 SSB(上边带)信号,并设调制信号 $m(t)$ 的频带限制在 5kHz,而载波是 100kHz,输入接收机的已调信号功率是 10kW。若接收机的输入信号在加至解调器前,先经过带宽为 5kHz 的一理想 BPF 滤波,试问:

(1)该理想 BPF 中心频率为多大? (2)解调器输入端的信噪功率比为多少?

（3）解调器输出端的信噪功率比为多少？

5-10　某线性调制解调系统的输出信噪比为 20dB，输出噪声功率为 10^{-9} W，由发射机输出端到解调器输入端之间总的传输损耗为 100dB，试求：

（1）DSB-SC 时的发射机输出功率；　　　（2）SSB-SC 时的发射机输出功率。

5-11　设调制信号 $m(t)$ 的功率谱密度与题 5-8 相同，若接收到的 SSB 信号为 $0.5m(t)\cos\omega_c t + 0.5\,\hat{m}(t)\sin\omega_c t$，试求：

（1）接收机的输入信号功率；　　　（2）接收机的输出信号功率；

（3）若叠加于 SSB 信号的白噪声的双边功率谱密度为 $n_0/2$，设解调器的输出端接有截止频率为 f_m Hz 的理想 LPF，那么，输出信噪功率比为多少？

（4）该系统的解调增益 G_{SSB} 为多少？

5-12　试证明：当 AM 信号采用同步检测法进行解调时，其解调增益 G 与式(5.3-42)相同。

5-13　设某信道具有均匀的双边噪声功率谱密度 $P_n(f)=0.5\times10^{-3}$ W/Hz，在该信道中传输 AM 信号，并设调制信号 $m(t)$ 的频带限制于 5kHz，载频是 100kHz。在接收输入端的信号边带功率为 10kW，载波功率为 40kW。若接收机的输入信号先经过一个合适的理想 BPF，然后再加至包络检波器进行解调。试求：

（1）解调器输入端的信噪功率比；　　　（2）解调器输出端的信噪功率比；

（3）解调增益 G。

5-14　设被接收到的 AM 信号为 $s_m(t)=A[1+m(t)]\cos\omega_c t$，采用包络检波法解调，其中 $m(t)$ 的功率谱密度与题 5-8 相同。若一双边功率谱密度为 $n_0/2$ 的噪声叠加于已调信号，试求工作在大信噪比条件下的解调器输出信噪功率比。

5-15　试证明：若在 VSB 信号中加入大的载波，则可采用包络检波法实现解调。

5-16　设一 WBFM 系统，载波振幅为 100V，频率为 100MHz，调制信号 $m(t)$ 的频带限制于 5kHz，$\overline{m^2(t)}=5000V^2$，$k_f=500\pi$ rad/(s·V)，最大频偏 $\Delta f=75$ kHz，并设信道中噪声功率谱密度是均匀的，其 $P_n(f)=10^{-3}$ W/Hz（单边谱），试求：

（1）接收机输入端理想 BPF 的传输特性 $H(\omega)$；　　　（2）解调器输入端的信噪功率比；

（3）解调器输出端的信噪功率比；

（4）若 $m(t)$ 以 AM 方法传输，并以包络检波器检波，试比较在输出信噪比和所需带宽方面与 FM 系统有何不同？

5-17　设有一个 FDM 复用系统，副载波用 DSB-SC 调制，主载波用 FM 调制。如果有 60 路等幅的音频输入通路，每路频带限制在 3.3kHz 以下，防护频带为 0.7kHz。

（1）如果最大频偏为 800kHz，试求传输信号的带宽；

（2）试分析与第一路相比时第 60 路输入信噪比降低的程度（假定鉴频器输入的噪声是白噪声，且解调器中无去加重电路）。

数字基带传输系统

6.1 引言

在 1.2 节中已讨论指出,数字通信相比模拟通信,优点显著,并日益受到欢迎;还指出,"还有一种基本的数字通信系统,即所谓的数字基带传输系统……将在第 6 章中详细讨论"。该系统的基本框图如图 6-1 所示。所谓的数字基带信号是指,它是对应于数字信息的有限离散取值的脉冲信号;其频谱通常由直流或靠近直流的频点开始,处于较低频率的频域上,即处于基带域上。人们把不使用载波调制解调装置而直接传送数字基带信号的系统称为数字基带传输系统。例如,在本地局域网内利用双绞线进行计算机数据通信,或者利用中继方式在长距离上直接传输 PCM 信号(第 8 章中介绍 PCM 信号)等。该系统由信道信号形成器、信道、接收滤波器以及抽样判决器组成。这里信道信号形成器用来产生适合于信道传输的基带信号,而信道是允许基带信号通过的媒质,如能够通过从直流至高频的有线线路等,则称其为基带信道;接收滤波器用来接收信号和尽可能排除信道噪声和其他干扰;抽样判决器则是在噪声背景下用来判定与再生原始基带信号。本章以数字信号在基带系统中的传输为讨论对象。与此不同的是许多传输媒质是带通信道,这时的数字传输系统的基本框图如图 6-2 所示,它由调制器、带通信道和解调器组成。

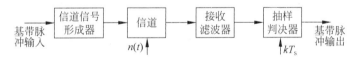

图 6-1 数字基带传输系统的基本框图

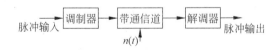

图 6-2 数字带通传输系统的基本框图

目前,虽然在实际使用的数字通信系统中基带传输不如带通传输那样广泛,但是,对于基带传输系统的研究仍然是十分有意义的。这是因为:①由图 6-2 及图 6-1 可以看出,即使在带通传输制里也同样存在基带传输问题,也就是说,基带传输系统的许多问题也是带通传输系统必须考虑的问题;②随着数字通信技术的发展,基带传输这种方式也有迅速发展的趋势。目前,它不仅用于低速数据传输,还用于高速数据传输;③理论上也可以证明,任何一个采用线性调制的带通传输系统,总可以由一个等效的基带传输系统所替代[6]。因此,本章先介绍数字基带传输系统,而数字带通传输系统(即数字调制通信系统)将在下一章讨论。

本章首先讨论数字基带信号的波形及其频谱;然后研究若干种基带传输码型,基带传输过程和如何消除码间串扰,以及有效地减小加性干扰的影响;继之介绍实验研究基带传输的方法——眼图法;最后,研究改善数字基带传输的两个措施,部分响应技术原理和均衡原理。

6.2 数字基带信号及其频谱特性

6.2.1 常见的数字基带信号码波形

数字基带信号码,以下简称基带信号码,它的类型不胜枚举。现以由矩形脉冲组成的基带信号为例,介绍几种常见的基带信号码波形。

(1)二进制单极非归零(nonreturn to zero,NRZ)码波形

设消息代码由二进制符号0、1组成,基带信号的0电位及正电位分别与二进制符号0及1一一对应,则该波形的基带信号可用图 6-3(a)表征。这里,容易看出,这种信号在一个码元时间内,不是有电压(或电流),就是无电压(或电流),极性单一,所以称为单极波形;该波形的任一有电脉冲在其码元间隔内并不归到零,所以称为非归零波形。此波形经常在近距离传输时(比如在印制板内或相近印制板之间传输时)被采用。

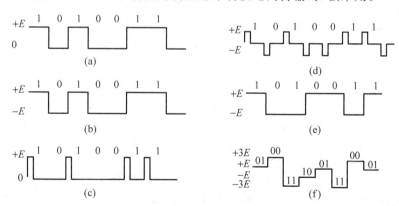

图 6-3 常见的基带信号码波形

(2)二进制双极 NRZ 码波形

该波形就是二进制符号0、1分别与正、负电位相对应的波形,如图 6-3(b)所示。该波形显然存在两个极性,所以称为双极波形;它的电脉冲之间无零电平间隔,即无归零现象,因此称为 NRZ 波形。此波形,当0、1符号等可能出现时,将无直流成分。这种波形常在 CCITT 的 V 系列接口标准或 RS-232C 接口标准中使用。

(3)二进制单极归零(return to zero,RZ)码波形

该波形如图 6-3(c)所示。它的有电脉冲宽度比码元宽度窄,即每个有电脉冲都归到

零电位,所以称为 RZ 波形;该波形的极性单一,所以称为单极波形。这种波形常在实行波形变换时近距离内传输时使用。

(4) 二进制双极 RZ 码波形

该波形如图 6-3(d)所示。由图可见,此时对应每一符号都有零电位的间隙产生,即相邻脉冲之间必定留有零电位的间隔,所以称为 RZ 波形;该波形显然存在正和负两个极性,所以称为双极波形。

(5) 二进制差分码波形

该波形是把信息符号 0 和 1 反映在相邻码元的相对变化上的波形。比如,以相邻码元的电位改变表示符号 1,而以电位不改变表示符号 0,如图 6-3(e)所示。当然,上述 0 和 1 的规定也可以反过来。由图可见,这种码波形在形式上与单极码或双极码波形相同,但它代表的信息符号与码元本身电位或极性无关,而仅与相邻码元的电位变化有关。差分波形也称为相对码波形,而相应地称前面的(1)～(4)所举的单极或双极波形例子为绝对码波形。差分码波形常在相位调制(将在下章中讲述)系统的码变换器中使用。

(6) 多进制码波形(多电平码波形)

前面叙述的各种信号都是一个二进制信息符号对应一个脉冲码元。实际上还存在两个或两个以上的二进制符号组对应一个脉冲码元的情形。这种波形统称为多进制码波形或多电平码波形。例如,若令两个二进制符号 00 对应 $+3E$,01 对应 $+E$,10 对应 $-E$,11 对应 $-3E$,则所得波形为四进制码波形或四电平码波形,如图 6-3(f)所示。由于这种波形的一个脉冲可以代表多个二进制符号,故在高速率数据传输系统中,采用这种信号形式是适宜的。

实际上,组成基带信号的单个码元波形并非像上述那样一定是矩形的。根据实际的需要,还可有多种多样的波形形式,比如升余弦脉冲、高斯形脉冲、半余弦脉冲等。这说明,信息符号并不是与唯一的基带波形相对应。若令 $g_1(t)$ 对应于二进制符号"0",$g_2(t)$ 对应于"1",码元的间隔为 T_s,则基带信号可表示成

$$s(t) = \sum_{n=-\infty}^{\infty} a_n g(t - nT_s) \tag{6.2-1}$$

式中

$$g(t - nT_s) = \begin{cases} g_1(t - nT_s), & \text{出现符号 0 时} \\ g_2(t - nT_s), & \text{出现符号 1 时} \end{cases}$$

a_n 是第 n 个信息符号所对应的电平值(0、1 或 -1、1 等)。

由于 a_n 是信息符号所对应的电平值,它是一个随机量。因此,通常在实际中遇到的基带信号都是一随机脉冲序列。

6.2.2 基带信号的频谱特性

为了研究基带传输系统的运行,有必要先对基带信号频谱进行分析。由于基带信号是一个随机脉冲序列 $s(t)$,故我们面临的是一个随机序列的谱分析问题。

随机脉冲序列的谱分析,根据实际给定条件的不同,应采用不同的方法。第 3 章中介绍的由随机过程的相关函数去求功率(或能量)谱密度的方法就是一种典型的分析宽平稳

随机过程的方法。这里,我们准备采用另一种分析方法,因为该方法对于数字随机序列的谱分析比较简明和方便。

设二进制的随机脉冲序列如图 6-4 所示。这里 $g_1(t)$ 和 $g_2(t)$ 分别对应于符号 0 和 1,T_s 为每一码元的宽度。应当指出,图中虽然把 $g_1(t)$ 及 $g_2(t)$ 都画成了两种高度的三角形,但实际上 $g_1(t)$ 和 $g_2(t)$ 可以是任意的脉冲。这里再设序列中任一码元时间 T_s 内 $g_1(t)$ 和 $g_2(t)$ 出现的概率分别为 P 和 $1-P$,且认为它们的出现是统计独立的,于是由式(6.2-1)得到该序列为

$$s(t) = \sum_{n=-\infty}^{\infty} s_n(t) \tag{6.2-2}$$

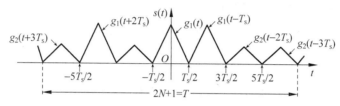

图 6-4　二进制随机脉冲序列举例

式中

$$s_n(t) = \begin{cases} g_1(t-nT_s), & \text{以概率 } P \\ g_2(t-nT_s), & \text{以概率 } 1-P \end{cases}$$

寻求 $s(t)$ 的功率谱密度的思路是:首先想到讨论截短信号 $s_T(t)$ 的功率谱密度,它在 $T\to\infty$ 时就是 $s(t)$ 的功率谱密度;发现 $s_T(t)$ 可分解为截短稳态波 $v_T(t)$ 和截短暂态波 $u_T(t)$ 之叠加;问题归到由 $v_T(t)$ 和 $u_T(t)$ 求稳态波 $v(t)$ 和暂态波 $u(t)$ 的功率谱密度。一旦求得该两波的功率谱密度,其和就是 $s(t)$ 的功率谱密度。

这里求解过程中遇到了截短信号,需要给出截短信号功率谱密度。

所谓截短信号是指

$$s_T(t) = \sum_{n=-N}^{N} s_n(t) \tag{6.2-3}$$

式中有 $2N+1=T$,为截取时间。

所谓截短稳态波 $v_T(t)$ 是指对 $s_T(t)$ 取统计平均而得到的波,即

$$v_T(t) = \sum_{n=-N}^{N} [Pg_1(t-nT_s) + (1-P)g_2(t-nT_s)] \tag{6.2-4}$$

令

$$u_T(t) = s_T(t) - v_T(t) \tag{6.2-5}$$

即

$$u_T(t) = \sum_{n=-N}^{N} u_n(t) \tag{6.2-6}$$

将式(6.2-4)和式(6.2-3)代入上式得

$$u_n(t) = \begin{cases} g_1(t-nT_s) - pg_1(t-nT_s) - (1-P)g_2(t-nT_s), & \text{以概率 } P \\ g_2(t-nT_s) - pg_1(t-nT_s) - (1-P)g_2(t-nT_s), & \text{以概率 } 1-P \end{cases}$$

$$= \begin{cases} (1-P)\left[g_1(t-nT_s) - g_2(t-nT_s)\right], & \text{以概率 } P \\ -P\left[g_1(t-nT_s) - g_2(t-nT_s)\right], & \text{以概率 } 1-P \end{cases} \tag{6.2-7}$$

或写成

$$u_T(t) = \sum_{n=-N}^{N} a_n \left[g_1(t-nT_s) - g_2(t-nT_s)\right] \tag{6.2-8}$$

上式中

$$a_n = \begin{cases} 1-P, & \text{以概率 } P \\ -P, & \text{以概率 } 1-P \end{cases} \tag{6.2-9}$$

(1) 求稳态波 $v(t)$ 的功率谱密度

由式(6.2-4)出发，当 $T \to \infty$ 时得到稳态波

$$v(t) = \sum_{n=-\infty}^{\infty} \left[Pg_1(t-nT_s) + (1-P)g_2(t-nT_s)\right] \tag{6.2-10}$$

由上式得到，$v(t+T_s) = v(t)$，即 $v(t)$ 是周期为 T_s 的信号，于是可以展开成傅里叶级数

$$v(t) = \sum_{m=-\infty}^{\infty} C_m \exp(j2\pi m f_s t) \tag{6.2-11}$$

依据式(2.2-7)，上式中

$$C_m = (1/T_s) \int_{-T_s/2}^{T_s/2} v(t) \exp(-j2\pi m f_s t) dt$$

$$= f_s \int_{-T_s/2}^{T_s/2} \exp(-j2\pi m f_s t) \sum_{n=-\infty}^{\infty} \left[Pg_1(t-nT_s) + (1-P)g_2(t-nT_s)\right] dt$$

$$= f_s \sum_{n=-\infty}^{\infty} \int_{-nT_s-T_s/2}^{-nT_s+T_s/2} \left[Pg_1(\tau) + (1-P)g_2(\tau)\right] \exp[-j2\pi m f_s(\tau+nT_s) d\tau]$$

$$= f_s \int_{-\infty}^{\infty} \left[Pg_1(t) + (1-P)g_2(t)\right] \exp(-j2\pi m f_s t) dt$$

$$= f_s \left[PG_1(m f_s) + (1-P)G_2(m f_s)\right] \tag{6.2-12}$$

其中

$$G_1(m f_s) = \int_{-\infty}^{\infty} g_1(t) \exp[-j2\pi m f_s t] dt$$

$$G_2(m f_s) = \int_{-\infty}^{\infty} g_2(t) \exp[-j2\pi m f_s t] dt$$

依据式(2.2-42)得 $v(t)$ 的功率谱密度为

$$P_v(f) = \sum_{m=-\infty}^{\infty} \left| f_s\left[PG_1(m f_s) + (1-P)G_2(m f_s)\right] \right|^2 \delta(f-m f_s) \tag{6.2-13}$$

(2) 求暂态波 $u(t)$ 的功率谱密度

先对截短暂态波 $u_T(t)$ 作傅里叶变换，得到 $U_T(f)$。然后将式(6.2-8)和式(6.2-9)代入该傅里叶变换式，有

$$U_T(f) = \int_{-\infty}^{\infty} u_T(t) \exp(-j2\pi f t) dt$$

$$= \sum_{n=-N}^{N} \int_{-\infty}^{\infty} a_n [g_1(t-nT_s) - g_2(t-nT_s)] \exp(-j2\pi ft) dt$$

令 $\tau = t - nT_s$，得

$$U_T(f) = \sum_{n=-N}^{N} a_n [G_1(f) - G_2(f)] \exp(-j2\pi fnT_s) \qquad (6.2\text{-}14)$$

上式中

$$G_1(f) = \int_{-\infty}^{\infty} g_1(t) \exp(-j2\pi ft) dt$$

$$G_2(f) = \int_{-\infty}^{\infty} g_2(t) \exp(-j2\pi ft) dt$$

对截短暂态波的谱 $U_T(f)$ 取绝对值，并取平方得

$$|U_T(f)|^2 = U_T(f) U_T^*(f)$$

$$= \sum_{m=-N}^{N} \sum_{n=-N}^{N} a_m a_n \exp[j2\pi f(n-m)T_s] \times [G_1(f) - G_2(f)][G_1^*(f) - G_2^*(f)]$$

$$(6.2\text{-}15)$$

其统计平均为

$$E|U_T(f)|^2 = \sum_{m=-N}^{N} \sum_{n=-N}^{N} E(a_m a_n) \exp[j2\pi f(n-m)T_s]$$

$$\times [G_1(f) - G_2(f)][G_1^*(f) - G_2^*(f)] \qquad (6.2\text{-}16)$$

由式(6.2-9)不难看出，当 $m=n$ 时有

$$a_m a_n = a_n^2 = \begin{cases} (1-P)^2, & \text{以概率 } P \\ P^2, & \text{以概率 } 1-P \end{cases}$$

所以

$$E(a_n^2) = (1-P)^2 P + P^2 (1-P) = P(1-P) \qquad (6.2\text{-}17)$$

当 $m \neq n$ 时

$$a_m a_n = \begin{cases} (1-P)^2, & \text{以概率 } P^2 \\ P^2, & \text{以概率 } (1-P)^2 \\ -P(1-P), & \text{以概率 } 2P(1-P) \end{cases}$$

所以

$$E(a_m a_n) = (1-P)^2 P^2 + P^2 (1-P)^2 + P(P-1)2P(1-P) = 0 \quad (6.2\text{-}18)$$

将式(6.2-17)和式(6.2-18)代入式(6.2-16)，得

$$E|U_T(f)|^2 = |G_1(f) - G_2(f)|^2 \sum_{n=-N}^{N} P(1-P)$$

$$= |G_1(f) - G_2(f)|^2 (2N+1) P(1-P) \qquad (6.2\text{-}19)$$

利用式(3.3-14)，得暂态波的功率谱密度为

$$P_u(f) = \lim_{T \to \infty} P_{uT}(f) = \lim_{T \to \infty} \frac{E|U_T(f)|^2}{T}$$

$$= \lim_{N \to \infty} \frac{|G_1(f) - G_2(f)|^2 (2N+1)P(1-P)}{(2N+1)T_s} = f_s P(1-P)|G_1(f) - G_2(f)|^2$$

$$(6.2\text{-}20)$$

（3）求随机序列 $s(t)$ 的功率谱密度

由式（6.2-5）得

$$s_T(t) = v_T(t) + u_T(t)$$

令 $T \to \infty$ 得

$$s(t) = \lim_{T \to \infty} s_T(t) = v(t) + u(t)$$

于是有

$$P_s(f) = P_u(f) + P_v(f)$$

将式（6.2-13）和式（6.2-20）代入上式，得

$$P_s(f) = f_s P(1-P)|G_1(f) - G_2(f)|^2$$

$$+ \sum_{m=-\infty}^{\infty} |f_s[PG_1(mf_s) + (1-P)G_2(mf_s)]|^2 \delta(t - mf_s) \quad (6.2\text{-}21)$$

上式中第一项 $P_u(f)$ 谱是连续谱；第二项 $P_v(f)$ 是冲激函数构成的谱，即是离散线谱。该谱的计算用来估算此序列信号的功率谱密度和计算带宽，而谱中第二项的计算则用来估算此序列信号中含哪些离散分量可提供来提取作为载波同步或位同步的信号，这对于研究载波同步和位同步等问题将是重要的。上式若写成单边功率谱密度形式，则有

$$P_s(f) = 2f_s P(1-P)|G_1(f) - G_2(f)|^2 + f_s^2 |PG_1(0) + (1-P)G_2(0)|^2 \delta(f)$$

$$+ \sum_{m=1}^{\infty} 2f_s^2 |PG_1(mf_s) + (1-P)G_2(mf_s)|^2 \delta(f - mf_s), f \geqslant 0 \quad (6.2\text{-}22)$$

下面举例说明上述公式的使用。

例 6-1 若有随机数字序列 $s(t) = \sum_{n=-\infty}^{\infty} s_n(t)$，$s_n(t)$ 可取 $g_1(t-nT_s)$ 或 $g_2(t-nT_s)$ 形式，至于取何形式是独立的。设 $s_n(t)$ 取 $g_1(t-nT_s)$ 的概率是 0.5，这里 $g_1(t) = 0$，$g_2(t) = \text{rect}(t/T_s)$，$T_s$ 是给定的码元宽度。

（1）求 $s(t)$ 的功率谱密度 $P_s(f)$；

（2）画出 $P_s(f)$ 的曲线图；

（3）求信号 $s(t)$ 的第一零点带宽 B_z。

解：（1）题给定 $g_1(t) = 0$，所以 $G_1(f) = 0$。把此式代入式（6.2-21），得

$$P_s(f) = f_s P(1-P)|G_2(f)|^2$$

$$+ \sum_{m=-\infty}^{\infty} |f_s[(1-P)G_2(mf_s)]|^2 \delta(f - mf_s)$$

题给定 $P = 0.5$，将此代入上式得

$$P_s(f) = 0.25 f_s |G_2(f)|^2$$

$$+ 0.25 f_s^2 \sum_{m=-\infty}^{\infty} |G_2(mf_s)|^2 \delta(f - mf_s) \quad (6.2\text{-}23)$$

题给定 $g_2(t) = \text{rect}(t/T_s)$，查表 2-1，得其傅里叶变换为

$$G_2(f) = T_s \text{Sa}(\pi f T_s) \quad (6.2\text{-}24)$$

当 $m=0$ 时，$G_2(mf_s)=T_s$。当 $f \to mf_s$ 且 $m \neq 0$ 的整数时，$G_2(m/f_s)=0$。将这两个结果代入式(6.2-23)，得所需求的功率谱密度

$$P_s(f) = 0.25 T_s \mathrm{Sa}^2(\pi f T_s) + 0.25\delta(f) \tag{6.2-25}$$

（2）$P_s(f)$ 的曲线如图 6-5 所示。

（3）对矩形脉冲序列信号来说，从其谱的零频率值到该谱的第一零点频率值的宽度 B_z 被称为该基带信号的第一零点带宽。由图 6-5 看到，该信号的第一零点带宽为

$$B_z = f_s \text{(Hz)} \tag{6.2-26}$$

本例中的信号就是常见的二进制单极矩形 NRZ 脉冲列信号。显然，式(6.2-25)中有函数 $\delta(f)$ 存在，这表示该信号中含有 DC 成分。

例 6-2 上例已知条件中，波形改为 $g_1(t)=\mathrm{rect}(t/T_s)$ 和 $g_2(t)=-g(t)$，其他不变。

（1）求 $s(t)$ 的功率谱密度 $P_s(f)$；

（2）画出其谱曲线。

解：（1）代入已知条件 $g_1(t)=g(t)$ 和 $g_2(t)=-g(t)$，得到

$$P_s(f) = 4f_s P(1-P)\,|\,G(f)\,|^2$$
$$+ f_s^2(2P-1)^2 \sum_{m=-\infty}^{\infty} |\,G(mf_s)\,|^2 \delta(f-mf_s) \tag{6.2-27}$$

题给定 $g_1(t)$ 出现概率是 0.5，将此代入上式得

$$P_s(f) = f_s\,|\,G(f)\,|^2 \tag{6.2-28}$$

题给定 $g(t)=\mathrm{rect}(t/T_s)$，与上题原因相同，得所需求的功率谱密度

$$P_s(f) = T_s \mathrm{Sa}^2(\pi f T_s) \tag{6.2-29}$$

（2）该信号的功率谱密度曲线如图 6-6 所示。

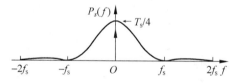

图 6-5 二进制单极矩形脉冲列谱

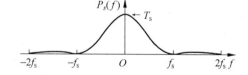

图 6-6 二进制双极矩形脉冲列谱

本例中的信号就是常见的二进制双极 NRZ 矩形脉冲列信号。并由式(6.2-29)看到，式中无 $\delta(f)$ 函数存在，这表明该信号中不含有 DC 成分。由图 6-6 还看到，该信号的第一零点带宽为

$$B_z = f_s \text{(Hz)} \tag{6.2-30}$$

上面两个例子的结果很有意义，它一方面使我们具体了解了随机脉冲序列频谱的特点，以及如何计算它的功率谱密度和带宽；另一方面利用它的离散谱是否存在的特点，将使我们明确能否从脉冲序列中直接提取离散分量，以及用怎样的方法可以从基带脉冲序列中获得所需的离散分量。这一点在研究位同步、载波同步等问题时将是很重要的。

值得指出的是，以上分析方法，由于 $g_1(t)$ 及 $g_2(t)$ 的波形没有加以限定，故即使它们不是基带波形，而是数字载波调制波形，也将是适用的。因此，只要满足上述分析方法中的条件，那么用上面的分析方法同样可确定已调波形的功率谱密度。

6.3 基带传输用的常见码型

若一个变换器把数字基带信号变换成适合于基带信道传输的基带信号,则称此变换器为数字基带调制器。相反,把信道输出基带信号变换成原始数字基带信号的变换器,称为基带解调器。以上两者,合称为"基带调制解调器 baseband MODEM"。商业上早已用此名称,且在我国国家标准局发布的文献[13]中,也已采用该名称。基带调制解调器设计中的首要问题就是本节要讨论的码型选择问题。

前面说过,基带数字信号是代码的一种电表示形式。在实际的基带传输系统中,并不是所有的基带电波形都能在信道中传输。例如,含有丰富直流和低频成分的基带信号就不适宜在常见基带信道中传输,因为它有可能造成信号严重畸变。前面介绍的单极性基带波形是一个含有丰富直流和低频成分的基带信号典型例子,它在一些基带信道中不宜传输。再例如,一般基带传输系统都从接收到的基带信号流中提取收定时信号,而收定时信号却又依赖于代码的码型,如果代码出现长时间的连"0"符号,则基带信号可能会长时间地出现 0 电位,这就使收定时恢复系统难以保证收定时信号的准确性。实际的基带传输系统还可能提出其他要求,从而导致对基带信号也存在各种可能的要求。归纳起来,对传输用的基带信号的主要要求有两点:第一点是对各种代码作要求,期望将原始信息符号编制成适合于传输用的码型;第二点是对所选码型的电波形作要求,期望电波形适宜于在信道中传输。前一问题称为传输码型的选择;后一问题称为基带脉冲的选择。这是既具有独立性又互相联系的基带传输原理中重要的两个问题。本节讨论前一问题,基带脉冲选择问题将在后文中讨论。

传输码(又常称为线路码)的结构将取决于实际信道特性和系统工作的条件。在较为复杂一些的基带传输系统中,传输码结构应具有下列主要特性:

① 能从其相应的基带信号中获取定时信息;

② 相应的基带信号无 DC 成分和只有很小的低频成分;

③ 不受信源统计特性的影响,即能适应于信源的变化;

④ 尽可能地提高传输码型的传输效率;

⑤ 具有内在的检错能力,等等。

满足或部分满足以上特性的传输码型种类繁多,这里介绍目前常见的几种。

(1) AMI 码(alternate mark invertion code,AMI code)

AMI 码的全称是交替传号反转码。这是一种将消息代码 0(空号)和 1(传号)按如下规则进行编码的码:代码的 0 仍变换为传输码的 0,而把代码中的 1 交替地变换为传输码的 +1、-1、+1、-1、…。例如:

消息代码:1 0 0　1　1 0 0 0　1　1　1…

AMI 码:+1 0 0　-1　+1 0 0 0　-1　+1　-1…

由于 AMI 码的传号交替反转,故由它决定的基带信号将出现正负脉冲交替,而 0 电位保持不变的规律。

由上看出,该码的主要特点是:①属三电平码。②无直流成分,且只有很小的低频成分(因而它特别适宜在不允许直流及甚低频成分通过的信道中传输)。其功率谱密度如图 6-7 所示。③存在长连 0 串。

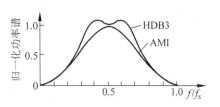

图 6-7　AMI 和 HDB3 码的频谱

其译码电路可以是简单的全波整流电路,此电路把 AMI 码变换或恢复成单极性消息码。

AMI 码除有上述特点外,还有编译码电路简单及利用传号极性交替的规律便于观察误码情况等优点,它是一种基本的线路码,在高密度信息流的数据传输中,得到广泛应用。AMI 码有一个重要缺点是它可能出现长连 0 串,因而会造成提取位定时信号的困难(其原理将在第 10 章中介绍)。

(2) HDB3 码(3nd order high density bipolar code,HDB3 code)

为了保持 AMI 码的无 DC 和只有很小低频成分的优点,并克服长连 0 串带来的缺点,人们提出了 HDB3 码和其他类型的码。

HDB3 码的全称是三阶高密度双极码。它的编码原理是:先检查消息代码的连 0 串情况,当没有 4 个或 4 个以上连 0 串时,则这时按照 AMI 码的编码规则来对消息代码进行编码;当出现 4 个或 4 个以上连 0 串时,则将每 4 个连 0 小段的第 4 个 0 变换成与其前一非 0 符号(+1 或-1)同极性的符号。显然,这样做就破坏了"极性交替反转"的规律,所以称这个符号为破坏符,用 V 符表示(即+1 记为+V,-1 记为-V)。为使附加 V 符后的序列不破坏"极性交替反转"造成的无直流特性,还必须保证相邻 V 符极性交替。可发现,当相邻 V 符之间有奇数个非 0 符时,则能保证相邻 V 符极性交替;当有偶数个非 0 符时,则破坏了相邻 V 符极性交替,这时需将该小段的第一个 0 变换成+1 或-1,常把此符号记为+B 或-B 符号。此时 B 符的极性与前一非 0 符相反。最后让 B 符后面的非 0 符从 V 符开始再交替变化。顺便指出,这里的 B 符或 B 脉冲常称为平衡符或平衡脉冲。下面举例来说明其编码原理。

例 6-3　已知代码 1000010000110000011。求 AMI 码和 HDB3 码。

解:代码:　　1000　　　0　　　1000　　　0　　1　　1　　000　　0　　1　　1

AMI 码:　　-1000　　　0　　　+1000　　　0　　-1　　+1　　000　　0　　-1　　+1

HDB3 码:　-1000　　　-V　　+1000　　+V　　-1　　+1　　-B00　-V　+1　　-1

由上看出,该码的主要特点是:①属三电平码。②无 DC 成分,且只有很小的低频成分。其功率谱密度同样如图 6-7 所示。③连零串的长度≤3,而不管信息源的统计特性如何。

HDB3 码的译码原理如下:从编码过程看出,每一个破坏符 V 总是与前一非 0 符同极性(包括 B 符在内)。这就是说,从收到的符号序列中可以容易地找到破坏点 V,于是可断定 V 符及其前面的 3 个符号必是连 0 符号,从而恢复 4 连 0 码。此后再将所有-1 变成+1,于是恢复了原消息代码。可见,HDB3 码的译码规则比编码规则要简单。HDB3 码是 CCITT 推荐使用的基带传输码型之一,也是我国及北美洲国家推荐的基带传输码型。

(3) 双相码(biphase code)

双相码又称为曼彻斯特码(Manchester code)或裂相码。它是对每个二进制代码分别利用两个具有两个不同相位的二进制新码去取代的码。编码规则之一是：

0→01(零相位的一个周期的方波)；1→10(π相位的一个周期的方波)。

例如：

代码：	1	1	0	0	1	0	1
双相码：	10	10	01	01	10	01	10

可见双相码的特点是：①属二电平码。②无 DC 成分，且只有很小的低频成分。③连 0 串的长度≤2，此很有利于位同步信息的提取。④编码过程简单，但该码的带宽要宽些(与前面的码相比)。

上述码又称为绝对双相码。与它对应的另一种双相码，称为差分双相码。先把输入的 NRZ 波形变换成差分波形，用差分波形实行绝对双相码编码，此时的输出码，相对于输入 NRZ 波形，被称为差分双相码。该码常在本地局域网中使用。

(4) 密勒码

密勒(Miller)码又称为延迟调制码。编码规则如下："1"码用码元持续时间中心点出现跃变来表示，即用"10"或"01"表示。"0"码分两种情况处理：对于单个"0"，在码元持续间内不出现电平跃变，且与相邻码元的边界处也不跃变；对于连"0"，在两个"0"码的边界处出现电平跃变，即"00"与"11"交替。下面举一例。已知代码序列为 11010010，图 6-8(a) 和(b)分别为双相码和密勒码的波形。

由图 6-8(b)可见，若两个"1"码中间有一个"0"码时，密勒码流中出现最大宽度为 $2T_s$ 的波形，即两个码元周期。这一性质可用来进行误码检测。

比较图 6-8 中的(a)和(b)两个波形可以看出，双相码的下降沿正好对应于密勒码的跃变沿。因此，用双相码的下降沿去触发双稳电路，即可输出密勒码。可见它可看成双相码的一种变形。密勒码最初用于气象卫星和磁记录，现在也用于低速基带数传机中。

(5) CMI(coded mark invertion)码

其编码规则为："1"码交替用"11"和"00"表示；"0"码用"01"表示，波形如图 6-8(c)所示。这种码型有较多的电平跃变，因此含有丰富的定时信息。该码已被 CCITT 推荐为 PCM(脉冲编码调制)四次群的接口码型。在光缆传输系统中有时也用作线路传输码型。

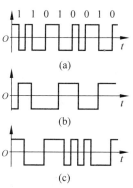

图 6-8　双相码(a)、密勒码(b)和 CMI 码(c)的波形

(6) nBmB 码

这是一类分组码，它把原消息码流的 n 位二进制码为一组，变换为 m 位二进制码作为新的码组，这里 $m>n$。由于 $m>n$，那么新码组可能有 2^m 种组合，多出(2^m-2^n)种组合。这样一来，可由 2^m 种组合中选择一部分码组作为许用码组，其余为禁用码组，以获得良好的传输性能。前面介绍的双相码、密勒码和 CMI 码都可看作是 1B2B 码。

在光纤通信系统中，通常选择 $m=n+2$，即取 1B2B 码、2B3B 码、3B4B 码及 5B6B 码等作为线路码。其中 5B6B 码已作为我国三次群和四次群的常见的线路传输码型[7]。

（7）nBmT 码

这是一类分组码，它把原消息码流的 n 位二进制码为一组，变换为 m 位三进制码作为新的码组，这里 $m < n$。比如 4B3T 码，它把 4 个二进制码元变换成 3 个三进制码元，而 AMI 码把一个二进制符号变换成一个三进制符号，属 1B/1T 码型。显然，在相同消息符号速率下，4B3T 码的传输速率要比 1B1T 码的传输速率低，即提高了单位频带的利用率。其详细的编译码原理可参看有关文献[14]。

6.4　基带脉冲传输模型

先讨论一简单而基本的基带传输系统结构，如图 6-9 所示。该系统采用较简单的基本波形为方波和以有无或正负方波来表示数字信息，此时的基带脉冲传输的基本过程和相应波形如下所述。

图 6-9　简单基带传输系统举例

在该基带传输系统中，一列基带信号波形被变换成相应的发送基带波形 $s(t)$ 后，就被送入频率响应为 $C(\omega)$ 的信道。信号通过信道传输，一方面受到信道特性的影响，产生畸变；另一方面被信道中的加性噪声 $n(t)$ 所叠加，造成随机畸变。为此，在接收端首先要安排一个频率响应为 $G_R(\omega)$ 的接收滤波器，使噪声尽量地得到抑制，并允许信号顺利通过。如图 6-10(a) 所示的收滤波器输出信号 $r(t)$，送到一识别电路，以进一步抑制噪声和再生原始数字信号。常用的识别电路是抽样判决器，它是用在每一接收基带波形的中心附近的抽样脉冲列，如图 6-10(b) 所示，对信号进行抽样，然后将抽样值与判决门限进行比较，若抽样值大于门限值，则判为"高"电平，否则就判为"零"电平。再生的原始数字信号如图 6-10(c) 所示。上例中的抽样脉冲列是由接收端的位定时提取电路提供的。位定时的准确与否将直接影响到判决效果，总之，一个良好的基带传输系统需要一个优良的同步单元，有关同步问题将在第 12 章中讨论。

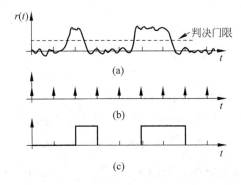

图 6-10　简单的数字基带接收系统波形举例

在上例基础上我们可加入一发送滤波器 $G_T(\omega)$，用来产生所需基本波形的数字基带信号序列 $s(t)$，于是由图 6-10 可引入更为一般化的基带传输模型如图 6-11 所示。下面相应于该模型给出传输过程的数学描述。

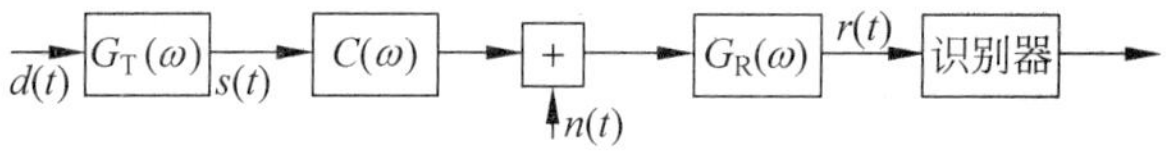

图 6-11 一般化基带传输模型

$\{a_n\}$ 为发送滤波器的输入符号序列。在二进制的情况下，符号 a_n 取值为 0、1 或 -1、+1。为分析方便，我们把该序列对应的基带信号表示成

$$d(t) = \sum_{n=-\infty}^{\infty} a_n \delta(t - nT_s) \tag{6.4-1}$$

上式表明信号是由时间间隔为 T_s 的一系列的 $\delta(t)$ 所组成，而每一个 $\delta(t)$ 的强度则由 a_n 决定。当 $d(t)$ 激励发送滤波器（即信道信号形成器）时，发送滤波器将产生信号 $s(t)$，它可表示为

$$s(t) = \sum_{n=-\infty}^{\infty} a_n g_T(t - nT_s) \tag{6.4-2}$$

式中，$g_T(t)$ 是单个 $\delta(t)$ 作用下形成的发送基带波形。显然这里用到傅里叶变换对

$$g_T(t) \Leftrightarrow G_T(\omega) \tag{6.4-3}$$

式中，$G_T(\omega)$ 是发送滤波器的频率响应函数。

信号 $s(t)$ 通过信道时会产生波形畸变，且会叠加噪声 $n(t)$，然后通过接收滤波器，得到

$$r(t) = \sum_{n=-\infty}^{\infty} a_n g_R(t - nT_s) + n_R(t) \tag{6.4-4}$$

式中，$n_R(t)$ 为加性噪声 $n(t)$ 通过接收滤波器后的波形；$g_R(t)$ 与 $G_T(\omega)C(\omega)G_R(\omega)$ 呈傅里叶变换对

$$g_R(t) \Leftrightarrow G_T(\omega)C(\omega)G_R(\omega) \tag{6.4-5}$$

$r(t)$ 被送入识别电路，并由该电路确定输出值 a_n'。识别电路是一个抽样判决器，抽样脉冲列对信号抽样的时刻选在 $(kT_s + t_0)$。其中，k 是相应的第 k 个基本波形时刻，t_0 是传输系统的某固定时延。将 $kT_s + t_0$ 代入式(6.4-4)得

$$r(kT_s + t_0) = \sum_{n=-\infty}^{\infty} a_n g_R(kT_s + t_0 - nT_s) + n_R(kT_s + t_0)$$

$$= a_k g_R(t_0) + \sum_{n \neq k} a_n g_R(kT_s + t_0 - nT_s) + n_R(kT_s + t_0) \tag{6.4-6}$$

式中，右边第一项 $a_k g_R(t_0)$ 是接收序列中第 k 个基本波形抽样值，为有用信号值。第二项 $\sum_{n \neq k} a_n g_R(kT_s + t_0 - nT_s)$ 是第 k 个基本波形以外的所有基本波形在第 k 个抽样时刻的代数和，它干扰了有用信号值，所以称为码间串扰（intersymbol interference，ISI）值。由于 a_n 是随机变量，所以 ISI 值通常是一随机变量。第三项 $n_R(kT_s + t_0)$，显然是由随机噪声引起的在第 k 个抽样时刻的加性干扰值。

以发端 a_k 随机取 0 或 1 的二进制和 $g_R(t_0)=$ 正的常数 A 为例作说明。通常此时收端抽样判决器的判决电平取 $U_0=0.5A$。参见式(6.4-6),若当 $a_k=1$ 和 $r(kT_s+t_0)>U_0$ 时判决有输出 $a'_k=1$ 及当 $a_k=0$ 和 $r(kT_s+t_0)<U_0$ 时判决有输出 $a'_k=0$,这时表示判决无错。显然,当第二项和第三项皆为 0 时,以上判决肯定成立,即传输正确;当第二项和第三项存在时,以上判决就可能不成立,即传输出错;当 ISI 值和随机加性干扰变小时,判决错误的概率会越小。换言之,为了使传输的错误概率较小,需要最大限度地减小 ISI 和随机噪声的影响。这条结论是改善基带脉冲传输性能的基本出发点。

6.5 无码间串扰的基带传输特性

6.5.1 无 ISI 的基带传输特性

为简便起见,先把上节中模型作一形式上的简化。令

$$H(\omega) = G_T(\omega)C(\omega)G_R(\omega) \tag{6.5-1}$$

和

$$H(\omega) \Leftrightarrow h(t) \tag{6.5-2}$$

参见式(6.4-5),得

$$h(t) = g_R(t) \tag{6.5-3}$$

把上式代入式(6.4-6)和设 $t_0=0$(这一假设是合理的),得到

$$r(kT_s) = a_k h(0) + \sum_{n \neq k} a_n h(kT_s - nT_s) + n_R(kT_s) \tag{6.5-4}$$

基于式(6.5-1)和式(6.5-2),由图 6-11 得到基带传输分析模型如图 6-12 所示。

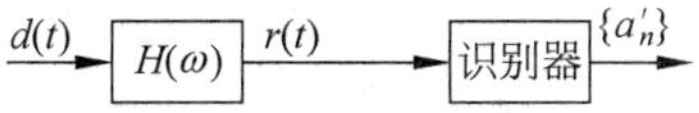

图 6-12 基带传输分析模型

由式(6.5-4)看到,若基带传输分析模型的传输网络之冲激响应满足

$$h(kT_s) = \begin{cases} 1, & k = 0 \\ 0, & k \text{ 为其他整数} \end{cases} \tag{6.5-5}$$

则该系统是无 ISI 的传输系统。式中 T_s 是给定的抽样间隔值。上式常被称为无 ISI 时域准则。这是因为将式(6.5-5)代入式(6.5-4)可得到 ISI 值即第二项为 0,而有用信号值即第一项完好保留。

【定理 6-1】 若基带传输分析模型的传输网络之频率响应满足

$$\sum_i H\left(\omega + \frac{2\pi i}{T_s}\right) = \text{常数 } C, \quad |\omega| \leqslant \pi/T_s \tag{6.5-6}$$

则有

$$h(kT_s) = \begin{cases} 1, & k = 0 \\ 0, & k \text{ 为其他整数} \end{cases} \tag{6.5-7}$$

式中,T_s 是抽样间隔值,$i=0,\pm 1,\pm 2,\cdots$。也即说,该传输系统是无 ISI 的。

证明：$h(t)$ 与 $H(\omega)$ 呈傅里叶变换对，即

$$h(t) = 1/(2\pi)\int_{-\infty}^{\infty} H(\omega)\exp(j\omega t)\mathrm{d}\omega$$

上式中的积分范围可以划分为长度为 $(2\pi/T_s)$ 的许多段，然后分段积分再取和，即

$$h(kT_s) = 1/(2\pi)\sum_{i=-\infty}^{\infty}\int_{(2i-1)\pi/T_s}^{(2i+1)\pi/T_s} H(\omega)\exp(j\omega KT_s)\mathrm{d}\omega$$

下步作变量代换。令 $\omega' = \omega - 2i\pi/T_s$，于是有 $\mathrm{d}\omega' = \mathrm{d}\omega$ 和 $\omega = \omega' + 2i\pi/T_s$；积分限 $\omega = (2i\pm1)\pi/T_s$ 对应 $\omega' = \pm1\pi/T_s$。由上式得到

$$h(kT_s) = 1/(2\pi)\sum_{i=-\infty}^{\infty}\int_{-\pi/T_s}^{\pi/T_s} H(\omega' + 2i\pi/T_s)\exp(j\omega'kT_s)\exp(j2\pi ik)\mathrm{d}\omega'$$

$$= 1/(2\pi)\sum_{i=-\infty}^{\infty}\int_{-\pi/T_s}^{\pi/T_s} H(\omega' + 2i\pi/T_s)\exp(j\omega'kT_s)\mathrm{d}\omega'$$

求和与积分可以互换（当上式之和为一致收敛时），并把变量 ω' 换成 ω，得

$$h(kT_s) = 1/(2\pi)\int_{-\pi/T_s}^{\pi/T_s}\sum_{i=-\infty}^{\infty} H(\omega + 2i\pi/T_s)\exp(j\omega kT_s)\mathrm{d}\omega$$

将式(6.5-6)代入上式，得

$$h(kT_s) = 1/(2\pi)\int_{-\pi/T_s}^{\pi/T_s} C\exp(j\omega T_s)\mathrm{d}\omega = (C/T_s)\sin(k\pi)/(k\pi)$$

上式归一化后不影响 ISI 的分析，所以上式变为

$$h(kT_s) = \sin(k\pi)/(k\pi)$$

由此看到，$k=0$ 时 $h(kT_s)=1$ 和 $k=$ 其他整数时 $h(kT_s)=0$，定理成立。证毕。

上述式(6.5-6)常称为奈奎斯特第一准则或无 ISI 频域准则。使用该定理的常见方法是图解法，即画出 $H(\omega)$ 曲线，然后使其移位 $2\pi i/T_s(i=0,\pm1,\pm2,\cdots)$ 得各条曲线，把得到的各曲线相加，检查在区间 $|\omega|\leqslant\pi/T_s$ 是否叠加成一水平直线，若是水平直线，则说明该 $H(\omega)$ 满足式(6.5-6)，即该 $H(\omega)$ 系统对传码率为 $(1/T_s)$ 的基带数字信号传输是无 ISI 的。

6.5.2 无 ISI 传输特性 $H(\omega)$ 的设计

下面以举例形式来讨论满足式(6.5-6)的 $H(\omega)$ 应如何设计的问题。首先想到的是 $H(\omega)$ 为理想 LPF，如下例。

例 6-4 如图 6-13 所示的传输函数是

$$H(\omega) = \mathrm{rect}[\omega/(4\pi W)]$$

的理想 LPF。设该系统输入传码率为 $(1/T_s)$Bd，系统带宽为 $(\omega_s/2)$rad/s，分析系统的 ISI 情况和计算其频带利用率。

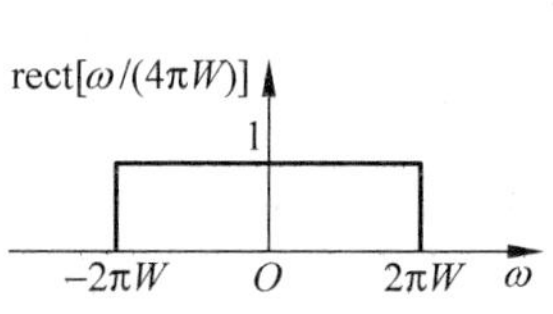

图 6-13 理想 LPF 的频率特性

解：采用时域检验法，即用式(6.5-7)来作检验。

先对 $H(\omega) = \mathrm{rect}[\omega/(4\pi W)]$ 作傅里叶变换，得到

$$h(t) = f_s\frac{\sin(\omega_s t/2)}{\omega_s t/2}$$

上式表示的系统冲激响应 $h(t)$ 可用图 6-14 来表示。由此看出，输入数据若以 $1/T_s$

波特速率进行传输时,则在抽样时刻上的 ISI 是不存在的;同时还可看出,如果该系统用高于 $1/T_s$Bd 的码元速率传送时,将存在 ISI,即最高码元速率为 $1/T_s$Bd。考虑到系统的频率带宽为 $1/(2T_s)$,故这时的系统最高频带利用率为 2Bd/Hz。换言之,若传输系统带宽为 WHz,那么该系统无 ISI 传输的最高传码率为 2WBd,人们称此 2W 为奈奎斯特速率;或者说,若 2WBd 信号作无 ISI 传输时的系统带宽为 WHz,通常称此带宽 WHz 为奈奎斯特带宽。

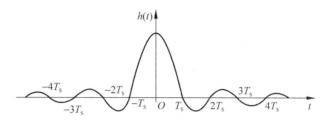

图 6-14 理想 LPF 冲激响应

虽然上述理想 LPF 比下面将讨论的滤波器有更好的频带利用率,但其陡峭的直角截止特性是难以实现的;而且它的冲激响应 $h(t)$ 的"尾巴"衰减振荡幅度大和衰减速度慢是明显的缺点,因为在得不到严格定时(抽样时刻出现偏差)时,ISI 就可能达到很大的数值。下例中讨论的升余弦滚降 LPF 在这方面则有良好的性能。

例 6-5 设输入传码率为 $(1/T_s)$ 波特,系统传输函数是升余弦函数,即

$$H(\omega) = \begin{cases} 0.5[1+\cos(\omega T_s/2)], & |\omega| \leqslant 2\pi/T_s \\ 0, & \text{其他} \end{cases} \tag{6.5-8}$$

如图 6-15 所示。分析系统的 ISI 情况和计算其频带利用率。

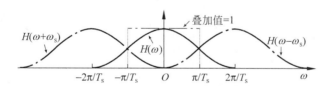

图 6-15 升余弦 LPF 时奈奎斯特准则图解

解:采用频域检验法,即用奈奎斯特准则式(6.5-6)的图解法。

首先在图 6-15 中画出 $H(\omega)$ 曲线,实线;再向右平移 ω_s 画出 $H(\omega-\omega_s)$ 曲线,用均匀虚线;接着将第一根曲线向左平移 ω_s 画出 $H(\omega+\omega_s)$ 曲线,用双点一划虚线;最后在检验域 $|\omega| \leqslant \pi/T_s$ 画出 $[H(\omega+\omega_s)+H(\omega)+H(\omega-\omega_s)]$ 的叠加值曲线,用点划曲线。显然,该叠加值曲线平行于横坐标的一常数,或者说该系统满足奈奎斯特准则式(6.5-6),因此,数据若以 $1/T_s$ 波特速率进行传输时,则在抽样时刻上的 ISI 是不存在的。需注意的是,这里在讨论奈奎斯特准则时只计算了 $(i=-1,0,1)$ 三项数值,对于 i 的其他各项值对检验域内的叠加值无贡献,所以在图解时无须画出。

由 $H(\omega)$ 看到,该系统的第一零点带宽为 f_sHz,故这时的系统最高频带利用率为 1Bd/Hz。

例 6-5 的升余弦 LPF 可以是,在限制一定条件下将例 6-4 的理想 LPF 的截止特性作圆滑的结果,或者说可在限制一定条件下用余弦滚降的方法得到。此滚降曲线要以坐标$(B_1,0.5)$为奇对称。图 6-16 显示了按余弦滚降画出的三种 LPF 特性,图中 $\alpha = B_2/B_1$,其中 B_1 是无滚降时的截止频率,B_2 为截止频率减去无滚降时截止频率。人们称 α 为滚降系数。当 α 取一般值时($0 < \alpha \leqslant 1$),余弦滚降 LPF 特性 $H(\omega)$ 可表示成

$$H(\omega) = \begin{cases} 1, & |\omega| \leqslant \dfrac{(1-\alpha)\pi}{T_s} \\ 0.5\left[1 + \dfrac{T_s}{2\alpha}\sin\left(\dfrac{\pi}{T_s} - \omega\right)\right], & \dfrac{(1-\alpha)\pi}{T_s} < |\omega| \leqslant \dfrac{(1+\alpha)\pi}{T_s} \\ 0, & |\omega| > \dfrac{(1+\alpha)\pi}{T_s} \end{cases} \quad (6.5\text{-}9)$$

而相应的 $h(t)$ 为

$$h(t) = \frac{\sin(\pi t/T_s)}{\pi t/T_s} \cdot \frac{\cos(\alpha\pi t/T_s)}{1 - 4\alpha^2 t^2/T_s^2}$$
$$(6.5\text{-}10)$$

实际的 $H(\omega)$ 可按不同的 α 来选取。由上式看到,$\alpha = 0$ 时即为例 6-4 所述的理想 LPF 系统;$\alpha = 1$ 时就为例 6-5 所述的升余弦滤波系统。依据式(6.5-10),给出其曲线如图 6-17 所示。

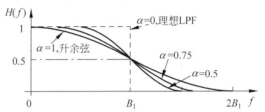

图 6-16　三种余弦滚降时特性

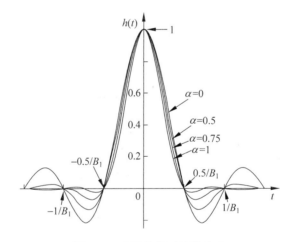

图 6-17　余弦滚降时冲激响应

由上图看到,理想 LPF 系统和升余弦滤波系统都是无 ISI 系统,后者在两样点之间还多了一个零点,而且它的"尾巴"衰减比前者要大和快,这有利于减小位定时误差引起的 ISI 值;此时,后者占用的频带是前者的一倍,即频带利用率降低一半。

最后顺便指出,在以上讨论中并没有涉及 $H(\omega)$ 的相移特性问题。但实际上它的相移特性一般不为零,故需要加以考虑。然而,在推导式(6.5-6)的过程中,我们并没有指定 $H(\omega)$ 是实函数,所以,式(6.5-6)对于一般特性的 $H(\omega)$ 均适用。

6.6　基带传输系统的抗噪声性能

上一节讨论了无噪声影响时能够消除 ISI 的基带传输特性。现在,我们来讨论在这样的系统中叠加噪声后的抗噪声性能,即在无 ISI 时,由于加性高斯噪声造成的错误判决的概率。

如果基带传输系统无 ISI 又无噪声,则通过连接在接收滤波器之后的判决电路,就能无差错地恢复出原发送的基带信号。但当存在加性噪声时,即使无 ISI,判决电路也很难保证"无差错"恢复。图 6-18 分别示出了无噪声及有噪声时判决电路的输入双极性波形。其中,图(a)是既无 ISI 又无噪声影响时的信号波形,而图(b)则是图(a)波形叠加上噪声后的混合波形。显然,这时的判决门限应选择在 0 电平,而抽样判决的规则应是:若抽样值大于 0 电平,则判为"1"码;若抽样值小于 0 电平,则判为"0"码。不难看出,对图(a)波形能够毫无差错地判决以恢复基带信号,但对图(b)的波形就可能出现判决错误(图中带"×"的码元就是错码;原"1"错成"0"或原"0"错成"1")。

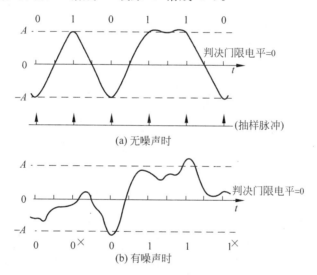

图 6-18　无噪声及有噪声时判决电路之输入波形

现在,我们来计算图 6-18(b)所示波形在抽样判决时所造成的错误概率(或称误码率)。信道噪声通常被假设成平稳加性高斯白噪声(AWGN)。显然,判决电路输入端的随机噪声就是信道 AWGN 通过接收滤波器后的输出噪声,而接收滤波器又是一个线性网络,故判决电路输入噪声 $n_R(t)$ 也是平稳加性高斯随机噪声,且它的功率谱密度为

$$P_n(\omega) = (n_0/2) \mid G_R(\omega) \mid^2$$

式中,$n_0/2$ 为信道白噪声的双边功率谱密度;$G_R(\omega)$ 为接收滤波器的传输特性。

由上式看出,只要给定了 n_0 及 $G_R(\omega)$,则判决器输入端的噪声特性就可以确定。为简明起见,我们把这个噪声特性假设为均值为零、方差为 σ_n^2。于是,这个噪声的瞬时值 V 的统计特性,可由下述一维高斯概率分布密度描述:

$$f(v) = \frac{1}{\sqrt{2\pi}\,\sigma_n} \exp\left[-\frac{v^2}{2\sigma_n^2}\right] \tag{6.6-1}$$

图 6-18 已经表明,在噪声影响下发生误码将有两种差错形式:发送的是"1"码,却被判为"0"码;发送的是"0"码,却被判为"1"码。下面我们来求这两种情况下码元错判的概率。

对于双极基带信号,在一个码元持续时间内,抽样判决器输入端得到的波形可表示为

$$x(t) = \begin{cases} A + n_R(t), & \text{发送 1 时} \\ -A + n_R(t), & \text{发送 0 时} \end{cases} \tag{6.6-2}$$

由于 $n_R(t)$ 是高斯过程,故当发送"1"时,过程 $A + n_R(t)$ 的一维概率密度为

$$f_1(x) = \frac{1}{\sqrt{2\pi}\,\sigma_n} \exp\left[-\frac{(x-A)^2}{2\sigma_n^2}\right] \tag{6.6-3}$$

而当发送"0"时,过程 $-A + n_R(t)$ 的一维概率密度为

$$f_0(x) = \frac{1}{\sqrt{2\pi}\,\sigma_n} \exp\left[-\frac{(x+A)^2}{2\sigma_n^2}\right] \tag{6.6-4}$$

与它们相应的曲线分别示于图 6-19 中。这时,若令判决门限为 V_d,则将"1"错判为"0"的概率 $P(0/1)$ 及将"0"错判为"1"的概率 $P(1/0)$ 可以分别表示为

$$P(0/1) = P(x < V_d) = \int_{-\infty}^{V_d} f_1(x)\mathrm{d}x = \int_{-\infty}^{V_d} \frac{1}{\sqrt{2\pi}\,\sigma_n} \exp\left[-\frac{(x-A)^2}{2\sigma_n^2}\right]\mathrm{d}x$$

$$= 0.5 + 0.5\mathrm{erf}\left(\frac{V_d - A}{\sqrt{2}\,\sigma_n}\right) \tag{6.6-5}$$

$$P(1/0) = P(x < V_d) = \int_{V_d}^{\infty} f_0(x)\mathrm{d}x = \int_{V_d}^{\infty} \frac{1}{\sqrt{2\pi}\,\sigma_n} \exp\left[-\frac{(x+A)^2}{2\sigma_n^2}\right]\mathrm{d}x$$

$$= 0.5 - 0.5\mathrm{erf}\left(\frac{V_d + A}{\sqrt{2}\,\sigma_n}\right) \tag{6.6-6}$$

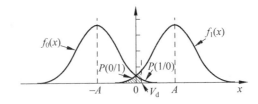

图 6-19　$x(t)$ 的概率密度

它们分别如图 6-19 中的阴影部分所示。若发送"1"码的概率为 $P(1)$,发送"0"码的概率为 $P(0)$,则基带传输系统总的误码率可表示成

$$P_e = P(1)P(0/1) + P(0)P(1/0) \tag{6.6-7}$$

由式 $(6.6-5)$~式 $(6.6-7)$ 可以看出,基带传输系统的总误码率与判决门限电平 V_d 有关。通常,把使总误码率最小的判决门限电平称为最佳判决门限电平。若令

$$\mathrm{d}P_e/\mathrm{d}V_d = 0$$

则可求得最佳门限电平为

$$V_d^* = \frac{\sigma_n^2}{2A}\ln\frac{P(0)}{P(1)} \tag{6.6-8}$$

又若 $P(1)=P(0)=1/2$，则最佳判决门限电平为

$$V_d^* = 0$$

这时利用式(6.6-7)，得该基带传输系统的总误码率为

$$P_e = 0.5P_{e1} + 0.5P_{e2} = 0.5\left[1 - \mathrm{erf}\left(\frac{A}{\sqrt{2}\sigma_n}\right)\right]$$

$$= 0.5\mathrm{erfc}\left(\frac{A}{\sqrt{2}\sigma_n}\right) \tag{6.6-9}$$

总之，上式是在发送信号的概率 $P(0)=P(1)$ 相等、接收到的基带信号无 ISI 和采用最佳判决门限电平的条件下的双极基带波形传输系统的误码率。该误码率仅取决于信号峰值 A 与噪声均方根值 σ_n 的比值；比值 A/σ_n 越大，则误码率 P_e 越小。

在采用单极基带波形，而其他条件保持与式(6.6-9)的条件相同时，式(6.6-8)和式(6.6-9)将分别变成

$$V_d^* = 0.5A + \frac{\sigma_n^2}{A}\ln\frac{P(0)}{P(1)} \tag{6.6-10}$$

和

$$P_e = 0.5\mathrm{erfc}\left(\frac{A}{2\sqrt{2}\sigma_n}\right) \tag{6.6-11}$$

式中 A 是单极基带信号的峰值。以上两公式作为习题6-19，留给读者自行证明。6.7节将介绍实验研究基带传输系统的抗噪声性能的一种方法——眼图法。

6.7 眼图

一个实际的基带传输系统，尽管经过了十分精心的设计，但要使其传输特性完全符合理想情况是困难的，甚至是不可能的。因此，ISI 也就不可能完全避免。由前面的讨论可知，ISI 问题与发送滤波器特性、信道特性、接收滤波器特性等因素有关，因而计算由于这些因素所引起的误码率就非常困难，尤其在信道特性不能完全确知的情况下，甚至得不到一种合适的定量分析方法。在 ISI 和噪声同时存在的情况下，系统抗噪性能的定量分析，就是想得到一个近似的结果都是非常繁杂的。

下面我们将介绍能够利用实验手段方便地估计系统性能的一种方法。这种方法的具体做法是：用一个示波器跨接在接收滤波器的输出端，然后调整示波器水平扫描周期，使其与接收码元的周期同步。这时就可以从示波器显示的图形上，观察出 ISI 和噪声的影响，从而估计系统传输性能的优劣程度。所谓眼图就是指此时示波器显示的这种图形，因为在传输二进制信号波形时，它很像人的眼睛。

现在来解释这种观察方法。为了便于理解，暂先不考虑噪声的影响。在无噪声存在的情况下，一个二进制的基带系统将在接收滤波器输出端得到一个基带脉冲的序列。如

果基带传输特性是无 ISI 的,则将得到如图 6-20(a)所示的基带脉冲序列;如果基带传输是有 ISI 的,则得到的基带脉冲序列如图 6-20(b)所示。

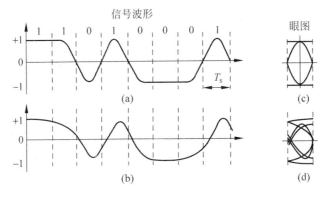

图 6-20　基带信号波形及眼图

　　用示波器先观察图(a)波形,并将示波器扫描周期调整到码元的周期 T,这时图(a)中的每一个码元将重叠在一起。尽管图(a)波形并不是周期的(实际是随机的),但由于荧光屏的余辉作用,仍将若干码元重叠并显示图形。显然,由于图(a)波形是无 ISI 的,因而重叠的图形都完全重合,故示波器显示的迹线又细又清晰,如图 6-20(c)所示。当我们观察图(b)波形时,由于存在 ISI,示波器的扫描迹线就不完全重合,于是形成的线迹较粗而且也不清晰,如图 6-20(d)所示。从图 6-20(c)及(d)可以看到,当波形无 ISI 时,眼图像一只完全张开的眼睛。并且,眼图中央的垂直线表示最佳的抽样时刻,信号取值为±1;眼图中央的横轴位置为最佳的判决门限电平。当波形存在 ISI 时,在抽样时刻得到的信号取值不再等于±1,而分布在比 1 小或比 −1 大的附近,因而眼图将部分地闭合。由此可见,眼图的"眼睛"张开大小将反映 ISI 的强弱。

　　当存在噪声时,噪声叠加在信号上,因而眼图的线迹更不清晰,于是"眼睛"张开就更小。不过,应该注意,从图形上并不能观察到随机噪声的全部形态,例如出现机会少的大幅度噪声,由于它在示波器上一晃而过,因而用人眼是观察不到的。所以,在示波器上只能大致估计噪声的强弱。

　　为了说明眼图和系统性能之间的关系,把眼图简化为一个模型,如图 6-21 所示。该图中所表述的眼图参数含义如下:

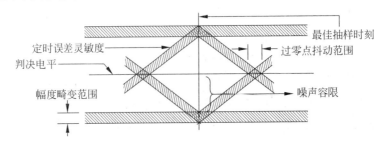

图 6-21　二电平信号眼图模型

（1）最佳抽样时刻是"眼睛"张开最大的时刻；

（2）对定时误差的灵敏度可由眼图的斜边之斜率决定，斜率越陡，对定时误差就越灵敏；

（3）上或下阴影带的垂直高度表示信号受噪声干扰引起的幅度畸变范围；

（4）图 6-21 的中央横轴位置电平则对应判决门限电平；

（5）在抽样时刻上，上下两阴影带的间隔距离之半为噪声容限（或称噪声边际），即若噪声瞬时值超过这个容限，则就可能发生错误判决；

（6）图 6-21 中中央横轴与倾斜阴影带相交区间表示接收波形零点位置的变化范围，常称其为过零点抖动范围，它对于利用过零点信息来提取定时信号的质量有很大影响。

图 6-22(a)和(b)分别是二进制升余弦频谱信号在示波器上显示的两张实验眼图照片。图 6-22(a)是在几乎无噪声和无 ISI 下得到的，而图 6-22(b)则是在一定噪声和 ISI 下得到的。

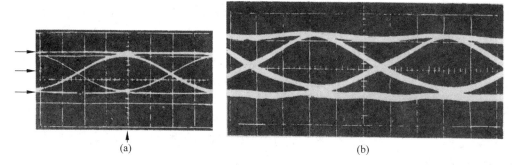

(a)　　　　　　　　　　　(b)

图 6-22　眼图照片

6.8　时域均衡

尽管理论上存在理想的基带传输特性（正如在 6.5 节中指出的），但实际实现时，由于总是存在设计误差和信道特性的变化，故在抽样时刻上也总是存在一定的 ISI，从而导致系统性能的下降。

理论与实践都表明，在基带系统中插入一种可调（或可不调）特性滤波器将能减小 ISI 的影响。这种起调节或补偿基带系统总特性作用的滤波器统称为均衡器。目前，均衡器名目繁多，但按研究的角度或领域，可分为频域均衡器和时域均衡器两大类。频域均衡的基本思想是利用可调滤波器的频率特性去补偿基带系统的频率特性，使包括可调滤波器在内的基带系统的总特性满足实际性能的要求。这种方法显然是直观的和容易理解的，因而这里就不作介绍了。本节讨论另一种所谓的时域均衡器。这种方法在日趋完善的数字通信中占有重要的地位。

6.8.1　时域均衡原理

设插入可调滤波器前的基带系统如图 6-11 所示，若其总特性式(6.5-1)不满足奈奎斯特第一准则时，系统传输就存在 ISI。现在将证明，如果在接收滤波 $G_R(\omega)$ 之后插入一

个称为横向滤波器的可调滤波器,其冲激响应为

$$h_T(t) = \sum_{n=-\infty}^{\infty} C_n \delta(t - nT_s) \qquad (6.8\text{-}1)$$

式中,C_n 完全依赖于 $H(\omega)$,那么,理论上就可消除(抽样时刻上的)ISI。

设插入滤波器的频率特性为 $T(\omega)$,则当

$$T(\omega)H(\omega) = H'(\omega) \qquad (6.8\text{-}2)$$

满足式(6.5-6),即满足

$$\sum_i H'\left(\omega + \frac{2\pi i}{T_s}\right) = C, \qquad |\omega| \leqslant \pi/T_s \qquad (6.8\text{-}3)$$

此时,这个包括 $T(\omega)$ 在内的总特性 $H'(\omega)$ 将可消除 ISI。

对于式(6.8-3),因为

$$\sum_i H'\left(\omega + \frac{2\pi i}{T_s}\right) = \sum_i H\left(\omega + \frac{2\pi i}{T_s}\right)T\left(\omega + \frac{2\pi i}{T_s}\right) \qquad (6.8\text{-}4)$$

于是,如果 $T(\omega + 2\pi i/T_s)$ 对不同的 i 有相同的函数形式,即 $T(\omega)$ 是以 $2\pi/T_s$ 为周期的周期函数,则当 $T(\omega)$ 在 $(-\pi/T_s, \pi/T_s)$ 内有

$$T(\omega) = \frac{C}{\sum\limits_i H\left(\omega + \frac{2\pi i}{T_s}\right)}, \qquad |\omega| \leqslant \pi/T_s \qquad (6.8\text{-}5)$$

就有

$$\sum_i H'\left(\omega + \frac{2\pi i}{T_s}\right) = C, \qquad |\omega| \leqslant \pi/T_s \qquad (6.8\text{-}6)$$

也就是式(6.8-3)成立。

既然 $T(\omega)$ 是按式(6.8-5)开拓的周期为 $3\pi/T_s$ 的函数,则 $T(\omega)$ 可用傅里叶级数来表示,即

$$T(\omega) = \sum_{n=-\infty}^{\infty} C_n \exp(-jnT_s\omega) \qquad (6.8\text{-}7)$$

其中

$$C_n = \frac{T_s}{2\pi} \int_{-\pi/T_s}^{\pi/T_s} T(\omega) \exp(jn\omega T_s) \, d\omega \qquad (6.8\text{-}8)$$

或

$$C_n = \frac{T_s}{2\pi} \int_{-\pi/T_s}^{\pi/T_s} \frac{C}{\sum\limits_i H\left(\omega + \frac{2\pi i}{T_s}\right)} \exp(jn\omega T_s) \, d\omega \qquad (6.8\text{-}9)$$

由上式看出,傅里叶系数 C_n 由 $H(\omega)$ 决定。

再对式(6.8-7)求傅里叶反变换,则可求得其单位冲激响应 $h_T(t)$ 为

$$h_T(t) = \mathcal{F}[T(\omega)] = \sum_{n=-\infty}^{\infty} C_n \delta(t - nT_s) \qquad (6.8\text{-}10)$$

这就是需要证明的式(6.8-1)。

由上述证明过程看出,给定一个系统特性 $H(\omega)$ 就可唯一地确定 $T(\omega)$,于是就找到消除 ISI 的新的总特性(即包括 $T(\omega)$ 在内的基带系统)$H'(\omega)$。

现在我们来详细说明上述滤波器 $T(\omega)$。由式(6.8-10)看出,这里的 $h_T(t)$ 是图 6-23 所示网络的单位冲激响应,而该网络是由无限多的按横向排列的迟延单元及抽头系数单元组成,人们称其为横向滤波器。它的功能是将输入端(即接收滤波器输出端)抽样时刻上有 ISI 的响应波形变换成(利用它产生的无限多响应波形之和)抽样时刻上无 ISI 的响应波形。当然,这种变换过程不是一目了然的,因为此时的横向滤波器是无限长的。下面将举有限长横向滤波器的例子来说明降低 ISI 的过程。由于横向滤波器的均衡原理是建立在时域响应波形上的,故把这种均衡称为时域均衡。

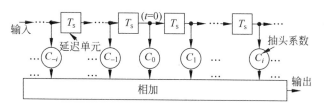

图 6-23　横向滤波器

不难看出,横向滤波器的特性将完全取决于各抽头系数 $C_i(i=0,\pm1,\pm2,\cdots)$,不同的 C_i 值将对应不同的 $h_T(t)$ 或 $T(\omega)$。由此表明,如果各抽头系数是可调整的,则图 6-23 所示的滤波器是通用的。另外,抽头系数设计成可调的,也为随时修改系统的时间响应提供了可能条件。

以上分析表明,借助横向滤波器实现时域均衡是可能的,并指出只要用无限长的横向滤波器,那么就能做到(至少在理论上)消除 ISI 的影响。然而,使横向滤波器的抽头无限多是不现实的。实际上,均衡器的长度不仅受经济成本的限制,并且还受每一系数 C_i 调整准确度的限制。如果 C_i 的调整准确度得不到保证,则增加长度所获得的效益也不会显示出来。因此,有必要进一步讨论有限长横向滤波器的抽头增益调整问题。

设在基带系统接收滤波器与判决电路之间插入一个具有 $2N+1$ 个抽头的横向滤波器,如图 6-24 所示。它的输入(即接收滤波器的输出)为 $x(t)$,$x(t)$ 看作被均衡的对象,并设它不附加噪声,如图 6-25(a)所示。

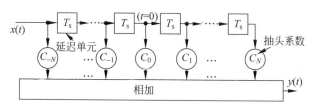

图 6-24　$2N+1$ 长横向滤波器

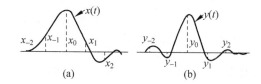

(a)　　　　　　　　(b)

图 6-25　有限长横向滤波器输入和输出举例

设有限长横向滤波器的单位冲激响应为 $e(t)$,则

$$e(t) = \sum_{i=-N}^{N} C_i \delta(t - iT_s) \qquad (6.8\text{-}11)$$

相应的频率特性为

$$E(\omega) = \sum_{i=-N}^{N} C_i \exp(-jiT_s\omega) \qquad (6.8\text{-}12)$$

由此看出,$E(\omega)$ 由 $2N+1$ 个 C_i 所确定。显然,不同的 C_i 将对应有不同的 $E(\omega)$。

下面讨论该均衡器的输出波形 $y(t)$。横向滤波器的输出 $y(t)$ 是 $x(t)$ 和 $e(t)$ 的卷积,注意利用式(6.8-11)的特点,不难看出

$$y(t) = x(t) * e(t) = \sum_{i=-N}^{N} C_i x(t - iT_s)$$

于是,在抽样时刻 $kT_s + t_0$(t_0 即是如图 6-25(a)所示的 x_0 出现的时刻)就有

$$y(kT_s + t_0) = \sum_{i=-N}^{N} C_i x(kT_s + t_0 - iT_s)$$

$$= \sum_{i=-N}^{N} C_i x\big[(k-i)T_s + t_0\big]$$

或者简写为

$$y_k = \sum_{i=-N}^{N} C_i x_{k-i} \qquad (6.8\text{-}13)$$

上式说明,均衡器在第 k 抽样时刻上得到的样值 y_k 将由 $2N+1$ 个 C_i 与 x_{k-i} 的乘积之和来确定。这时我们期望,所有的 y_k(除 $k=0$ 外)都等于零,即希望 ISI 为 0。因此,我们现在面临的问题是,应该有什么样的 C_i 才能使式(6.8-13)给出的 y_k(除 $k=0$ 外)达到期望值。不难看出,当输入波形 $x(t)$ 给定,即各种可能的 x_{k-i} 确定时,通过调整 C_i 使指定的 y_k 等于零是容易办到的,但同时要求除 $k=0$ 外的所有 y_k 都等于零却是件很难的事。下面举例说明。

例 6-6 设 $x(t)$ 的样值 $x_{-1}=1/4$,$x_0=1$,$x_{+1}=1/2$,其余都为零;又选择三抽头的横向滤波器,其 $C_{-1}=-1/4$,$C_0=1$,$C_{+1}=-1/2$。试求该均衡器输出 $y(t)$ 在各抽样点上的值。

解:将题给两组数值代入式(6.8-13)得

$$y_0 = \sum_{i=-1}^{1} C_i x_{-i} = -(1/4) \times (1/2) + 1 \times 1 - (1/2) \times (1/4) = 3/4$$

$$y_1 = \sum_{i=-1}^{1} C_i x_{1-i} = -(1/4) \times 0 + 1 \times (1/2) - (1/2) \times 1 = 0$$

$$y_{-1} = \sum_{i=-1}^{1} C_i x_{-1-i} = -(1/4) \times 1 + 1 \times (1/4) - (1/2) \times 0 = 0$$

用同样方法可得 $y_2 = -1/4$,$y_{-2} = -1/16$,其他 $y_k = 0$。

由该例子看到,输出样序列中有两个 ISI 值是 $-1/4$ 和 $-1/16$,输入样序列中存在两个 ISI 值是 $1/4$ 和 $1/2$;两者比较起来,存在的 ISI 值的总数相同都为 2,但输出样序列中两个 ISI 值(绝对值)都分别等于和小于输入样序列中的 ISI 值。这表明经横向滤波器后

的信号 ISI 值得到了改善,但没有消除。

6.8.2 衡量 ISI 的准则和横向滤波器设计

上面例子中采用了一种 ISI 的简单的比较法,对于复杂的 ISI 情况则难以作 ISI 的比较,这需要给出一种衡量 ISI 情况好坏的准则,于是人们提出了所谓峰值畸变准则和均方畸变准则。这两种准则都是根据均衡器输出的单脉冲响应来规定的,如图 6-25(b)画出了一个单脉冲响应波形。

峰值畸变被定义为

$$D = \frac{1}{y_0} \sum_{k=-\infty}^{\infty} {}' \mid y_k \mid \tag{6.8-14}$$

达到最小。式中,符号 $\sum_{k=-\infty}^{\infty} {}'$ 表示 $\sum_{k\neq 0, k=-\infty}^{\infty}$。

由上式看出,峰值畸变 D 表示所有抽样时刻上得到的 ISI 最大可能值(峰值)与 $k=0$ 时刻上的样值之比。显然,对于完全消除 ISI 的均衡器而言,由于除 $k=0$ 外有 $y_k = 0$,故 D 等于零;对于 ISI 不为零的场合,D 有最小值自然是我们所希望的,即应该以峰值畸变 D 最小来调整均衡器抽头系数。

所谓均方畸变准则,其定义为

$$\varepsilon^2 = \frac{1}{y_0^2} \sum_{k=-\infty}^{\infty} {}' y_k^2 \tag{6.8-15}$$

达到最小。这一准则所指出的物理意义与峰值畸变准则非常相似,这里不再赘述。

还需指出,在分析横向滤波器时,我们均把时间原点($t=0$)假设在滤波器中心点处(即 C_0 处)。如果时间参考点选择在别处,则滤波器的波形之形状是相同的,所不同的仅仅是整个波形的提前或推迟。

例 6-7 以例 6-6 的输入样序列和输出样序列为对象,用峰值畸变准则计算和比较 ISI 的情况。

解:将输入样序列代入式(6.8-14)得

$$D_x = 1/4 + 1/2 = 3/4$$

将输出样序列代入式(6.8-14)得

$$D_y = \frac{1/4 + 1/16}{3/4} = 5/12$$

由以上两结果看到,$D_x > D_y$,即该均衡器输出的 ISI 要比输入得到改善。

下面在最小峰值畸变准则意义下讨论时域均衡器的工作原理。

依据式(6.8-14),用 D_0 表示表示均衡器的输入峰值畸变,即

$$D_0 = \frac{1}{x_0} \sum_{k=-\infty}^{\infty} {}' \mid x_k \mid \tag{6.8-16}$$

若 x_k 是归一化的,且令 $x_0 = 1$,则上式变为

$$D_0 = \sum_{k=-\infty}^{\infty} {}' \mid x_k \mid \tag{6.8-17}$$

为方便起见,将样值 y_k 也归一化,且令 $y_0 = 1$,则根据式(6.8-13)可得

$$y_0 = \sum_{i=-N}^{N} C_i x_{-i} - 1 \tag{6.8-18}$$

或有

$$C_0 x_0 + \sum_{i=-N}^{N}, \quad C_i x_{-i} = 1$$

于是

$$C_0 = 1 - \sum_{i=-N}^{N}, \quad C_i x_{-i} \tag{6.8-19}$$

将上式代入式(6.8-13),则可得

$$y_k = \sum_{i=-N}^{N}, C_i(x_{k-i} - x_k x_{-i}) + x_k \tag{6.8-20}$$

再将上式代入式(6.8-14),则有

$$D = \sum_{k=-\infty}^{\infty}, \left| \sum_{i=-N}^{N}, C_i(x_{k-i} - x_k x_{-i}) + x_k \right| \tag{6.8-21}$$

可见,在输入序列$\{x_k\}$给定的情况下,峰值畸变 D 是各抽头增益 C_i(除 C_0 外)的函数。显然,求解使 D 最小的 C_i 是我们所关心的。

有文献分析证明[9],如果起始畸变 $D_0 < 1$,那么,这个 D 极小值一定发生在对应于横向滤波器 $2N$ 个抽头位置的那些输出样值同时为零的情况。在数学上,所求的增益$\{C_i\}$应为

$$y_k = \begin{cases} 0, & 1 \leqslant |k| \leqslant N \\ 1, & k = 0 \end{cases} \tag{6.8-22}$$

成立时的 $2N$ 个联立方程的解。

由式(6.8-22)和式(6.8-13)得到这 $2N$ 个联立方程的方程组为

$$\begin{cases} \sum_{i=-N}^{N} C_i x_{k-i} = 0, & 1 \leqslant |k| \leqslant N \\ \sum_{i=-N}^{N} C_i x_{-i} = 1 \end{cases} \tag{6.8-23}$$

可将它写成矩阵形式,有

$$\begin{bmatrix} x_0 & x_{-1} & \cdots & x_{-2N} \\ \vdots & \vdots & \ddots & \vdots \\ x_N & x_{N-1} & \cdots & x_{-N} \\ \vdots & \vdots & \ddots & \vdots \\ x_{2N} & x_{2N-1} & \cdots & x_0 \end{bmatrix} \begin{bmatrix} C_{-N} \\ \vdots \\ C_0 \\ \vdots \\ C_N \end{bmatrix} = \begin{bmatrix} 0 \\ \vdots \\ 0 \\ 1 \\ 0 \\ \vdots \\ 0 \end{bmatrix} \tag{6.8-24}$$

这一结论说明,在物理意义上,如果在均衡器输入端 $D_0 < 1$(即眼图不闭合),调整除 C_0 外的 $2N$ 个抽头增益,并迫使其输出的各个样值 y_k 为零,此时 D 取最小值,即均衡器获得最佳的调整。这种调整常称"迫零调整",以此调整原理来设计的均衡器为迫零均衡器。

6.8.3　均衡器的实现

时域均衡的具体实现方法有许多种。但从实现的原理上看,大致可分为预置式自动均衡和自适应式自动均衡两类。预置式均衡,是在实际传输之前先传输预先规定的测试脉冲(例如重复频率极低的周期性的单脉冲波形),然后按迫零调整原理自动(也可人工手动)调整抽头增益;自适应式均衡是在传输过程中连续测出距最佳调整值的误差电压,并据此电压去调整各抽头增益。

图 6-26 就是实现自适应调整的一个简单示例。

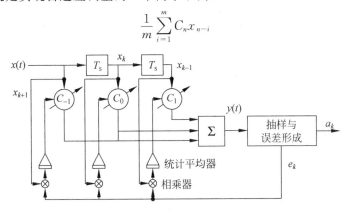

$$\frac{1}{m}\sum_{i=1}^{m}C_n x_{n-i}$$

图 6-26　自适应均衡器框图

有兴趣者可参看有关文献[19]。

6.9　部分响应系统

在 6.5 节中,根据奈奎斯特第一准则,讨论了无 ISI 的理想 LPF 和余弦滚降 LPF。前者的无 ISI 的极限频带利用率为 2Bd/Hz,但它不能物理实现,且响应波形 $\sin t/t$ 的尾巴振荡幅度大和收敛慢导致对定时要求十分严格。余弦滚降 LPF 克服了理想 LPF 的缺点,但所需频带加宽了,即无 ISI 的极限频带利用率降低,比如升余弦 LPF 的极限频带利用率为 1Bd/Hz。由此可见,高的频带利用率和尾巴振荡幅度小、收敛快发生矛盾,这对高速传输尤其不利。

那么能否找到频率利用率既高又使"尾巴"衰减大、收敛快的传输波形呢? 奈奎斯特第二准则回答了这个问题。该准则告诉我们:有控制地在相邻码元的抽样时刻引入 ISI,而在其余码元的抽样时刻无 ISI,那么就能使频带利用率提高到理论上的最大值,同时又可以降低对定时精度的要求。通常把具有上述特点的这种波形称为部分响应波形。利用部分响应波形进行传送的基带传输系统称为部分响应系统。

6.9.1　第 I 类部分响应波形

为说明部分响应波形的一般特性,让我们先从已经熟知的 $\sin t/t$ 谈起,该波形具有理想矩形的频谱。现在我们让两个时间上相隔一个码元时间 T_s 的 $\sin t/t$ 波形相加,如图 6-27(a)所示,则相加后的波形 $g(t)$ 为

$$g(t) = \frac{\sin[(\pi/T_s/2)]}{(\pi/T_s)(t + T_s/2)} + \frac{\sin[(\pi/T_s)(t - T_s/2)]}{(\pi/T_s)(t - T_s/2)} \qquad (6.9\text{-}1)$$

对上式作傅里叶变换得其频谱函数

$$G(\omega) = \begin{cases} 2T_s\cos(\omega T_s/2), & |\omega| \leqslant \pi/T_s \\ 0, & |\omega| > \pi/T_s \end{cases} \qquad (6.9\text{-}2)$$

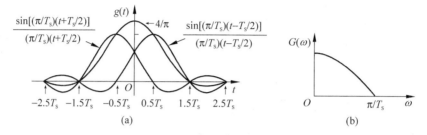

图 6-27 $g(t)$波形(a)及其频谱(b)

显然,这个$G(\omega)$在$|\omega| \leqslant \pi/T_s$范围是余弦型函数,如图6-27(b)示出其正频率部分。$g(t)$的频谱限制在$(-\pi/T_s, \pi/T_s)$内是预料之中的,因为它的每一个相加波形均已限制在这个范围内。

为方便分析$g(t)$波形的特点,可简化式(6.9-1),得

$$g(t) = \frac{4}{\pi} \frac{\cos(\pi t/T_s)}{1 - 4t^2/T_s^2} \qquad (6.9\text{-}3)$$

由上式得到

$$\begin{cases} g(0) = 4/\pi \\ g(\pm T_s/2) = 1 \\ g(kT_s/2) = 0, \quad k = \pm 3, \pm 5, \cdots \end{cases} \qquad (6.9\text{-}4)$$

从上面两式看出:①$g(t)$的"尾巴"幅度随t按$1/t^2$变化,即$g(t)$的尾巴幅度与t^2成反比,这说明它比$\sin t/t$波形收敛快、衰减也大;②若用$g(t)$作为传送波形,且传送码元间隔为T_s,则在抽样时刻上仅将发生当前码元与其前后码元相互干扰,而与其他码元不发生ISI,如图6-28所示。表面看来,由于前后码元的干扰很大,故似乎无法按$1/T_s$的速率进行传送。但仔细观察发现,由于这时的"干扰"是确定的,故仍然可以每秒传送$1/T_s$个码元,即可实现极限频带利用率为2Bd/Hz。

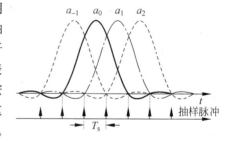

图 6-28   ISI 示意图

下面作一传输过程的定量分析。设输入的二进制码元序列为$\{a_k\}$,并设a_k的取值为$+1$及-1,这样,当发送码元a_k时,接收波形$g(t)$在相应抽样时刻上获得的值C_k可由下式确定:

$$C_k = a_k + a_{k-1} \qquad (6.9\text{-}5)$$

于是有

$$a_k = C_k - a_{k-1} \qquad (6.9\text{-}6)$$

式中a_{k-1}表示a_k前一码元在第k个时刻上的抽样值。不难验证,C_k将可能取0、± 2三个

数值。如果 a_{k-1} 码元已经判定,则借助式(6.9-6)接收端根据收到的 C_k,再减去 a_{k-1},便可得到 a_k 的取值。应该看到,上述判决方法虽然在原理上是可行的,但可能会造成错误的传播,即只要一个码元发生错误,则这种错误会相继影响以后的码元,即存在有差错传播现象。

从上面例子可以看到两点:实际中确实还能找到频带利用率高(达到 2Bd/Hz)和尾巴衰减大、收敛也快的传送波形;而且我们还看到,ISI 得到利用(或者说被受到控制)。这说明,利用存在一定 ISI 的波形,有可能达到充分提高频带效率和使尾巴振荡衰减加快这样两个目的。

现在介绍一种比较实用的部分响应系统。在这种系统中,接收端无须首先已知前一码元的判定值,而且也不存在错误传播现象。我们仍然以上面的例子(以后将称该例子中的部分响应为第Ⅰ类部分响应)来说明。

首先,让发送端的 a_k 变成 b_k 其规则是

$$a_k = b_k \oplus b_{k-1} \tag{6.9-7}$$

也即

$$b_k = a_k \oplus b_{k-1} \tag{6.9-8}$$

式中,$\oplus$ 表示模 2 和。

然后,把 $\{b_k\}$ 当作发送滤波器的输入码元序列,形成由式(6.9-1)决定的 $g(t)$ 序列,于是,参照式(6.9-5)可得到

$$C_k = b_k + b_{k-1} \tag{6.9-9}$$

显然,若对式(6.9-9)作模 2(mod2)处理,则有

$$[C_k]_{\mathrm{mod2}} = [b_k + b_{k-1}]_{\mathrm{mod2}} = b_k \oplus b_{k-1} = a_k \tag{6.9-10}$$

此结果说明,对目前结果 C_k 作模 2 处理后便直接得到发送端的 a_k,不需要预先知道 a_{k-1},也不存在错误的传播现象。通常,把上述过程中的 a_k 按式(6.9-7)变成 b_k,称为预编码,而把式(6.9-5)或式(6.9-9)的关系称为相关编码。因此,整个上述处理过程可概括为"预编码—相关编码—模 2 判决"过程。下面举一个例子来说明这个过程。

例 6-8 设系统输入二进制代码为 1010010010,求上述第Ⅰ类部分响应系统各点上的序列值,并讨论误码时是否存在错误传播现象。

解:通常在系统中 $\{C_k\}$ 采用双极码,于是

a_k	1	0	1	0	0	1	0	0	1	0
b_{k-1}	0	1	1	0	0	0	1	1	1	0
b_k	1	1	0	0	0	1	1	1	0	0
发送 C_k	0	2	0	−2	−2	0	2	2	0	−2

可见,相关电平码输出为三电平。下面假设第 8 个样值传输发生一个错误,其旁用 × 标示。由下看到,系统输出在同样的第 8 个样值位置上发生一个错误,即该系统没有出现错误传播现象。

接收 C_k'	0	2	0	−2	−2	0	2	0×	0	−2
系统输出 a_k'	1	0	1	0	0	1	0	1×	1	0

上面讨论的系统组成方框图如图 6-29 所示。其中,图(a)是原理方框图,图(b)是实际系统组成方框图。为简明起见,图中没有考虑噪声的影响。

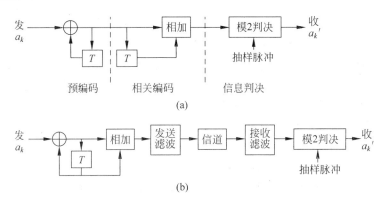

图 6-29 第 I 类部分响应系统组成框图

6.9.2 常见的部分响应系统

现在我们把上述例子推广到一般的部分响应系统中去。一般地,部分响应波形是式(6.9-1)形式的推广,即

$$g(t) = R_1 \frac{\sin[(\pi/T_s)t]}{(\pi/T_s)t} + R_2 \frac{\sin[(\pi/T_s)(t-T_s)]}{(\pi/T_s)(t-T_s)} + \cdots$$
$$+ R_N \frac{\sin\{(\pi/T_s)[t-(N-1)T_s]\}}{(\pi/T_s)[t-(N-1)T_s]} \tag{6.9-11}$$

这是 N 个相继间隔 T_s 的 $\sin t/t$ 波形之和,其中,$R_1, R_2, \cdots, R_N$ 为 N 个冲击响应波形的加权系数,这些系数的取值可为正、负整数(包括取 0 值)。由上式可得相应的 $G(\omega)$ 为

$$G(\omega) = \begin{cases} T_s \sum_{m=1}^{N} R_m \exp[-j(m-1)T_s], & |\omega| \leqslant \pi/T_s \\ 0, & |\omega| > \pi/T_s \end{cases} \tag{6.9-12}$$

可见,上述 $G(\omega)$ 在频域 $(-\pi/T_s, \pi/T_s)$ 之内才有非零值。

显然,不同的 $R_m (m=1, 2, \cdots, N)$,将有不同的相关编码形式。若设输入数据序列为 $\{a_k\}$,相应的编码电平为 $\{C_k\}$,则

$$C_k = R_1 a_k + R_2 a_{k-1} + \cdots + R_N a_{k-(N-1)} \tag{6.9-13}$$

由此看出,C_k 的电平数将依赖于 a_k 的进制数 L 及 R_m 的取值,无疑,一般 C_k 的电平数将要超过 a_k 的进制数。

为从 C_k 重新获得 a_k,一般要经过类似于前面介绍的"预编码-相关编码-模 2 判决"过程。在目前情况下,预编码则是完成下述运算:

$$a_k = R_1 b_k + R_2 b_{k-1} + \cdots + R_N b_{k-(N-1)} \tag{6.9-14}$$

上式中的"$+$"是指"模 L 相加",因为 a_k 和 b_k 已假设为 L 进制。

然后,将 b_k 进行相关编码,即

$$C_k = R_1 b_k + R_2 b_{k-1} + \cdots + R_N b_{k-(N-1)} \text{(算术加)} \tag{6.9-15}$$

再对上式 C_k 作模 L(mod$L$)处理,利用式(6.9-14),则有

$$[C_k]_{\text{mod}L} = [R_1 b_k + R_2 b_{k-1} + \cdots + R_N b_{k-(N-1)}]_{\text{mod}L} = a_k \tag{6.9-16}$$

由此看出,接收端的译码十分简单,只需对 C_k 按模 L 判决即可得 a_k,而且也不存在错误传播问题,这在前面的例子中也已作出了说明。

　　总之,采用部分响应波形,能实现 2Bd/Hz 的频带利用率,和获得波形"尾巴"衰减大、收敛快的效果,同时发现该波形还出现了基带频谱结构的变化。该频谱结构的变化给通信系统的设计提供了一些可利用的条件,如下所述。目前,常见的部分响应波形有五类,其定义及各类波形、频谱示于表 6-1。为便于比较,我们将 $\sin t/t$ 的理想抽样函数也列入表内,并称其为 0 类。从表中看出,各类 $g(t)$ 的频谱在 $1/2T_s$ 处为零,并且有 $G(\omega)$ 在零频率处也出现零点(见 Ⅳ、Ⅴ 类)。这时可利用频谱高端处的零点插入携带同步信息的导频(见本书第 12 章),以便于同步;还可利用没有零频率成分的部分响应波形,以便于采用 SSB 和 VSB 等调制实现载波传输。在实际应用中,第 Ⅳ 类部分响应用得最广,其系统组成方框可参照图 6-29 和表 6-1 得到,这里不再画出。

表 6-1　五类响应波形的比较

类别	R_1	R_2	R_3	R_4	R_5	$g(t)$	$|G(\omega)|,\ |\omega|\leqslant\dfrac{\pi}{T_a}$	二进制输入时 C_k 的电平数
0	1							2
Ⅰ	1	1					$2T_s\cos\dfrac{\omega T_s}{2}$	3
Ⅱ	1	2	1				$4T_s\cos^2\dfrac{\omega T_s}{2}$	5
Ⅲ	2	1	−1				$2T_s\cos\dfrac{\omega T_s}{2}\sqrt{5-4\cos\omega T_s}$	5
Ⅳ	1	0	−1				$2T_s\sin\omega T_s$	3
Ⅴ	−1	0	2	0	−1		$4T_s\sin^2\omega T_s$	5

最后需要指出,由于当输入数据为 L 进制时,部分响应波形的相关编码电平数要超过 L 个,因此,在同样输入信噪比条件下,部分响应系统的抗噪声性能将比零类响应系统的要差。这表明,为获得部分响应系统的优点,就需要花费一定的可靠性下降的代价。

思 考 题

6-1 数字基带传输系统的基本结构如何?

6-2 数字基带信号有哪些常见的形式?它们各有什么特点?它们的时域表示式如何?

6-3 数字基带信号的功率谱有什么特点?它的带宽主要取决于什么?

6-4 什么是 HDB3 码、差分双相码和 AMI 码?各有哪些主要特点?

6-5 什么是 ISI?它是如何产生的?对通信质量有什么影响?

6-6 为了消除 ISI,基带传输系统的传输函数应满足什么条件?

6-7 什么是奈奎斯特带宽?

6-8 什么是部分响应波形?什么是部分响应系统?

6-9 在二进制数字基带传输系统中,有哪两种误码?它们各在什么情况下发生?

6-10 在传输系统误码率分析中,什么是最佳判决门限电平?

6-11 当 $P(1)=P(0)=1/2$ 时,对于传送单极基带波形和双极基带波形的最佳判决门限电平各为多少?为什么?

6-12 无 ISI 时,单极 NRZ 码基带传输系统的误码率取决于什么?怎样才能降低系统的误码率?

6-13 什么是眼图?由眼图模型可以说明基带传输系统的哪些性能?

6-14 什么是频域均衡?什么是时域均衡?横向滤波器为什么能实现时域均衡?

6-15 时域均衡器的均衡效果是如何衡量的?什么是峰值畸变准则?什么是均方畸变准则?

习 题

6-1 设二进制符号序列为 110010001110,试以矩形脉冲为例,分别画出相应的单极 NRZ 码波形、双极 NRZ 码波形、单极 RZ 码波形、双极 RZ 码波形、二进制差分码波形及八电平码波形。

6-2 设随机二进制序列中的 0 和 1 分别由 $g(t)$ 和 $-g(t)$ 组成,它们的出现概率分别为 P 及 $(1-P)$。

(1) 求其功率谱密度及功率;

(2) 若 $g(t)$ 为如图 P6-1(a)所示波形,T_s 为码元宽度,问该序列是否存在离散分量 $f_s=1/T_s$?

(3) 若 $g(t)$ 改为图 P6-1(b),回答题(2)所问。

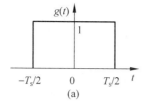
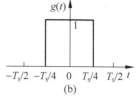

图 P6-1 脉宽为码宽的矩形脉冲(a)和脉宽为半码宽的矩形脉冲(b)

6-3 设某二进制数字基带信号的基本脉冲为三角形脉冲,如图 P6-2 所示。图中 T_s 为码元间隔,数字信息"1"和"0"分别用 $g(t)$ 的有无表示,且"1"和"0"出现的概率相等。

(1) 求该数字基带信号的功率谱密度。

(2) 能否从该数字基带信号中提取码元同步所需的频率 $f_s = 1/T_s$ 的分量? 若能,试计算该分量的功率。

6-4 设某二进制基带信号中,数字信息"1"和"0"分别由 $g(t)$ 及 $-g(t)$ 表示,且"1"与"0"出现的概率相等,$g(t)$ 是升余弦频谱脉冲,即

$$g(t) = 0.5 \frac{\cos(\pi t/T_s)}{1-(4t^2/T_s^2)} \mathrm{Sa}(\pi t/T_s)$$

(1) 写出该数字基带信号的功率谱密度表示式,并画出功率谱密度图。

(2) 从该数字基带信号中能否直接提取频率 $f_s = 1/T_s$ 的分量?

(3) 若码元间隔 $T_s = 10^{-3}$ s,试求该数字基带信号传码率及第一零点带宽。

6-5 设某双极数字基带信号的基本脉冲波形如图 P6-3 所示。它是一个高度为1、宽度 $\tau = (1/3)T_s$ 的矩形脉冲。且已知数字信息"1"的出现概率为 3/4,"0"出现的概率为 1/4。

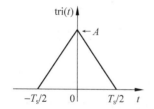
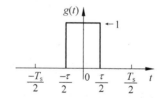

图 P6-2 基本脉冲为三角形

图 P6-3 基本脉冲波形

(1) 写出该双极信号的功率谱密度的表达式,并画出功率谱密度图。

(2) 由该双极信号中能否直接提取频率为 $f_s = 1/T_s$ 的分量? 若能,试计算该分量的功率。

6-6 已知信息代码为 1 0 0 0 0 0 0 0 0 0 1 1,求相应的 AMI 码、HDB3 码及双相码,并画出相应的波形(NRZ 矩形)。

6-7 已知信息代码为 1 0 1 0 0 0 0 0 1 1 0 0 0 0 1 1,试确定相应的 AMI 码及 HDB3 码,并分别画出它们的波形图。

6-8 基带传输系统接收滤波器输出信号的基本脉冲为如图 P6-4 所示的三角形脉冲。

(1) 求该基带传输系统的传输函数 $H(\omega)$;

(2) 假设信道的传输函数 $C(\omega) = 1$,发送滤波器和接收滤波器具有相同的传输函数,

即 $G_{\mathrm{T}}(\omega) = G_{\mathrm{R}}(\omega)$,试求这时 $G_{\mathrm{T}}(\omega)$ 或 $G_{\mathrm{R}}(\omega)$ 的表示式。

6-9 设某基带传输系统具有图 P6-5 所示的三角形传输函数。

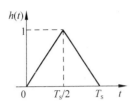

图 P6-4 基本脉冲为三角形

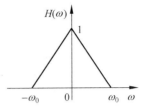

图 P6-5 三角形传输函数

(1) 求该系统接收滤波器输出基本脉冲的时间表示式;

(2) 当数字基带信号的传码率 $R_{\mathrm{B}} = \omega_0/\pi$ 时,用奈奎斯特准则验证该系统能否实现无 ISI 传输。

6-10 设基带传输系统的发送滤波器、信道及接收滤波器组成总特性为 $H(\omega)$,若要求以 $2/T_{\mathrm{s}}$ Bd 的速率进行数据传输,试检验图 P6-6 所示各种 $H(\omega)$ 是否满足消除抽样点上的 ISI 的条件。

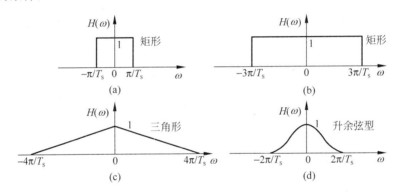

图 P6-6 四种传输函数

6-11 设某数字基带传输的传输特性 $H(\omega)$ 如图 P6-7 所示,其中 a 为某个常数 $(0 \leqslant a \leqslant 1)$。

(1) 试检验该系统能否实现无 ISI 传输;

(2) 求该系统无 ISI 传输的最大码元速率为多少,这时的系统频带利用率为多大。

6-12 为了传送码元速率 $R_{\mathrm{B}} = 10^3$(Bd) 的数字基带信号,试问系统采用图 P6-8 中所画的哪一种传输特性较好?并说明其理由。

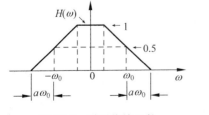

图 P6-7 梯形传输函数

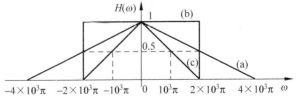

图 P6-8 三种传输函数

6-13 设二进制基带系统的分析模型如图 6-11 所示,现已知

$$H(\omega) = \begin{cases} \tau_0(1 + \cos\omega\tau_0), & |\omega| \leqslant \pi/\tau_0 \\ 0, & \text{其他} \end{cases}$$

试确定该系统无 ISI 的最高码元传输速率 R_B 及相应码元间隔 T_s。

6-14 若 6-13 题中

$$H(\omega) = \begin{cases} (T_s/2)[1 + \cos(\omega T_s/2)], & |\omega| \leqslant 2\pi/T_s \\ 0, & \text{其他} \end{cases}$$

试证其单位冲击响应为

$$h(t) = \frac{\sin(\pi t/T_s)}{\pi t/T_s} \cdot \frac{\cos(\pi t/T_s)}{1 - (4t^2/T_s^2)}$$

并画出 $h(t)$ 的示意波形和说明用 $1/T_s$Bd 速率传送数据时,是否存在(抽样时刻上)ISI。

6-15 试证明式(6.6-8)所示的"对于双极基带信号最佳判决门限电平"表示式成立。

6-16 对于单极基带波形,试证明式(6.6-10)与式(6.6-11)成立。

6-17 若二进制基带系统如图 6-11 所示,并设 $C(\omega) = 1, G_T(\omega) = G_R(\omega) = \sqrt{H(\omega)}$。现已知

$$H(\omega) = \begin{cases} \tau_0(1 + \cos\omega\tau_0), & |\omega| \leqslant \pi/\tau_0 \\ 0, & \text{其他} \end{cases}$$

(1) 若 $n(t)$ 的双边功率谱密度为 $n_0/2$(W/Hz),试确定 $G_R(\omega)$ 的输出噪声功率;

(2) 若在抽样时刻 kT(k 为任意正整数)上,接收滤波器的输出信号以相同概率取 0、A 电平,而输出噪声取值 V 服从下述概率密度分布的随机变量:

$$f(v) = \frac{1}{2\lambda} \exp\left(-\frac{|v|}{\lambda}\right), \quad \lambda > 0(\text{常数})$$

试求系统最小误码率 P_e。

6-18 某二进制数字基带系统所传送的是单极基带信号,且数字信息"1"和"0"的出现概率相等。

(1) 若数字信息为"1"时,接收滤波器输出信号在抽样判决时刻的值 $A = 1$V 且接收滤波器输出噪声是均值为 0、均方根值为 0.2V 的高斯噪声,试求这时的误码率 P_e;

(2) 若要求误码率 P_e 不大于 10^{-5},试确定 A 至少应该是多少。

6-19 若将上题中的单极基带信号改为双极基带信号,而其他条件不变,重做上题中的各问。

6-20 一随机二进制序列为 10110001…,符号"1"对应的基带波形为升余弦波形,持续时间为 T_s;符号"0"对应的基带波形恰好与"1"的相反。

(1) 当示波器扫描周期 $T_0 = T_s$ 时,试画出眼图;

(2) 当 $T_0 = 2T_s$ 时,试重画眼图;

(3) 比较以上两种眼图的下述指标:最佳抽样判决时刻、判决门限电平及噪声容限值。

6-21 设有一个三抽头的时域均衡器,如图 P6-9 所示。$x(t)$ 在各抽样点的值依次为

$x_{-2}=1/8, x_{-1}=1/3, x_0=1, x_{+1}=1/4, x_{+2}=1/16$（在其他抽样点均为零）。

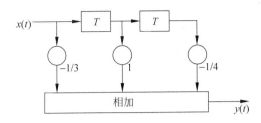

图 P6-9　时域均衡器

试求输入波形 $x(t)$ 峰值畸变值及时域均衡器输出波形 $y(t)$ 峰值畸变值。请问输出 ISI 有无改善？

第7章 正弦载波数字调制通信系统

CHAPTER 7

7.1 引言

上一章我们已经较详细地讨论了数字基带传输系统。然而,实际通信中不少信道都不能直接传送基带信号,必须用基带信号对正弦载波波形的某些参量进行控制,使载波的这些参量随基带信号的变化而变化,即所谓正弦载波调制。以正弦波作为载波的模拟调制通信系统,第5章中已进行了较详细的讨论,本章将讨论以正弦波为载波的数字调制通信系统。

从理论上来说,受调载波的波形可以是任意的,只要已调信号适合于信道传输就可以了。但实际上,在大多数数字通信系统中,都选择正弦信号为载波。这是因为正弦信号形式简单,便于产生及接收。和模拟调制一样,数字调制也有幅调、频调和相调三种基本形式,并可以派生出多种其他形式。数字调制与模拟调制相比,其原理相近。区别在于,模拟调制是对载波信号的参量进行连续调制,在接收端则对载波信号的调制参量连续地进行估值;而数字调制是用载波信号的某些离散状态来表征所传送的信息,在接收端也只要对载波信号的离散调制参量进行检测。数字调制信号,在二进制时有幅移键控(binary amplitude shift keying,2ASK)、频移键控(binary frequency shift keying,2FSK)和相移键控(binary phase shift keying,2PSK)三种基本信号形式,如图 7-1 所示。

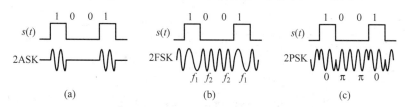

图 7-1　正弦载波的键控波形：2ASK(a),2FSK(b)和 2PSK(c)

根据已调信号的频谱结构特点的不同,数字调制类同模拟调制也可分为线性调制和非线性调制。在线性调制中,已调信号的频谱结构与基带信号的频谱结构相同,只不过频率位置搬移了;在非线性调制中,已调信号的频谱结构与基带信号的频谱结构不同,不是简单的频谱搬移,而是有其他新的频率成分出现。ASK 属于线性调制,而 FSK 常属于非线性调制。

本章着重讨论二进制数字调制系统的原理及其抗噪声性能,并简要介绍多进制数字调制以及由三种基本数字调制形式派生出的几种数字调制的原理。

7.2 二进制数字调制和解调原理

前面已经指出,最常见的二进制数字调制方式有 2ASK、2FSK 和 2PSK 三种。下面分别讨论这三种二进制数字调制的原理。

7.2.1 二进制幅移键控(2ASK)调制和解调

设信息源发出的是由二进制符号 0、1 组成的序列,且假定 0 符号出现的概率为 P,1 符号出现概率为 $1-P$,它们彼此独立。下面以典型的通断键控(on-off keying,OOK)信号为例来展开讨论。那么,借助于第 5 章幅度调制的原理,一个 OOK 信号可以表示成一个单极矩形脉冲序列与一个正弦型载波的相乘,即

$$e_0(t) = \left[\sum_n a_n g(t - nT_s)\right]\cos\omega_c t \qquad (7.2\text{-}1)$$

这里,$g(t)$ 是持续时间为 T_s 的矩形脉冲,而 a_n 的取值服从下述关系:

$$a_n = \begin{cases} 0, & \text{概率为 } P \\ 1, & \text{概率为 } 1-P \end{cases} \qquad (7.2\text{-}2)$$

现设

$$s(t) = \sum_n a_n g(t - nT_s) \qquad (7.2\text{-}3)$$

则式(7.2-1)变为

$$e_0(t) = s(t)\cos\omega_c t \qquad (7.2\text{-}4)$$

通常,2ASK 信号的产生方法(调制方法)有两种,如图 7-2 所示。图(a)就是一般的模拟幅度调制方法,不过这里的 $s(t)$ 由式(7.2-3)规定;图(b)就是一种键控方法,这里的开关电路受 $s(t)$ 控制。这两种方法的相应 $s(t)$ 及 $e_0(t)$ 的波形示例都如图 7-1(a)所示。若 $s(t)$ 信号的一个状态为零和另一状态为非零值,相当于处在断开状态和接通状态,这时输出的 2ASK 信号常称为通断键控信号。

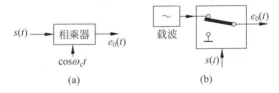

图 7-2   2ASK(OOK)信号的产生方法

如同模拟 AM 信号的解调方法一样,该 OOK 信号也有两种基本的解调方法:包络检波法(属非相干解调)及相干解调(又称同步检测法)。相应的接收系统组成方框图如图 7-3 所示。与模拟 AM 信号的接收系统不同,这里增加了一个"抽样判决器"方框,这对于提高数字信号的接收性能是必要的。

2ASK 方式是数字调制中出现最早的,也是最简单的。这种方法最初用于电报系统,但由于它在抗噪声的能力上较差(本章 7.4 节将阐明这一点),故在数字通信中用得不多。不过,2ASK 常作为研究其他数字调制方式的基础,因此,熟悉它仍然是必要的。

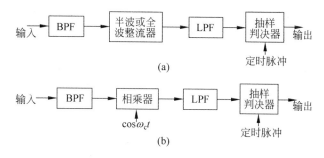

图7-3 2ASK信号的接收系统方框图

（a）包络检波解调；（b）相干解调

下面分析二进制OOK信号的频谱。由于该OOK信号是随机的、功率型的信号，故研究频谱特性时，应该讨论它的功率谱密度。讨论的信号就是上面得到的表示式

$$e_0(t) = \Big[\sum_n a_n g(t - nT_s)\Big]\cos\omega_c t = s(t)\cos\omega_c t \tag{7.2-5}$$

式中 $s(t)$ 是一随机单极矩形脉冲序列。

设 $e_0(t)$ 的功率谱密度为 $P_e(f)$，$s(t)$ 的功率谱密度为 $P_s(f)$，则由上式可得

$$P_e(f) = 0.25[P_s(f + f_c) + P_s(f - f_c)] \tag{7.2-6}$$

由此式看到，只要找到 $P_s(f)$，则 $P_e(f)$ 也就可以确定。

因为 $s(t)$ 是单极性的随机矩形脉冲序列，因此，可以按照6.2节中介绍的方法直接推得 $P_s(f)$，即

$$P_s(f) = f_s P(1-P)\mid G(f)\mid^2 + \sum_{m=-\infty}^{\infty}\mid f_s[(1-P)G(mf_s)]\mid^2\delta(f - mf_s) \tag{7.2-7}$$

式中

$$G(f) \Longleftrightarrow g(t)$$

这里的 $g(t)$ 是矩形波。其频谱的特点是，对于所有 $m\neq 0$ 的整数，有 $G(mf_s)=0$，故式(7.2-7)变为

$$P_s(f) = f_s P(1-P)\mid G(f)\mid^2 + f_s^2(1-P)^2\mid G(0)\mid^2\delta(f) \tag{7.2-8}$$

将式(7.2-8)代入式(7.2-6)，便得到

$$P_e(f) = 0.25 f_s P(1-P)[\mid G(f + f_c)\mid^2 + \mid G(f - f_c)\mid^2]$$
$$+ 0.25 f_s^2(1-P)^2\mid G(0)\mid^2[\delta(f + f_c) + \delta(f - f_c)] \tag{7.2-9}$$

若设 $P=1/2$ 时，上式可写成

$$P_e(f) = (1/16)f_s[\mid G(f + f_c)\mid^2 + \mid G(f - f_c)\mid^2]$$
$$+ (1/16)f_s^2\mid G(0)\mid^2[\delta(f + f_c) + \delta(f - f_c)] \tag{7.2-10}$$

又因为矩形波 $g(t)$ 的频谱为

$$G(f) = T_s\,\mathrm{Sa}(\pi f T_s)$$

所以

$$\mid G(0)\mid = T_s \tag{7.2-11}$$
$$\mid G(f + f_c)\mid = T_s\mid\mathrm{Sa}[\pi(f + f_c)T_s]\mid \tag{7.2-12}$$
$$\mid G(f - f_c)\mid = T_s\mid\mathrm{Sa}[\pi(f - f_c)T_s]\mid \tag{7.2-13}$$

将式(7.2-11)～式(7.2-13)代入式(7.2-10),可得

$$P_e(f) = (1/16)T_s\{|\operatorname{Sa}[\pi(f+f_c)T_s]|^2 + |\operatorname{Sa}[\pi(f-f_c)T_s]|^2\}$$
$$+ (1/16)[\delta(f+f_c) + \delta(f-f_c)] \tag{7.2-14}$$

此功率谱密度的示意图如图 7-4(a)所示。

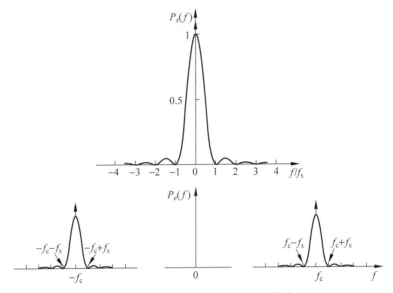

图 7-4(a)　二进制 OOK 信号的功率谱密度

由图 7-4(a)看到,①二进制 OOK 信号的功率谱由连续谱和离散谱两部分组成,其中,连续谱取决于 $g(t)$ 经线性调制后的双边带谱,而离散谱则由载波分量确定;②如同第 5 章中分析过的 DSB 调制一样,该 OOK 信号的带宽是基带脉冲波形带宽的两倍;③该 OOK 信号的第一旁瓣峰值要比主峰值衰减 14dB;④谱主瓣的两个零点称为该谱的第一零点,该零点之间的宽度被称为该信号谱的第一零点带宽。显然,该 OOK 信号的第一零点带宽为 $2f_s$。

设包络检波解调器(全波整串接 LPF)的输入信号如图中 $u_i(t)$ 所示,给出其各点波形,见图 7-4(b)。

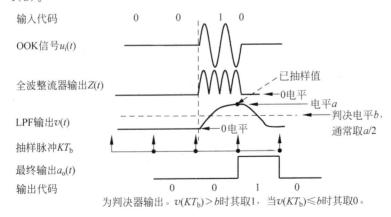

为判决器输出。$v(KT_b)>b$ 时其取1, 当 $v(KT_b)\leqslant b$ 时其取0。

图 7-4(b)　OOK 包络检波解调器各点波形

设相干解调器的输入信号如图中 $u_i(t)$ 所示,可画出其各点波形,见图 7-4(c)。

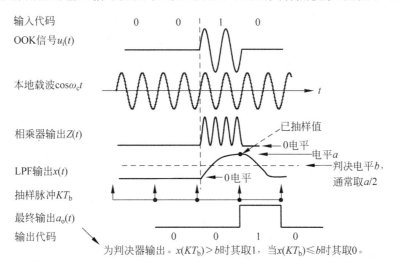

图 7-4(c) OOK 相干解调器各点波形

7.2.2 二进制频移键控(2FSK)调制和解调

如果信息源的有关特性同上一小节的假设,那么,2FSK 信号便是 0 符号对应于载频 ω_1,而 1 符号对应于载频 ω_2(与 ω_1 不同的另一载频)的已调波形,而且 ω_1 与 ω_2 之间的改变是瞬间完成的。容易想到,2FSK 信号可利用一个矩形脉冲序列对一个载波进行调频而获得。这正是频率键控通信方式早期采用的实现方法,也是利用模拟调频法实现数字调频的方法。2FSK 信号的另一产生方法便是采用键控法,即利用受矩形脉冲序列控制的开关电路对两个不同的独立频率源进行选通。以上两种产生方法如图 7-5 所示,这两种方案的波形都如图 7-1(b)所示,其中 $s(t)$ 代表信息的二进制矩形脉冲序列,$e_0(t)$ 即是 2FSK 信号。

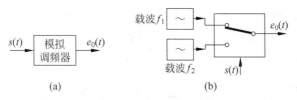

图 7-5 2FSK 信号的产生方案

根据以上 2FSK 信号的产生原理,可写出已调信号的数学表示式为

$$e_0(t) = \Big[\sum_n a_n g(t-nT_s)\Big]\cos(\omega_1 t + \varphi_n) + \Big[\sum_n \bar{a}_n g(t-nT_s)\Big]\cos(\omega_2 t + \theta_n)$$

$$(7.2\text{-}15)$$

式中,$g(t)$ 为单个矩形脉冲,脉宽为 T_s,而

$$a_n = \begin{cases} 0, & \text{概率为 } P \\ 1, & \text{概率为 } 1-P \end{cases} \qquad (7.2\text{-}16)$$

$\bar{a}_n$ 是 a_n 的反码,即若 $a_n=0$,则 $\bar{a}_n=1$;若 $a_n=1$,则 $\bar{a}_n=0$。于是

$$\bar{a}_n = \begin{cases} 0, & \text{概率为 } 1-P \\ 1, & \text{概率为 } P \end{cases} \tag{7.2-17}$$

φ_n 和 θ_n 分别是第 n 个信号码元的初相位。一般说来,键控法得到的 φ_n、θ_n 是与序列 n 无关的,反映在 $e_0(t)$ 上,仅表现出 ω_1 与 ω_2 改变时其相位是不连续的;而用模拟调频法时,由于当 ω_1 与 ω_2 改变时 $e_0(t)$ 相位是连续的,故 φ_n、θ_n 不仅与第 n 个信号码元有关,而且 θ_n 与 φ_n 之间也应保持一定的关系[9]。

2FSK 信号的常用解调方法是采用如图 7-6(a)所示的包络检测法和图 7-7 所示的相干检测法。这里的抽样判决器是判定哪一个输入样值大,此时可以不专门设置门限电平。包络检测法不需要本地相干载波,因此属于非相干解调。

图 7-6(a)　2FSK 信号的包络检测法

设 2FSK 包络检波解调器(全波整串接 LPF)的输入信号如图中 $u_i(t)$ 所示,给出其各点波形,见图 7-6(b)。

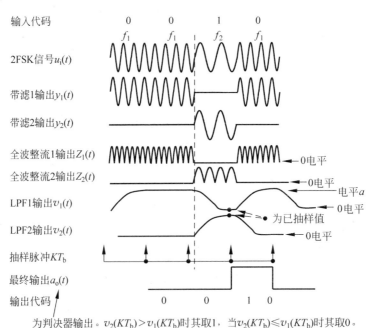

为判决器输出。$v_2(KT_b) > v_1(KT_b)$ 时其取1, 当 $v_2(KT_b) \leq v_1(KT_b)$ 时其取0。

图 7-6(b)　2FSK 包络检波解调器各点波形

2FSK 信号还有其他解调方法,如鉴频法、过零检测法及差分检波法等。鉴频法的原理已在第 5 章介绍过,差分检波法极少见到使用,因此下面只扼要介绍过零检测法。

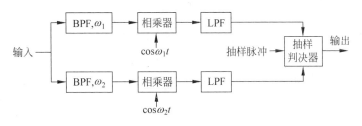

图 7-7 2FSK 信号的相干检测法

由 FM 波的波形可以看到,数字 FM 波的过零点数随不同载频而异,故检出过零点数可以得到关于频率的差异。这就是过零检测法的基本思想,其原理如图 7-7 所示。输入信号 $u_i(t)$ 经 BPF 后得到 $u_a(t)$,$u_a(t)$ 与 $u_i(t)$ 的形状基本相同。$u_a(t)$ 经限幅后产生矩形波序列,经微分整流形成与频率变化相应的脉冲列 $u_d(t)$,该序列就代表着调频波的过零点。将其变换成具有一定宽度的矩形波 $u_e(t)$,并经 LPF 滤除高次谐波,便能得到对应于原数字信号的基带脉冲信号 $u_f(t)$。过零检测法的框图和各点波形如图 7-8 所示。

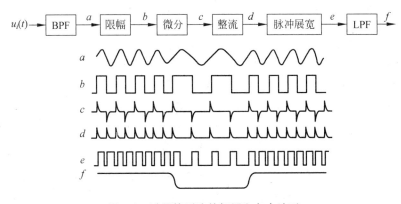

图 7-8 过零检测法的框图和各点波形

2FSK 是数字通信中用得较广的一种方式。在话带内进行数据传输时,CCITT 推荐低于 1200bps 数据率时使用 FSK 方式。在衰落信道中传输数据时,它也被广泛采用。

下面求 2FSK 信号的频谱。由于 2FSK 调制常属于非线性调制,因此,其频谱特性研究比较困难,以致还没有通用的分析方法。但在一定条件下近似地研究 2FSK 信号频谱特性的方法却有多种[2,9]。这里仅介绍其中的一种常用方法,即把 2FSK 信号看成两个 ASK 信号相叠加的方法。

根据式(7.2-15)中相位不连续 2FSK 信号的表达式,可求得它的功率谱密度。若设

$$s_1(t) = \sum_n a_n g(t - nT_s) \tag{7.2-18}$$

$$s_2(t) = \sum_n \bar{a}_n g(t - nT_s) \tag{7.2-19}$$

则式(7.2-15)变为

$$e_0(t) = s_1(t)\cos\omega_1 t + s_2(t)\cos\omega_2 t \tag{7.2-20}$$

为了简明起见,这里没有考虑相位的影响。根据 2ASK 信号功率谱密度的表示式,我们可以得到这种 2FSK 信号功率谱密度的表示式如下:

$$P_e(f) = 0.25[P_{s_1}(f+f_1) + P_{s_1}(f-f_1)]$$
$$+ 0.25[P_{s_2}(f+f_1) + P_{s_2}(f-f_1)] \tag{7.2-21}$$

这里，$P_{s_1}(f)$ 及 $P_{s_2}(f)$ 分别是 $s_1(t)$ 及 $s_2(t)$ 的功率谱密度。根据式(7.2-16)、式(7.2-17)以及式(7.2-8)可以求得 $P_{s_1}(f)$ 和 $P_{s_2}(f)$，然后将它们代入式(7.2-21)，便可得到该2FSK 信号的功率谱密度的表示式

$$P_e(f) = 0.25 f_s P(1-P)[|G(f+f_1)|^2 + |G(f-f_1)|^2]$$
$$+ 0.25 f_s^2 (1-P)^2 |G(0)|^2 [\delta(f+f_1) + \delta(f-f_1)]$$
$$+ 0.25 f_s P(1-P)[|G(f+f_2)|^2 + |G(f-f_2)|^2]$$
$$+ 0.25 f_s^2 (1-P)^2 |G(0)|^2 [\delta(f+f_2) + \delta(f-f_2)] \tag{7.2-22}$$

当概率 $P = 1/2$ 时，上式可以写成

$$P_e(f) = (1/16) f_s [|G(f+f_1)|^2 + |G(f-f_1)|^2 + |G(f+f_2)|^2 + |G(f-f_2)|^2]$$
$$+ (1/16) f_s^2 |G(0)|^2 [\delta(f+f_1) + \delta(f-f_1) + \delta(f+f_2) + \delta(f-f_2)]$$
$$\tag{7.2-23}$$

又因为 $g(t)$ 是矩形脉冲，所以

$$G(f) = T_s \mathrm{Sa}(\pi f T_s) \tag{7.2-24}$$

故有

$$\begin{cases} G(0) = T_s \\ |G(f+f_1)| = T_s |\mathrm{Sa}[\pi(f+f_1)T_s]| \\ |G(f-f_1)| = T_s |\mathrm{Sa}[\pi(f-f_1)T_s]| \\ |G(f+f_2)| = T_s |\mathrm{Sa}[\pi(f+f_2)T_s]| \\ |G(f-f_2)| = T_s |\mathrm{Sa}[\pi(f-f_2)T_s]| \end{cases} \tag{7.2-25}$$

将以上关系代入式(7.2-23)，可得

$$P_e(f) = (1/16) T_s \{|\mathrm{Sa}[\pi(f+f_1)T_s]|^2 + |\mathrm{Sa}[\pi(f-f_1)T_s]|^2$$
$$+ |\mathrm{Sa}[\pi(f+f_2)T_s]|^2 + |\mathrm{Sa}[\pi(f-f_2)T_s]|^2$$
$$+ (1/16)[\delta(f+f_1) + \delta(f-f_1) + \delta(f+f_2) + \delta(f-f_2)]\} \tag{7.2-26}$$

式中，利用了 $f_s = 1/T_s$ 的关系式。此功率谱密度的示意图如图 7-9 所示。

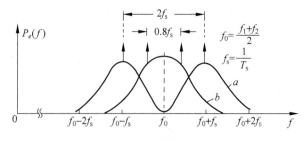

图 7-9　相位不连续 2FSK 信号的功率谱示意图(单边谱)

从以上分析看到：第一，2FSK 信号的功率谱同样由连续谱和离散谱组成。其中，连续谱由两个双边谱叠加而成，而离散谱出现在两个载频位置上。第二，若两个载频之差较小，比如小于 f_s，则连续谱出现单峰；若载频之差逐步增大，即 f_1 与 f_2 的距离增加，则连

续谱将出现双峰,这一点从图 7-9 可以看出。第三,传输 2FSK 信号所需的第一零点带宽 Δf 约为

$$\Delta f = |\, f_2 - f_1 \,| + 2 f_s \qquad (7.2\text{-}27)$$

图 7-9 画出了 2FSK 信号的功率谱示意图,图中的谱高度是示意的,且是单边的。曲线 a 对应的 $f_1 = f_0 + f_s$, $f_2 = f_0 - f_s$;曲线 b 对应的 $f_1 = f_0 + 0.4 f_s$, $f_2 = f_0 - 0.4 f_s$。

7.2.3　二进制相移键控(2PSK)及二进制差分相移键控(2DPSK)调制和解调

2PSK 方式是受键控的载波相位按基带脉冲而改变的一种数字调制方式。设二进制符号及其基带波形与以前假设的一样,那么,2PSK 的信号形式一般表示为

$$e_0(t) = \Big[\sum_n a_n g(t - n T_s) \Big] \cos \omega_c t \qquad (7.2\text{-}28)$$

这里 $g(t)$ 是脉宽为 T_s 的单个矩形脉冲,而 a_n 的统计特性为

$$a_n = \begin{cases} +1, & \text{概率为 } P \\ -1, & \text{概率为 } 1-P \end{cases} \qquad (7.2\text{-}29)$$

这就是说,在其一码元持续时间 T_s 内观察时,$e_0(t)$ 为

$$e_0(t) = \begin{cases} \cos \omega_c t, & \text{概率为 } P \\ -\cos \omega_c t, & \text{概率为 } 1-P \end{cases}$$

即发送二进制符号"0"时(a_n 取 $+1$)$e_0(t)$ 取 0 相位;发送二进制符号"1"时(a_n 取 -1),$e_0(t)$ 取 π 相位。这种以载波的不同相位直接去表示相应数字信息的相位键控,通常被称为绝对移相方式。

需指出,如果采用绝对移相方式,由于发送端是以某一个相位作基准的,因而在接收系统中也必须有这样一个固定基准相位作参考。如果这个参考相位发生变化(0 相位变 π 相位或 π 相位变 0 相位),则恢复的数字信息就会发生"0"变为"1"或"1"变为"0",从而造成错误的恢复。考虑到实际通信时参考基准相位的随机跳变是可能的,而且在通信过程中不易被发觉,比如,由于某种突然的骚动,系统中的分频器可能发生状态的转移、锁相环路的稳定状态也可能发生转移等。这样,采用 2PSK 方式就会在接收端发生错误的恢复。这种现象,常称为 2PSK 方式的"倒 π"现象或"反向工作"现象。为此,实际中一般不采用 2PSK 方式,而采用一种所谓的相对(差分)移相(2DPSK)方式。

2DPSK 方式是利用前后相邻码元的相对载波相位值去表示数字信息的一种方式。例如,假设相位值用相位偏移 $\Delta \Phi$ 表示($\Delta \Phi$ 定义为本码元初相与前一码元初相之差),可设

$$\begin{cases} \Delta \Phi = \pi \to \text{数字信息"1"} \\ \Delta \Phi = 0 \to \text{数字信息"0"} \end{cases} \qquad (7.2\text{-}30)$$

那么数字信息序列与 2DPSK 信号的码元相位关系可举例表示如下:

数字信息:　　　　　0　0　1　1　1　0　0　1　0　1

2DPSK 信号相位:　0　0　0　π　0　π　π　π　0　0　π

或　π　π　π　0　π　0　0　0　π　π　0

由此可画出 2PSK 及 2DPSK 信号的波形如图 7-10 所示。

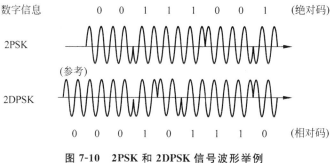

图 7-10 2PSK 和 2DPSK 信号波形举例

可以改变上面 2PSK 信号或 2DPSK 信号的相位编码关系,即设

$$2PSK \text{ 信号相位} = \begin{cases} 0 \text{ 相} \rightarrow \text{数字信息“1”} \\ \pi \text{ 相} \rightarrow \text{数字信息“0”} \end{cases}$$

或

$$\text{对于 2DPSK 信号的 } \Delta\Phi = \begin{cases} 0 \rightarrow \text{数字信息“1”} \\ \pi \rightarrow \text{数字信息“0”} \end{cases} \quad (7.2\text{-}31)$$

这时皆可画出与上不同的波形。但需指出,式(7.2-30)的规定符合 CCITT 国际建议标准,而式(7.2-31)的规定则不符合该建议标准。

由图 7-10 可以看出,2DPSK 的波形与 2PSK 的不同,2DPSK 波形的同一相位并不对应相同的数字信息符号,而前后码元相对相位的差才唯一决定信息符号。这说明,解调 2DPSK 信号时并不依赖于某一固定的载波相位参考值,只要前后码元的相对相位关系不破坏,则鉴别这个相位关系就可正确恢复数字信息,这就避免了 2PSK 方式中的倒 π 现象发生。同时我们还看出,单纯从波形上看,2DPSK 与 2PSK 是无法分辨的,比如图 7-10 中 2DPSK 也可以是另一符号序列(见图中下部的序列,称相对码)经绝对移相而形成的。这说明,一方面,只有已知移相键控方式是绝对的还是相对的,才能正确判定原信息;另一方面,相对移相信号可以看作把数字信息序列(绝对码)变换成相对码,然后根据相对码进行绝对移相而形成。例如,图中的相对码就是按相邻符号不变表示原数字信息“0”、相邻符号改变表示原数字信息“1”的规律由绝对码变换而来的。这里的相对码概念就是 6.2 节中介绍过的一种差分波形。

人们还常用矢量图方法来说明这个概念,即用矢量图来表示每个码元,如图 7-11 所示。图中,虚线矢量称为基准相位矢量或参考相位矢量。在绝对移相中,它是未调制载波的相位;在相对移相中,它是前一码元载波的相位。如果假设每个码元中包含整数个载波周期,那么,两相邻码元载波的相位差既表示调制引起的相位变化,也是两码元交界点载波相位的瞬时跳变量。根据 CCITT 的建议,图 7-11(a)所示的移相方式,称为 A 方式。在这种方式中,每个码元的载波相位相对于基准相位可取 0、π。因此,在相对移相时,若后一码元的载波相位相对于基准相位为 0,则前后两码元载波的相位就是连续的;否则,载波相位在两码元之间要发生突跳。图 7-11(b)所示的移相方式,称为 B 方式。在这种方式中,每个码元的载波相位相对于基准相位可取 ±π/2。因而,在相对移相时,相邻码元之间必然发生载波相位的跳变。这样,在接收端接收该信号时,如果利用检测此相位变化以确定每个码元的起止时刻,即可提供码元定时信息(关于这个问题在第 12 章中还将进一步讨论)。这正是 B 方式被广泛采用的原因之一。

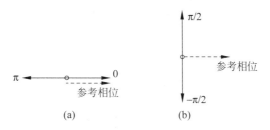

图 7-11　二进制移相信号矢量图

下面讨论 2PSK 信号的频谱。将式(7.2-28)与式(7.2-1)比较可见,它们形式上是完全相同的,所不同的只是 a_n 的取值。因此,求 2PSK 信号的功率谱密度时,也可以采用与求 2ASK 信号功率谱密度相同的方法。于是,2PSK 信号的功率谱密度可以写成

$$P_e(f) = 0.25[P_s(f+f_c) + P_s(f-f_c)] \tag{7.2-32}$$

由于 $\sum_n a_n g(t-nT_s)$ 为双极矩形基带波形序列,故上式可写为

$$P_e(f) = 0.25 f_s P(1-P)[\,|\,2G(f+f_c)\,|^2 + |\,2G(f-f_c)\,|^2\,]$$
$$+ 0.25 f_s^2 (1-2P)^2\,|\,G(0)\,|^2[\delta(f+f_c) + \delta(f-f_c)] \tag{7.2-33}$$

若双极基带波形信号的"1"与"0"出现概率相等(即 $p=1/2$),则上式变成

$$P_e(f) = 0.25 f_s[\,|\,G(f+f_c)\,|^2 + |\,G(f-f_c)\,|^2\,] \tag{7.2-34}$$

又因为矩形 $g(t)$ 的频谱为

$$G(f) = T_s \mathrm{Sa}(\pi f T_s)$$

将此式代入式(7.2-34),得到

$$P_e(f) = 0.25 T_s\{\,|\,\mathrm{Sa}[\pi(f+f_c)T_s]\,|^2 + |\,\mathrm{Sa}[\pi(f+f_c)T_s]\,|^2\,\} \tag{7.2-35}$$

由以上分析可以看出,二相绝对移相信号的功率谱密度同样由离散谱与连续谱两部分组成,但当双极基带信号以相等的概率($p=1/2$)出现时,将不存在离散谱部分。同时,还可以看出,其连续谱部分与 2ASK 信号的连续谱基本相同(仅相差一个常数因子)。因此,2PSK 信号的第一零点带宽与 2ASK 信号的相同,即

$$B_{\mathrm{PSK}} = B_{\mathrm{OOK}} = 2f_s \tag{7.2-36}$$

现在讨论 2PSK 及 2DPSK 信号的调制方案,如图 7-12 所示。图(a)是产生 2PSK 信号的键控法框图;图(b)是产生 2DPSK 信号的相乘法框图,码变换器的输出是双极 NRZ 波形;图(c)是产生 2DPSK 信号的键控法框图。图中,码变换器用来完成绝对码波形 $s(t)$ 到相对码波形的变换。该图中三种方案的输出端

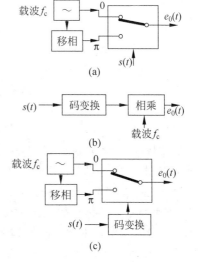

图 7-12　2PSK 和 2DPSK 调制方案

通常都接有一中心频率 f_c 和带宽 $\geqslant 2f_s$ 的 BPF，图中未画出。

现在进一步讨论 2PSK 及 2DPSK 信号的解调方案。对于 2PSK 信号的解调，容易想到的一种方法是相干解调，其方框图如图 7-13(a)所示，它由 BPF、相乘器、LPF 和抽样判决器组成。这里的相干解调实际上起鉴相作用，故该方案中的"相乘-LPF"可用各种鉴相器来代替，如图 7-13(b)所示。人们还称此相干解调为同步检测法解调。

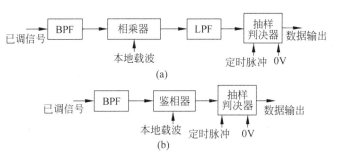

图 7-13(a)、(b)　2PSK 信号的接收框图

设包络检波解调器(全波整串接 LPF)的输入信号如图中 $u_i(t)$ 所示，给出其各点波形，如图 7-13(c)所示。

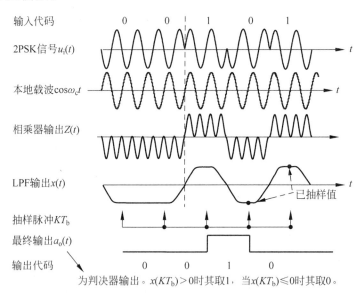

图 7-13(c)　2PSK 相干解调器各点波形

由图 7-12 不难看出，2DPSK 信号也可采用同步检测法解调，但必须把输出序列再变换成绝对码序列，即在图 7-13(a)的框图之后接上一码(反)变换器，其框图如图 7-14(a)所示，该方法称为同步检测法。此外，2DPSK 信号还可采用一种所谓的差分相干解调的方法，它是直接比较前后码元的相位差而构成的，故又称为相位比较法解调，其原理框图如图 7-14(b)所示。由于此时的解调已同时完成码变换作用，故无须码变换器。这种解调方法无须专门的相干载波，故在实际中常见采用。当然，它需要一延迟电路(精确地延迟一个码元间隔 T_s)，这是在设备上花费的代价。

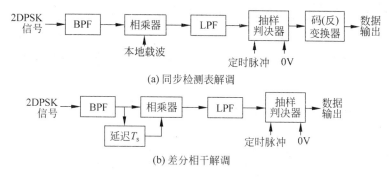

(a) 同步检测表解调

(b) 差分相干解调

图 7-14(a)、(b)　2DPSK 信号的接收框图

设包同步检测解调器的输入信号如图中 $u_i(t)$ 所示,给出其各点波形,如图 7-14(c) 所示。

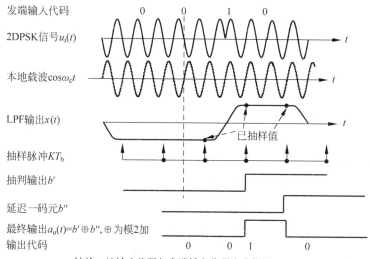

结论:该输出代码与发端输入代码完全相同

图 7-14(c)　2DPSK 同步检测解调器各点波形

需指出,对于 2DPSK 调制,式(7.2-28)并不表示原数字序列的已调制信号波形,而是表示绝对码变换成相对码后的数字序列的已调相信号波形。因此,2DPSK 的频谱与 2PSK 信号的频谱是完全相同的。

由于二进制移相键控系统在抗噪声性能及信道频带利用率等方面比二进制 FSK 及 OOK 更优越(下面即将分析),因而被广泛应用于数字通信中。考虑到 2PSK 方式有倒 π 现象,故它的改进型 2DPSK 受到重视。目前,在话带内以中速传输数据时,2DPSK 是 CCITT 建议选用的一种数字调制方式。

7.3　二进制数字调制通信系统的抗噪声性能

以上我们较详细地讨论了二进制数字调制系统的原理。本节将分别讨论 2ASK、2FSK、2PSK 及 2DPSK 通信系统的抗噪声性能。

通信系统的抗噪声性能是指系统克服加性噪声影响的能力。在数字通信中,信道加性噪声有可能使传输码元产生错误。错误程度通常用误码率(或称码元错误概率)来衡量。因此,与数字基带传输系统一样,分析数字调制系统的抗噪声性能,就是要找出系统由加性噪声产生的总误码率。

7.3.1 通断键控(OOK)通信系统的抗噪声性能

2ASK 的应用虽然不像 FSK 和 PSK 那样广泛,但由于它的抗噪声性能分析方法具有普遍意义,因此,我们首先讨论 2ASK 系统的抗噪声性能。由于信道加性噪声被认为只对信号的接收产生影响,故分析系统的抗噪声性能也只要考虑接收部分。同时认为这里的信道加性噪声既包括实际信道中的噪声,也包括接收设备噪声折算到信道中的等效噪声。

对于 2ASK 通信系统,在一个码元的持续时间内其发送端输出的波形 $S_T(t)$ 可以表示为

$$S_T(t) = \begin{cases} u_T(t), & \text{发送"1"时} \\ 0, & \text{发送"0"时} \end{cases} \tag{7.3-1}$$

式中

$$u_T(t) = \begin{cases} A\cos\omega_c t, & 0 < t < T_s \\ 0, & \text{其他} \end{cases} \tag{7.3-2}$$

而 T_s 为二进制码元的宽度。

显然,在每一段时间 $(0, T_s)$ 内观察,接收端的输入波形可表示成

$$y_i(t) = \begin{cases} u_i(t) + n_i(t), & \text{发送"1"时} \\ n_i(t), & \text{发送"0"时} \end{cases} \tag{7.3-3}$$

式中, $u_i(t)$ 为 $u_T(t)$ 经传输后的波形。为简明起见,我们认为发送信号经传输后除有固定衰耗外未受到畸变,则式(7.3-3)中 $u_i(t)$ 可写成

$$u_i(t) = \begin{cases} a\cos\omega_c t, & 0 < t < T_s \\ 0, & \text{其他} \end{cases} \tag{7.3-4}$$

而 $n_i(t)$ 为加性高斯白噪声。

7.2.1 节中已指出,对于 ASK 信号,通常可用包络检波法或同步检测法对其进行解调,如图 7-3 所示。假设图 7-3 中的 BPF 恰好使信号完整地通过,则它的输出波形 $y(t)$ 由式(7.3-3)改变为

$$y(t) = \begin{cases} u_i(t) + n(t), & \text{发送"1"时} \\ n(t), & \text{发送"0"时} \end{cases} \tag{7.3-5}$$

式中, $n(t)$ 为 AWGN 通过 BPF 后的噪声。根据第 3 章的讨论, $n(t)$ 便是一个窄带高斯过程,且它可表示为

$$n(t) = n_c(t)\cos\omega_c t - n_s(t)\sin\omega_c t \tag{7.3-6}$$

于是

$$y(t) = \begin{cases} a\cos\omega_c t + n_c(t)\cos\omega_c t - n_s(t)\sin\omega_c t, & \text{发送"1"时} \\ n_c(t)\cos\omega_c t - n_s(t)\sin\omega_c t, & \text{发送"0"时} \end{cases}$$

即

$$y(t) = \begin{cases} [a + n_c(t)]\cos\omega_c t - n_s(t)\sin\omega_c t, & \text{发送"1"时} \\ n_c(t)\cos\omega_c t - n_s(t)\sin\omega_c t, & \text{发送"0"时} \end{cases} \tag{7.3-7}$$

下面将分别讨论包络检波法和同步检测法的性能。

1. 包络检波法的 OOK 系统性能

由式(7.3-7)可知,若发送"1"码,则在$(0, T_s)$内,BPF 输出的包络为

$$V(t) = \sqrt{[a + n_c(t)]^2 + n_s^2(t)} \tag{7.3-8}$$

若发送"0"码,则 BPF 输出的包络为

$$V(t) = \sqrt{n_c^2(t) + n_s^2(t)} \tag{7.3-9}$$

根据 3.6 节和 3.7 节可知,由式(7.3-8)给出的包络函数,其一维概率密度函数服从广义瑞利分布;而由式(7.3-9)给出的包络函数,其一维概率密度函数服从瑞利分布。因此,它们的概率密度分别为

$$f_1(v) = \frac{v}{\sigma_n^2} I_0(av/\sigma_n^2) \exp[-(v^2 + a^2)/(2\sigma_n^2)], \quad v \geqslant 0 \tag{7.3-10}$$

$$f_0(v) = \frac{v}{\sigma_n^2} \exp\left(-\frac{v^2}{2\sigma_n^2}\right), \quad v \geqslant 0 \tag{7.3-11}$$

式中,σ_n^2 为 $n(t)$ 的方差。

显然,波形 $y(t)$ 经包络检波器及 LPF 之后的输出由式(7.3-8)及式(7.3-9)决定。因此,再经抽样判决后即可确定接收码元是"1"还是"0"。我们可以规定,倘若 $V(t)$ 的抽样值 $V > b$,则判为"是 1 码";若 $V \leqslant b$,则判为"是 0 码"。显然,我们选择什么样的门限电压 b 与判决的正确可能性(或错误可能性)密切相关,即选择的 b 不同,得到的误码率也不同。这一点在下面的分析中会清楚地看到。

(1) 当发送的码元为"1"时,错误接收的概率即是包络值 V 小于或等于 b 的概率,即

$$P_{e1} = P(V \leqslant b) = \int_0^b f_1(v)\mathrm{d}v = 1 - \int_b^\infty f_1(v)\mathrm{d}v$$

$$= 1 - \int_b^\infty \frac{v}{\sigma_n^2} I_0(av/\sigma_n^2) \exp[-(v^2 + a^2)/(2\sigma_n^2)]\mathrm{d}v \tag{7.3-12}$$

上式中的积分值可以用 Q(MarcumQ)函数计算,该函数定义为

$$Q(\alpha, \beta) = \int_\beta^\infty t I_0(\alpha t) \exp[-(t^2 + \alpha^2)/2]\mathrm{d}t$$

令上式中

$$\alpha = a/\sigma_n, \quad \beta = b/\sigma_n, \quad t = v/\sigma_n$$

那么式(7.3-12)可以写成

$$P_{e1} = 1 - Q(a/\sigma_n, b/\sigma_n) \tag{7.3-13}$$

因为 BPF 的输出信噪比为 $a^2/(2\sigma_n^2)$,而 b/σ_n 可成为归一化门限值(记为 b_0),故上式又可

表示为

$$P_{e1} = 1 - Q(\sqrt{2r}, b_0) \tag{7.3-14}$$

式中,信噪比 $r = a^2/(2\sigma_n^2)$。

(2)同理,当发送的码元为"0"时,错误接收的概率等于收端噪声电压的包络抽样值超过门限 b 的概率,即

$$P_{e2} = P(V > b) = \int_b^\infty f_0(v)\mathrm{d}v = \int_b^m \frac{v}{\sigma_n^2}\exp[-v^2/(2\sigma_n^2)]\mathrm{d}v$$

$$= \exp[-b^2/(2\sigma_n^2)] = \exp(-b_0^2/2) \tag{7.3-15}$$

假设发送"1"码的概率为 $P(1)$,发送"0"码的概率为 $P(0)$,则系统的总误码率为

$$P_e = P(1)P_{e1} + P(0)P_{e2}$$

$$= P(1)[1 - Q(\sqrt{2r}, b_0)] + P(0)\exp(-b_0^2/2) \tag{7.3-16}$$

假如 $P(1) = P(0)$,则有

$$P_e = 0.5[1 - Q(\sqrt{2r}, b_0)] + P(0)\exp(-b_0^2/2) \tag{7.3-17}$$

由此可见包络检波法的系统误码率取决于系统输入信噪比和归一化门限值。下面对式(7.3-17)中的关系作必要的讨论。首先,我们看到式(7.3-17)决定的误码率 P_e 即为图7-15所示的两块阴影面积之和的一半。设图中两条概率密度曲线 $f_1(v)$ 和 $f_0(v)$ 相交于 b_0^*,并令在该门限下的 P_{e1} 记为 P_{e1}^*,P_{e2} 记为 P_{e2}^*,那么,若 $b_0 < b_0^*$,则有 $P_{e1}^* > P_{e1}$,而 $P_{e2}^* < P_{e2}$;若 $b_0 > b_0^*$,则有 $P_{e1}^* < P_{e1}$,而 $P_{e2}^* > P_{e2}$。这说明当 b_0 大于或小于 b_0^* 时将会导致 P_{e1} 和 P_{e2} 的一个增大而另一个减小。但我们从图中发现,总误码率 P_e 是由 P_{e1} 和 P_{e2} 的相应的阴影面积相加而成的,而任何 $b_0 \neq b_0^*$ 时的两个阴影面积总是包含 $b_0 = b_0^*$ 时的两个阴影面积,因此只有当 $b_0 = b_0^*$ 时,两个阴影面积的总和才是最小的。这就意味着,当门限值选择等于 b_0^* 时,系统将有最小误码率。人们称此门限为最佳判决门限。

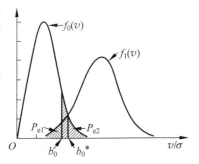

图 7-15　包络检波时 OOK 误码率的几何表示

最佳门限 v^* 可以由下列方程确定:

$$f_1(v^*) = f_0(v^*) \tag{7.3-18}$$

这是根据图解中最佳门限值在两曲线相交处而得到的,其中 v^* 即为 $b_0^* \sigma_n$。由式(7.3-10)、式(7.3-11)和式(7.3-18),可得

$$r = a^2/(2\sigma_n^2) = \ln I_0(\alpha v^*/\sigma_n^2) \tag{7.3-19}$$

在大信噪比($r \gg 1$)条件下,上式变为

$$a^2/(2\sigma_n^2) = av^*/\sigma_n^2$$

由此得到

$$v^* = a/2$$

或有

$$b_0^* = v^*/\sigma_n = \sqrt{r/2}$$

在小信噪比($r \ll 1$)的条件下,式(7.3-19)变为

$$a^2 / (2\sigma_n^2) = 0.25(\alpha v^* / \sigma_n^2)^2 \qquad (7.3-20)$$

由此得到

$$v^* = \sqrt{2\sigma_n^2} \quad \text{或} \quad b_0^* = \sqrt{2}$$

显然,对于任意的 r 值,b_0^* 的取值将介于 $\sqrt{2}$ 和 $\sqrt{r/2}$ 之间。

实际上,采用包络检波法的接收系统通常工作在大信噪比的情况下,因而最佳门限应取 $\sqrt{r/2}$,即最佳非归一化的门限值 $v^* = a/2$。这就是说,这时的门限恰好是包络值 a 的一半。对于大信噪比和最佳门限,因 $\alpha \gg 1$ 和 $\beta \gg 1$,有

$$Q(\alpha, \beta) = 1 - 0.5 \mathrm{erfc}\left(\frac{\alpha - \beta}{\sqrt{2}}\right)$$

于是,由式(7.3-17)可得 OOK 非相干接收时的误码率为

$$P_e = 0.25 \mathrm{erfc}(\sqrt{r}/2) + 0.5 \exp(-r/4) \qquad (7.3-21)$$

又因为 $x \to \infty$ 时,$\mathrm{erfc}(x) \to 0$,故当 $r \to \infty$ 时,上式的下界为

$$P_e = 0.5 \exp(-r/4) \qquad (7.3-22)$$

需提醒的是,以上讨论是在 $P(1) = P(0)$ 假设条件下得出的。如果 $P(1) \neq P(0)$,则应根据式(7.3-16)及上面的分析方法去讨论,这里就不赘述了。

2. 同步检测法的 OOK 系统性能

参看图 7-3(b),当式(7.3-7)的波形经过相乘器和 LPF 之后,在抽样判决器输入端得到的波形 $x(t)$ 为

$$x(t) = \begin{cases} a + n_c(t), & \text{发送“1”时} \\ n(t), & \text{发送“0”时} \end{cases} \qquad (7.3-23)$$

式中未计入系数 $1/2$,这是因为该系数可以由电路中的增益来加以补偿。由于 $n_c(t)$ 是高斯过程,因此当发送“1”时,过程 $a + n_c(t)$ 的一维概率密度为

$$f_1(x) = \frac{1}{\sqrt{2\pi}\sigma_n} \exp\left[-\frac{(x-a)^2}{2\sigma_n^2}\right] \qquad (7.3-24)$$

其曲线图见图 7-16 中的点划线。而当发送“0”时,$n_c(t)$ 的一维概率密度为

$$f_0(x) = \frac{1}{\sqrt{2\pi}\sigma_n} \exp\left[-\frac{x^2}{2\sigma_n^2}\right] \qquad (7.3-25)$$

其曲线图见图 7-16 中的实线。

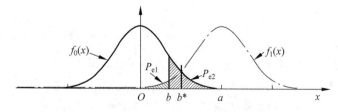

图 7-16 同步检波时 OOK 误码率的几何表示

若仍令判决门限为 b，则将"1"错误判决为"0"的概率 P_{e1} 及将"0"错误判决为"1"的概率 P_{e2} 可以分别求得为

$$P_{e1} = \int_{-\infty}^{b} f_1(x)\mathrm{d}x = 0.5\left[1 - \mathrm{erf}\left(\frac{b-a}{\sqrt{2}\,\sigma_n}\right)\right] \tag{7.3-26}$$

其中 $\mathrm{erf}(x)$ 为误差函数；

$$P_{e2} = \int_{b}^{\infty} f_0(x)\mathrm{d}x = 1 - 0.5\left[1 - \mathrm{erf}\left(\frac{b}{\sqrt{2}\,\sigma_n}\right)\right] \tag{7.3-27}$$

设 $P(0) = P(1)$，则可得系统总误码率 P_e 为

$$P_e = 0.5 P_{e1} + 0.5 P_{e2}$$

$$= 0.25\left[1 + \mathrm{erf}\left(\frac{b-a}{\sqrt{2}\,\sigma_n}\right)\right] + 0.25\left[1 - \mathrm{erf}\left(\frac{b}{\sqrt{2}\,\sigma_n}\right)\right] \tag{7.3-28}$$

我们将 $f_1(x)$ 与 $f_0(x)$ 的曲线合画在同一个图坐标中，如图 7-16 所示。上式表明，系统总误码率等于图 7-16 中画有斜线区域总面积的一半。显然，误码率 P_e 与判决门限 b 有关。

这时的最佳门限，同样可以仿照前面的方法来确定，此时有方程

$$f_1(x^*) = f_0(x^*)$$

将式(7.3-24)及式(7.3-25)代入上述方程，即得

$$x^* = a/2$$

而归一化门限 $b_0^* = x^*/\sigma_n = \sqrt{r/2}$。将这个结果代入式(7.3-28)，最后得到

$$P_e = 0.5\mathrm{erfc}(\sqrt{r/2}) \tag{7.3-29}$$

一旦给定 r 值，则可查附录 B 的补误差函数表，从而算出误码率值。

例 7-1 设某 OOK 信号的码元速率 $R_B = 4.8 \times 10^6\,\mathrm{Bd}$，采用包络检波法或同步检波法解调。已知接收端输入信号幅度 $a = 1\mathrm{mV}$，信道中 AWGN 的单边功率谱密度 $n_0 = 2 \times 10^{-15}\,\mathrm{W/Hz}$。试求：

(1) 包络检波法解调时系统的误码率；

(2) 同步检测法解调时系统的误码率。

解：(1) 因为 OOK 信号的码元速率 $R_B = 4.8 \times 10^6\,\mathrm{Bd}$，所以，接收端 BPF 的带宽近似为

$$B \approx 2R_B = 9.6 \times 10^6\,(\mathrm{Hz})$$

BPF 输出噪声的平均功率为

$$\sigma_n^2 = n_0 B = 1.92 \times 10^{-8}\,(\mathrm{W})$$

整流器输入信噪比为

$$r = \frac{a^2}{2\sigma_n^2} = \frac{10^{-6}}{2 \times 1.92 \times 10^{-8}} \approx 26.04$$

于是，根据式(7.3-22)可得包络检波法解调时系统的误码率为

$$P_{een} = 0.5\exp(-r/4) \approx 0.5\exp(-6.51) = 7.5 \times 10^{-4}$$

(2) 同理，根据同步检测法解调时系统的误码率式(7.3-29)，得

$$P_{esy} = 0.5\mathrm{erfc}(\sqrt{r/2}) = 0.5\mathrm{erfc}(2.581)$$

查附录 B 的补误差函数表,得

$$P_{\text{esy}} = 0.5 \times 2.636 \times 10^{-4} \approx 1.32 \times 10^{-4}$$

此即为所求同步检测法解调时系统的误码率。

在上例中看到,OOK 信号解调的 $P_{\text{esy}} < P_{\text{een}}$;在 7.4 节中图 7-18 的误码率性能曲线中还将进一步看到,OOK 信号同步检波时的误码率总是低于包络检波时的误码率,两者的误码性能相差不大。然而,包络检波时不需要稳定的本地相干载波信号,故在电路上要比同步检测时简单。

7.3.2　2FSK 通信系统的抗噪声性能

2FSK 通信系统中,如果数字信息的"1"和"0"分别用两个不同频率的码元波形来表示,则发送码元信号 $S_{\text{T}}(t)$ 可表示为

$$S_{\text{T}}(t) = \begin{cases} u_{1\text{T}}(t), & \text{发送"1"时} \\ u_{0\text{T}}(t), & \text{发送"0"时} \end{cases} \quad (7.3\text{-}30)$$

式中

$$u_{1\text{T}}(t) = \begin{cases} A\cos\omega_1 t, & 0 < t < T_s \\ 0, & \text{其他} \end{cases} \quad (7.3\text{-}31)$$

$$u_{0\text{T}}(t) = \begin{cases} A\cos\omega_2 t, & 0 < t < T_s \\ 0, & \text{其他} \end{cases} \quad (7.3\text{-}32)$$

对于 2FSK 信号的解调,同样可采用上节所述的包络检波法和同步检波法。其接收系统如前面已给出的图 7-6 所示。在该图中,每一系统都用两个 BPF 来区分中心角频率为 ω_1 和 ω_2 的信号码元。现在假设 BPF 恰好使相应的信号无失真通过,则其输出端的波形 $y(t)$ 可表示成

$$y(t) = \begin{cases} u_{1\text{R}}(t) + n_1(t), & \text{发送"1"时} \\ u_{0\text{R}}(t) + n_2(t), & \text{发送"0"时} \end{cases} \quad (7.3\text{-}33)$$

式中

$$u_{1\text{R}}(t) = \begin{cases} a\cos\omega_1 t, & 0 < t < T_s \\ 0, & \text{其他} \end{cases} \quad (7.3\text{-}34)$$

$$u_{0\text{R}}(t) = \begin{cases} a\cos\omega_2 t, & 0 < t < T_s \\ 0, & \text{其他} \end{cases} \quad (7.3\text{-}35)$$

而且 $n_1(t)$ 和 $n_2(t)$ 皆为窄带高斯过程。

与上一节一样,先讨论包络检波法接收 2FSK 信号时的性能,然后讨论同步检测法时的 2FSK 接收系统的性能。

1. 包络检波法的 2FSK 系统性能

现在假设在 $(0, T_s)$ 时间内所发送的码元为"1"(对应 ω_1),则这时送入抽样判决器进行比较的两路输入包络分别为

$$V_1(t) = \sqrt{[a + n_{1c}(t)]^2 + n_{1s}^2(t)} \tag{7.3-36}$$

$$V_2(t) = \sqrt{n_{2c}^2(t) + n_{2s}^2(t)} \tag{7.3-37}$$

式中,$V_1(t)$ 相应于 ω_1 通道的包络函数;$V_2(t)$ 相应于 ω_2 通道的包络函数。

由前面的讨论可知,$V_1(t)$ 的一维概率密度为广义瑞利分布,而 $V_2(t)$ 的一维概率密度为瑞利分布。显然,当 $V_1(t)$ 的取样值 V_1 小于 $V_2(t)$ 的取样值 V_2 时,发生判决错误,其错误概率为

$$P_{e1} = P(V_1 < V_2) = \int_0^\infty f_1(v_1) \left[\int_{v_2 = v_1}^\infty f_2(v_2) dv_2 \right] dv_1$$

$$= \int_0^\infty \frac{v_1}{\sigma_n^2} I_0(av_1/\sigma_n^2) \exp[(-2v_1^2 - a^2)/(2\sigma_n^2)] dv_1$$

令

$$t = \sqrt{2} v_1/\sigma_n, \quad z = a/(\sqrt{2}\sigma_n)$$

则上式可改写成

$$P_{e1} = \int_0^\infty \frac{1}{\sqrt{2}\sigma_n} \left(\frac{\sqrt{2} v_1}{\sigma_n} \right) I_0 \left[\frac{a}{\sqrt{2}\sigma_n} \frac{\sqrt{2} v_1}{\sigma_n} \right] e^{-v_1^2/\sigma_n^2} e^{-a^2/2\sigma_n^2} \times \frac{\sigma_n}{\sqrt{2}} d\left(\frac{\sqrt{2} v_1}{\sigma_n} \right)$$

$$= 0.5 \int_0^\infty t I_0(zt) e^{-t^2/2} e^{-z^2} dt = 0.5 e^{-z^2/2} \int_0^\infty t I_0(zt) e^{-(t^2 + z^2)/2} dt \tag{7.3-38}$$

根据 Q 函数的性质,有

$$Q(z, 0) = \int_0^\infty t I_0(zt) e^{-(t^2 + z^2)/2} dt = 1$$

所以,式(7.3-38)变为

$$P_{e1} = 0.5 e^{-z^2/2} = 0.5 e^{-r/2} \tag{7.3-39}$$

式中,$r = z^2 = a^2/(2\sigma_n^2)$。

同理可求得当发"0"时的错误概率 P_{e2},其结果与上式完全一样,即有

$$P_{e2} = 0.5 e^{-r/2} \tag{7.3-40}$$

于是可得 2FSK 包络检波解调时的总误码率为

$$P_e = 0.5 e^{-r/2} \tag{7.3-41}$$

2. 同步检测法时的 2FSK 系统性能

我们仍假定在 $(0, T_s)$ 时间内所发送的码元为"1"(对应 ω_1),则这时送入抽样判决器进行比较的两路输入信号分别为

$$\begin{cases} x_1(t) = a + n_{1c}(t) \\ x_2(t) = n_{2c}(t) \end{cases} \tag{7.3-42}$$

式中,$x_1(t)$ 相应于 ω_1 通道的输出;$x_2(t)$ 相应于 ω_2 通道的输出。

因为 $n_{1c}(t)$ 及 $n_{2c}(t)$ 都是高斯随机过程,故抽样值 $x_1 = a + n_{1c}$ 是均值为 a、方差为 σ_n^2 的正态随机变量;而抽样值 $x_2 = n_{2c}$ 是均值为 0、方差为 σ_n^2 的正态随机变量。此时 $x_1 < x_2$ 将造成"1"码错误判决为"0"码,故这时错误概率为

$$P_{e1} = P(x_1 < x_2) = P[a + n_{1c}(t) < n_{2c}(t)]$$

$$= P[a + n_{1c}(t) - n_{2c}(t) < 0]$$

令 $z = a + n_{1c}(t) - n_{2c}(t)$，则 z 也是正态随机变量，且均值为 a，方差为 σ_z^2。σ_z^2 表示为

$$\sigma_z^2 = \overline{(z - \bar{z})^2} = 2\sigma_n^2 \tag{7.3-43}$$

因此令 z 的概率密度为 $f(z)$ 时我们有

$$P_{e1} = \int_{-\infty}^{0} f(z)\mathrm{d}z = \frac{1}{\sqrt{2\pi}\sigma_z} \int_{-\infty}^{0} \exp\left[-\frac{(z-a)^2}{2\sigma_z^2}\right]\mathrm{d}z$$

$$= 0.5\mathrm{erfc}(\sqrt{r/2}) \tag{7.3-44}$$

同理可求得发送"0"错判为"1"的概率 P_{e2}。显然，在上述条件下，P_{e1} 与 P_{e2} 相等。因此，得到 2FSK 接收系统总误码率

$$P_e = 0.5\mathrm{erfc}(\sqrt{r/2}) \tag{7.3-45}$$

例 7-2 采用 2FSK 方式在有效带宽为 2400Hz 的传输信道上传送二进制数字信息。信道噪声为加性高斯带内平坦的噪声。已知 2FSK 信号的两个频率 $f_1 = 980$Hz，$f_2 = 1580$Hz。码元速率 $R_B = 300$Bd，传输信道输出端的信噪比为 6dB。试求：

(1) 2FSK 信号的第一零点带宽；

(2) 采用包络检波法解调时系统的误码率；

(3) 采用同步检测法解调时系统的误码率。

解：(1) 根据式(7.2-27)，该 2FSK 信号的带宽为

$$B_{FSK} = |f_2 - f_1| + 2f_s = 600 + 600 = 1200(\mathrm{Hz})$$

(2) 由于码元速率为 300Bd，故图 7-6 接收系统上、下支路 BPF 的带宽都近似为

$$B_1 = B_2 = 2f_s = 600(\mathrm{Hz})$$

又因为已知信道有效带宽为 2400Hz，它是上、下 BPF 带宽的 4 倍，所以 BPF 输出信噪比 r 比输入信噪比提高了 4 倍。又由于题给输入信噪比为 6dB（即 4 倍），故 BPF 输出信噪比为

$$r = 4 \times 4 = 16$$

根据式(7.3-41)，可得 2FSK 包络检波法解调时系统的误码率为

$$P_{een} = 0.5\mathrm{e}^{-r/2} = 0.5\mathrm{e}^{-8} = 1.68 \times 10^{-4}$$

(3) 同理，根据式(7.3-45)，可得 2FSK 同步检测法解调时系统的误码率为

$$P_{esy} = 0.5\mathrm{erfc}(\sqrt{r/2}) = 0.5\mathrm{erfc}(2.83)$$

查附录 B 的补误差函数表，得

$$P_{esy} = 0.5 \times 6.275 \times 10^{-5} = 3.14 \times 10^{-5}$$

在上例中看到，2FSK 信号解调的 $P_{esy} < P_{een}$；在 7.4 节中图 7-18 的误码率性能曲线中还将进一步看到，2FSK 的同步检测系统与包络检波系统相比，在性能上前者总是要好些，且两者性能相差较小，但采用同步检测时设备却要复杂得多。因此，在能够满足输入信噪比要求的场合，FSK 包络检波法比同步检测法更为常用。

需要指出，对 2FSK 信号的解调，除上述两种接收方式外，在实际中还可采用鉴频法。由于此时数学分析较为复杂，限于篇幅，就不再讨论它的性能，有兴趣的读者可参阅有关书籍[1,9]。

7.3.3 2PSK 及 2DPSK 通信系统的抗噪声性能

前面说过,二进制相移键控方式可分绝对移相制和相对移相制两种。而且指出,为了克服"反向工作"问题,实际传输大都采用相对移相制。可是,无论是绝对移相信号还是相对移相信号,单从信号波形上看,无非都是倒相信号的序列。因此,在研究 PSK 通信系统的性能时,我们仍可把发送端发出的信号假设为

$$S_T(t) = \begin{cases} u_{1T}(t), & \text{发送 "1" 时} \\ u_{0T}(t) = -u_{1T}(t), & \text{发送 "0" 时} \end{cases} \tag{7.3-46}$$

其中

$$u_{1T}(t) = \begin{cases} A\cos\omega_1 t, & 0 < t < T_s \\ 0, & \text{其他} \end{cases}$$

注意,当 $S_T(t)$ 代表绝对移相信号时,上式 "1" 及 "0" 便是原始数字信息(绝对码);当 $S_T(t)$ 代表相对移相信号时,则上式的 "1" 及 "0" 并非是原始数字信息,而是绝对码变换成相对码后的 "1" 及 "0"。

下面先讨论 2PSK 信号解调的抗噪声性能,然后再研讨 2DPSK 信号的抗噪声性能。

1. 相干解调法的 2PSK 系统性能

前面图 7-13(a) 已给出 2PSK 信号相干解调方案,此又常称为同步检测方案。由该同步检测系统可以看出,在一个信号码元的持续时间内,LPF 的输出波形可表示为

$$x(t) = \begin{cases} a + n_c(t), & \text{发送 "1" 时} \\ -a + n_c(t), & \text{发送 "0" 时} \end{cases} \tag{7.3-47}$$

式(7.3-47)直接来自式(7.3-23),因为它们的检测系统是完全相同的。但应注意,当发送 "1" 时,只有当信号叠加噪声 $n_c(t)$ 的结果使 $x(t)$ 在抽样判决时刻变为小于 0 值时,才发生将 "1" 判为 "0" 的错误,于是将 "1" 判为 "0" 的错误概率 P_{e1} 为

$$P_{e1} = P(x < 0, \text{发送 "1" 时}) \tag{7.3-48}$$

同理,将 "0" 判为 "1" 的错误概率 P_{e2} 为

$$P_{e2} = P(x > 0, \text{发送 "0" 时})$$

因为此时 $P_{e1} = P_{e2}$,故只需求其中之一。我们先来考察 P_{e1}。这时的 x 是均值 a、方差 σ_n^2 的正态随机变量,因此

$$P_{e1} = \frac{1}{\sqrt{2\pi}\sigma_n} \int_{-\infty}^{0} \exp\left[-\frac{(x-a)^2}{2\sigma_n^2}\right] dx = 0.5\,\mathrm{erfc}(\sqrt{r}) \tag{7.3-49}$$

式中,$r = a^2/(2\sigma_n^2)$。

因为 $P_{e1} = P_{e2}$,故 2PSK 信号采用同步检测法时的系统误码率为

$$P_e = 0.5\,\mathrm{erfc}\sqrt{r} \tag{7.3-50}$$

2. 2DPSK 通信系统性能的分析

若式(7.3-46)给出的是 2DPSK 信号,通常可采用差分相干检测法(又称相位比较

法)和同步检测法(又称极性比较法)进行解调,其简化的接收系统已示于前面的图 7-14
(b)和(a),并假设判决门限值为 0 电平。

现在讨论 2DPSK 信号差分相干检测时的系统误码率。假定在一个码元时间内发送
的是"1",且令前一码元也为"1"(也可以令其为"0"),则在差分相干检测系统里加到理想
鉴相器的两路波形可分别表示为

$$y_1(t) = [a + n_{1c}(t)]\cos\omega_c t - n_{1s}(t)\sin\omega_c t \qquad (7.3\text{-}51)$$

$$y_2(t) = [a + n_{2c}(t)]\cos\omega_c t - n_{2s}(t)\sin\omega_c t \qquad (7.3\text{-}52)$$

式中,$y_1(t)$ 是无延迟支路的输入波形;

$y_2(t)$ 是有延迟支路的输入波形,也就是前一码元经延迟后的波形;

$n_{1c}(t)\cos\omega_c t - n_{2s}(t)\sin\omega_c t$,是无延迟支路的窄带高斯过程;

$n_{2c}(t)\cos\omega_c t - n_{2s}(t)\sin\omega_c t$,是有延迟支路的窄带高斯过程。

因为理想鉴相器的作用可以等效为相乘-低通滤波,故其输出为

$$x(t) = 0.5\{[a + n_{1c}(t)][a + 2_{2c}(t)] + n_{1s}(t)n_{2s}(t)\}$$

这个波形经取样后即按下述规则进行判决:

[若 $x > 0$,则判为"1"]为正确判决,[若 $x < 0$,则判为"0"]为错误判决。

利用恒等式

$$x_1 x_2 + y_1 y_2 = 0.25\{[(x_1 + x_2)^2 + (y_1 + y_2)^2] - [(x_1 - x_2)^2 + (y_1 - y_2)^2]\}$$

则这时将"1"码错判为"0"的概率为

$$\begin{aligned}
P_{e1} &= P\{[(a + n_{1c})(a + n_{2c}) + n_{1s}n_{2s}] < 0\} \\
&= P\{[(2a + n_{1c} + n_{2c})^2 + (n_{1s} + n_{2s})^2 \\
&\quad - (n_{1c} - n_{2c})^2 - (n_{1s} - n_{2s})^2] < 0\}
\end{aligned} \qquad (7.3\text{-}53)$$

令

$$R_1 = \sqrt{(2a + n_{1c} + n_{2c})^2 + (n_{1s} + n_{2s})^2}$$

$$R_2 = \sqrt{(n_{1c} - n_{2c})^2 + (n_{1s} - n_{2s})^2}$$

则式(7.3-53)变为

$$P_{e1} = P(R_1 < R_2) \qquad (7.3\text{-}54)$$

因为 n_{1c}、n_{2c}、n_{1s} 和 n_{2s} 是相互独立的正态随机变量,故由式(7.3-36)和式(7.3-37)可知,这
里的 R_1 为服从广义瑞利分布的随机变量,而 R_2 为服从瑞利分布的随机变量,它们的概
率密度分别为

$$f_1(R_1) = \frac{R_1}{2\sigma_n^2} I_0(aR_1/\sigma_n^2)\exp[-(R_1^2 + 4a^2)/(4\sigma_n^2)] \qquad (7.3\text{-}55a)$$

$$f_2(R_2) = \frac{R_2}{2\sigma_n^2}\exp[-R_2^2/(4\sigma_n^2)] \qquad (7.3\text{-}55b)$$

将上式应用于式(7.3-54),得到

$$\begin{aligned}
P_{e1} &= \int_0^\infty f_1(R_1)\left[\int_{R_2 = R_1}^\infty f_2(R_2)\,dR_2\right]dR_1 \\
&= \int_0^\infty \frac{R_1}{2\sigma_n^2} I_0(aR_1/\sigma_n^2)\exp[-(2R_1^2 + 4a^2)/(4\sigma_n^2)]\,dR_1
\end{aligned}$$

仿照求解式(7.3-39)的方法,可得上式的结果为

$$P_{e1} = 0.5e^{-r} \tag{7.3-56}$$

式中 $r = a^2/(2\sigma_n^2)$。

同理可求得发送"0"错判为"1"的概率 P_{e2},其与式(7.3-56)完全一样。

因此 2DPSK 差分相干检测系统的误码率为

$$P_e = 0.5e^{-r} \tag{7.3-57}$$

前面已指出,对于 2DPSK 信号的解调方式还可以采用如图 7-14(a)所示的极性比较的方法,即对 2DPSK 信号先用相干检测法解调,然后将所得的相对码转换成所需的绝对码。现在来分析该通信系统的误码率。

显然,极性比较法的方案中,先采用的是相干检测,因此收端码变换器输入端上信号误码率可用式(7.3-50)来表示。于是,采用极性比较法的系统误码率的寻求,只需在式(7.3-50)的基础上再考虑码变换器所造成的误码即可。

为说明码变换器对误码的影响,将 2DPSK 通信系统的有关端点上的信号关系列于表 7-1 中。由该表看出,码变换器输出的每一个码元是由输入的两个相邻码元所决定的。这里规定,若两个相邻码元相同时,则输出为"0";若两个相邻码元不同时,则输出为"1"(即码变换器输出是相邻输入数字的模 2 和)。从表中所示关系发现,若相干检测输出中有一个码元错误,则在码变换器输出中将引起两个相邻码元的错误,如图 7-17(a)所示。该图中带"×"记号的码元表示错码;若相干检测输出中有两个相继码元错,则在码变换器输出中也引起两个码元错误,如图 7-17(b)所示;若相干检测输出中出现一长串连续错码,则在码变换器输出中仍引起两个码元错误,如图 7-17(c)所示。按此规律,若令 P_n 表示一串 n 个码元连续错误这一事件出现的概率,$n=1,2,3,\cdots$,则码变换器输出误码率为

$$P_e' = 2P_1 + 2P_2 + \cdots + 2P_n + \cdots \tag{7.3-58}$$

表 7-1　极性比较方案的各点信号

发送数字信息	0	0	1	0	1	1	0	1	1	1
发送信号相位	0	0	π	π	0	π	π	0	π	0
相干检测输出	0	0	1	1	0	1	1	0	1	0
码变换输出		0	1	0	1	1	0	1	1	1

显然,只要找到 P_n 与相干检测输出码率 P_e 之间的关系,则 P_e' 与 P_e 之间的关系也可以通过式(7.3-58)求得。在一个很长的序列中,出现一串 n 个码元连续错误这一事件,必然是"n 个码元同时出错与在该一串错码两端都有一码元不错"同时发生的事件。因此

$$P_n = (1-P_e)^2 P_e^n, \quad n=1,2,3,\cdots \tag{7.3-59}$$

于是,将式(7.3-59)代入式(7.3-58)后可得

$$P_e' = 2(1-P_e)^2[P_e + P_e^2 + P_e^3 + \cdots + P_e^n + \cdots]$$
$$= 2(1-P_e)^2 P_e[1 + P_e + P_e^2 + \cdots + P_e^{n-1} + \cdots] \tag{7.3-60}$$

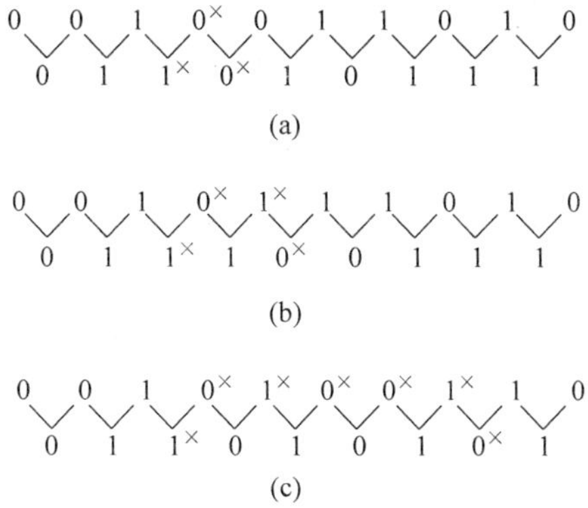

图 7-17 单码元错时(a),双码元错时(b)和长串码元错时(c)的情况

因为 P_e 总是小于 1,故下式必成立:

$$1 + P_e + P_e^2 + \cdots = \frac{1}{1 - P_e}$$

将上式代入式(7.3-60),得到

$$P'_e = 2(1 - P_e)P_e \tag{7.3-61}$$

或有

$$P'_e / P_e = 2(1 - P_e) \tag{7.3-62}$$

由此可见,若 P_e 很小时,则有

$$P'_e / P_e = 2 \tag{7.3-63}$$

若 P_e 很大,以致使 $P_e \approx 1/2$,则有

$$P'_e / P_e \approx 1 \tag{7.3-64}$$

从而看到,实际中码变换器总是使误码率增加,增加的系数(P'_e / P_e)在 $1 \sim 2$ 之间变化。将式(7.3-50)的结果代入式(7.3-61),则得到 2DPSK 信号采用极性比较法检测时的系统误码率为

$$P'_e = \mathrm{erfc}\sqrt{r}(1 - 0.5\mathrm{erfc}\sqrt{r}) \tag{7.3-65}$$

例 7-3 假设采用 2DPSK 信号在微波线路上传送二进制数字信息。已知码元速率 $R_B = 10^6 \mathrm{Bd}$,接收机输入端的 AWGN 的单边功率谱密度 $n_0 = 2 \times 10^{-10}\,\mathrm{W/Hz}$。今要求系统的误码率不大于 10^{-4}。试求:

(1) 采用差分相干解调时,接收机输入端所需的信号功率;

(2) 采用极性比较法解调时,接收机输入端所需的信号功率。

解:(1) 接收端 BPF 输出的噪声功率为

$$\sigma_n^2 = n_0 B = 2n_0 R_B = 2 \times 2 \times 10^{-10} \times R_B = 4 \times 10^{-4}\,(\mathrm{W})$$

这里,利用了带宽 B 为第一零点带宽,即

$$B = 2R_B$$

对于 2DPSK 信号差分相干解调系统,根据式(7.3-57),代入误码率不大于 10^{-4} 的已知条件,可得

$$P_e = 0.5\mathrm{e}^{-r} \leqslant 10^{-4}$$

由此解出 r,即

$$r = a^2/(2\sigma_n^2) \geqslant 8.52$$

故接收机输入端所需的信号功率为

$$P_s = a^2/2 \geqslant 8.52\sigma_n^2 = 8.52 \times 4 \times 10^{-4} = 3.4 \times 10^{-3}(\text{W}) = 5.32(\text{dBm})$$

(2) 根据式(7.3-63),在 P_e 很小(本题显然满足这个条件)时得到 2DPSK 信号极性比较法解调系统的误码率为

$$P'_e \approx 2P_e$$

再利用式(7.3-50),得到

$$P'_e \approx \text{erfc}\sqrt{r}$$

根据题给的误码率不大于 10^{-4} 的已知条件,得到

$$\text{erfc}\sqrt{r} \leqslant 10^{-4}$$

查附录 B 的补误差函数表,得

$$\sqrt{r} \geqslant 2.76$$

于是有

$$r \geqslant 7.618$$

即

$$r = a^2/(2\sigma_n^2) \geqslant 7.618$$

故接收机输入端所需的信号功率为

$$P_s = a^2/2 \geqslant 7.618 \times 4 \times 10^{-4} = 3.05 \times 10^{-3}(\text{W}) = 4.82(\text{dBm})$$

此例子表明,当要求系统的误码率不大于 10^{-4} 时,采用差分相干解调接收机输入端所需的信号功率比采用 2DPSK 信号极性比较法解调时多 0.5dB 左右。

7.4 二进制数字调制通信系统的性能比较

在前面两节中我们已经分别研究了几种二进制数字调制通信系统的主要性能,如系统的频带宽度、调制与解调方法以及误码率等。下面针对这几方面的性能作一简要比较。

1. 频带宽度

当码元宽度为 T_s 时,2ASK 系统和 2PSK 系统的第一零点带宽为 $2/T_s$,2FSK 系统的第一零点带宽为 $|f_2-f_1|+2f_s$。因此,从频带宽度或频带利用率上看,2FSK 系统最不可取。

2. 误码率

表 7-2 中列出了前面得到的各种二进制数字调制通信系统的误码率 P_e 与输入信噪比 r 的关系。图 7-18 则是按表 7-2 给出的公式画出的误码率曲线。从该图清楚地看出,在每一对相干和非相干的键控系统中,相干方式略优于非相干方式。此两种方式,在函数形式上基本上是 $\text{erfc}(\sqrt{r})$ 和 $\exp(-r)$ 的对应关系,而且随着 $r \to \infty$ 它们将趋于同一极限

值。另外,三种相干(或非相干)方式之间,在相同误码率条件下,在信噪比要求上 2PSK 比 2FSK 小 3dB、2FSK 比 OOK 小 3dB。由此看来,在抗 AWGN 方面,比如,由好到差的排列顺序是:相干 2PSK,相干 2FSK 和相干 OOK 通信系统。

表 7-2　二进制通信系统的误码率公式一览表

名　称	P_e-r 关系	备　注
相干 OOK	$0.5\,\mathrm{erfc}(\sqrt{r}/2)$	见式(7.3-29)
非相干 OOK	$0.5\exp(-r/4)$	见式(7.3-22)
相干 2FSK	$0.5\,\mathrm{erfc}(\sqrt{r/2})$	见式(7.3-45)
非相干 2FSK	$0.5\exp(-r/2)$	见式(7.3-41)
相干 2PSK	$0.5\,\mathrm{erfc}\sqrt{r}$	见式(7.3-50)
差分相干 2DPSK	$0.5\exp(-r)$	见式(7.3-57)
同步检测 2DPSK	$\mathrm{erfc}\sqrt{r}(1-0.5\,\mathrm{erfc}\sqrt{r})$	见式(7.3-65)

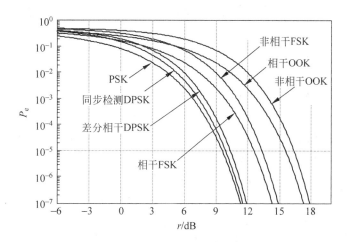

图 7-18　OOK、2FSK 和 2PSK 通信系统的 P_e-r

3. 系统对信道特性变化的敏感性

在选择数字调制方式时,还应考虑系统的最佳判决门限对信道特性的变化是否敏感。在 2FSK 系统中,不需要人为地设置判决门限,它是直接比较两路解调输出的大小来作出判决。在 2PSK 系统中,判决器的最佳判决门限为零,与接收机输入信号的幅度无关。因此,它不随信道特性的变化而变化。这时,接收机容易保持在最佳判决门限状态。对于 OOK 系统,判决器的最佳判决门限为 $a/2$(当 $P(1)=P(0)$ 时),它与接收机输入信号的幅度有关。当信道特性发生变化时,接收机输入信号的幅度 a 将随之发生变化;相应地,判决器的最佳判决门限随之改变。这时,接收机不容易保持在最佳判决门限状态,从而导致误码率增大。因此,就对信道特性变化的敏感性而言,OOK 的性能最差。

当信道存在严重的衰落时,通常采用非相干检测,因为这时在接收端不容易得到相干解调所需的相干载波。当发射机有严格的功率限制时(例如,从宇宙飞船上发回遥测数据时,飞船发射功率是有限的),可考虑采用相干检测。因为在给定的码元传输速率及误码率的条件下,相干检测所要求的信噪比要比非相干接收所要求的信噪比小。

4. 设备的复杂程度

对于 2ASK、2FSK 及 2PSK 这三种方式来说,发送端设备的复杂程度相差不多,而接收端的复杂程度则与所选用的调制和解调方式有关。对于同一种调制方式,相干解调的设备要比非相干解调时复杂;而同为非相干解调时,2DPSK 的设备最复杂,2FSK 次之,OOK 最简单。不言而喻,设备愈复杂,其造价就愈贵。

上面我们从几个方面对各种二进制数字调制系统进行了比较。可以看出,在选择调制和解调方式时,要考虑的因素是比较多的。通常,只有对系统的要求作全面的考虑,并且抓住其中最主要的要求,才能作出比较恰当的抉择。如果抗噪声性能是主要的,则应考虑相干 2PSK 和极性比较 2DPSK,而 OOK 最不可取;如果带宽是主要的要求,则应考虑2PSK、2DPSK 及 OOK,而 2FSK 最不可取;如果设备的复杂性是一个必须考虑的重要因素,则非相干方式比相干方式更为适宜。目前用得最多的数字调制方式是 2DPSK 和非相干 2FSK。2DPSK 主要用于高速数据传输,而非相干 2FSK 则用于中、低速数据传输中,特别是在衰落信道中传送数据时,有着广泛的应用。

7.5　多进制数字调制通信系统

以上较详细地讨论了二进制数字调制通信系统的原理以及性能。下面将要讨论多进制数字调制系统,因为实际中许多数字通信系统常采用多进制数字调制。与二进制数字调制不同的是:多进制数字调制是利用多进制数字基带信号去调制载波的振幅、频率或相位。因此,相应地有多进制幅移键控(MASK)调制、多进制频移键控(MFSK)调制以及多进制相移键控(MPSK)调制等三种基本方式。

由于多进制数字已调信号的被调参数有多个可能取值,因此,与二进制数字调制相比,多进制数字调制具有以下两个特点。

(1) 在相同的码元传输速率下,多进制系统的信息传输速率显然比二进制系统的高。比如,四进制系统的信息传输速率是二进制系统的两倍。

(2) 在相同的信息速率下,由于多进制码元传输速率比二进制的低,因而多进制信号码元的持续时间要比二进制的长。显然,增大码元宽度,就会增加码元的能量,并能减小由信道特性引起的 ISI 的影响等。正是基于这些特点,使多进制调制方式获得了广泛的应用。下面就上述三种多进制数字调制的原理及抗噪性能逐一简要介绍。

7.5.1　MASK 通信系统原理及抗噪声性能

1. MASK 调制的原理

多进制 ASK 又称为多电平调制。这种方式在原理上是 OOK 方式的推广。它是一种十分引人注目的高频带利用率的传输方式。所谓高频带利用率,是指在单位频带内有高的信息传输速率。其频带利用率高的根本原因是:①在同样的传码率的条件下,它比二进制系统有高得多的传信率;②可以证明,在相同的传码率时,多电平调制(即多进制幅移键控,MASK)信号的带宽与二电平调制(即二进制幅移键控,2ASK)信号相同。

在 6.5.2 节中讨论奈奎斯特准则时曾指出,对于二进制基带信号传输,信道的最高频带利用率是 2Bd/Hz,即每赫兹带宽可以传输的最高的信息速率可达到 2b/s。由此出发,因 2ASK 信号带宽是相应基带信号的 2 倍,故其最高频带利用率为 1b/(s·Hz)。下面将证明 MASK 信号带宽与 2ASK 信号带宽相同,这导致 MASK 信号的频带利用率大于 2ASK 信号的频带利用率 1b/(s·Hz)。

在前面的 7.2.1 节中已给出,一个 2ASK 波形可表示为

$$e_0(t) = \left[\sum_n a_n g(t - nT_s) \right] \cos \omega_c t \tag{7.5-1}$$

这里,$g(t)$ 是持续时间为 T_s 的矩形脉冲,而 a_n 的取值服从下述关系:

$$a_n = \begin{cases} 0, & \text{概率为 } P \\ 1, & \text{概率为 } 1 - P \end{cases}$$

对于 MASK 信号,其表示式可由式(7.5-1)推广而得

$$e_0'(t) = \left[\sum_n b_n g(t - nT_s) \right] \cos \omega_c t \tag{7.5-2}$$

式中

$$b_n = \begin{cases} 0, & \text{概率为 } P_1 \\ 1, & \text{概率为 } P_2 \\ 2, & \text{概率为 } P_3 \\ \vdots & \vdots \\ M-1, & \text{概率为 } P_M \end{cases} \tag{7.5-3}$$

且有 $P_1 + P_2 + P_3 + \cdots + P_M = 1$。

为清楚起见,图 7-19(a)画出 $M = 4$ 时的 MASK 波形,设输入四进制数字信息为…1320102301…;同时还画出该 MASK 波形分解后的波形,显然可把其分解为在时间上不重叠的 3 个 OOK 信号和一个全零信号,如图 7-19(b)所示。即 MASK 信号可写成

$$\begin{aligned} e_0'(t) &= \left[\sum_n b_n g(t - nT_s) \right] \cos \omega_c t \\ &= \left[\sum_n c_1 g(t - nT_s) \right] \cos \omega_c t + \left[\sum_n c_2 g(t - nT_s) \right] \cos \omega_c t + \cdots \\ &\quad + \left[\sum_n c_M g(t - nT_s) \right] \cos \omega_c t \end{aligned} \tag{7.5-4}$$

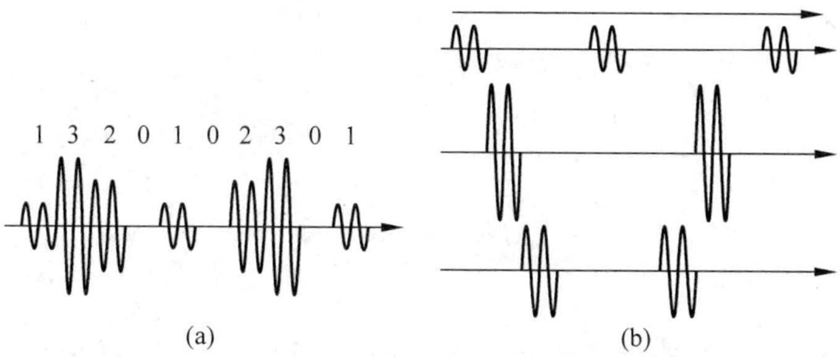

1 3 2 0 1 0 2 3 0 1

(a)　　　　　　(b)

图 7-19　4ASK 波形(a)和 4ASK 波形的分解(b)

式中

$$
\begin{cases}
c_1 \equiv 0 & \text{概率为 } P_1 \\
c_2 = \begin{cases} 1, & \text{概率为 } P_2 \\ 0, & \text{概率为 } 1-P_2 \end{cases} \\
\vdots & \vdots \\
c_M = \begin{cases} 1, & \text{概率为 } P_M \\ 0, & \text{概率为 } 1-P_M \end{cases}
\end{cases}
$$

而且,式(7.5-4)中各波形在时间上是互不重叠的。

由此看到,$e_0'(t)$能够看成在时间上不重叠的 M 个不同振幅值的 OOK 信号的叠加。所以,$e_0'(t)$的功率谱密度便是这 M 个 OOK 信号(其中一个是全零信号)的功率谱密度之和。设 MASK 信号的传码率为 R_B,那么 M 个 OOK 信号的传码率也都是 R_B。于是得到,MASK(指 MOOK)信号的第一零点带宽为

$$B_{\text{MASK}} = B_{2\text{OOK}} = 2R_B \tag{7.5-5}$$

由上式可见,在相同的传码率时,MASK 信号的带宽与 2OOK 信号相同。

目前采用多电平调制的形式大致有多电平 VSB 制、多电平相关编码 SSB 制及多电平 QAM 制等。这些系统与二电平调制时的区别在于:发送端输入的二进制数字基带信号需经一电平变换器转换为 M 进制的基带脉冲后再去调制,而接收端则需经类似的电平转换器将解调得到的 M 进制的基带脉冲变换成二进制基带信号。因此,关于这些系统的调制与解调原理就不再重复了。

2. MASK 调制时的通信系统的抗噪声性能

现在讨论抑制载波 MASK 信号在 AWGN 信道条件下的误码率分析。设发送端基带信号码元振幅的可能 M 个电平位于 $\pm d, \pm 3d, \cdots, \pm(M-1)d$,相邻电平的距离为 $2d$。该信号经线性调制后,其发送波形可表示为

$$
S_T(t) = \begin{cases}
\pm u_1(t), & \text{发送 } \pm d \text{ 电平时} \\
\pm u_2(t), & \text{发送 } \pm 3d \text{ 电平时} \\
\vdots & \vdots \\
\pm u_{M/2}(t), & \text{发送 } \pm(M-1)d \text{ 电平时}
\end{cases} \tag{7.5-6}
$$

式中

$$
\begin{cases}
\pm u_1(t) = \begin{cases} \pm d\cos\omega_1 t, & 0 < t < T_s \\ 0, & \text{其他} \end{cases} \\
\pm u_2(t) = \begin{cases} \pm 3d\cos\omega_1 t, & 0 < t < T_s \\ 0, & \text{其他} \end{cases} \\
\vdots & \vdots \\
\pm u_{M/2}(t) = \begin{cases} \pm(M-1)d\cos\omega_1 t, & 0 < t < T_s \\ 0, & \text{其他} \end{cases}
\end{cases} \tag{7.5-7}
$$

假定信道不会使 $S_T(t)$产生任何畸变,而且接收端输入 BPF 有理想特性,则该 BPF 输出

的波形可表示成

$$
y(t) = \begin{cases} \pm u_1(t) + n(t), & \text{发送} \pm d \text{ 电平时} \\ \pm u_2(t) + n(t), & \text{发送} \pm 3d \text{ 电平时} \\ \vdots & \vdots \\ \pm u_{M/2}(t) + n(t), & \text{发送} \pm (M-1)d \text{ 电平时} \end{cases} \tag{7.5-8}
$$

式中，$n(t)$ 是高斯窄带过程。

设接收时采用同步检测解调，则在抽样判决器输入端得到波形

$$
x(t) = V_k(t) + n_c(t)
$$

式中，$V_k(t)$ 是第 k 个电平对应的信号，$k = 1, 2, \cdots, M$；$n_c(t)$ 是窄带高斯过程 $n(t)$ 的同相分量。

由于在抽样判决器输入端上的可能电平为 $\pm d, \pm 3d, \cdots, \pm (M-1)d$，故抽样判决器的门限电平应选择在 $0, \pm 2d, \cdots, \pm (M-1)d$。因此，当抽样值 $|n_c| > d$ 时，该第 k 个电平的码元将会判错。但是，在 M 电平系统中，对于电平等于 $\pm(M-1)d$ 的两个最外层电平的码元，噪声值仅在一个方向上超过 d 时它才会产生错误判决。于是，当发送 M 个电平的概率相同（即发送每一电平的概率为 $1/M$ 时），该 MASK 信号的通信系统误码率为

$$
P_e = \frac{M-2}{M} P(|n_c| > d) + \frac{2}{M} 0.5 P(|n_c| > d) = \left(1 - \frac{1}{M}\right) P(|n_c| > d)
$$

因为 n_c 是均值为 0、方差为 σ_n^2 的正态随机变量，故得到

$$
P_e = 2\left(1 - \frac{1}{M}\right) \frac{1}{\sqrt{2\pi}\sigma_n} \int_d^\infty \exp[-t^2/(2\sigma_n^2)]\mathrm{d}t
$$

$$
= \left(1 - \frac{1}{M}\right) \mathrm{erfc}\left(\frac{d}{\sqrt{2}\sigma_n}\right) \tag{7.5-9}
$$

通常希望得到系统误码率 P_e 与接收机输入信噪比 r 之间的关系，为此要在上式的基础上作进一步的分析。下面先分析该 MASK 信号在接收机输入端上的功率。由式(7.5-6)可知，该信号是随机的，因为这时的信号可能取 $\pm u_1(t), \pm u_2(t), \cdots, \pm u_{M/2}(t)$ 中的任意一个。设各信号出现的概率相等，则信号功率即为信号均方值的统计平均

$$
P_s = \frac{2}{M} \sum_{i=1}^{M/2} [d(2i-1)]^2/2 = d^2 \cdot \frac{M^2-1}{6}
$$

于是有

$$
d^2 = \frac{6P_s}{M^2-1}
$$

将上式代入式(7.5-9)，则有

$$
P_e = \left(1 - \frac{1}{M}\right) \mathrm{erfc}\left(\frac{3}{M^2-1} \cdot \frac{P_s}{\sigma_n^2}\right)^{1/2} \tag{7.5-10}
$$

上式中 σ_n^2 即是输入噪声的平均功率，可令 $P_s/\sigma_n^2 = r$，则得到

$$
P_e = \left(1 - \frac{1}{M}\right) \mathrm{erfc}\left(\frac{3r}{M^2-1}\right)^{1/2} \tag{7.5-11}
$$

若令 $M = 2$，上式应该是抑制载波 ASK 信号的误码率公式；当把 $M = 2$ 代入之，则上式变成 $P_e = 0.5\mathrm{erfc}(\sqrt{r})$，该式的确完全与式(7.3-50)相同。

图 7-20 示出在 $M=2,4,8$ 和 16 时系统误码率 P_e 与信噪比 r 的关系曲线。由该图看出,为得到相同的误码率 P_e,所需的有效的信噪比大致要用因数 $3/(M^2-1)$ 加以修正。例如,4ASK 系统比 2ASK 系统需要增加功率约 5 倍。

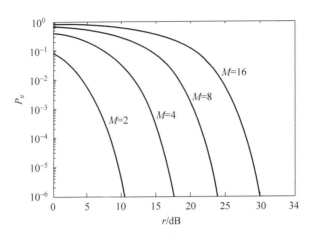

图 7-20 MASK 通信系统的 P_e-r 关系

需要指出,MASK 方式虽然是一种高效率的传输方式,但由于它的抗噪声能力,尤其抗衰落的能力不强,因而一般只适宜在恒参信道中采用。

7.5.2 MFSK 通信系统原理及抗噪声性能

1. MFSK 调制的原理

MFSK 调制,也称多频制,它基本上是 2FSK 调制的直接推广,因而这里不作详细讨论。下面介绍一下 MFSK 的组成框图和它的主要特点。

绝大多数的 MFSK 调制系统如图 7-21(a)所示。图中,串/并变换器和逻辑电路将一组 N 长的二进制码转换成有 M 种状态的 M 进制码。当某组二进制码到来时,逻辑电路输出,一方面打开相应的一个门电路,让该门电路所连接的载波发送出去;另一方面却同时关闭其余所有的门电路。于是当一组组二进制码元输入时,经相加送出的便是一个 MFSK 波形。

原则上,MFSK 具有多进制调制的一切特点,但 MFSK 要占据较宽的频带,因此它的信道频带利用率不高。MFSK 信号的第一零点带宽为

$$\Delta f = f_m - f_1 + 2f_s \tag{7.5-12}$$

式中,f_m 是所选用的 M 个载频当中的最高载频的频率;f_1 是所选用的 M 个载频当中的最低载频的频率;f_s 是单个码元宽度的倒数。

MFSK 信号的解调部分如图 7-21(b)所示。该解调方案由 M 个分路用的 BPF、检波器、择大判决器和一些逻辑变换电路所组成。分路用的 BPF 的中心频率分别等于信号的各载频频率,所以当某载频的码元出现时只有一个 BPF 有信号和噪声通过,而其他 BPF 只有噪声通过。BPF 的输出送给检波器,各检波器的输出在判决器中在固定时刻抽样后比较,并选

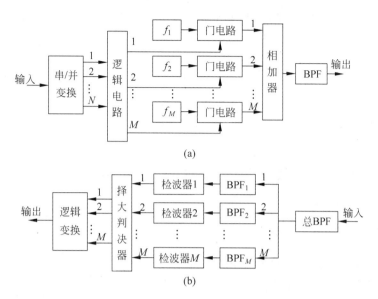

图 7-21 MFSK 信号的调制方案(a)和解调方案(b)

出最大者为输出。此判决器显然可称为择大判决器。该判决器的输出经一些逻辑变换电路,输出单路的二进制信号给用户。在非相干解调时,图中的检波器是包络检波器;在相干解调时,图中的检波器是指相干运算器。

2. MFSK 通信系统的抗噪声性能

MFSK 通信系统的分析方法可参照 7.3.2 节来进行。由该节的讨论可知,对于非相干接收方式,除呈现发送信号的那条通道的抽样值服从广义瑞利分布外,其余各条通道的抽样值都服从瑞利分布。设 MFSK 系统选用的 M 个发送信号相互正交和出现等可能的条件下,接收单元中各通道接收的随机电压之间互不相关,则发生错误判决的概率为

$$P_e = 1 - P(\xi_k > \xi_i)$$

式中,ξ_k 是呈现发送信号的通道中所得的取样值;ξ_i 是其余 $(M-1)$ 条通道中所得的取样值,且这里 $i = 1, 2, \cdots, M$,但 $i \neq k$。

根据 ξ_k、ξ_i 的概率性质,上式还可以改写为

$$P_e = 1 - [P(\xi_k > \xi_i)]^{M-1}$$

于是,经推导可得

$$P_e = \int_0^\infty x e^{-(x^2+a^2)/2\sigma_n^2} I_0\left(\frac{xa}{\sigma_n}\right) \left[1 - (1 - e^{-x^2/2})^{M-1}\right] dx \tag{7.5-13}$$

式中,a 是接收信号的振幅;σ_n 是噪声均方根值。

同理,可求得相干检测通信系统的误码率,其结果如下:

$$P_e = \frac{1}{\sqrt{2\pi}} \int_0^\infty e^{-(x-a)^2/2\sigma_n^2} \left[1 - \left(\frac{1}{\sqrt{2\pi}} \int_{-\infty}^x e^{-u^2/2}\right)^{M-1}\right] dx \tag{7.5-14}$$

MFSK 通信系统相干检测和非相干检测时的误码率曲线如图 7-22 所示。由图可见,无论是相干检测还是非相干检测,系统误码率 P_e 都仅与信噪比 r 及进制数 M 有关。图中示

出了 2、32 及 1024 时的 P_e-r 曲线,其中实线表示相干检测时的误码率曲线,虚线则表示非

相干检测时的误码率曲线。从任一曲线看到,r 越大则 P_e 越小;从一组实线和一组虚线看到,在一定 r 下,M 越大则 P_e 越大;相干检测与非相干检测的差距随 M 的增大而减小;在同一 M 下的每一对相干和非相干曲线随信噪比 r 的增加而趋于同一极限值。

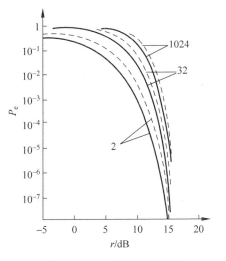

图 7-22　MFSK 误码率曲线

7.5.3 多进制相位调制通信系统原理及抗噪声性能[7]

1. MPSK 和 MDPSK 调制的原理

多进制相位调制又称为多相制,它是利用载波的多种不同相位(或不同相位差)来表征数字信息的调制方式。和二相制一样,多相制也可分为绝对移相制和相对(差分)移相制两种。

在深入讨论这两种多相制之前,先说明 $M(>2)$ 相调制波形如何表示。由于 M 种相位可以用来表示 k 比特码元的 2^k 种状态,故有 $2^k = M$。假设 k 比特码元的持续时间为 T_s,则 M 相调制波形可以表示为

$$e_0(t) = \sum_{k=-\infty}^{\infty} g(t - kT_s)\cos(\omega_c t + \varphi_k)$$

$$= \Big[\sum_{k=-\infty}^{\infty} a_k g(t - kT_s)\Big]\cos\omega_c t - \Big[\sum_{k=-\infty}^{\infty} b_k g(t - kT_s)\Big]\sin\omega_c t \qquad (7.5\text{-}15)$$

式中,φ_k 是受调相位,可有 M 种不同取值;$a_k = \cos\varphi_k$;$b_k = \sin\varphi_k$。

由上式可见,多相调制波形可以看作对两个正交载波进行多电平 DSB 调制所得信号之和。这说明,多相调制信号的带宽与多电平 DSB 调制时相同。通常,多相制中使用最广泛的是四相制和八相制,即 $M=4$ 和 $M=8$。因此下面以四相制为例来说明多相制的原理。

由于四种不同的相位可以代表四种不同的数字信息,因此,对于输入的二进制数字序列应该先进行分组,将每两比特编为一组;然后用四种不同的载波相位去表征它们。例如,若输入二进制数字序列为 101101001…,则可将它们分组成 10,11,01,00,…,然后用四种不同相位来代表它们。

四相制与二相制相似,可以分为四进制绝对移相调制和四进制相对移相调制。四进制绝对移相调制常称为四进制绝对相移键控,记为 4PSK 或 QPSK;四进制相对移相调制常称为四进制相对相移键控或四进制差分相移键控,记为 4DPSK 或 QDPSK。下面分别讨论这两种调制方式。

(1) QPSK 信号的产生与解调

QPSK 利用载波的四种不同相位来表征数字信息。这时每一种载波代表两比特信息,故每一个四进制码元又被称为双比特码元。通常把组成双比特码元的前一信息比特

用 a 表示,后一信息比特用 b 表示。比如,双比特码元中两个信息比特按格雷码(即反射码)排列,它与载波相位的关系如表 7-3 所列。其矢量关系如图 7-23 所示。图 7-23(a)表示 A 方式时 QPSK 信号矢量图,图(b)表示 B 方式时 QPSK 信号的矢量图。另外,QPSK 信号在使用式(7.5-15)表示时,相位 φ_k 在$(0,2\pi)$内等间隔地取四种相位。由于正弦和余弦函数的正交特性,对应 φ_k 的四种取值,比如 $45°$、$135°$、$225°$、$315°$,其幅度 a_k 与 b_k 只有两种取值为 $\pm\sqrt{2}/2$。此时,式(7.5-15)恰好表示两个正交的二相调制信号的合成。由于 QPSK 调制可看作两个正交的 2PSK 调制的合成,故 QPSK 与 2PSK 的功率谱密度相类同,即传码率相同时占有的带宽相同。

表 7-3　双比特码元与载波相位的关系

双比特码元		载波相位 φ_k(QDPSK 时为 $\Delta\varphi_k$)	
a	b	A 方式	B 方式
0	0	$0°$	$45°$
0	1	$90°$	$135°$
1	1	$180°$	$225°$
1	0	$270°$	$315°$

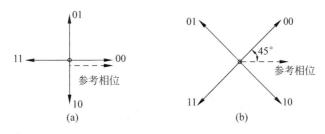

图 7-23　PSK 信号矢量图:(a)A 方式和(b)B 方式

下面讨论 QPSK 信号的产生与解调。该信号的产生方法与 2PSK 信号的产生方法相类似,可分为调相法和相位选择法。这两种方法是基本的方法,掌握了这两种方法,灵活运用软件工具可给出多种的软件法产生 QPSK 信号。由于篇幅所限,产生 QPSK 信号的软件法则不再介绍。

① 调相法。用调相法产生 QPSK 信号的组成框图如图 7-24(a)所示。图中,串/并变换器将输入的二进制序列依次分为两个并行的双极性二进制序列。设该两个序列的二进制码元分别为 a 和 b,此每一对码元被称作一个双比特码元。该 a 和 b 脉冲通过两个平衡调制器分别对同相载波及正交载波进行二相调制,得到图 7-24(b)中虚线矢量。将两路

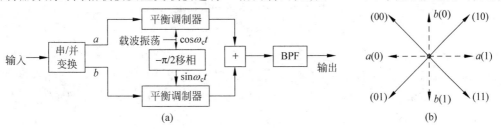

图 7-24　QPSK 信号的调相法产生器(a)和其矢量分析图(b)

输出叠加,得到如图 7-24(b)中实线所示的 QPSK 信号矢量。此时的相位编码逻辑关系如表 7-4 所列。

表 7-4　图 7-24 的 QPSK 信号产生器的相位编码

a	1	0	0	1
b	1	1	0	0
a 路平衡调制器输出	0°	180°	180°	0°
b 路平衡调制器输出	270°	270°	90°	90°
相加器输出	315°	225°	135°	45°

② 相位选择法。如图 7-25 给出相位选择法的 QPSK 产生器组成框图。图中,四相载波发生器分别送出调相所需的四种不同相位的载波。按照串/并变换器输出的双比特码元的不同,逻辑选相电路输出相应的载波。例如,双比特码元 ab 为 10 时,输出相位为 45°的载波;ab 为 00 时,输出相位为 135°的载波;ab 为 01 时,输出相位为 225°的载波;ab 为 11 时,输出相位为 315°的载波。即该相位选择法的 QPSK 产生器的相位编码与表 7-4 完全相同。

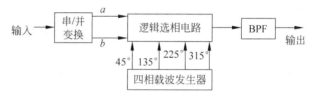

图 7-25　相位选择法 QPSK 信号产生器组成

由于 QPSK 信号可以看作两个正交 2PSK 信号的合成,故它可以采用与 2PSK 信号相类似的方法进行解调,即由两个 2PSK 信号相干解调器构成,其组成框图如图 7-26 所示。图中的并/串变换器的作用与已讨论过的调制器中串/并变换器的作用相反,它是用来将上、下支路所得到的两路并行数据恢复成用户所需的串行数据。

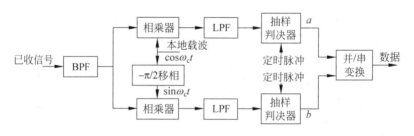

图 7-26　QPSK 信号解调框图

(2) QDPSK 信号的产生与解调

所谓相对移相调制是利用前后码元之间的相对相位变化来表示数字信息。对于 QDPSK 信号码元,若用前一码元相位作为参考,并令 $\Delta\varphi_k$ 为本码元与前一码元的初相差,则信息编码与载波相位变化关系仍可用表 7-3 来表示;它们之间的矢量关系也可用图 7-23 来表示。不过,这时应采用表 7-3 中的 $\Delta\varphi_k$ 而不是 φ_k;图 7-23 中的参考相位应指的是前一码元的相位。此外,QDPSK 仍可用式(7.5-15)来表示,不过,这时它并不表示原始数字序列的调相信号波形,而是表示绝对码变换成相对码后的数字序列实现调相后的波形;也就是说,对相对码数字序列而言的调相波,可看作 4PSK 信号,因此该 QDPSK 信号的功率谱密度仍类同 4PSK 信号的功率谱密度;前面已得到,4PSK 信号的功率谱密度类同 2PSK 功率谱密度,所以该 QDPSK 信号的功率谱密度类同 2PSK 功率谱密度。

下面讨论 QDPSK 信号的产生。在二相调制时已指出,为了获得 2DPSK 信号,人们先用码变换器将绝对码变换成相对码,然后用相对码对载波进行 2PSK 调制。相类同,QDPSK 信号的产生也可采用这种方法,即将双比特码经码变换器后进行 4PSK 调制,于是输出得到 QDPSK 信号。参见前面已有的 4PSK 调制方法,QDPSK 信号产生的方法可采用码变换加调相法和码变换加相位选择法。

① 码变换加调相法。

该方法如图 7-27 所示。由此图可见,它与图 7-24(a)所示的 QPSK 信号产生器相比,仅在串/并变换器之后多了一个码变换器。关于图 7-27 中的 QPSK 信号产生器这部分的原理前面已作过较详细的讨论,因此这里仅需对码变换器的原理加以讨论。

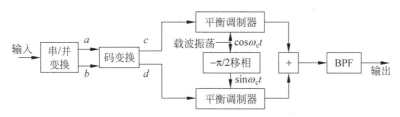

图 7-27　QDPSK 信号产生方法之一

图 7-27 中的码变换器的作用是将输入的双比特码 ab 变换成双比特码 cd,且要求由 cd 产生的 QPSK 信号的相位 Δk 与 ab 的关系能够满足表 7-5 的规定。

还需注意到,码变换之后的框图构成就是图 7-24(a)中的两路二相调制器结构,所以 cd 与载波相位的关系即调相信号矢量图仍可用图 7-24(b)来表示。

由表 7-5 可见,当输入双比特数据为 00 时,QDPSK 信号的载波相位相对于前一双比特码元的载波相位无变化;当输入双比特

表 7-5　QDPSK 信号的相位编码

双比特码元		载波相位变化
a	b	$\Delta\varphi_k$
0	0	0°
0	1	90°
1	1	180°
1	0	270°

数据为 01 时,QDPSK 信号的载波相位相对于前一双比特码元时的载波相位之变化为 90°,其余类推。但由于前一双比特码元时的 QDPSK 信号载波相位有四种可能,因此,对于输入某一双比特数据所得到的载波相位也不是固定的,即同样有四种可能。例如,若输入双比特数据为 01,按表 7-5 规定的载波相位应变化 90°,但由于前一双比特码元时的载波相位有四种可能,现设它为 315°,那么此时的载波相位应为 315°+90°−360°=45°。按 QPSK 的表 7-4,可查得其相应的输入双比特数据 cd 应为 10,而现在输入的双比特数据 ab 却是 01。因此,码变换器应将该输入数据 01 变换成 10。如果前一双比特码元时载波相位为 45°,那么此时的载波相位应为 45°+90°=135°。同样,按表 7-4,可查得其相应的

输入双比特数据 cd 应为 00,故码变换器应将该输入数据 01 变换成 00。由上例方法可类推,所以码变换器应完成表 7-6 所示的逻辑关系。该表中,本时刻出现的双比特状态 $c_n d_n$ 与 θ_n 的关系是固定的,属于绝对调相;而输入双比特 $a_n b_n$ 与 θ_n 的关系却不是固定的,即有四种可能。可见,码变换器正是完成了所需的转换。

还需指出,表 7-6 所规定的逻辑关系中,c_n、d_n 还应按 $0 \to -1$、$1 \to +1$ 的规律变换成双极脉冲,然后对载波进行调制。最后由相加器输出的信号便是 QDPSK 信号。

通常,该信号还需经过一个 BPF,滤除掉杂散谐波,从而输出一个纯净的 QDPSK 信号。

表 7-6　码变换加调相法时 QDPSK 信号的相位逻辑

本时刻 ab 及要求的 $\Delta\varphi$		前一码元时状态			本时刻应出现的码元状态		
a_n　b_n	$\Delta\varphi_n$	c_{n-1}	d_{n-1}	θ_{n-1}	c_n	d_n	θ_n
0　0	0°	0	0	135°	0	0	135°
		0	1	225°	0	1	225°
		1	1	315°	1	1	315°
		1	0	45°	1	0	45°
0　1	90°	0	0	135°	0	1	225°
		0	1	225°	1	1	315°
		1	1	315°	1	0	45°
		1	0	45°	0	0	135°
1　1	180°	0	0	135°	1	1	315°
		0	1	225°	1	0	45°
		1	1	315°	0	0	135°
		1	0	45°	0	1	225°
1　0	270°	0	0	135°	1	0	45°
		0	1	225°	0	0	135°
		1	1	315°	0	1	225°
		1	0	45°	1	1	315°

② 码变换加相位选择法。

类同引入图 7-27 的方法,码变换加相位选择法的组成是在图 7-25 所示的相位选择法 4PSK 信号产生框图的基础上,在其串/并变换器之后插入一码变换器,此码变换器用来将输入双比特数据 ab 变换成双比特码 cd,再用 cd 去选择载波的相位,于是输出 QDPSK 信号。

QDPSK 信号的解调方法与 2DPSK 信号解调相类似,也有极性比较法和相位比较法两种方式。由于 QDPSK 信号可以看作两路 2DPSK 信号的合成,因此解调时也可以分别按两路 2DPSK 信号解调。上述两种解调方法的组成框图如图 7-28 所示。其中,图(a)是极性比较法原理方框图;图(b)是相位比较法原理方框图。

图 7-28(a)所示的极性比较法原理方框图,显然可看作由 QPSK 信号解调器和码变换器两部分组成。为与发端码变换器相区别,该收端码变换器常称为逆变换器。该图中的 QPSK 信号解调器的原理,大家较为熟悉,故在下面着重介绍逆码变换器的原理。

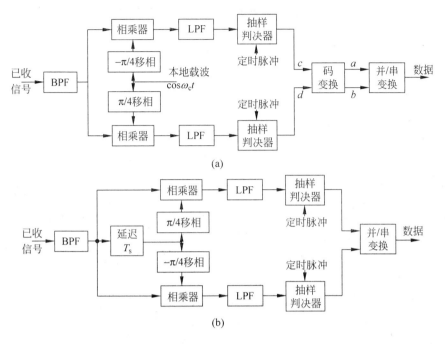

图 7-28　QDPSK 信号的极性比较法解调(a)和相位比较法解调(b)

　　设发送的信号符合 CCITT 推荐的 A 方式相位编码的规定如表 7-5 所示；不考虑信道和收端 BPF 引起的失真及噪声的影响,那么加到相乘器输入端的接收信号在一个码元持续时间内可表示为

$$s(t) = g(t)\cos(\omega_c t + \varphi_k) \tag{7.5-16}$$

式中 φ_k 可取 $0°,90°,180°$ 或 $270°$。此时解调器上、下支路的两个相干载波应为 $\cos(\omega_c t - \pi/4)$ 和 $\cos(\omega_c t + \pi/4)$。于是得到上支路相乘器输出为

$$s(t)\cos(\omega_c t - \pi/4) = g(t)\cos(\omega_c t + \varphi_k)\cos(\omega_c t - \pi/4)$$
$$= 0.5g(t)\cos[2\omega_c t + (\varphi_k - \pi/4)] + 0.5g(t)\cos(\varphi_k + \pi/4)$$

上支路 LPF 的输出为

$$0.5g(t)\cos(\varphi_k + \pi/4)$$

　　同理,得到下支路相乘器输出为

$$0.5g(t)\cos[2\omega_c t + (\varphi_k + \pi/4)] + 0.5g(t)\cos(\varphi_k - \pi/4)$$

下支路 LPF 的输出为

$$0.5g(t)\cos(\varphi_k - \pi/4)$$

　　因此,上、下支路在 T_s 时刻的抽样值可分别表示为

$$U_A \propto \cos(\varphi_k + \pi/4) \tag{7.5-17}$$
$$U_B \propto \cos(\varphi_k - \pi/4) \tag{7.5-18}$$

　　由上分析得出表 7-7 所列的判决状况。这里,判决器按极性判决,若是负抽样值则判为"1";若是正抽样值则判为"0"。

表 7-7　QDPSK 信号的极性比较法解调时判决状况

载波相位 φ_k	上支路 U_A 的极性	下支路 U_B 的极性	判决器输出	
			c	d
0°	+	+	0	0
90°	−	+	1	0
180°	−	−	1	1
270°	+	−	0	1

下面讨论逆码变换器的工作原理。此码变换器的功用恰好与发送端的相反,它应该将判决器输出的相对码恢复成绝对码。设码变换器当前的输入数据对为 c_i、d_i;前一数据对为 c_{i-1}、d_{i-1};输出数据对为 a_i、b_i。现在用举例的方法来说明它是如何完成所要求的功能的。假设输入解调器的信号相位序列为

$$\{\varphi_k\}: 0°\quad 90°\quad 90°\quad 270°\quad 180°\quad 0°\quad 270°\cdots$$

那么,前后码元相位差序列为

$$\{\Delta\varphi_k\}:\quad 90°\quad 0°\quad 180°\quad 270°\quad 180°\quad 270°\cdots$$

按表 7-5 的规定可知发送端发送的信息数据序列为

$$\{a_i\}: 0、0\quad 1\quad 1\quad 1\quad 1\cdots$$

$$\{b_i\}: 1\quad 0\quad 1\quad 0\quad 1\quad 0\cdots$$

根据上面假设的相位序列 $\{\varphi_k\}$ 及表 7-7,可以得到码变换器输入数据序列为

$$\{c_i\}: 0\quad 1\quad 1\quad 0\quad 1\quad 0\quad 0\cdots$$

$$\{d_i\}: 0\quad 0\quad 0\quad 1\quad 1\quad 1\quad 1\cdots$$

现在的任务就是如何由 c_i、d_i 来恢复发送的数据序列,即使得逆码变换器的输出数据序列与发端发送的数据序列相同。不难看出,该码变换器的输出 $a_i b_i$ 与 $c_i d_i$ 符合表 7-8 所列的逻辑关系。

综上所述,对表 7-8 所列的逻辑变换关系可以分下面两种情况讨论。

第一种情况:前一状态上、下两路具有相同数据 01 或 10 时,即满足 $c_{i-1}\oplus d_{i-1}=1$,则码变换器输出有

表 7-8　收端码变换器的逻辑变换关系

前一输入双比特		本时刻输入双比特		本时刻输出	
c_{i-1}	d_{i-1}	c_i	d_i	a_i	b_i
0	0	0	0	0	0
		0	1	1	0
		1	1	1	1
		1	0	0	1
0	1	0	0	0	1
		0	1	0	0
		1	1	1	0
		1	0	1	1

续表

前一输入双比特		本时刻输入双比特		本时刻输出	
c_{i-1}	d_{i-1}	c_i	d_i	a_i	b_i
1	1	0	0	1	1
		0	1	0	1
		1	1	0	0
		1	0	1	0
1	0	0	0	1	0
		0	1	1	1
		1	1	0	1
		1	0	0	0

$$\begin{cases} a_i = c_i \oplus c_{i-1} \\ b_i = d_i \oplus d_{i-1} \end{cases} \tag{7.5-19}$$

第二种情况：前一状态上、下两路具有不同数据 00 或 11 时，即满足 $c_{i-1} \oplus d_{i-1} = 0$，则码变换器输出有

$$\begin{cases} a_i = d_i \oplus d_{i-1} \\ b_i = c_i \oplus c_{i-1} \end{cases} \tag{7.5-20}$$

根据式(7.5-19)及式(7.5-20)的逻辑变换关系，容易得到图 7-29 所示的码变换器原理图。该图中有上、中、下的三路模二加输出。输入信号 c_i 与其前一比特 c_{i-1} 模二相加后在上路输出；输入信号 d_i 与其前一比特 d_{i-1} 模二相加后在下路输出；前一时刻输入数据对 c_{i-1}、d_{i-1} 模二相加后在中路输出，输出为 e_i；当 $e_i = 1$ 时，其控制交叉直通电路为直通状态，于是上、下模二加的输出信号分别直接地作为 a_i 和 b_i 输出；当 $e_i = 0$ 时，其控制交叉直通电路为交叉状态，于是上路模二加的输出可作为下路 b_i 输出，而下路模二加的输出作为上路 a_i 输出。以上就是该码变换器的运作过程的原理。下面将简要说明图 7-28(b)所示的相位比较法解调的原理。这种解调方法与极性比较法相比，主要区别在于：① 它利用延迟电路将前一码元信号延迟一码元时间后，分别移相 $-\pi/4$ 和 $\pi/4$，然后分别作为上、下支路的相干载波；② 它不需要再采用码变换器，这是因为 QDPSK 信号所携带的数字信息包含在前后码元的相

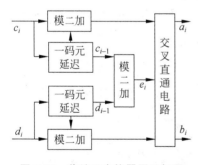

图 7-29　收端码变换器原理框图

位差中，而相位比较法方案就是直接比较前后码元的相位作为输出。

这里以一个例子说明其工作原理。设收到信号相位序列为 $\{\varphi_i\}$，下面给出延迟一码元相位序列 $\{\varphi_{i-1}\}$，移相 $\pi/4$ 后信号相位序列为 $\{\varphi_{up}\}$，移相 $-\pi/4$ 后信号相位序列为 $\{\varphi_{down}\}$，以及解调后的上支路输出序列为 $\{a_i\}$ 和下支路输出序列为 $\{b_i\}$。

$\{\varphi_i\}$：　　0°　　90°　　180°　　0°　　0°　　270°　　90°　　90°　　0°　　…

$\{\varphi_{i-1}\}$:	$0°$	$90°$	$180°$	$0°$	$0°$	$270°$	$90°$	$90°$	$0°$	⋯
$\{\varphi_{\text{up}}\}$:	$45°$	$135°$	$225°$	$45°$	$45°$	$315°$	$135°$	$135°$		⋯
$\{\varphi_{\text{down}}\}$:	$315°$	$45°$	$135°$	$315°$	$315°$	$225°$	$45°$	$45°$		⋯
$\{a_i\}$:	0	0	1	0	1	1	0	1		⋯
$\{b_i\}$:	1	1	1	0	0	1	0	0		⋯

可见,图 7-28(b)所示的解调结果符合表 7-5 的规定。

由前面四相调制原理可以看出,在相同的信息速率下,四相信号的码长比二相的增加一倍,故它的频带可减小至二相的一半。也就是说,四相通信系统在单位频带内的信息速率比二相系统要提高一倍。如果四相通信系统与二相系统的码元速率相同,则四相系统的信息速率是二相系统的两倍。CCITT V.26 号建议规定,在四线租用电话线路上可以采用速率为 2400bps 的 QDPSK 方式的 modem 设备。

2. MPSK 和 MDPSK 通信系统的抗噪声性能

在 MPSK 调制中,可以认为这 M 个信号矢量把相位平面划分成 M 等份。在没有噪声时,每一信号矢量都在相平面中的相应的位置上。例如,$M=8$ 时,每一信号矢量的相位间隔为 $\pi/4$,如图 7-30 所示。在有噪声叠加时,则信号和噪声的合成波形的相位将按一定的统计规律随机变化。这时,若发送信号的基准相位为 0 相位,$M=8$,则合成波形相位 θ 在 $-\pi/8<0<\pi/8$ 范围内变化时,即在图中虚影内改变时,那么信号不会产生错误判决;如果在这个虚影范围之外,将造成信号的判决错误。因此,假设发送每一可能信号的概率是相等的,且合成波形的相位服从一维概率密度为 $f(\theta)$,则系统的误码率 P_e 为

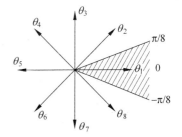

图 7-30 $M=8$ 时的信号矢量表示

$$P_e = 1 - \int_{-\pi/M}^{\pi/M} f(\theta)\,\mathrm{d}\theta \qquad (7.5\text{-}21)$$

由上式看到,只要给定 $f(\theta)$,则可求得 P_e。

在一般情况下,一维概率密度 $f(\theta)$ 是不易得到的,故上式也难以计算出结果。不过对于二相及四相时可得结果如下:

对于二相,有

$$P_e = 0.5\operatorname{erfc}\sqrt{r} \qquad (7.5\text{-}22)$$

对于四相,有

$$P_e = 1 - (1 - 0.5\operatorname{erfc}\sqrt{r/2})^2 \qquad (7.5\text{-}23)$$

其曲线如图 7-31 所示。

可以指出,对于 M 相方式,当 r 足够大时,其误码率 P_e 可近似为

$$P_e \approx \exp[-r\sin^2(\pi/M)] \qquad (7.5\text{-}24)$$

以上是绝对移相的情形,对于 MDPSK 时的性能,也可按上述原理导出。这里,由于前一码元的相位是受扰的,故合成波形相位 θ 在

$$\varphi_0 - \pi/M < \theta < \varphi_0 + \pi/M$$

范围内才不发生错判,其中 φ_0 为参考信号(即前一码元信号)之相位。这时的错判概率应为

$$P_e(\varphi_0) = 1 - \int_{\varphi_0 - \pi/M}^{\varphi_0 + \pi/M} f(\theta)\,\mathrm{d}\theta$$

考虑 φ_0 也是随机的,故若其概率密度为 $q(\varphi_0)$,则系统总误码率 P_e 为

$$P_e = \int_{-\pi}^{\pi} q(\varphi_0) P_e(\varphi_0)\,\mathrm{d}\varphi_0$$

在大信噪比的情况下,可得

$$P_e \approx \exp\left[-2r\sin^2(0.5\pi/M)\right] \tag{7.5-25}$$

比较式(7.5-24)和式(7.5-25)可见,在同样误码率下,将有下式成立:

$$\frac{r_{差分}}{r_{相干}} = \frac{\sin^2(\pi/M)}{2\sin^2(0.5\pi/M)}$$

这个结果已绘在图 7-32 中。由图可见,在 M 很大时,差分相干解调比绝对移相时相干解调约损失 3dB 的功率。

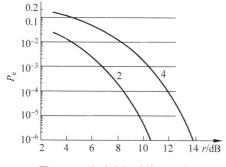

图 7-31　绝对移相时的误码率

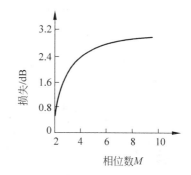

图 7-32　差分相干解调和绝对移相解调时
信噪比损失与相位数的关系

7.5.4　振幅相位键控(APK)通信系统原理

由以上 MASK 或 MPSK 系统的分析可以看出,在系统带宽一定的条件下,多进制调制的信息速率比二进制高,也就是说,多进制调制系统的频带利用率高。但是这个优点是通过牺牲功率利用率来换取的。因为随着 M 值的增加,在信号空间中各信号点间的最小距离减小。因此当信号受到噪声或干扰损害时,接收信号判决的错误概率也将随之增大。APK 方式就是为解决上述问题的矛盾而提出来的。

APK 信号的一般表示式为

$$e_0(t) = \sum_{n=-\infty}^{\infty} A_n g(t - nT_s)\cos(\omega_c t + \varphi_n) \tag{7.5-26}$$

式中,$g(t - nT_s)$ 是宽度为 T_s 的单个基带脉冲。上式还可以改变为另一形式:

$$e_0(t) = \left[\sum_n A_n g(t - nT_s)\cos\varphi_n\right]\cos\omega_c t - \left[\sum_n A_n g(t - nT_s)\sin\varphi_n\right]\sin\omega_c t \tag{7.5-27}$$

令

$$A_n\cos\varphi_n = X_n \qquad\qquad (7.5\text{-}28)$$

$$-A_n\sin\varphi_n = Y_n \qquad\qquad (7.5\text{-}29)$$

则式(7.5-27)变为

$$e_0(t) = \left[\sum_n X_n g(t-nT_s)\right]\cos\omega_c t + \left[\sum_n Y_n g(t-nT_s)\right]\sin\omega_c t \qquad (7.5\text{-}30)$$

由此式可以看出,APK 信号可看作两个正交调制信号之和。APK 有时也称为星座调制,因为在其矢量图平面上信号分布如星座。当前研究较多并建议用于数字通信中的一种 APK 信号,是十六进制的正交振幅调制(16QAM)信号。因此下面将以这种信号为例来分析 APK 方式的原理。

在讨论 16QAM 之前,先来说明 QAM。所谓 QAM 是用两个独立的基带波形对两个正交的同频载波进行 DSB-SC 调制,利用这种已调信号在同一带宽内频谱正交的性质来实现两路并行的数字信息的传输。QAM 通信系统的组成方框图如图 7-33 所示。图中 $m_I(t)$ 和 $m_Q(t)$ 是两个独立的带宽受限的基带信号,$\cos\omega_c t$ 和 $\sin\omega_c t$ 是互相正交的同频载波。显然,该图发送端输出的 QAM 信号为

$$e_0(t) = m_I(t)\cos\omega_c t + m_Q(t)\sin\omega_c t \qquad (7.5\text{-}31)$$

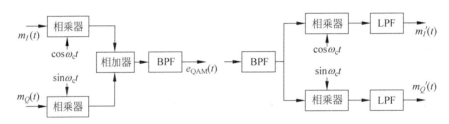

图 7-33 QAM 通信系统组成

式中,$\cos\omega_c t$ 项通常称为同相信号,或称 I 信号;$\sin\omega_c t$ 项通常称为正交信号,或称 Q 信号。

当 $m_Q(t)$ 是 $m_I(t)$ 的希尔伯特变换时,QAM 就变成了 SSB 调制。当 $m_Q(t)$ 与 $m_I(t)$ 的取值为 ±1 时,QAM 和 QPSK 完全相同。

若信道具有理想传输特性,则上支路相干解调器的输出为

$$m_I{}'(t) = 0.5 m_I(t) \qquad\qquad (7.5\text{-}32)$$

下支路相干解调器的输出为

$$m_Q{}'(t) = 0.5 m_Q(t) \qquad\qquad (7.5\text{-}33)$$

可见,已完成了波形的无失真地传输。由于 QAM 信号与 QPSK 相同,因此采用相干检测法对 QAM 信号解调时,所得的误码率性能与 QPSK 时的系统误码率相同。

若图 7-33 中输入基带信号为多电平时,那么便可以构成多电平 QAM 系统。下面讨论 16QAM 系统。

16QAM 的信号星座图如图 7-34 所示。其中,第 i 个信号表达式为

$$s(t) = A_i\cos(\omega_c t + \varphi_i), \quad i = 1,2,\cdots,16 \qquad (7.5\text{-}34)$$

图 7-35 是在 16QAM 和 16PSK 信号的最大功率(或振幅)相等的条件下,画出该两个信号的星座图。由该图可见,对 16PSK 来说,相邻信号点的距离为

$$d_1 \approx 2A\sin(\pi/16) = 0.39A \tag{7.5-35}$$

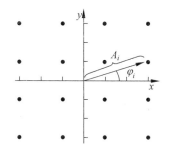

图 7-34 16QAM 信号的星座图

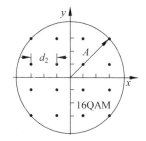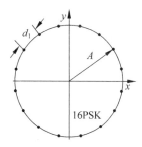

图 7-35 最大功率相等时 16QAM 和 16PSK 星座图

对 16QAM 来说,相邻信号点的距离为

$$d_2 = \frac{\sqrt{2}A}{L-1} \tag{7.5-36}$$

式中,L 是在两个正交方向(x 或 y)上信号的电平数。这里,$L=4$,故上式变成

$$d_2 = \frac{\sqrt{2}A}{3} = 0.47A$$

这个结果表明,d_2 超过 d_1 约 1.64dB。

实际上,以信号的平均功率相等为条件来比较上述信号的距离才是合理的。可以证明,QAM 信号的最大功率与平均功率之比为

$$\xi_{\text{QAM}} = \frac{最大功率}{平均功率} = \frac{L(L-1)^2}{2\sum\limits_{i=1}^{L/2}2(2i-1)^2} \tag{7.5-37}$$

对于 16QAM 来说,$L=4$,所以 $\xi_{\text{16QAM}}=1.8$。至于 16PSK 信号的平均功率,因其包络恒定,就等于它的功率,因而 $\xi_{\text{16PSK}}=1$。这说明 ξ_{16QAM} 比 ξ_{16PSK} 约大 2.55dB。这样,在平均功率相等的条件下,16QAM 的相邻信号超过 16PSK 约 4.19dB。

16QAM 信号的产生有两种基本方法:一种是正交调幅法,它是用两路正交的四电平 ASK 信号叠加而成;另一种是复合相移法,它是用两路独立的 4PSK 信号叠加而成。图 7-36 和图 7-37 分别用信号矢量叠加来说明这两种方法产生 16QAM 信号的原理。

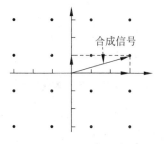

图 7-36 正交 AM 法合成 16QAM 信号

作为一个例子需指出,该 16QAM 信号的一种调制和解调方框图结构完全与图 7-33 所示的 QAM 系统组成框图相同。其区别在于:16QAM 时的发送端两路输入的基带信号均为四电平波形,如图 7-38 所示。接收端两路输出信号仍保持 $m_I'(t)=km_I(t)$ 和 $m_Q'(t)=km_Q(t)$,式中 k 为常数,即图 7-33 可成功解调 16QAM 信号。

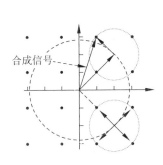

图 7-37　复合相移法合成 16QAM 信号

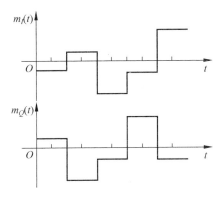

图 7-38　16QAM 时的两路输入举例

7.6　改进的数字调制方式

7.6.1　最小频移键控(MSK)[19]

　　MSK 是 2FSK 信号的改进型,它是一种相位连续的、包络恒定和占用带宽最小的正交 2FSK 信号,其表示式可写为

$$s_{MSK}(t) = \cos\left(\omega_c t + \frac{\pi a_k}{2T_s}t + \varphi_k\right) \tag{7.6-1}$$

$$(k-1)T_s \leqslant t \leqslant kT_s$$

或者

$$s_{MSK}(t) = \cos[\omega_c t + \theta(t)] \tag{7.6-2}$$

式中

$$\theta(t) = \frac{\pi a_k}{2T_s}t + \varphi_k, \quad (k-1)T_s \leqslant t \leqslant kT_s \tag{7.6-3}$$

上式中,ω_c 是载波角频率;T_s 是码元宽度;a_k 是第 k 个码元中的信息,其取值是 ± 1;φ_k 是第 k 个码元的相位常数,它在时间 $(k-1)T_s \leqslant t \leqslant kT_s$ 中保持不变。

1. MSK 信号特点分析

　　由式(7.6-1)可见,当 $a_k = +1$ 时,信号频率为

$$f_2 = \frac{1}{2\pi}\left(\omega_c + \frac{\pi}{2T_s}\right) \tag{7.6-4}$$

当 $a_k = -1$ 时,信号频率为

$$f_1 = \frac{1}{2\pi}\left(\omega_c - \frac{\pi}{2T_s}\right) \tag{7.6-5}$$

由上面两式可得正信号频率和负信号频率之间的频率间隔为

$$\Delta f = f_2 - f_1 = \frac{1}{2T_s} \tag{7.6-6}$$

由上式可计算出调制指数为

$$h = \Delta f / f_c = \frac{1}{2T_s} \cdot T_s = 0.5 \qquad (7.6\text{-}7)$$

该信号的正负信号频率分布如图 7-39(a)所示。图 7-39(b)还给出了 MSK 波形的一个例子,由此波形看到,"+"信号和"-"信号在一个码元期间恰好相差二分之一周,即相差 π。下面确定 MSK 信号的两个频率的间隔。

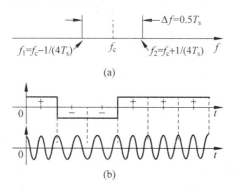

图 7-39　MSK 信号的两个频率的分布(a)和波形(b)

对于一般的 2FSK 信号,其两个码元波形具有以下的相关系数:

$$\rho = \frac{\sin 2\pi (f_2 - f_1) T_s}{2\pi (f_2 - f_1) T_s} + \frac{\sin 4\pi f_c T_s}{4\pi f_c T_s} \qquad (7.6\text{-}8)$$

式中,$f_c = (f_2 + f_1)/2$ 是信号载波频率。

MSK 是一种正交调制,即其信号波形的相关系数等于零。因此,对于 MSK 信号来说,式(7.6-8)应为 0,即该式右边两项皆应为 0。显然,第一项为 0 的条件是 $2\pi (f_2 - f_1) T_s = k\pi (k = 1, 2, 3, \cdots)$,令 k 取其可能的最小值 1,则有

$$f_2 - f_1 = \frac{1}{2T_s}$$

这正是所需寻求的 MSK 信号的正负信号频率间隔;第一项为 0 的条件是 $4\pi f_c T_s = n\pi$ $(n = 1, 2, 3, \cdots)$,即有

$$T_s = n \left(\frac{1}{4} \right) \frac{1}{f_c} \qquad (7.6\text{-}9)$$

这说明,MSK 信号在每一码元期间内,必包含四分之一载波周期的整数倍。由上式可得

$$f_c = n \frac{1}{4T_s} = \left(N + \frac{m}{4} \right) \frac{1}{T_s} \qquad (7.6\text{-}10)$$

式中,N 为正整数,$m = 0, 1, 2, 3$。相应地就有

$$f_2 = f_c + \frac{1}{4T_s} = \left(N + \frac{m+1}{4} \right) \frac{1}{T_s} \qquad (7.6\text{-}11a)$$

$$f_1 = f_c - \frac{1}{4T_s} = \left(N - \frac{m-1}{4} \right) \frac{1}{T_s} \qquad (7.6\text{-}11b)$$

图 7-39(b)中的信号波形是 $N = 1$ 和 $m = 3$ 的一种特殊情况。

式(7.6-1)中的相位常数 φ_k 的选择应保证该信号相位在码元转换时刻是连续的。根

据这一要求,由式(7.6-3)可以导出以下的相位递归条件,或称为相位约束条件,即

$$\varphi_k = \varphi_{k-1} + 0.5\pi(a_{k-1} - a_k)(k-1)$$

$$= \begin{cases} \varphi_{k-1}, & \text{当 } a_k = a_{k-1} \text{ 时} \\ \varphi_{k-1} \pm (k-1)\pi, & \text{当 } a_k \neq a_{k-1} \text{ 时} \end{cases} \quad (7.6-12)$$

上式表明,MSK 信号在第 k 个码元的相位常数不仅与当前的 a_k 有关,而且与前面的 a_{k-1} 及相位常数 φ_{k-1} 有关。或者说前后码元之间存在着相关性。对于相干解调来说,可假设初始参考相位 φ_{k-1} 为 0,于是由式(7.6-12)得到

$$\varphi_k = 0 \text{ 或 } \pi (\text{按模 } 2\pi) \quad (7.6-13)$$

式(7.6-3)中的 $\theta(t)$ 称作附加相位函数,它是 MSK 信号的总相位减去随时间线性增长的载波相位而得到的剩余相位。式(7.6-3)是一直线方程式,其斜率为 $\dfrac{\pi a_k}{2T_s}$,截距是 φ_k。

另外,由于 a_k 的取值为 ± 1,故 $\dfrac{\pi a_k}{2T_s}t$ 是分段线性的相位函数(以码元宽度 T_s 为段)。在任一码元区间内,$\theta(t)$ 的变化总量是 $\pi/2$。$a_k = 1$ 时,增大 $\pi/2$;$a_k = -1$ 时,减小 $\pi/2$。

图 7-40(a)是针对数据序列 $\{+1, -1, -1, +1, +1, +1, \cdots\}$ 画出的附加相位轨迹;图 7-40(b)表示的是附加相位路径的网格图,它是附加相位函数由初始 0 开始后可能经历的全部路径。表 7-9 给出上述例子中的 φ_k 与 a_k 之间的关系。

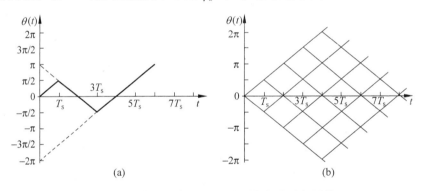

图 7-40 附加相位函数 $\theta(t)$(a)和附加相位路径网格(b)

表 7-9 相位常数 φ_k 与信息 a_k 的关系

k	1	2	3	4	5	6
a_k	+1	−1	−1	+1	+1	+1
φ_k	0	π	π	-2π	-2π	-2π
φ_k(模 2π)	0	π	π	0	0	0

综合以上分析可知,MSK 信号具有如下特点:

(1) 已调信号的振幅是恒定的;

(2) 信号的频偏等于 $\pm 1/(4T_s)$,相应的调制指数 $h = 0.5$;

(3) 以载波相位为基准的信号相位,在一个码元期间内线性变化 $\pm \pi/2$;

(4) 信号在一个码元期间内,应包括四分之一载波周期的整数倍;

（5）在码元转换时刻上信号的相位是连续的，即信号波形没有突跳。

2. MSK 信号的调制方法

由式（7.6-2）出发，得到

$$s_{\mathrm{MSK}}(t) = \cos[\omega_c t + \theta(t)] = \cos\theta(t)\cos\omega_c t - \sin\theta(t)\sin\omega_c t \qquad (7.6\text{-}14)$$

故 MSK 信号可看作由彼此正交的载波 $\cos\omega_c t$ 与 $\sin\omega_c t$ 分别被函数 $\cos\theta(t)$ 与 $\sin\theta(t)$ 进行振幅调制后的两个分量信号合成。由式（7.6-3）和式（7.6-13）看到有

$$\theta(t) = \frac{\pi a_k}{2T_s}t + \varphi_k, \quad a_k = \pm 1 \text{ 和 } \varphi_k = 0 \text{ 或 } \pi \text{（按模 } 2\pi\text{）}$$

所以

$$\cos\theta(t) = \cos\left(\frac{\pi t}{2T_s}\right)\cos\varphi_k - \sin\theta(t) = -a_k\sin\left(\frac{\pi t}{2T_s}\right)\cos\varphi_k$$

将上面两个式子代入式（7.6-14）得到 MSK 信号表示式

$$s_{\mathrm{MSK}}(t) = \cos\varphi_k\cos\left(\frac{\pi t}{2T_s}\right)\cos\omega_c t - a_k\cos\varphi_k\sin\left(\frac{\pi t}{2T_s}\right)\sin\omega_c t \qquad (7.6\text{-}15)$$

式中，等号后面的第一项是同相分量，或称 I 分量；第二项是正交分量，或称 Q 分量。$\cos\left(\frac{\pi t}{2T_s}\right)$ 和 $\sin\left(\frac{\pi t}{2T_s}\right)$ 称为加权函数（或称调制函数）。$\cos\varphi_k$ 是同相分量的等效数据，$-a_k\cos\varphi_k$ 是正交分量的等效数据，它们都与原始输入数据有确定的关系。令 $\cos_k = I_k$，$-a_k\cos\varphi_k = Q_k$，将其代入式（7.6-15）可得

$$s_{\mathrm{MSK}}(t) = I_k\cos\left(\frac{\pi t}{2T_s}\right)\cos\omega_c t + Q_k\sin\left(\frac{\pi t}{2T_s}\right)\sin\omega_c t(k-1) \quad T_s \leqslant t \leqslant kT_s$$

$$(7.6\text{-}16)$$

根据上式即可构成一种 MSK 调制器，其框图如图 7-41 所示。

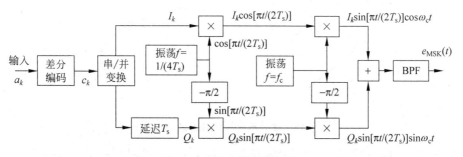

图 7-41　MSK 调制器框图

3. MSK 信号的解调

MSK 信号解调与 FSK 相似，可以采用相干解调，也可以采用非相干解调。图 7-42 给出了一种用延时判决的相干解调原理框图。关于相干解调的原理与 2FSK 信号没有什么区别。这里着重讨论延时判决法的原理。现在举例说明在 $(0, 2T_s)$ 时间内判决一次，即判决出一个码元信息的基本原理。

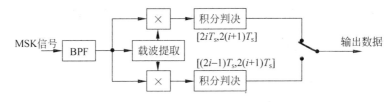

图 7-42　MSK 信号解调器框图

设 $(0, 2T_s)$ 时间内 $\theta(0)=0$，则 MSK 信号的 $\theta(t)$ 的变化规律可用图 7-43(a) 表示，在 $t=2T_s$ 时刻，$\theta(t)$ 的可能相位为 0、π 或 $-\pi$。若把这时的接收信号 $\cos[\omega_c t+\theta(t)]$ 与相干载波 $\cos[\omega_c t+\pi/2]$ 相乘，则相乘器输出为

$$\cos[\omega_c t+\theta(t)]\cos[\omega_c t+\pi/2]$$
$$=\cos[\theta(t)-\pi/2]+\text{频率为 } 2\omega_c \text{ 的余弦项}$$

上式中忽略了不影响分析结果的常数 $1/2$。用滤波器滤出了第一项，得到

$$v(t)=\cos[\theta(t)-\pi/2]=\sin\theta(t),\quad 0\leqslant t\leqslant 2T_s \tag{7.6-17}$$

其示意波形如图 7-43(b) 所示，当输入数据为 11 或 10 时，$\sin\theta(t)$ 为正极性，如该图中实线所示；而当输入数据为 00 或 01 时，$\sin\theta(t)$ 为负极性，如该图虚线所示。由此得到：若 $v(t)$ 经判断（比如经抽样判决）为正极性，则可以断定数字信息不是"11"就是"10"，于是可判定第一个比特为"1"，而第二个比特留待下一次再作决定。这里，由于利用了第二码元提供的条件，故判决的第一码元所含信息的正确性就会提高。这就是延时判决法的基本原理和含义。

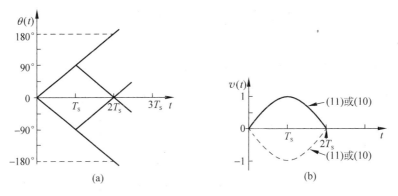

图 7-43　延时判决法时的相位和输出波

由图 7-42 可以看出，输入的 MSK 信号经 BPF 初步滤除掉频带外噪声，然后同时与两路的相应相干载波相乘，并分别进行积分判决。这里的积分判决器是交替工作的，每次积分时间为 $2T_s$。若一积分是在 $[2iT_s, 2(i+1)T_s]$ 进行，则另一积分将在 $[(2i-1)T_s, (2i+1)T_s]$ 内进行，两者相差 T_s 时间。

4. MSK 信号的功率谱密度

按照式 (7.6-1) 定义的 MSK 信号，其功率谱密度为

$$P_M(f)=\frac{32T_s}{\pi^2}\left\{\frac{\cos[2\pi(f-f_c)T_s]}{1-[4(f-f_c)T_s]^2}\right\}^2 \tag{7.6-18}$$

式中,f_c 为载波频率,T_s 为信号码元宽度。依此画出的归一化功率谱密度曲线如图 7-44 中实线所示。该图中还用虚线给出了 2PSK 信号的功率谱密度曲线。将两曲线相比较看出,MSK 信号的功率谱密度更为紧凑:前者的谱第一零点是在 $0.75/T_s$ 处,该值小于 2PSK 信号谱第一零点值 $1/T_s$,即其主瓣宽度小于 2PSK 信号谱主瓣宽度;在主瓣宽度之外的旁瓣的下降速度,前者要快得多。因此,MSK 信号传输所需带宽比较窄,对邻道的干扰也比较小。这就是目前 MSK 调制得到广泛采用的原因。

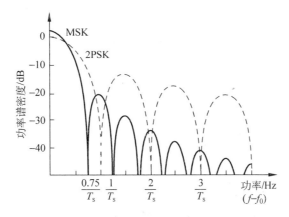

图 7-44　MSK 与 2PSK 信号的归一化功率谱

7.6.2　高斯最小频移键控(GMSK)方式

由上面讨论可以看出,MSK 通信方式的突出优点是信号具有恒定的振幅及其功率谱密度在主瓣以外衰减较快。然而在一些通信场合,例如在移动通信中,对信号带外辐射功率的限制是很严格的,比如要求带外有 70~80dB 以上的衰减。MSK 信号还不能满足这样的苛刻要求。GMSK 方式就是针对此要求而提出来的。

GMSK 方案是在 MSK 调制器之前加入一高斯 LPF。或者说,用高斯 LPF 作为 MSK 调制器的前置滤波器,如图 7-45 所示。该高斯 LPF 必须满足下列要求:

(1) 带宽较窄,且是锐截止的;

(2) 具有较低的过冲脉冲效应;

(3) 能保持输出脉冲不变。

以上这些要求是为了抑制信号高频成分、防止过量的频率偏移以及利于相干检测。另外需指出,前置滤波器可以采用经典的无源滤波器或有源滤波器来实现,也可使用波形存储法来实现[7]。后者的优点是设计和制造都比较简便和灵活。至于 GMSK 信号解调,则与 MSK 信号是完全相同的。

图 7-46 示出了 GMSK 信号的功率谱密度。图中横坐标为归一化频率 $(f-f_c)T_s$;纵坐标为谱密度;参变量 B_bT_s 为高斯 LPF 的归一化 3dB 带宽 B_b 与码元长度 T_s 的乘积。$B_bT_s=\infty$ 的曲线就是 MSK 信号的功率谱密度。由该图可见,GMSK 信号的功率谱密度随着 B_bT_s 值的减小变得紧凑起来。

需要指出,GMSK 信号的频谱特性的改善会降低传输误比特率的性能。前置滤波器

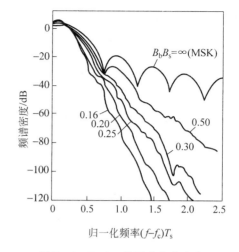

图 7-46 GMSK 信号功率谱密度

输入 → 前置 LPF → MSK 调制器 → 输出

图 7-45 GMSK 调制器

的带宽变窄,输出信号频谱就越紧凑,其误比特率会变得越差。不过,当 $B_b T_s = 0.25$ 时,误比特率性能的下降并不严重。在 GMSK 体制的蜂窝网中采用 $B_b T_s = 0.3$,以确保较好的误比特率性能和满足无线通信网中的信号带外辐射衰减指标。

除以上介绍的两种改进的数字调制方式外,还有许多其他的改进形式,例如扩谱调制、并发 FSK 调制、时频调制、正交部分响应(QPR)调制、连续相位频移键控(CP/FSK),以及跳频(HF)扩谱调制方式等。关于它们的原理以及性能的分析比较,这里就不一一叙述了。

思 考 题

7-1 什么是数字调制?它和模拟调制有哪些异同点?

7-2 什么是幅移键控?2ASK 信号的波形有什么特点?

7-3 OOK 信号的产生及解调方法如何?

7-4 OOK 信号的功率谱密度有何特点?

7-5 什么是频移键控?2FSK 信号的波形有什么特点?

7-6 2FSK 信号的产生及解调方法如何?

7-7 相位不连续的 2FSK 信号的功率谱密度有什么特点?

7-8 什么是绝对移相?什么是相对移相?它们有何区别?

7-9 2PSK 信号和 2DPSK 信号可以用哪些方法产生和解调?它们是否可以采用包络检波法解调?为什么?

7-10 2PSK 信号及 2DPSK 信号的功率谱密度有何特点?试将它们与 OOK 信号的功率谱密度加以比较。

7-11 试比较 OOK 系统、2FSK 系统、2PSK 系统以及 2DPSK 系统的抗信道 AWGN 的性能。

7-12　试述多进制数字调制的特点。

7-13　MASK(MOOK)、MFSK、MPSK 和 MDPSK 的第一零点带宽与何因素有关？

7-14　什么是最小移频键控？MSK 信号具有哪些特点？

7-15　何谓 GMSK 调制？它与 MSK 调制有何不同？

习　　题

7-1　设发送数字信息为 0 1 1 0 1 1 1 0 0 0 1 0，试分别画出(a)OOK、2FSK、2PSK 及(b)2DPSK 信号的波形示意图。

7-2　已知某 OOK 系统的码元传输速率为 10^3 波特，所用的载波信号为 $A\cos(4\pi\times10^6 t)$。

(1) 设所传送数字信息为 0 1 1 0 0 1，试画出相应的 OOK 信号波形示意图；

(2) 求 OOK 信号的第一零点带宽。

7-3　设某 2FSK 调制系统的码元传输速率为 1000Bd，已调信号的载频为 1000Hz 或 2000Hz。

(1) 若发送数字信息为 0 1 1 0 1 0，试画出相应的 2FSK 信号波形；

(2) 试讨论这时的 2FSK 信号应选择怎样的解调器解调；

(3) 若发送数字信息是等可能的，试画出它的功率谱密度草图。

7-4　假设在某 2DPSK 系统中，载波频率为 2400Hz，码元速率为 1200Bd，已知相对码序列为 1 1 0 0 0 1 0 1 1 1。

(1) 试画出 2DPSK 信号波形(注：相位偏移 $\Delta\varphi$ 可自行假设)；

(2) 若采用差分相干解调法接收该信号时，试画出解调系统的各点波形；

(3) 若发送信息符号 0 和 1 的概率分别为 0.6 和 0.4，试求 2DPSK 信号的功率谱密度。

7-5　设载频为 1800Hz，码元速率为 1200Bd，发送数字信息为 0 1 1 0 1 0。

(1) 若相位偏移 $\Delta\varphi=0°$ 代表"0"，$\Delta\varphi=180°$ 代表"1"，试画出这时的 2DPSK 信号波形。

(2) 又若 $\Delta\varphi=270°$ 代表"0"，$\Delta\varphi=90°$ 代表"1"，则这时的 2DPSK 信号的波形又如何？(注：在画以上波形时，幅度可自行假设。)

7-6　若采用 OOK 方式传送二进制数字信息，已知码元传输速率 $R_B=2\times10^6$Bd，接收端解调器输入信号的峰值振幅 $a=40\mu$V，信道噪声为 AWGN，且其单边功率谱密度 $n_0=6\times10^{-18}$W/Hz。试求：

(1) 非相干接收时，系统的误码率；

(2) 相干接收时，系统的误码率。

7-7　若采用 OOK 方式传送二进制数字信息，且 $P(0)=P(1)$。已知发送端发出的信号振幅为 5V，信道噪声为 AWGN，输入接收端解调器的该噪声功率 $\sigma_n^2=3\times10^{-12}$W，今要求误码率 $P_e=10^{-4}$。试求：

(1) 非相干接收时，由发送端到解调器输入端的衰减应为多少；

(2) 相干接收时，由发送端到解调器输入端的衰减应为多少。

7-8　对 OOK 信号进行相干接收，已知发送"1"(有信号)的概率为 P，发送"0"(无信号)的概率为 $1-P$；已知发送信号的峰值振幅为 5V；信道噪声为 AWGN，BPF 输出端的

噪声功率为 $3 \times 10^{-12} \mathrm{W}$。

(1) 若 $P = 1/2$，$P_e = 10^{-4}$，则发送信号传输到解调器输入端时共衰减多少分贝？这时的最佳门限值为多大？

(2) 试说明 $P > 1/2$ 时的最佳门限比 $P = 1/2$ 时的大还是小？

(3) 若 $P = 1/2$，$r = 10 \mathrm{dB}$，求 P_e。

7-9 在 OOK 系统中，已知发送数据"1"的概率为 $P(1)$，发送"0"的概率为 $P(0)$，且 $P(1) \neq P(0)$。采用相干检测，并已知发送"1"时，输入接收端解调器的信号振幅为 a，输入的窄带高斯噪声方差为 σ_n^2。试证明此时的最佳门限为

$$x^* = a/2 + \frac{\sigma_n^2}{a} \ln \frac{P(0)}{P(1)}$$

7-10 若某 2FSK 系统的码元传输速率为 $2 \times 106 \mathrm{Bd}$，数字信息为"1"时的频率 f_1 为 $10 \mathrm{MHz}$，数字信息为"0"时的频率 f_2 为 $10.4 \mathrm{MHz}$。输入接收端解调器的信号峰值振幅 $a = 40 \mu \mathrm{V}$。信道噪声为 AWGN，且其单边功率谱密度 $n_0 = 6 \times 10^{-18} \mathrm{W/Hz}$。试求：

(1) 2FSK 信号的第一零点带宽；

(2) 非相干接收时，系统的误码率；

(3) 相干接收时，系统的误码率。

7-11 若采用 2FSK 方式传送二进制数字信息，其他条件与题 7-7 相同。试求：

(1) 非相干接收时，由发送端到解调器输入端的衰减为多少；

(2) 相干接收时，由发送端到解调器输入端的衰减为多少。

7-12 在二进制移相键控系统中，信道噪声为 AWGN；已知解调器输入端的信噪比 $r = 10 \mathrm{dB}$，试分别求出相干解调 2PSK、极性比较法解调 2DPSK 和差分相干解调 2DPSK 信号时的系统误码率。

7-13 若信道噪声为 AWGN，相干 2PSK 和差分相干 2DPSK 接收系统的输入噪声功率相同，系统工作在大信噪比条件下，试计算它们达到同样误码率所需的相对功率电平（$k = r_{\mathrm{DPSK}}/r_{\mathrm{PSK}}$）；若要求输入信噪比一样，则系统性能相对比值（$P_{\mathrm{ePSK}}/P_{\mathrm{eDPSK}}$）为多大？并讨论以上结果。

7-14 已知码元传输速率 $R_B = 10^3 \mathrm{Bd}$，信道噪声为 AWGN，接收机输入噪声的双边功率谱密度 $n_0/2 = 10^{-10} \mathrm{W/Hz}$，今要求误码率 $P_e = 10^{-5}$，试分别计算相干 OOK、非相干 2FSK、差分相干 2DPSK 以及 2PSK 等系统所要求的输入信号功率。

7-15 已知数字信息为"1"时，发送信号的功率为 $1 \mathrm{kW}$，信道衰减为 $60 \mathrm{dB}$，信道噪声为 AWGN，接收端解调器输入的噪声功率为 $10^{-4} \mathrm{W}$。试求非相干 OOK 系统及相干 2PSK 系统的误码率。

7-16 设发送数字信息序列为 $0101100011 0100$，信息速率为 $1200 \mathrm{bps}$，载波频率为 $1200 \mathrm{Hz}$。试按表 7-3 中 A 方式和表 7-5 的要求，分别画出相应的 4PSK 及 4DPSK 信号的可能波形。

7-17 设发送数字信息序列为 $+1 -1 -1 -1 -1 -1 +1 +1$，试画出 MSK 信号的相位变化图形。若码元速率为 $1000 \mathrm{Bd}$，载频为 $3000 \mathrm{Hz}$，试画出 MSK 信号的波形。

第 8 章

模拟信号的数字传输

8.1 引言

第 1 章已经指出,通信系统分为模拟通信系统和数字通信系统,又指出"倘若需要在数字通信系统中传输模拟消息,则在发送端的信息源中应包括一个模/数转换装置,而在接收端的受信者中应包括一个数/模转换装置"。本章将讨论模/数转换装置和数/模转换装置,以便在数字通信系统中传输模拟信息。而且这里将着重分析模拟语音信号的数字传输。

采用最早的和目前用得比较广泛的"模/数转换"方法是脉冲编码调制,即 PCM,简称脉码调制。采用脉码调制的模拟信号数字传输系统如图 8-1 所示。模拟信息源发出的消息 $m(t)$ 首先被抽样,得到一系列的抽样值 $\{m(kT_s)\}$;该值被量化和编码,即可得到相应的数字序列 $\{s_k\}$;该数字序列经数字通信系统,在接收方输入端得到数字序列 $\{\hat{s}_k\}$,该接收数字序列 $\{\hat{s}_k\}$ 经过译码和 LPF,得到模拟信号 $\hat{m}_k(t)$,该信号非常逼近发端信号 $m(t)$,即模拟信号被恢复。构成该框图的原理细节将在下面各节中讨论。

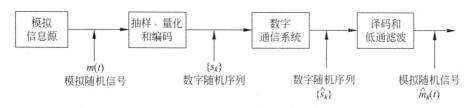

图 8-1　模拟信号的数字传输

本章在介绍抽样定理和脉冲振幅调制的基础上,着重讨论用来传输模拟消息的常用的脉冲编码调制(PCM)、差分脉冲编码调制(DPCM)和增量调制(ΔM)的原理及性能,并简要介绍电话时分多路制式,最后还介绍了语音和图像压缩编码的概念。

8.2 抽样定理

抽样定理告诉我们:如果对某一带宽有限的时间连续信号(模拟信号)进行抽样,且抽样速率达到一定数值时,那么根据这些抽样值就能准确地确定原信号。这就是说,若要传输模拟信号,不一定要传输模拟信号本身,可以只传输按抽样定理得到的抽样值。因此,该定理就为模拟信号的数字传输奠定了理论基础。

8.2.1 低通模拟信号抽样

【定理 8-1】 一个频带限制在 $(0, f_H)$ Hz 内的时间连续信号 $m(t)$,如果以 $T \leqslant 1/(2f_H)$ s 的间隔对它进行等间隔抽样,则该 $m(t)$ 将被所得到的抽样值完全确定。

上述定理讨论的是对低通信号抽样,所以常称为低通模拟信号抽样定理。此定理有时又被称为均匀抽样定理,因为它用在均匀间隔 $T \leqslant 1/(2f_H)$ s 上给定信号的抽样值来表征信号。这意味着,若 $m(t)$ 的频谱在某一角频率 ω_H 以上为零,则 $m(t)$ 中的全部信息完全包含在其间隔不大于 $1/2f_H$ s 的均匀抽样序列里。换句话说,在信号最高频率分量的每一个周期内起码应抽样两次。下面就来证明这个定理。

考察一个频带限制在 $(0, f_H)$ Hz 的信号 $m(t)$。假定将信号 $m(t)$ 和周期性冲激函数 $\delta_T(t)$ 相乘,如图 8-2(a)所示,乘积函数便是均匀间隔为 T s 的冲激脉冲序列,这些冲激的强度等于相应瞬时上 $m(t)$ 的值,它表示对函数 $m(t)$ 的抽样。用 $m_s(t)$ 表示此已抽样函数,即有

$$m_s(t) = m(t)\delta_T(t) \tag{8.2-1}$$

上述关系如图 8-3(a)、(c)、(e)所示。

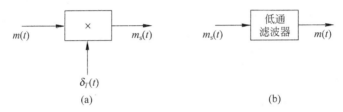

(a)   (b)

图 8-2 抽样与恢复

假设 $m(t)$、$\delta_T(t)$ 和 $m_s(t)$ 的频谱分别为 $M(\omega)$、$\delta_{\omega_s}(\omega)$ 和 $M_s(\omega)$。按照频率卷积定理,$m(t)\delta_T(t)$ 的傅里叶变换是 $M(\omega)$ 和 $\delta_{\omega_s}(\omega)$ 的卷积

$$M_s(\omega) = \frac{1}{2\pi}\left[M(\omega) * \delta_{\omega_s}(\omega)\right] \tag{8.2-2}$$

因为

$$\delta_{\omega_s}(\omega) = \frac{2\pi}{T}\sum_{n=-\infty}^{\infty}\delta(\omega - n\omega_s)$$

$$\omega_s = \frac{2\pi}{T}$$

所以

$$M_s(\omega) = \frac{1}{T}\left[M(\omega) * \sum_{n=-\infty}^{\infty}\delta(\omega - n\omega_s)\right] \tag{8.2-3}$$

由卷积关系,上式可写成

$$M_s(\omega) = \frac{1}{T}\sum_{n=-\infty}^{\infty}M(\omega - n\omega_s) \tag{8.2-4}$$

该式表明,已抽样信号 $m_s(t)$ 的频谱 $M_s(\omega)$ 是无穷多个间隔为 ω_s 的 $M(\omega)$ 相叠加而成。这就意味着 $M_s(\omega)$ 中包含 $M(\omega)$ 的全部信息。

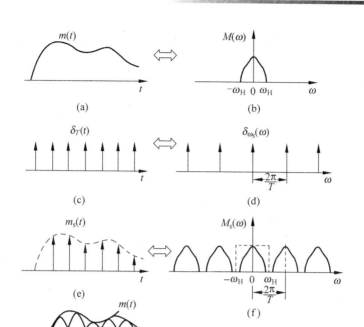

图 8-3 抽样定理的全过程

同样,用图解法也可以证明抽样定理的正确性。由式(8.2-3)可见,已抽样信号 $m_s(t)$ 的频谱 $M_s(\omega)$ 是 $M(\omega)$ 和一冲激序列的卷积,而图 8-3(f)所示的 $M_s(\omega)$ 也正是由 $m(t)$ 的频谱 $M(\omega)$ 和 $\delta_T(t)$ 的频谱 $\delta_{\omega_s}(\omega)$ 卷积所得到的结果。由图(f)可见,只要 $\omega_s \geqslant 2\omega_H$ 或

$$\frac{2\pi}{T} \geqslant 2(2\pi f_H), \text{即 } T \leqslant \frac{1}{2f_H}$$

$M(\omega)$ 就周期性地重复而不重叠。因而 $m_s(t)$ 中包含了 $m(t)$ 的全部信息。

需要注意,若抽样间隔 T 变得大于 $1/2f_H$,则 $M(\omega)$ 和 $\delta_{\omega_s}(\omega)$ 的卷积在相邻的周期内存在重叠(亦称混迭),因此不能由 $M_s(\omega)$ 恢复 $M(\omega)$。可见 $T = 1/2f_H$ 是抽样的最大间隔,它被称为奈奎斯特间隔。

下面说明如何从已抽样信号 $m_s(t)$ 来恢复原基带信号 $m(t)$。我们考察以最小所需速率(每秒 $2f_H$ 个抽样)对信号 $m(t)$ 抽样,此时

$$T = \frac{1}{2f_H}$$

$$\omega_s = \frac{2\pi}{T} = 4\pi f_H = 2\omega_H$$

所以,式(8.2-4)变成

$$M_s(\omega) = \frac{1}{T} \sum_{n=-\infty}^{\infty} M(\omega - 2n\omega_H) \tag{8.2-5}$$

将 $M_s(\omega)$ 通过截止频率为 ω_H 的 LPF 便可得到频谱 $M(\omega)$。显然,滤波器这种作用等于用一门函数 $G_{2\omega_H}(\omega)$ 去乘 $M_s(\omega)$。因此,由式(8.2-5)得到

$$M_s(\omega) \cdot G_{2\omega_H}(\omega) = \frac{1}{T}\sum_{n=-\infty}^{\infty}M(\omega-n\omega_s)G_{2\omega_H}(\omega) = \frac{1}{T}M(\omega)$$

所以

$$M(\omega) = T[M_s(\omega) \cdot G_{2\omega_H}(\omega)] \tag{8.2-6}$$

这样,使已抽样信号 $m_s(t)$ 通过低通滤波器便得出信号 $m(t)$。此滤波器(见图 8-2(b))的截止频率为 ω_H,增益为 $T=1/2f_H$,故其传输函数可以表示为

$$H(\omega) = TG_{2\omega_H}(\omega) = \frac{1}{2f_H}G_{2\omega_H}(\omega)$$

将时间卷积定理用于式(8.2-6)得

$$m(t) = Tm_s(t) * \frac{\omega_H}{\pi}\mathrm{Sa}(\omega_H t) = m_s(t) * \mathrm{Sa}(\omega_H t) \tag{8.2-7}$$

而已抽样函数

$$m_s(t) = \sum_{n=-\infty}^{\infty}m_n\delta(t-nT)$$

式中,m_n 为 $m(t)$ 的第 n 个抽样。所以

$$m(t) = \sum_{n=-\infty}^{\infty}m_n\delta(t-nT) * \mathrm{Sa}(\omega_H t) = \sum_{n=-\infty}^{\infty}m_n\mathrm{Sa}[\omega_H(t-nT)]$$

$$= \sum_{n=-\infty}^{\infty}m_n\mathrm{Sa}[\omega_H t-n\pi] \tag{8.2-8}$$

从上式显然可见,$m(t)$ 在时间域中可按式(8.2-8)由其抽样值构成,即将每个抽样值和一个抽样函数相乘后得到的所有波形加起来便是 $m(t)$,如图 8-3(g)所示。

需要指出,以上讨论均限于频带有限的信号。严格地说,频带有限的信号并不存在,如果信号存在于时间的有限区间,它就包含无限频率分量。但是,实际上对于所有信号,频谱密度函数在较高频率上都要减小,大部分能量由一定频率范围内的分量所携带。因而在所有实用的意义上,信号可以认为是频带有限的,高频分量所引入的误差可以忽略不计。

8.2.2 带通模拟信号抽样

上面讨论了低通型连续信号的抽样。如果连续信号的频带不是限于 0 与 f_H 之间,而是限制在 f_L(信号的最低频率)与 f_H(信号的最高频率)之间(带通型连续信号),那么,其抽样速率应为多少?是否仍要求不小于 $2f_H$ 呢?下面分两种情况加以说明。

先分析一个带通信号 $m(t)$,其频谱 $M(\omega)$ 示于图 8-4(a)。该带通信号的特点是其最高频率 f_H 为带宽 B 的整数倍(最低频率 f_L 自然也为带宽 B 的整数倍)。现用 $\delta_T(t)$ 对 $m(t)$ 抽样,抽样频率 f_s 选为 $2B$,$\delta_T(t)$ 的频谱 $\delta_{\omega_s}(\omega)$ 如图 8-4(b)所示,这样,已抽样信号的频谱 $M_s(\omega)$ 为 $M(\omega)$ 与 $\delta_{\omega_s}(\omega)$ 的卷积,示于图 8-4(c)。由图 8-4(c)可见,在这种情况下,恰好使 $M_s(\omega)$ 中的边带频谱互相不重叠。于是,让所得到的已抽样信号通过一个理想 BPF(通带范围自 f_L 至 f_H),就可以重新获得 $M(\omega)$,从而恢复 $m(t)$。

由此证明,在上述情况下,带通信号的抽样频率 f_s 并不要求达到 $2f_H$,而是达到 $2B$ 即可,即要求抽样频率为带通信号带宽的两倍。由图 8-4 还可看出,如果 $f_s < 2B$,在

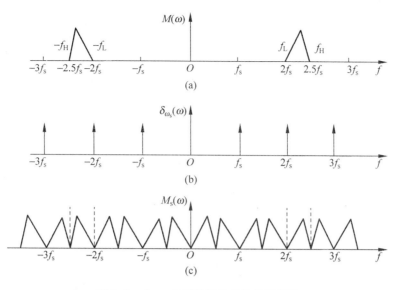

图 8-4 $f_H = nB$ 时带通信号的抽样频谱

$M_s(\omega)$ 中势必造成频谱重叠,故不能从 $M_s(\omega)$ 中获得 $M(\omega)$。这说明,带通信号的抽样频率 $f_s = 2B$ 是最低的抽样频率;如果这时使 $f_s > 2B$,在理论上是不必要的,因为此时 $M_s(\omega)$ 中的频谱不仅不重叠,而且还留有频率间隙。

现在再来分析一般的情况。设带通信号 $m(t)$ 的频谱为 $M(\omega)$,它的最高频率 f_H 不一定为带宽 B 的整数倍,即

$$f_H = nB + kB, \quad 0 < k < 1 \qquad (8.2\text{-}9)$$

式中,n 是小于 f_H/B 的最大整数。$M(\omega)$ 在图 8-5(a)中分为"1"和"2"两部分。在图示的例子里,$n = 5$。

选取 f_s 的原则仍然是使已抽样信号的频谱不发生重叠。按照频率卷积定理,当将带通信号 $m(t)$ 和周期性冲激信号 $\delta_T(t)$ 相乘时,所得已抽样信号的频谱 $M_s(\omega)$ 是分别将 $m(t)$ 的频谱"1"和"2"部分沿正 f 方向和负 f 方向每隔 f_s 周期性地重复。显然,若 f_s 仍取为 $2B$,且将频谱"2"周期性重复的结果用实线表示,频谱"1"周期性重复的结果用虚线表示,那么,从图 8-5(b)可看出,因为 $f_H \neq nB$,故已抽样信号的频谱出现重叠部分。

现在再来看频谱"1"和右移 n 次后的频谱"2_n"。如果使频谱"2_n"再向右多移 $2(f_H - nB)$,频谱"2_n"就刚好不与频谱"1"重叠了,如图 8-5(c)所示。由于频谱"2"移到"2_n"的位置,共移了 n 次,所以每次只需比 $2B$ 多移 $2(f_H - nB)/n$。这就是说,图 8-5(c)中频谱"2"的重复周期为 $[2B + (2/n)(f_H - nB)]$,这样就得出带通信号的最小抽样频率

$$f_s = 2B + 2(f_H - nB)/n \qquad (8.2\text{-}10)$$

由图 8-5(c)显然可见,这时频谱不发生重叠,因此用 BPF 就可以准确地恢复 $m(t)$。

将式(8.2-9)代入式(8.2-10)得

$$f_s = 2B(1 + k/n) \qquad (8.2\text{-}11)$$

式中,n 是小于 f_H/B 的最大整数(当 f_H 刚好是 B 的整数倍时,n 就为该倍数);$0 < k < 1$。

根据式(8.2-11)画出的曲线如图 8-6 所示。当 f_L 从 0 变到 B,即 f_H 从 B 变到 $2B$

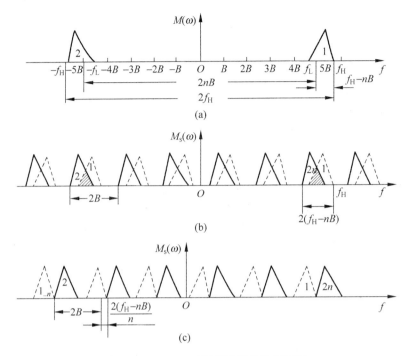

图 8-5 $f_H \neq nB$ 时带通信号的抽样频谱

时,由定义有 n 为 1,而 k 从 0 变到 1,这时式(8.2-11)变成了 $f_s=2B(1+k)$。显见,当 f_L 从 0 变到 B,f_s 线性地从 $2B$ 增加到 $4B$,这就是曲线的第一段;当 f_L 增加到 B,即 f_H 增加到 $2B$ 时,由定义 $n=2,k=0$,可计算出 $f_s=2B$,因此,当 $f_L=B$ 时,f_s 的值从 $4B$ 又跳回到 $2B$;f_L 进一步增加,即 f_L 在$(B,2B)$这一变化范围内时,n 变为 2,于是,f_s 从 $2B$ 线性地变到 $3B$;而当 $f_L=2B$ 时,f_s 又跳回到 $2B$。以此类推,图中锯齿形曲线的峰值,当 f_L 继续增大时,趋近于 $2B$。

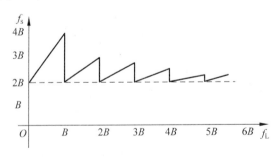

图 8-6 f_s 与 f_L 的关系

由式(8.2-11)还可以得到一个很有趣的结论,那就是实际中广泛应用的窄带(带宽为 B)高频信号,其抽样频率近似等于 $2B$。这个结论由式(8.2-11)和图 8-6 的曲线可以看得很清楚。因为这时 n 很大,所以不论 f_H 是否为 B 的整数倍,f_s 也近似等于 $2B$。

顺便指出,对于一个携带信息的基带信号,可以视为随机基带信号。若该随机基带信号是宽平稳随机过程,则可以证明:一个宽平稳随机信号,当其功率谱密度函数限于 f_H

以内时,若以不大于 $1/2f_H$s 的间隔对它进行均匀抽样,则可得一随机样值序列。如果让该随机样值序列通过一截止频率为 f_H 的 LPF,那么其输出信号与原来的宽平稳随机信号的均方差在统计平均意义下为零。也就是说,从统计观点来看,对频带受限的宽平稳随机信号进行抽样,也服从抽样定理。

8.3 脉冲振幅调制(PAM)

以前讨论的调制技术是采用连续振荡波形(正弦型信号)作为载波的,然而,正弦型信号并非是唯一的载波形式。在时间上离散的脉冲串,同样可以作为载波,这时的调制是用基带信号去改变脉冲的某些参数而达到的,人们常把这种调制称为脉冲调制。通常,按基带信号改变脉冲参数(幅度、宽度、时间位置)的不同,把脉冲调制又分为脉幅调制(PAM)、脉宽调制(PDM)和脉位调制(PPM)等[18],其调制波形如图 8-7 所示。限于篇幅,这里仅介绍脉幅调制,因为它是脉冲编码调制的基础。

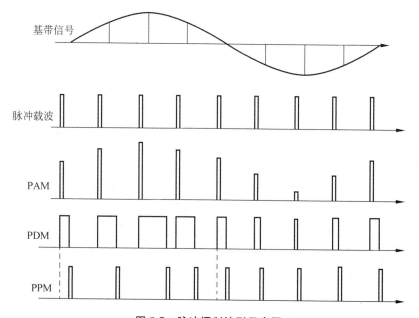

图 8-7 脉冲调制波形示意图

所谓 PAM,即是脉冲载波的幅度随基带信号变化的一种调制方式。如果用脉冲载波为冲激脉冲串来实现 PAM 信号,那么所得到的刚好就是定理 8-1 中抽样后的 PAM 信号。该定理中的抽样常称为理想抽样。

但是,实际上真正的冲激脉冲串并不能付之实现,而通常只能采用窄脉冲串来实现。因而,研究窄脉冲作为脉冲载波的 PAM 方式,将具有实际意义。

设基带信号的波形及频谱如图 8-8(a)所示,而脉冲载波以 $s(t)$ 表示,它是由脉宽为 τs、重复周期为 Ts 的矩形脉冲串组成,其中 T 是按抽样定理确定的,即有 $T=1/2f_H$s。脉冲载波的波形及频谱示于图 8-8(b)。因为已抽样信号是 $m(t)$ 与 $s(t)$ 的乘积,所以,已抽样的信号波形及频谱即可求得(见图 8-8(c)及(d))。已抽样信号的频谱可表示成

$$M_s(\omega) = \frac{1}{2\pi}[M(\omega) * S(\omega)] = \frac{A\tau}{T}\sum_{n=-\infty}^{\infty}\mathrm{Sa}(n\tau\omega_H)M(\omega - 2n\omega_H) \qquad (8.3\text{-}1)$$

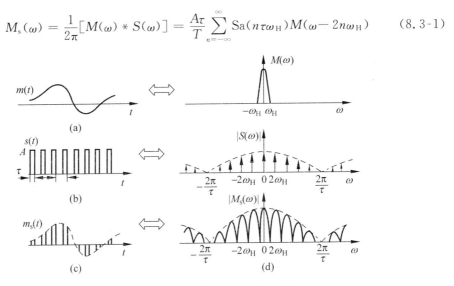

图 8-8　矩形脉冲为载波的 PAM 波形及频谱

比较式(8.2-1)与式(8.2-4)看出,采用矩形窄脉冲抽样的频谱与采用冲激脉冲抽样的频谱很类似,区别仅在于其包络按 $\mathrm{Sa}(x)$ 函数逐渐衰减。显然,采用 LPF 就可以从 $M_s(\omega)$ 中滤出原频谱 $M(\omega)$。这表明,如图 8-8 所示的 PAM 及其原始信号恢复过程与理想抽样时的一样。

在 PAM 方式中,除了上面所说的形式外,还有别的形式。我们看到,上面讨论的已抽样信号 $m_s(t)$ 的脉冲"顶部"是随 $m(t)$ 变化的,即在顶部保持了 $m(t)$ 变化的规律,这是一种"曲顶"的 PAM,被称为曲顶抽样 PAM;另外一种是"平顶"的 PAM。通常,把该曲顶抽样又称为自然抽样,而把平顶抽样又称为瞬时抽样。下面讨论平顶抽样的 PAM 方式。

平顶抽样所得到的已抽样信号如图 8-9(a)所示,这里每一抽样脉冲的幅度正比于瞬时抽样值,但其形状都相同。已抽样信号在原理上可按图 8-9(b)来形成。图中,首先将 $m(t)$ 与 $\delta_T(t)$ 相乘,形成理想抽样信号,然后让它通过一个脉冲形成电路,其输出即为所需的平顶抽样信号 $m_H(t)$。

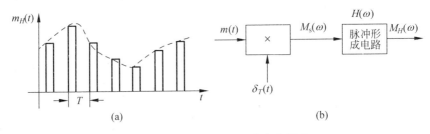

图 8-9　平顶抽样信号及其产生原理

设脉冲形成电路的传输特性为 $H(\omega)$,其输出信号频谱 $M_H(\omega)$ 应为
$$M_H(\omega) = M_s(\omega)H(\omega)$$
利用式(8.2-5)的结果,上式变成

$$M_H(\omega) = \frac{1}{T} H(\omega) \sum_{n=-\infty}^{\infty} M(\omega - 2n\omega_H)$$

$$= \frac{1}{T} \sum_{n=-\infty}^{\infty} H(\omega) M(\omega - 2n\omega_H) \qquad (8.3\text{-}2)$$

由上式看出,平顶抽样 PAM 信号的频谱 $M_H(\omega)$ 是由 $H(\omega)$ 加权后的周期性重复的频谱 $M(\omega)$ 所组成。因此,采用 LPF 不能直接从 $M_H(\omega)$ 中滤出所需基带信号,因为这时 $H(\omega)$ 不是常系数,而是 ω 的函数。

为了从已抽样信号中恢复原基带信号 $m(t)$,可以采用图 8-10 所示的恢复原始信号的原理方框图。从式(8.3-2)看出,不能直接使用 LPF 滤出所需信号是因为 $M(\omega)$ 受到了 $H(\omega)$ 的加权。如果我们在接收端低通滤波之前用特性为 $1/H(\omega)$ 的网络加以修正,则 LPF 输入信号的频谱变成

$$M_s(\omega) = \frac{1}{H(\omega)} M_H(\omega) = \frac{1}{T} \sum_{n=-\infty}^{\infty} M(\omega - 2n\omega_H)$$

故通过 LPF 便能无失真地恢复 $M(\omega)$。

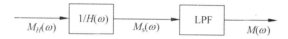

图 8-10 由平顶抽样 PAM 信号恢复 $m(t)$ 的原理框图

最后指出,在实际中,平顶抽样的 PAM 信号常常采用抽样保持电路来实现,得到的脉冲为矩形脉冲。原则上,这里只要能够反映瞬时抽样值的任意脉冲形式都是可以被采用的。

8.4 模拟信号的量化

模拟信号进行抽样以后,其抽样值还是随信号幅度连续变化的,即抽样值 $m(kT)$ 可以取无穷多个可能值,如果用 N 个二进制数字信号来代表该样值的大小,以便利用数字传输系统来传输该样值信息,那么 N 个二进制信号只能同 $M = 2^N$ 个电平样值相对应,而不能同无穷多个电平值相对应。这样一来,抽样值必须被划分成 M 个离散电平,此电平被称为量化电平。或者说,采用量化抽样值的方法才能够利用数字传输系统来实现抽样值信息的传输。

利用预先规定的有限个电平来表示模拟抽样值的过程称为量化。抽样是把一个时间连续信号变换成时间离散的信号,而量化则是将取值连续的抽样变成取值离散的抽样。图 8-11 给出了一个量化过程的例子。图中,$m(t)$ 表示输入模拟信号,$m_q(t)$ 表示量化信号样值,$q_1, q_2, \cdots, q_7$ 是量化器的 7 个可能的输出电平,即量化电平,$m_1, m_2, \cdots, m_6$ 为量化区间的端点。

通常,量化器的输入是随机模拟信号。可以用适当速率对此随机信号 $m(t)$ 进行抽样,并按照预先规定,将抽样值 $m(kT_s)$ 变换成 M 个电平 $q_1, q_2, \cdots, q_M$ 之一:

$$m_q(kT_s) = q_i, \quad 若 \ m_{i-1} \leqslant m(kT_s) < m_i \qquad (8.4\text{-}1)$$

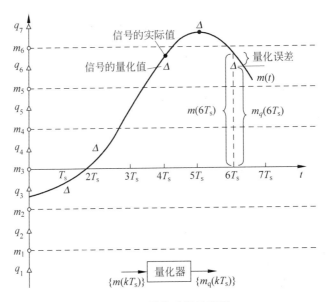

图 8-11　量化过程示意图

量化器的输出是一个数字序列信号 $\{m_q(kT_s)\}$。

下面讨论随机过程 $m(t)$ 的抽样值量化的几种方法[20]。为了方便起见，假设 $m(t)$ 是均值为零、概率密度为 $f(x)$ 的平稳随机过程，同时用简化符号 m 表示 $m(kT_s)$，m_q 表示 $m_q(kT_s)$。因量化问题实际上是用离散随机变量 m_q 来近似连续随机变量 m，故采用均方误差 $E[(m-m_q)^2]$ 来量度量化误差。由于这种误差的影响相当于干扰或噪声，故又称其为量化噪声。

8.4.1　均匀量化

把输入信号的取值域按等距离分割的量化称为均匀量化。该量化的距离区段称为量化间隔。在均匀量化中，每个量化间隔的量化电平均取在各间隔的中点，如图 8-11 所示。其量化间隔（量化台阶）Δv 取决于输入信号的变化范围和量化电平数。当信号的变化范围和量化电平数确定后，量化间隔也被确定。例如，假如输入信号的最小值和最大值分别用 a 和 b 表示，量化电平数为 M，那么，均匀量化时的量化间隔为

$$\Delta v = \frac{b-a}{M} \tag{8.4-2}$$

量化器输出 m_q 为

$$m_q = q_i, \qquad 当\ m_{i-1} < m \leqslant m_i \tag{8.4-3a}$$

式中，m_i 为第 i 个量化区间的终点，可写成

$$m_i = a + i\Delta v \tag{8.4-3b}$$

q_i 为第 i 个量化区间的量化电平，可表示为

$$q_i = \frac{m_i + m_{i-1}}{2}, \quad i = 1, 2, \cdots, M \tag{8.4-3c}$$

信号功率与量化噪声功率之比是量化器的主要指标之一。因此，下面分析均匀量化

时的信号量化噪声比。

在均匀量化时,量化噪声功率 N_q 可由下式给出:

$$N_q = E[(m - m_q)^2] = \int_a^b (x - m_q)^2 f(x) dx$$

$$= \sum_{i=1}^M \int_{m_{i-1}}^{m_i} (x - q_i)^2 f(x) dx \tag{8.4-4}$$

式中,E 为求统计平均;$m_i = a + i\Delta v$;$q_i = a + i\Delta v - \dfrac{\Delta v}{2}$,信号功率为

$$S_o = E[(m)^2] = \int_a^b x^2 f(x) dx \tag{8.4-5}$$

若已知随机变量 m 的概率密度函数,便可计算出该比值。

例 8-1 设一 M 个量化电平的均匀量化器,其输入信号在区间 $[-a, a]$ 具有均匀概率密度函数,试求该量化器平均信号功率与量化噪声功率比(信号量噪比)。

解:由式(8.4-4)得

$$N_q = \sum_{i=1}^M \int_{m_{i-1}}^{m_i} (x - q_i)^2 \left(\frac{1}{2a}\right) dx$$

$$= \sum_{i=1}^M \int_{-a+(i-1)\Delta v}^{-a+i\Delta v} \left(x + a - i\Delta v + \frac{\Delta v}{2}\right)^2 \frac{1}{2a} dx$$

$$= \sum_{i=1}^M \left(\frac{1}{2a}\right)\left(\frac{\Delta v^3}{12}\right) = \frac{M(\Delta v)^3}{24a}$$

因为 $M \cdot \Delta v = 2a$,所以

$$N_q = \frac{(\Delta v)^2}{12}$$

又由式(8.4-5)得信号功率

$$S_o = \int_{-a}^a x^2 \cdot \frac{1}{2a} dx = \frac{M^2}{12}(\Delta v)^2$$

因而,信号量化噪声功率比为

$$S_o/N_q = M^2 \tag{8.4-6}$$

或写成

$$(S_o/N_q)_{dB} = 20 \lg M \tag{8.4-7}$$

由上式可见,量化器的信号量噪比随量化电平数 M 的增加而提高。通常量化电平数应根据对量化器平均信号量化噪声功率比的要求来确定。

上述均匀量化的主要缺点是,无论抽样值大小如何,量化噪声的均方根值都固定不变。因此,当信号 $m(t)$ 较小时,则信号量化噪声功率比也就很小,这样,对于弱信号时的信号量噪比就难以达到给定的要求。通常,把满足信噪比要求的输入信号取值范围定义为动态范围。可见,均匀量化时的信号动态范围将受到较大的限制。为了克服这个缺点,实际中,往往采用非均匀量化。

8.4.2 非均匀量化

非均匀量化是根据信号的不同区间来确定量化间隔的。对于信号取值小的区间,其

量化间隔 Δv 也小;反之,量化间隔就大。它与均匀量化相比,有两个突出的优点。首先,当输入量化器的信号具有非均匀分布的概率密度(实际中常常是这样)时,非均匀量化器的输出端可以得到较高的平均信号量化噪声功率比;其次,非均匀量化时,量化噪声功率的均方根值基本上与信号抽样值成比例。因此量化噪声对大、小信号的影响大致相同,即改善了小信号时的信号量噪比。

实际中,非均匀量化的实现方法通常是将抽样值通过压缩再进行均匀量化。所谓压缩是用一个非线性变换电路将输入变量 x 变换成另一变量 y,即

$$y = f(x) \tag{8.4-8}$$

非均匀量化就是对压缩后的变量 y 进行均匀量化。接收端采用一个传输特性为

$$x = f^{-1}(y) \tag{8.4-9}$$

的扩张器来恢复 x。通常使用的压缩器中,大多采用对数式压缩,即 $y=\ln x$。广泛采用的两种对数压缩律是 μ 压缩律和 A 压缩律。美国采用 μ 压缩律,我国和欧洲各国均采用 A 压缩律。下面分别讨论这两种压缩律的原理[10]。

1. μ 压缩律

所谓 μ 压缩律就是压缩器的压缩特性具有如下关系的压缩律:

$$y = \frac{\ln(1 + \mu x)}{\ln(1 + \mu)}, \quad 0 \leqslant x \leqslant 1 \tag{8.4-10}$$

式中,y 为归一化的压缩器输出电压,即

$$y = \frac{压缩器的输出电压}{压缩器可能的最大输出电压}$$

x 为归一化的压缩器输入电压,即

$$x = \frac{压缩器的输入电压}{压缩器可能的最大输入电压}$$

μ 为压扩参数,表示压缩的程度。

由于上式表示的是一个近似对数关系,因此这种特性也称近似对数压扩律,其压缩特性曲线如图 8-12 所示。由图可见,当 $\mu=0$ 时,压缩特性是通过原点的一条直线,故没有压缩效果;当 μ 值增大时,压缩作用明显,对改善小信号的性能也有利。一般当 $\mu=100$ 时,压缩器的效果就比较理想了。另外,需要指出,μ 律压缩特性曲线是以原点奇对称的,图中只画出了正向部分。

为了说明 μ 压缩律特性对小信号的信号量噪比的改善程度,图 8-13 画出了参数 μ 为

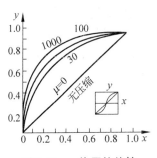

图 8-12 μ 律压缩特性

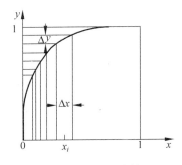

图 8-13 压缩特性

某一取值的压缩特性。虽然它的纵坐标是均匀分级的,但由于压缩的结果,反映到输入信号 x 就成为非均匀量化了,即信号越小时量化间隔 Δx 越小;信号越大时量化间隔也越大。而在均匀量化中,量化间隔是固定不变的。现在,我们来求它的量化误差。因为 $y=g(x)$ 为对数曲线,当量化区间划分较多时,在每一量化区间中压缩特性曲线均可视为直线。所以

$$\frac{\Delta y}{\Delta x} = \frac{\mathrm{d}y}{\mathrm{d}x} = y' \tag{8.4-11}$$

对式(8.4-10)求导可得

$$\frac{\mathrm{d}y}{\mathrm{d}x} = \frac{\mu}{(1+\mu x)\ln(1+\mu)}$$

又由式(8.4-11)有

$$\Delta x = \frac{1}{y'}\Delta y$$

因此,量化误差为

$$\frac{\Delta x}{2} = \frac{1}{y'} \cdot \frac{\Delta y}{2} = \frac{\Delta y}{2} \cdot \frac{(1+\mu x)\ln(1+\mu)}{\mu}$$

当 $\mu>1$ 时,$\Delta y/2$ 与 $\Delta x/2$ 的比值就是压缩后量化间隔精度提高的倍数,也就是非均匀量化对均匀量化的信噪比改善程度。当用分贝表示时,并用符号 Q 表示信噪比改善程度,那么

$$[Q]_{\mathrm{dB}} = 20\lg\left(\frac{\Delta y}{\Delta x}\right) = 20\lg\frac{\mathrm{d}y}{\mathrm{d}x} \tag{8.4-12}$$

例如,$\mu=100$ 时,对于小信号($x\to 0$)的情况

$$\left(\frac{\mathrm{d}y}{\mathrm{d}x}\right)_{x\to 0} = \frac{\mu}{(1+\mu x)\ln(1+\mu)}\bigg|_{x\to 0} = \frac{\mu}{\ln(1+\mu)} = \frac{100}{4.62}$$

这时,信号量噪比的改善程度为

$$[Q]_{\mathrm{dB}} = 20\lg\left(\frac{\mathrm{d}y}{\mathrm{d}x}\right) = 26.7(\mathrm{dB})$$

在大信号时,若 $x=1$,那么

$$\left(\frac{\mathrm{d}y}{\mathrm{d}x}\right)_{x=1} = \frac{\mu}{(1+\mu x)\ln(1+\mu)} = \frac{100}{(1+100)\ln(1+100)} = \frac{1}{4.67}$$

其改善程度为

$$[Q]_{\mathrm{dB}} = 20\lg\left(\frac{\mathrm{d}y}{\mathrm{d}x}\right) = 20\lg\left(\frac{1}{4.67}\right) = -13.3(\mathrm{dB})$$

即大信号时质量损失约13dB。根据以上关系计算得到的信号量噪比改善程度与输入电平的关系如表 8-1 所列。这里,最大允许输入电平为 0dB(即 $x=1$);$[Q]_{\mathrm{dB}}>0$ 表示提高的信噪比,而 $[Q]_{\mathrm{dB}}<0$ 表示损失的信噪比。图 8-14 画出了有无压扩时的比较曲线,其中,$\mu=0$ 表示无压扩的信噪比,$\mu=100$ 表示有压扩的信噪比。由图可见,无压扩时,信噪比随输入信号的减小迅速下降;而有压扩时,信噪比随输入信号的下降却比较缓慢。若要求量化器信噪比大于 26dB,那么,对于 $\mu=0$,输入信号必须大于 -18dBm;而对于 $\mu=100$,输入信号只要大于 -36dBm 即可。可见,采用压扩提高了小信号的信噪比,从而相当于扩大了输入信号的动态范围。

表 8-1　信号量噪比改善程度与输入信号电平的关系

x	1	0.316	0.1	0.0312	0.01	0.003
输入信号电平/dB	0	-10	-20	-30	-40	-50
$[Q]_{dB}$	-13.3	-3.5	5.8	14.4	20.6	24.4

2. A 压缩律

所谓 A 压缩律也就是压缩器具有如下特性的压缩律：

$$y = \frac{Ax}{1 + \ln A}, \quad 0 < x \leqslant \frac{1}{A} \tag{8.4-13a}$$

$$y = \frac{1 + \ln Ax}{1 + \ln A}, \quad \frac{1}{A} \leqslant x \leqslant 1 \tag{8.4-13b}$$

式中，x 为归一化的压缩器输入电压；y 为归一化的压缩器输出电压；A 为压扩参数，表示压缩程度。

这里，先说明以上公式的来由。假设图 8-15 所示的归一化曲线 $y = f(x)$ 是我们所要求的特性曲线，x、y 均在 $-1 \sim +1$ 之间，且曲线在第一象限与第三象限奇对称。为了简便，第三象限部分的特性曲线未画出。由于在 y 方向上从 $-1 \sim +1$ 被均匀划分为 N 个量化区间，因此，量化间隔应为 $\Delta y = 2/N$，当 N 很大时，可得

$$\Delta x_i = \frac{\mathrm{d}x}{\mathrm{d}y} \Delta y \bigg|_{x=x_i} = \frac{2}{N} \cdot \frac{\mathrm{d}x}{\mathrm{d}y} \bigg|_{x=x_i}$$

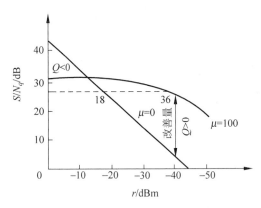

图 8-14　有无压扩的比较曲线

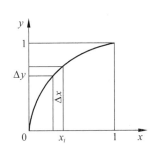

图 8-15　A 律压缩特性

因此

$$\frac{\mathrm{d}x}{\mathrm{d}y} \bigg|_{x=x_i} = \frac{N}{2} \Delta x_i \tag{8.4-14}$$

式中，x_i 为第 i 个量化区间的中间值。

为了使信号量噪比不随信号 x 变化，即保证小信号时的信号量化噪声比不因 x 下降而变小，那么，应使各量化间隔随 x 成线性关系，即

$$\Delta x_i \propto x_i$$

这样，式(8.4-14)可以写成

$$\frac{\mathrm{d}x}{\mathrm{d}y}\bigg|_{x=x_i} \propto x_i$$

或者

$$\frac{\mathrm{d}x}{\mathrm{d}y}\bigg|_{x=x_i} = kx_i \tag{8.4-15}$$

式中,k 为比例常数。当量化区间数很多(即量化间隔很小)时,可以将它看成连续曲线,因而式(8.4-15)成为线性微分方程

$$\frac{\mathrm{d}x}{\mathrm{d}y} = kx \tag{8.4-16}$$

求解如下:

$$\frac{\mathrm{d}x}{x} = k\mathrm{d}y$$

$$\ln x = ky + c$$

式中,c 为常量。为了满足归一化要求,当 $x=1$ 时,$y=1$,代入上式可得

$$k + c = 0$$

所以 $c=-k$,故所得结果为

$$\ln x = ky - k$$

即

$$y = 1 + \frac{1}{k}\ln x \tag{8.4-17}$$

若压缩特性满足式(8.4-17),则可获得理想的压缩效果,即信号量噪比与信号幅度无关。图 8-16 画出了该方程的曲线。由图可见,它没有通过坐标原点,但在 $x=0$ 时,$y=-\infty$。这和我们要求的压缩特性曲线有一定差距,因此需要对它做一定的修改。

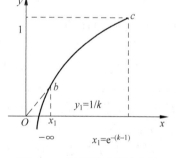

图 8-16　理想压缩特性曲线

　　A 律压扩函数就是对式(8.4-17)修改后的一种函数。在图 8-16 中,通过原点作理想压缩特性的切线 Ob,以 Ob、bc 作为我们所要求的压缩特性。这样修改以后,就必须用两个不同的方程来描述这两段曲线,且以切点 b 为分界点。对于线段 Ob,由于它是直线,所以仅需确定其斜率。设切点 b 的坐标为 (x_1, y_1),则斜率为

$$\frac{\mathrm{d}y}{\mathrm{d}x}\bigg|_{x=x_1}$$

其值由式(8.4-17)可得

$$\frac{\mathrm{d}y}{\mathrm{d}x}\bigg|_{x=x_1} = \frac{1}{k} \cdot \frac{1}{x_1}$$

故 Ob 直线方程为

$$y = \frac{1}{kx_1}x \tag{8.4-18}$$

由此式可见,当 $x=x_1$ 时,$y_1=1/k$,将它们代入式(8.4-17),可得

$$\frac{1}{k} = 1 + \frac{1}{k}\ln x_1$$

因而

$$x_1 = e^{-(k-1)}$$

所以，切点坐标为$(e^{-(k-1)}, 1/k)$。若将切点坐标x_1记为$1/A$，即令

$$x_1 = \frac{1}{A} = e^{-(k-1)}$$

则$k = 1 + \ln A$，再把它代入式(8.4-18)，便可得到以切点Ob为边界的Ob段的函数式为

$$y = \frac{Ax}{1 + \ln A}, \quad 0 < x \leqslant \frac{1}{A} \tag{8.4-19}$$

至于bc段曲线的方程，由于它满足式(8.4-17)，故由此式可得

$$y = 1 + \frac{1}{1 + \ln A}\ln x = \frac{1 + \ln Ax}{1 + \ln A}, \quad \frac{1}{A} \leqslant x \leqslant 1 \tag{8.4-20}$$

由以上分析可见，经过修改以后的理想压缩特性曲线与图8-15中所示的曲线相似，而式(8.4-19)、式(8.2-20)与所给出的式(8.4-13)也完全相同。

由于按式(8.4-19)和式(8.4-20)得到的A律压扩特性是连续曲线，A值不同压扩特性亦不同，在电路上实现这样的函数规律是相当复杂的。实际中，往往都采用近似于A律函数规律的13折线($A=87.6$)的压扩特性。这样，它基本上保持了连续压扩特性曲线的优点，又便于用数字电路实现。图8-17示出了这种压扩特性。图中先把x轴的$0\sim1$分为8个不均匀段，其分法是：将$0\sim1$之间一分为二，其中点为$1/2$，取$1/2\sim1$之间作为

第八段；剩余的$0\sim1/2$再一分为二，中点为$1/4$，取$1/4\sim1/2$之间作为第七段；再把剩余的$0\sim1/4$一分为二，中点为$1/8$，取$1/8\sim1/4$之间作为第六段；以此分下去，直至剩余的最小一段为$0\sim1/128$作为第一段。而y轴的$0\sim1$则均匀地分为八段，与x轴的八段一一对应。从第一段到第八段分别为$0\sim1/8,1/8\sim2/8,2/8\sim3/8,\cdots,7/8\sim1$。这样，便可以做出由八段直线构成的一条折线。该折线与式(8.4-13a)及式(8.4-13b)表示的压缩特性近似。由图8-17中的折线可以看出，除一、二段外，其他各段折线的斜率都不相同，它们的关系如表8-2所列。

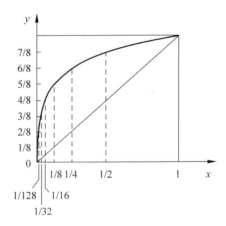

图8-17　13折线

表8-2　各段落的斜率

折线段落	1	2	3	4	5	6	7	8
斜率	16	16	8	4	2	1	1/2	1/4

至于当x在$-1\sim0$及y在$-1\sim0$的第三象限中，压缩特性的形状与以上讨论的第一象限压缩特性的形状相同，且它们以原点为奇对称，所以负方向也有八段直线，合起来共有16个线段。由于正向一、二两段和负向一、二两段的斜率相同，这四段实际上为一条

直线,因此,正、负双向的折线总共由 13 条直线段构成,故称其为 13 折线。

下面考察 13 折线和 A 律($A=87.6$)压扩特性的近似程度。首先找出切点 b 的坐标,基横坐标 $x=1/A=1/87.6$,相应的纵坐标根据切线方程式(8.4-19)可得

$$y = \frac{Ax}{1+\ln A} = \frac{A \cdot \frac{1}{A}}{1+\ln A} = \frac{1}{1+\ln 87.6} \approx 0.183$$

当 $y<0.183$ 时,x、y 满足式(7.4-19),因此,根据该式可得

$$x = \frac{1+\ln A}{A}y = \frac{1+\ln 87.6}{87.6}y \approx \frac{1}{16}y \tag{8.4-21}$$

由于 13 折线中 y 是均匀划分的,y 的取值在第一、二段起始点小于 0.183,故这两段起始点 x、y 的关系可分别由式(8.4-21)求得。

当 $y=0$ 时,$x=0$;$y=1/8$ 时,$x=1/128$。在 $y>0.183$ 时,由式(8.4-20)得

$$y - 1 = \frac{\ln x}{1+\ln A} = \frac{\ln x}{\ln eA}$$

$$\ln x = (y-1)\ln eA$$

$$x = \frac{1}{(eA)^{1-y}} \tag{8.4-22}$$

其余六段按式(8.4-22)计算的 x 值列于表 8-3 中。

表 8-3　13 折线分段时的 x 值与计算的 x 值比较表

y	0	$\frac{1}{8}$	$\frac{2}{8}$	$\frac{3}{8}$	$\frac{4}{8}$	$\frac{5}{8}$	$\frac{6}{8}$	$\frac{7}{8}$	1
x	0	$\frac{1}{128}$	$\frac{1}{60.6}$	$\frac{1}{30.6}$	$\frac{1}{15.4}$	$\frac{1}{7.79}$	$\frac{1}{3.93}$	$\frac{1}{1.98}$	1
按折线分段时的 x	0	$\frac{1}{128}$	$\frac{1}{64}$	$\frac{1}{32}$	$\frac{1}{16}$	$\frac{1}{8}$	$\frac{1}{4}$	$\frac{1}{2}$	1
段落		1	2	3	4	5	6	7	8
斜率		16	16	8	4	2	1	1/2	1/4

表中第二行的 x 值是根据 $A=87.6$ 时计算得到的,第三行的 x 值是 13 折线分段时的值。可见 13 折线各段落的分界点与 $A=87.6$ 曲线十分逼近,同时 x 按 2 的幂次分割有利于数字化。

在上述较详细地讨论用 13 折线来逼近 A 律压扩特性的基础上,现在再来讨论如何用折线逼近 μ 律压扩特性曲线。

首先需要指出,式(8.4-10)所示的 μ 律函数式实际上是从 A 律的函数式导出来的,因此在讨论用折线逼近之前,有必要说明它们之间的关系。在 A 律特性分析中已经看出,取 $A=87.6$ 有两个目的:一是使特性曲线原点附近的斜率凑成 16;二是为了使 13 折线逼近时,x 的八段量化分界点近似于 $1/2^i$(式中 i 分别取 $0,1,2,\cdots,7$),如表 8-3 中第二行的计算结果。当然,如果仅仅是为了第二个目的,那么可以得到更恰当的 A 值。由表 8-3 可以看出,当要求满足 $x=1/2^i$ 时,相应的 y 应等于 $1-i/8$。若将此关系代入式(8.4-22),则可得

$$\frac{1}{2^i} = \frac{1}{(eA)^{1-(1-i/8)}} = \frac{1}{(eA)^{i/8}} = \frac{1}{\left[(eA)^{1/8}\right]^i}$$

因此

$$2^i = \left[(eA)^{1/8}\right]^i$$

$$(eA)^{1/8} = 2$$

$$eA = 2^8 = 256$$

即 $A = 256/e = 94.4$，将它代入式(8.4-20)，便可得到该 A 值时的压缩特性

$$y = \frac{1+\ln(Ax)}{1+\ln A} = \frac{\ln(eAx)}{\ln(eA)} = \frac{\ln(256x)}{\ln(256)} \tag{8.4-23}$$

此压缩特性若用 13 折线逼近时，除第一段落起始点外，其余各段落分界点的 x、y 都满足方程式(8.4-23)。在 13 折线中，第一段落起始点要求的 x、y 均应为 0，而按式(8.4-23)计算时，当 $x=0$ 时，$y \to -\infty$；$y=0$ 时，$x = 1/2^8$。因此，有必要对按式(8.4-23)画出的压缩特性曲线做适当的修正，其办法是在原点与坐标点($x = 1/2^7$，$y = 1/8$)之间用一段直线来代替由式(8.4-23)决定的曲线。显然，这段直线的斜率也应是 $1/8 \div 1/2^7 = 16$。

为了找到一个能够表示修正后的整个压缩特性曲线的方程，需将式(8.4-23)变成

$$y = \frac{\ln(1+255x)}{\ln(1+255)} \tag{8.4-24}$$

由此式可见，它满足 $x=0$ 时，$y=0$；$x=1$ 时，$y=1$。当然，在其他点上将带来一些误差，不过，在 $x > 1/128$ 到 $x=1$ 的绝大部分范围内，$1+255x$ 都是很接近原来的 $256x$ 的。所以，在绝大部分范围内的压缩特性仍和 A 律非常接近，只是在 $x \to 0$ 的小信号部分才和 A 律有些差别。

如果式(8.4-24)中的 255 用另一参数 μ 来表示，即令 $\mu = 255$，那么，上式变成

$$y = \frac{\ln(1+\mu x)}{\ln(1+\mu)} \tag{8.4-25}$$

由于它是以 μ 为参数的，故称其为 μ 律压缩特性。此式与式(8.4-10)完全相同。

现在再来讨论如何用折线逼近式(8.4-25)的关系曲线。和 A 律一样，这里也是把 y 坐标从 0～1 之间划分为八个均匀等份，对应于分界点 y 坐标 $i/8$ 的 x 坐标，根据式(8.4-24)得

$$x = \frac{256^y - 1}{255} = \frac{256^{i/8} - 1}{255} = \frac{2^i - 1}{255}$$

其具体结果如表 8-4 中第三行所列。各段落的相对斜率即 $\frac{8}{255}\left(\frac{\Delta y}{\Delta x}\right)$ 如表 8-4 中的第四行所列。按这样划分段落画出的 y-x 关系曲线如图 8-18 所示。由此折线可见，各段落的斜率都相差 2 倍，其正负方向的 16 条线段中，除正向的第一段与负向的第一段通过原点的斜率相同外，其他各段的斜率都发生变化。共有 14 个斜率发生变化的分界点，将其分成 15 段直折线，故称其为 μ 律 15 折线。原点两侧的一段折线的斜率为

$$\frac{1}{8} \div \frac{1}{255} = \frac{255}{8} \approx 32$$

它比 13 折线 A 律的相应段的斜率大 2 倍。因此，小信号的信号量噪比也将比 A 律大一倍多；不过，对于大信号来说，μ 律要比 A 律差。

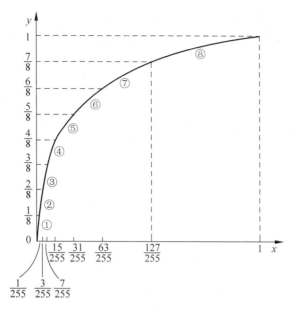

图 8-18　15 折线

表 8-4　μ 律 15 折线参数表

i	0	1	2	3	4	5	6	7	8
$y=\dfrac{i}{8}$	0	$\dfrac{1}{8}$	$\dfrac{2}{8}$	$\dfrac{3}{8}$	$\dfrac{4}{8}$	$\dfrac{5}{8}$	$\dfrac{6}{8}$	$\dfrac{7}{8}$	1
$x=\dfrac{2^i-1}{255}$	0	$\dfrac{1}{255}$	$\dfrac{3}{255}$	$\dfrac{7}{255}$	$\dfrac{15}{255}$	$\dfrac{31}{255}$	$\dfrac{63}{255}$	$\dfrac{127}{255}$	1
斜率$\dfrac{8}{255}\left(\dfrac{\Delta y}{\Delta x}\right)$	1	1/2	1/4	1/8	1/16	1/32	1/64	1/128	
段落	1	2	3	4	5	6	7	8	

以上较详细地讨论了 A 律和 μ 律的压缩原理。至于扩张,实际上是压缩的相反过程,只要掌握了压缩原理就不难理解扩张原理。限于篇幅,故不再赘述。

顺便指出,以上讨论的均匀量化和非均匀量化都是属于无记忆的标量量化。关于有记忆的标量量化(如增量调制(ΔM)和差分脉码调制(DPCM)等)将在后面几节讨论。至于在降低数码率方面大大优于标量量化的矢量量化,因超出本书的范围,则不再讨论。

8.5　脉冲编码调制(PCM)

前面已经指出,模拟信息源输出的模拟信号需经抽样和量化后得到输出电平序列 $\{m_q(kT_s)\}$,才可以将每一个量化电平用编码方式传输。所谓编码就是把量化后的信号变换成代码,其相反的过程称为译码。当然,这里的编码和译码与差错控制编码和译码是完全不同的,前者属于信源编码的范畴。

将模拟信号抽样量化,然后使已量化值变换成代码,称之为脉冲编码调制(PCM)。图 8-19 和表 8-5 给出了 PCM 的一个实例。假设模拟信号 $m(t)$ 的最大值 $|m(t)|<4\text{V}$,以 r_s 的速率进行抽样,且抽样值按 16 个量化电平进行均匀量化,其量化间隔为 0.5V。因此各个量化判决电平依次为 $-4\text{V}, -3.5\text{V}, \cdots, 3.5\text{V}, 4\text{V}$,16 个量化电平分别为 -3.75V,$-3.25\text{V}, \cdots, 3.25\text{V}$ 和 3.75V。表 8-5 列出了图 8-19 所示模拟信号的抽样值和相应的量化电平以及二进制、四进制编码。由表 8-5 还可以看出,如果按照二进制脉冲编码电平由小到大的自然编码,发送的比特序列为 $110011101110\cdots$,比特速率为 $4r_s$ bps。

由上例可以看出,PCM 能将模拟信号变换成数字信号,它是实现模拟信号数字传输的重要方法之一。下面将对 PCM 的原理和系统性能加以讨论。

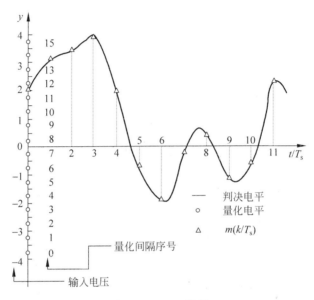

图 8-19 PCM 举例

表 8-5 模拟信号的量化和编码

模拟信号的抽样值/V	2.1	3.2	3.4	3.9	1.9	-0.75	-1.76	-0.2	0.4
量化电平/V	2.25	3.25	3.25	3.75	1.75	-0.75	-1.75	-0.25	0.25
量化间隔序号	12	14	14	15	11	6	4	7	8
二进制编码	1100	1110	1110	1111	1011	0110	0100	0111	1000
四进制编码	30	32	32	33	23	12	10	13	20

8.5.1 PCM 原理

前面已经指出,所谓 PCM,就是将模拟信号抽样量化,然后将已量化值变换成代码。在详细讨论如何实现这种变换之前,先简要地介绍 PCM 通信系统。它的组成方框图如图 8-20 所示。图中,输入的模拟信号 $m(t)$ 经抽样、量化、编码后变成了数字信号(PCM 信号),经信道传输到接收端,先由译码器恢复出抽样值序列,再经 LPF 滤出模拟基带信号 $\hat{m}(t)$。通常,将量化与编码的组合称为模/数变换器(A/D 变换器);而译码与低通滤波的组合称为数/模变换器(D/A 变换器)。前者完成由已抽样序列信号到数字信号的变换;后者则相反,即完成由数字信号到样值序列信号的变换。

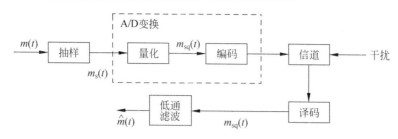

图 8-20 PCM 通信系统方框图

由上面 PCM 通信系统模型可以看出,从模拟信号的抽样量化值到代码的变换是由编码器实现的。下面讨论编码、译码的原理[5]。

已经指出,把量化后的信号变换成代码的过程称为编码,其相反的过程称为译码。编码不仅用于通信,还广泛用于计算机、数字仪表、遥控遥测等领域。编码方法也是多种多样的,在现有的编码方法中,若按编码的速度来分,大致可分为两大类:低速编码和高速编码。通信中一般都采用第二类。编码器大体上可以归结为三种:逐次比较(反馈)型、折叠级联型、混合型。这几种不同形式的编码器都具有自己的特点,但限于篇幅,这里仅介绍目前用得较为广泛的逐次比较型编码原理。

在讨论这种编码原理以前,需要明确常用的编码码型及码位数的选择和安排。

常用的二进码型有自然二进码和折叠二进码两种,如表 8-6 所列。如果我们把表 8-6 中的 16 个量化间隔分成两部分:0~7 的 8 个量化间隔,对应于负极性的样值脉冲;8~15 的 8 个量化间隔,对应于正极性的样值脉冲。显见,对于自然二进码上、下两部分的码型无任何相似之处。但折叠二进码却不然,它除去最高位外,其上半部分与下半部分呈倒影关系——折叠关系。最高位上半部分为全"1",下半部分为全"0"。这种码的使用特点是,对于双极性信号(话音信号通常如此),可用最高位去表示信号的正、负极性,而用其余的码去表示信号的绝对值,即只要正、负极性信号的绝对值相同,则可进行相同的编码。这就是说,用第一位码表示极性后,双极性信号可以采用单极性编码方法。因此采用折叠二进码可以大为简化编码的过程。

表 8-6 常用二进码型

样值脉冲极性	自然二进码	折叠二进码	量化间隔序号
正极性部分	1111	1111	15
	1110	1110	14
	1101	1101	13
	1100	1100	12
	1011	1011	11
	1010	1010	10
	1001	1001	9
	1000	1000	8

续表

样值脉冲极性	自然二进码	折叠二进码	量化间隔序号
	0111	0000	7
	0110	0001	6
	0101	0010	5
负极性部分	0100	0011	4
	0011	0100	3
	0010	0101	2
	0001	0110	1
	0000	0111	0

折叠二进码和自然码相比,其另一个优点是,在传输过程中如果出现误码,对小信号影响较小。例如由大信号的 1111 误为 0111,从表 8-6 可见,对于自然二进码解码后得到的样值脉冲与原信号相比,误差为 8 个量化间隔;而对于折叠二进码,误差为 15 个量化间隔。显见,大信号时误码对折叠码影响很大。如果误码发生在由小信号的 1000 误为 0000,这时情况就大不相同了。对于自然二进码误差还是 8 个量化间隔;而对于折叠二进码误差却只有一个量化间隔。这一特性有利于减小平均量化噪声,因为话音信号小幅度出现的概率比大幅度的大。

由以上比较可以看出,在编码中用折叠二进码比用自然二进码优越。

至于码位数的选择,它不仅关系到通信质量的好坏,而且涉及设备的复杂程度。码位数的多少,决定了量化分层的多少;反之,若信号量化分层数一定,则编码位数也被确定。可见,在输入信号变化范围一定时,用的码位数越多,量化分层越细,量化噪声就越小,通信质量当然就更好;但码位数多了,总的传输码率增加,这样将会带来一些新的问题。一般从话音信号的可懂度来说,采用 3~4 位非线性编码即可,但由于量化层数少,会使量化误差大,通话中量化噪声显著。当编码位数增加到 7~8 位时,通信质量才比较理想。

关于码位的安排,在逐次比较型编码方式中,无论采用几位码,一般均按极性码、段落码、段内码的顺序。下面结合我国采用的 13 折线的编码来加以说明。

在 13 折线法中,无论输入信号是正还是负,均按 8 段折线(8 个段落)进行编码。若用 8 位折叠二进制码来表示输入信号的抽样量化电平时,其中用第 1 位表示量化值的极性,其余 7 位(第 2~8 位)则可表示抽样量化值的绝对大小。具体做法是:用第 2~4 位(段落码)的 8 种可能状态来分别代表 8 个段落的段落电平,其他 4 位码(段内码)的 16 种可能状态用来分别代表每一段落的 16 个均匀划分的量化间隔。这样处理的结果,8 个段落便被划分成 $2^7 = 128$ 个量化间隔。段落码和 8 个段落之间的关系如表 8-7 所列;段内码与 16 个量化间隔之间的关系见表 8-8 所列。可见,上述编码方法是把压缩、量化和编码合为一体的方法。

需要指出,在上述编码方法中,虽然各段内的 16 个量化间隔是均匀的,但因段落长度不等,故不同段落间的量化间隔是非均匀的。输入信号小时,段落短,量化间隔小;反之,量化间隔大。在 13 折线中第一、二段最短,只有归一化动态范围值的 1/128,再将它等分 16 小段后,每一小段长度为 $(1/128) \times (1/16) = 1/2048$,这就是最小的量化间隔,它仅有归

表 8-7　段落码

段落序号	段落码	段落序号	段落码
8	111	4	011
7	110	3	010
6	101	2	001
5	100	1	000

表 8-8　段内码

量化间隔	段内码	量化间隔	段内码
15	1111	7	0111
14	1110	6	0110
13	1101	5	0101
12	1100	4	0100
11	1011	3	0011
10	1010	2	0010
9	1001	1	0001
8	1000	0	0000

一化动态范围值的 1/2048。第八段最长,它是归一化值的 1/2,将它等分 16 小段后的每一小段长度为 1/32。按照上述同样的方法,可以计算出每一段落的结果。

以上讨论是非均匀量化时的情形,现在我们将非均匀量化和均匀量化作一比较。假设以非均匀量化时的最小量化间隔(第一、二段落的量化间隔)作为均匀量化时的量化间隔,那么从 13 折线的第一到第八段各段所包含的均匀量化数分别为 16、16、32、64、128、256、512、1024,总共有 2048 个均匀量化区间,或称量化单位,而非均匀量化时只有 128 个量化间隔。因此均匀量化需要编 11 位码,非均匀量化只要编 7 位码。可见,在保证小信号区间量化间隔相同的条件下,7 位非线性编码与 11 位线性编码等效。由于非线性编码的码位数减少,因此设备简化,所需传输系统带宽减小。

现在说明逐次比较型编码的原理。编码器的任务就是要根据输入的样值脉冲编出相应的 8 位二进代码,除第一位极性码外,其他 7 位二进代码是通过逐次比较确定的。预先规定好一些作为标准的电流(或电压),称为权值电流,用符号 I_w 表示。I_w 的个数与编码位数有关。当样值脉冲到来后,用逐步逼近的方法有规律地用各标准电流 I_w 去和样值脉冲比较,每比较一次出一位码,直到 I_w 和抽样值 I_s 逼近为止。逐次比较型编码器的原理方框如图 8-21 所示,它由整流器、保持电路、比较器及本地译码电路等组成。

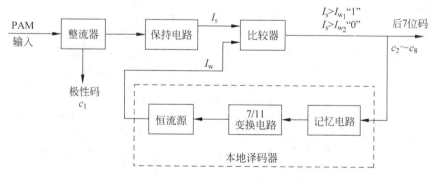

图 8-21　逐次比较型编码器

整流器用来判别输入样值脉冲的极性,编出第一位码(极性码)。样值为正时,出"1"码;样值为负时,出"0"码。同时将双极性脉冲变换成单极性脉冲。

比较器通过样值电流 I_s 和标准电流 I_w 进行比较,从而对输入信号抽样值实现非线性量化和编码。每比较一次输出一位二进代码,且当 $I_s > I_w$ 时,出"1"码;反之出"0"码。由于在 13 折线法中用了 7 位二进代码来代表段落和段内码,所以对一个输入信号的抽样值需要进行 7 次比较。每次所需的标准电流 I_w 均由本地译码电路提供。

本地译码电路包括记忆电路、7/11 变换电路和恒流源。记忆电路用来寄存二进代码,因除第一次比较外,其余各次比较都要依据前几次比较的结果来确定标准电流 I_w 值。因此,7 位码组中的前 6 位状态均应由记忆电路寄存下来。7/11 变换电路就是前面非均匀量化中谈到的数字压缩器。因为采用非均匀量化的 7 位非线性编码等效于 11 位线性码,而比较器只能编 7 位码,反馈到本地译码电路的全部码也只有 7 位。因为恒流源有11 个基本权值电流支路,需要 11 个控制脉冲来控制,所以必须经过变换,把 7 位码变成11 位码,其实质就是完成非线性和线性之间的变换。恒流源用来产生各种标准电流值。为了获得各种标准电流 I_w,在恒流源中有数个基本权值电流支路。基本的权值电流个数与量化间隔数有关,如上例中,128 个量化间隔需要编 7 位码,它要求 11 个基本的权值电流支路,每个支路均有一个控制开关。每次该哪几个开关接通组成比较用的标准电流 I_w,由前面的比较结果经变换后得到的控制信号来控制。

附带指出,保持电路的作用是保持输入信号的抽样值在整个比较过程中具有一定的幅度。由于逐次比较型编码器编 7 位码(极性码除外)需要将 I_s 与 I_w 比较 7 次,在整个比较过程中都应保持输入信号的幅度不变,故需要采用保持电路。下面我们通过一个例子来说明编码过程。

例 8-2 设输入信号抽样值为 $+1270$ 个量化单位[①],采用逐次比较型编码将它按照 13 折线 A 律特性编成 8 位码。

解法 1:设码组的 8 位码分别用 $C_1C_2C_3C_4C_5C_6C_7C_8$ 表示。编码过程如下。

(1) 确定极性码 C_1:因输入信号抽样值为正,故极性码 $C_1 = 1$。

(2) 确定段落码 $C_2C_3C_4$:13 折线中,正半部分的 8 个段落以 1/2048 为单位的每个段落的起点电平如表 8-9 所示。由于段落码中的 C_2 是用来表示输入信号抽样值处于 8个段落的前四段还是后四段的,故输入比较器的标准电流应选择为 $I_w = 128$ 个量化单位。现在输入信号抽样值 $I_s = 1270$ 个量化单位,大于标准电流,故第一次比较结果为 $I_s > I_w$,所以 $C_2 = 1$。它表示输入信号抽样值处于 8 个段落中的后四段(5~8 段)。

C_3 用来进一步确定它属于 5~6 段还是 7~8 段。因此,标准电流应选择为 $I_w = 512$个量化单位。第二次比较结果为 $I_s > I_w$,故 $C_3 = 1$。它表示输入信号属于 7~8 段。

表 8-9 段落起点电平

段落	1	2	3	4	5	6	7	8
起点电平	0	16	32	64	128	256	512	1024

同理,确定 C_4 的标准电流应为 $I_w = 1024$ 个量化单位。第三次比较结果为 $I_s > I_w$,故$C_4 = 1$。

---

① 这里的量化单位指以输入信号归一化值的 1/2048 为单位。

由以上三次比较得段落码为"111",输入信号抽样值 $I_s = 1270$ 个量化单位应属于第八段。

（3）确定段内码 $C_5C_6C_7C_8$：由编码原理已经知道，段内码是在已经确定输入信号所处段落的基础上，用来表示输入信号处于该段落的哪一量化间隔。$C_5C_6C_7C_8$ 的取值与量化间隔之间的关系见表 8-8。上面已经确定输入信号处于第八段，该段中的 16 个量化间隔均为 64 个量化单位，故确定 C_5 的标准电流应选为

$$I_w = 段落起点电平 + 8 \times (量化间隔)$$
$$= 1024 + 8 \times 64 = 1536 \ 个量化单位$$

第四次比较结果为 $I_s < I_w$，故 $C_5 = 0$。它说明输入信号抽样值应处于第八段中的 0～7 量化间隔。

同理，确定 C_6 的标准电流应选为

$$I_w = 段落起点电平 + 4 \times (量化间隔)$$
$$= 1024 + 4 \times 64 = 1280 \ 个量化单位$$

第五次比较结果为 $I_s < I_w$，故 $C_6 = 0$。说明输入信号应处于第八段中的 0～3 量化间隔。

确定 C_7 的标准电流应选为

$$I_w = 段落起点电平 + 2 \times (量化间隔)$$
$$= 1024 + 2 \times 64 = 1152 \ 个量化单位$$

第六次比较结果为 $I_s > I_w$，故 $C_7 = 1$。说明输入信号应处于第八段中 2～3 量化间隔。

最后，确定 C_8 的标准电流选为

$$I_w = 段落起点电平 + 3 \times (量化间隔)$$
$$= 1024 + 3 \times 64 = 1216 \ 个量化单位$$

第七次比较结果为 $I_s > I_w$，故 $C_8 = 1$。说明输入信号处于第八段中 3 量化间隔。

经上述七次比较，编出的 8 位码为 11110011。它表示输入抽样值处于第八段 3 量化间隔，其量化电平为 1248 个量化单位，故量化误差等于 22 个量化单位。顺便指出，除极性码外的 7 位非线性码组 1110011，相对应的 11 位线性码组为：10011100000。

解法 2：这里采用的是一种三次比较推算法。以对本例计算来说明此方法。

（1）寻找极性码 C_1：因为样值 +1270 落在正极性域，按编码规则就得到 $C_1 = 1$。

（2）寻找段落码 $C_2C_3C_4$：查表 8-8，得到 1270 > 第 8 段起始电平 1024，即表示样值落在第 8 段。再查表 8-7，得该第 8 段的段落码是 $C_2C_3C_4 = 111$。

（3）寻找段内码 $C_5C_6C_7C_8$：用样值 1270-第 8 段起始值 1024=246 量化单位。已知规则是，第 1 和 2 段的量化间隔为 1 量化单位，依段由小到大的顺序有量化间隔长度加倍，所以第 8 段中量化间隔长度为 64。由此看到样值长度 264÷64＝整数 4 和余数 8 量化单位，即表示样值落在第 4 量化间隔。再查表 8-8，上述整数 4（即表中量化间隔序号 3）对应段内码 $C_5C_6C_7C_8 = 0011$。

最后得到 1270 对应的 13 折 A 律码为 $C_1C_2C_3C_4C_5C_6C_7C_8 = 11110011$。解毕。

下面给出 13 折 A 律译码器，电阻网络型译码器原理框图，如图 8-22 所示。关于其原理和其他类型的译码器，因篇幅所限不再介绍。

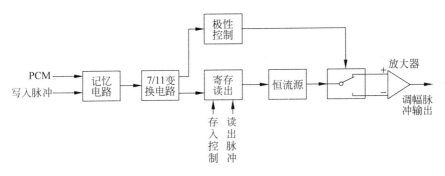

图 8-22   电阻网络型译码器

8.5.2 PCM 系统的抗噪声性能[20]

上面我们较详细地讨论了脉冲编码调制的原理,现在分析图 8-20 所示的 PCM 系统的抗噪声性能。由该图可以看出,接收端 LPF 的输出为

$$\hat{m}(t) = m_o(t) + n_q(t) + n_e(t)$$

式中,$m_o(t)$ 为输出信号成分;$n_q(t)$ 为由量化噪声引起的输出噪声;$n_e(t)$ 为由信道加性噪声引起的输出噪声。

为了衡量 PCM 系统的抗噪声性能,通常将系统输出端总的信噪比定义为

$$\frac{S_o}{N_o} = \frac{E[m_o^2(t)]}{E[n_q^2(t)] + E[n_e^2(t)]} \tag{8.5-1}$$

式中,E 为求统计平均。

可见,分析 PCM 系统的抗噪声性能时,需要考虑量化噪声和信道加性噪声的影响。不过,由于量化噪声和信道加性噪声的来源不同,而且它们互不依赖,故可以先讨论它们单独存在时的系统性能,然后再分析系统总的抗噪声性能。

先分析仅考虑量化噪声的系统性能。假设发送端采用理想抽样,则抽样器输出为

$$m_s(t) = m(t) \sum_{k=-\infty}^{\infty} \delta(t - kT_s)$$

那么,量化信号 $m_{sq}(t)$ 可以表示为

$$\begin{aligned} m_{sq}(t) &= m_q(t) \sum_{k=-\infty}^{\infty} \delta(t - kT_s) \\ &= m(t) \sum_{k=-\infty}^{\infty} \delta(t - kT_s) + [m_q(t) - m(t)] \sum_{k=-\infty}^{\infty} \delta(t - kT_s) \\ &= \sum_{k=-\infty}^{\infty} [m(kT_s)\delta(t - kT_s) + e_q(kT_s)\delta(t - kT_s)] \end{aligned}$$

式中,$e_q(t)$ 为由于量化引起的误差。

可以证明[①],量化误差 $e_q(t)$ 的功率谱密度为

---

① 参考文献[12]的附录 A。

$$G_{e_q}(f) = \frac{1}{T_s} E[e_q^2(kT_s)] \qquad (8.5\text{-}2)$$

由于量化引起的均方误差 $E[e_q^2(kT_s)]$ 将取决于信号的统计特性和量化方法。为了便于与例 8-1 比较,假设输入信号 $m(t)$ 在区间 $[-a,a]$ 具有均匀分布的概率密度,并对它进行均匀量化,其量化电平数为 M。那么,由例 8-1 可知,量化噪声功率为

$$E[e_q^2(kT_s)] = \frac{(\Delta v)^2}{12} \qquad (8.5\text{-}3)$$

式中,Δv 为量化间隔。将式(8.5-3)代入式(8.5-2)得

$$G_{e_q}(f) = \frac{1}{T_s} \cdot \frac{(\Delta v)^2}{12} \qquad (8.5\text{-}4)$$

如果暂不考虑信道噪声的影响,则接收端低通滤波器输入端的量化噪声功率谱密度与式(8.5-4)相同。因此,LPF 输出的量化噪声成分 $n_q(t)$ 的功率谱密度为

$$G_{n_q}(f) = G_{e_q}(f) \mid H_R(f) \mid^2$$

式中,$H_R(f)$ 为 LPF 的传递函数。

假设 $f_s = 2f_H$,$H_R(f)$ 是具有带宽 f_H 的理想 LPF,即

$$H_R(f) = \begin{cases} 1, & \mid f \mid < f_H \\ 0, & \text{其他} \end{cases}$$

那么

$$G_{n_q}(f) = \begin{cases} G_{e_q}(f), & \mid f \mid < f_H \\ 0, & \text{其他} \end{cases}$$

因此,LPF 输出的量化噪声功率为

$$N_q = E[n_q^2(t)] = \int_{-f_H}^{f_H} G_{n_q}(f)\mathrm{d}f = \frac{1}{T_s^2} \cdot \frac{(\Delta v)^2}{12} \qquad (8.5\text{-}5)$$

下面再求接收端 LPF 输出的信号功率。由式(8.2-6)得到,接收端 LPF 输出信号为

$$m_o(t) = \frac{1}{T_s} m(t) \qquad (8.5\text{-}6)$$

把例 8-1 中的信号功率 S_o 表达式代入式(8.5-6),即可得到接收端 LPF 的输出信号功率为

$$S_o = \overline{m_o^2(t)} = \frac{1}{T_s^2} \cdot \frac{M^2(\Delta v)^2}{12} \qquad (8.5\text{-}7)$$

因此,PCM 系统输出端平均信号量化噪声功率比为

$$\frac{S_o}{N_q} = \frac{E[m_o^2(t)]}{E[n_q^2(t)]} = M^2 \qquad (8.5\text{-}8\text{a})$$

此结果与式(8.4-6)相同。对于二进制编码,式(8.5-8a)又可写成

$$\frac{S_o}{N_q} = 2^{2N} \qquad (8.5\text{-}8\text{b})$$

式中,N 为二进制代码位数。

由上式可见,PCM 系统输出端平均信号量化噪声功率比将仅依赖于每一个编码组的

位数 N。上述比值将随 N 按指数增加。大家知道,对于一个频带限制在 f_H 的信号,按照抽样定理,此时要求每秒钟最少传输的抽样脉冲数等于 $2f_H$;若 PCM 系统的编码位数为 N,则要求系统每秒传输 $2Nf_H$ 个二进制脉冲。为此,这时的系统总带宽 B 至少等于 Nf_H。故式(8.5-8b)还可写成

$$\frac{S_o}{N_q} = 2^{\left(\frac{2B}{f_H}\right)} \tag{8.5-8c}$$

由此可见,PCM 系统输出端的信号量化噪声功率比与系统带宽 B 呈指数关系。

下面再来分析信道加性噪声对 PCM 系统性能的影响。由于信道中加性噪声对 PCM 信号的干扰,将造成接收端判决器判决错误,二进制"1"码可能误判为"0"码,而"0"码可能误判为"1"码,其错误概率将取决于信号的类型和接收机输入端的平均信号噪声功率比。因为 PCM 信号中每一码组代表着一定的量化抽样值,所以其中只要发生误码,接收端恢复的抽样值就会与发端原抽样值不同。通常只需要考虑仅有一位错码的码组错误,而多于一个错码的码组错误可以不予考虑。例如,若误码率 $P_e = 10^{-4}$,码组由 8 位码组成,则码组的错误概率 $P_e' = 8P_e = 1/1250$,也就是说,平均每发送 1250 个码组就有一个码组发生错误;而有两个码元错误的码组错误概率为 $P_e'' = C_8^2 P_e^2 = 2.8 \times 10^{-7}$。可见,$P_e'' \ll P_e'$。因此,只要考虑一位错码引起的码组错误就够了。

在加性噪声为高斯白噪声的情况下,每一码组中出现的误码可以认为是彼此独立的。现在假设每个码元的误码率为 p_e,让我们来分析图 8-23 所示的一个码组由于误码而造成的误差功率。

图 8-23　一个自然编码组

在一个长为 N 的自然编码组中,假定自最低位到最高位的加权值分别为 $2^0, 2^1, 2^2, \cdots, 2^{i-1}, \cdots, 2^{N-1}$,量化间隔为 Δv,则第 i 位码对应的抽样值为 $2^{i-1}\Delta v$。如果第 i 位码发生了误码,则其误差即为 $\pm(2^{i-1}\Delta v)$。显然,最高位发生误码时造成的误差最大,即为 $\pm(2^{N-1}\Delta v)$,而最低位的误差只有 $\pm\Delta v$。因为已假设每一码元出现错误的可能性相同,并把一个码组中只有一码元发生错误引起的误差电压记为 Q_Δ,所以一个码组由于误码在译码器输出端造成的平均误差功率为

$$E[Q_\Delta^2] = \frac{1}{N}\sum_{i=1}^{N}(2^{i-1}\Delta v)^2 = \frac{(\Delta v)^2}{N}\sum_{i=1}^{N}(2^{i-1})^2$$

$$= \frac{2^{2N}-1}{3N}(\Delta v)^2 \approx \frac{2^{2N}}{3N}(\Delta v)^2$$

下面求错误码组的平均间隔时间。由于错误码元之间的平均间隔为 $1/P_e$ 个码元,而一个码组又包括 N 个码元,故错误码组之间的平均间隔为 $1/NP_e$ 个码组,其平均间隔时间为

$$T_{a} = \frac{T_{s}}{NP_{e}}$$

由于已假定发送端采用理想抽样,因此,接收译码器输出端由误码引起的误差功率谱密度,根据式(8.5-2)同样的方法可以得到

$$G_{th}(f) = \frac{1}{T_{a}} E[Q_{\Delta}^{2}] = \left(\frac{NP_{e}}{T_{s}}\right)\left[\frac{2^{2N}}{3N}(\Delta v)^{2}\right]$$

于是,在理想 LPF 输出端,由误码引起的噪声功率谱密度为

$$G_{tho}(f) = G_{th}(f) \mid H_{R}(f) \mid^{2} = \begin{cases} G_{th}(f), & \mid f \mid < f_{H} \\ 0, & 其他 \end{cases}$$

故噪声功率为

$$N_{e} = E[n_{e}^{2}(t)] = \int_{-f_{H}}^{f_{H}} G_{tho}(f)\mathrm{d}f = \frac{2^{2N}P_{e}(\Delta v)^{2}}{3T_{s}^{2}} \tag{8.5-9}$$

由式(8.5-7)及式(8.5-9),得到仅考虑信道加性噪声时 PCM 系统的输出信噪比为

$$\frac{S_{o}}{N_{e}} = \frac{1}{4P_{e}}$$

可见,由误码引起的信噪比与误码率成反比。

前面已经指出,传输模拟信号的 PCM 系统的性能用接收端输出的平均信噪功率比来度量。将式(8.5-5)、式(8.5-7)和式(8.5-9)代入式(8.5-1)得

$$\frac{S_{o}}{N_{o}} = \frac{E[m_{o}^{2}(t)]}{E[n_{q}^{2}(t)] + E[n_{e}^{2}(t)]} = \frac{M^{2}}{1 + 4P_{e}2^{2N}} = \frac{2^{2N}}{1 + 4P_{e}2^{2N}} \tag{8.5-10}$$

在接收端输入大信噪比条件下,即当 $4P_{e}2^{2N} \ll 1$ 时,式(8.5-10)变成

$$\frac{S_{o}}{N_{o}} \approx 2^{2N} \tag{8.5-11a}$$

而在小信噪比条件下,即当 $4P_{e}2^{2N} \gg 1$ 时

$$\frac{S_{o}}{N_{o}} = \frac{2^{2N}}{4P_{e}2^{2N}} = \frac{1}{4P_{e}} \tag{8.5-11b}$$

在用基带传输的 PCM 中继系统中,通常使误码率降到 10^{-6} 是容易实现的,此时,可按式(8.5-11a)来估计 PCM 系统的性能。

8.6 差分脉冲编码调制(DPCM)系统

目前的 PCM 系统采用 A 律或 μ 律压扩方法,每路语音的标准传输速率为 64kbps。此时可满足通常的语音传输质量标准(指能获得符合长途电话质量标准的速率)。人们在一直致力于降低这个话路速率,以提高信道的利用率。通常,人们把话路速率低于 64kbps 的语音编码方法,称为语音压缩编码技术。多年来大量研究表明,自适应差分编码调制(ADPCM)能在 32kbps 数码率上传输话音质量符合标准的话音。该 ADPCM 体制已经形成 CCITT 标准。ADPCM 是在差分脉冲编码调制(DPCM)基础上逐渐发展起来的,为此,下面介绍 DPCM 系统的工作原理,其原理框图如图 8-24 所示。

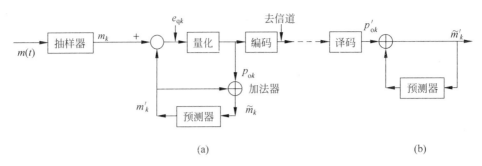

图 8-24　DPCM 系统的编码器(a)和解码器(b)

　　来自信源的话音信号为 $m(t)$，其 kT_s 时刻的抽样值为 $m(kT_s)$，简写为 m_k。它的基本思想是，将"话音信号样值同预测样值的差"作量化编码。发端的预测器和相加器，用来获得当前的预测值 $m_k{}'$，这里 $m_k{}'$ 是 m_k 的预测值。预测器的输出样值 $m_k{}'$ 与其输入样值 $\tilde{m}_k$ 的关系满足下式：

$$m_k{}' = \sum_{i=1}^{p} a_i \tilde{m}_{k-i} \qquad (8.6\text{-}1)$$

其中，p 和 a_i 是预测器的参数，为常数。该式表示 $m_k{}'$ 是先前 p 个样值的加权和，$\{a_i\}$ 称为预测器系数。

　　图 8-24 中编码器的"预测器和相加器"组成结构，同解码器的"预测器和相加器"的组成结构完全一样。显然，信道信息传输无误码时两个相加器输入端的信号完全一样，即 $p_{ok}=p_{ok}'$，故此时图中解码器的输出信号 $\tilde{m}_k{}'$ 与编码器信号 $\tilde{m}_k$ 是相同的，即 $\tilde{m}_k{}'=\tilde{m}_k$。这里，DPCM 系统的量化误差应该定义为输入信号样值 m_k 与解码器输出信号样值 $\tilde{m}_k$ 之差，即有

$$\begin{aligned} q(k) &= m_k - \tilde{m}_k{}' = m_k - \tilde{m}_k \\ &= [m_k{}' + e_{qk}] - [m_k{}' + p_{ok}] = e_{qk} - p_{ok} \end{aligned} \qquad (8.6\text{-}2)$$

这个量化误差值 $q(k)$ 同信号值 m_k 一样都是随机值，因此定义有信号量化噪声功率比为

$$\frac{S_o}{N_q} = \frac{E[m^2(k)]}{E[q^2(k)]} \qquad (8.6\text{-}3)$$

　　下面举一个例子来说明该工作过程。例子中采用四电平量化与编码，其原理框图示于图 8-25。图 8-24 中的"预测器-相加器"环路由积分器代替。图 8-28 中相乘器完成理想抽样，抽样器的输出 $p_o(t)$ 是一列冲激脉冲，冲激脉冲的强度取量化器的 M 个可能值当中的一个值。对应于 $p_o(t)$ 的一个样值，编码器输出一个 $N(M=2^N)$ 比特长度的码组，于是完成模拟信号的数字化。该原理框图中采用四电平量化，即 $M=4$。此量化器的输出输入变换特性如图 8-26 所示。当 $0 \leqslant e_q(kT_s) < 2\Delta$ 时，输出电平为 $+\Delta$；当 $-2\Delta \leqslant e_q(kT_s) < 0$ 时，输出电平为 $-\Delta$；当 $2\Delta \leqslant e_q(kT_s)$ 时，输出电平为 $+3\Delta$；当 $e_q(kT_s) < -2\Delta$ 时，输出电平为 -3Δ。编码器特性是：电平 -3Δ 用代码"00"表示，电平 $-\Delta$ 用代码"01"表示，电平 $+\Delta$ 用代码"10"表示，电平 $+3\Delta$ 用代码"11"表示。DPCM 发端各点波形关系如图 8-27 所示。这里以 $t \geqslant 0$ 时间段的差分波形为例来说明这些波形关系。图 8-27 中设 $e_q(0) \approx 0.5\Delta$；根据上面的量化器规则，此时量化器的输出电平为 $+\Delta$，经理想抽样后，得到 $p_o(t)$

为 $\Delta\delta(t)$；根据量化编码规则，这时编码器的输出代码为"10"，即 $s(t)$ 在第一个 T_s 期间送出"先高后低的电平"。对于其他 kT_s 时刻的各点波形关系，读者可照上述方法自行验证。

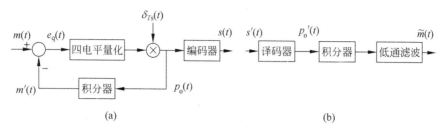

图 8-25　4-DPCM 系统的发端(a)和收端(b)

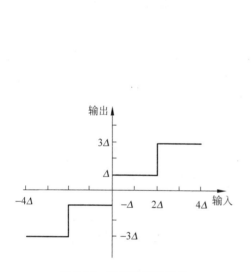

图 8-26　量化器变换特性

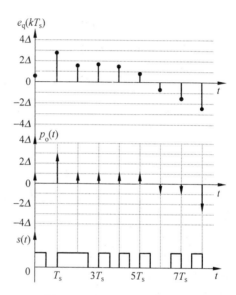

图 8-27　DPCM 发端各点波形

对于 DPCM 接收端过程如图 8-25 所示。由数字信道送到译码器输入端的信号为 $s'(t)$；若信道传输无误码，则 $s'(t)$ 波形同发端输出波形 $s(t)$ 完全相同。此时，$s'(t)$ 经译码器后的信号 $p_o'(t)$ 形状同发端 $p_o(t)$ 完全相同，仅在时间上有一固定延迟。该信号经过积分器和 LPF，即可恢复出发送端原始模拟信号。

在 DPCM 基础上为改善性能，人们又引入自适应 DPCM(ADPCM)，它的主要特点是用自适应量化取代固定量化和自适应预测取代固定预测，从而大大提高了输出信噪比和编码动态范围。ADPCM 体制已形成 CCITT 标准，这里不再进一步讨论。

8.7　增量调制

增量调制(ΔM 或 DM)可以看成 PCM 的一个特例，因为它们都是用二进制代码形式表示模拟信号的方式。但是，在 PCM 中，信号的代码表示模拟信号的抽样值，而且，为了减小量化噪声，一般需要较长的代码及较复杂的编译码设备。而 ΔM 是将模拟信号变换成仅由一位二进制码组成的数字信号序列,并且在接收端也只需要用一个线性网络,便可复制出原模拟信号。

另一方面,可以从 DPCM 系统的角度看待增量调制,即当 DPCM 系统的量化电平取为 2 和预测器是一个延迟为 T_s 的延迟线时,该 DPCM 系统被称为增量调制系统。于是,可以把 DPCM 的一般原理框图(见图 8-24)简化成 ΔM 系统的原理框图,如图 8-28 所示。差分 $m_k - m'_k = e_{qk}$,被量化器量化成 $+\sigma$ 或 $-\sigma$,即 $e_{ok} = +\sigma$ 或 $-\sigma$,σ 值称为量化台阶。e_{ok} 是二进制符号,可经信道传输给远方 ΔM 解码器。上图 ΔM 解码器的结构同发端编码器的"延迟单元-相加器"环路的结构完全相同,那么,无误码传输时,$\tilde{m}'_k = \tilde{m}_k$。图 8-28 中"延迟单元-相加器"环路可以用一个积分器替代,而积分器的输入是一个周期为 T_s 和强度为 $\pm\sigma$ 的冲激脉冲序列。这样一来,即可画出 ΔM 系统的第二种原理结构框图,如图 8-29 所示。下面就以图 8-29 为基础,讨论 ΔM 系统的工作原理。由该图看到,ΔM 有它自己的特点,而且其编译码设备通常要比 PCM 的简单。

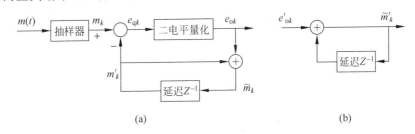

图 8-28　增量调制系统结构一的编码器(a)和解码器(b)

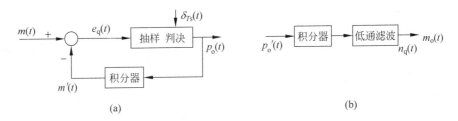

图 8-29　增量调制系统结构二的编码器(a)和解码器(b)

8.7.1　增量调制原理[11]

我们知道,一位二进制码只能代表两种状态,当然就不可能去表示抽样值的大小。可是,用一位码却可以表示相邻抽样值的相对大小,而相邻抽样值的相对变化将能同样反映模拟信号的变化规律。因此,由一位二进制码去表示模拟信号的可能性是存在的。为了确信这一点,可以通过下面的例子来说明。设一个频带有限的模拟信号如图 8-30 中的 $m(t)$ 所示。现在把横轴 t 分成许多相等的时间段 Δt。此时可以看出,如果 Δt 很小,则 $m(t)$ 在间隔为 Δt 的时刻上得到的相邻值的差别(差值)也将很小。因此,如果把代表 $m(t)$ 幅度的纵轴也分成许多相等的小区间 σ,那么,一个模拟信号 $m(t)$ 就可用如图 8-30 所示的阶梯波形 $m'(t)$ 来逼近。显然,只要时间间隔 Δt 和台阶 σ 都很小,则 $m(t)$ 和 $m'(t)$ 将会相当地接近。由于阶梯波形相邻间隔上的幅度差不是 $+\sigma$ 就是 $-\sigma$,因此,倘若用二进制码的"1"代表 $m'(t)$ 在给定时刻上升一个台阶 σ,用"0"表示 $m'(t)$ 下降一个台阶 σ,则 $m(t)$ 就被一个二进码的序列所表征(见图 8-30 中横轴下面的二进码序列)。于是,该序列也相当于表征了 $m(t)$。

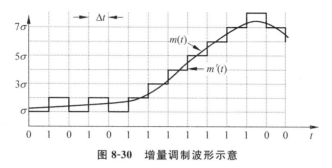

图 8-30 增量调制波形示意

在讨论怎样得到发端的阶梯波形及由此波形又如何确定二进码序列之前,我们先讨论一下在接收端怎样由二进码序列恢复出阶梯波形的问题,即 ΔM 信号的译码问题。不难看出,接收端只要每收到一个"1"码就使输出上升一个 σ 值,每收到一个"0"码就使输出下降一个 σ 值,连续收到"1"码(或"0"码)就使输出一直上升(或下降),这样就可以近似地复制出阶梯波形 $m'(t)$。这种功能的译码器可由一个积分器来完成,如图 8-31 所示。积分器遇到"1"码(即有 $+E$ 脉冲),就固定上升一个 ΔE,并让 ΔE 等于 σ;遇"0"码所表示的 $-E$ 脉冲,就下降一个 ΔE。图 8-31(b)示出了积分器的输入和输出波形。积分器输出虽已接近原来模拟信号,但往往还包含有不必要的高次谐波分量,故需再经 LPF 平滑,这样,便可得到十分接近原始模拟信号的输出信号。因此,ΔM 译码器如图 8-29(b)所示。

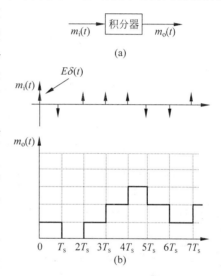

图 8-31 积分器译码示意

现在回过来讨论 ΔM 的编码原理。一个简单的 ΔM 编码器组成如图 8-29(a)所示,它由相减器、抽样判决器、发端译码器(积分器)及抽样脉冲产生器(脉冲源)组成。发端译码器与接收端的译码器完全相同。抽样判决器将在抽样脉冲到来时刻对输入信号的变化做出判决,并输出脉冲。这个编码器的工作过程如下:将模拟信号 $m(t)$ 与发端译码器输出的阶梯波形 $m'(t)$ 进行比较,即先进行相减,然后在抽样脉冲作用下将相减结果进行极性判决。如果在给定抽样时刻 t_i 有

$$m(t)\big|_{t=t_{i-}} = m'(t)\big|_{t=t_{i-}} > 0$$

则判决器输出"1"码;如有

$$m(t)\big|_{t=t_{i-}} = m'(t)\big|_{t=t_{i-}} < 0$$

则发"0"码。这里,t_{i-} 是 t_i 时刻的前一瞬间,即相当于在阶梯波形跃变点的前一瞬间。于是,ΔM 编码器将输出一个如图 8-30 所示的二进码序列。

从上述讨论可以看出,ΔM 信号是按台阶 σ 来量化的(增、减一个 σ 值),因而同样存在量化噪声问题。ΔM 系统中的量化噪声有两种形式:一种称为过载量化噪声,另一种称为一般量化噪声,如图 8-32 所示。过载量化噪声(有时简称过载噪声)发生在模拟信号斜率陡变时,由于台阶 σ 是固定的,而且每秒内台阶数也是确定的,因此,阶梯电压波形就跟不上信号的变化,形成了很大失真的阶梯电压波形,这样的失真称为斜率过载现象,也称过载噪声,如图 8-32(b)所示;如果无过载噪声发生,则模拟信号与阶梯波形之间的误差就是一般的量化噪声,如图 8-32(a)所示。图中的 $n_q(t) = m(t) - m'(t)$,可统称其为量化噪声。

设抽样时间间隔为 Δt(抽样频率 $f_s = 1/\Delta t$),则一个台阶上的最大斜率 K 为

$$K = \frac{\sigma}{\Delta t} = \sigma f_s \tag{8.7-1}$$

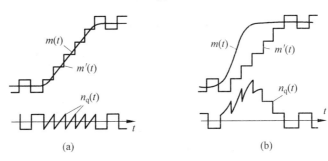

图 8-32 一般量化噪声(a)和过载量化噪声(b)

它被称为译码器的最大跟踪斜率。当信号实际斜率超过这个最大跟踪斜率时,则将造成过载噪声。因此,为了不发生过载现象,必须使 f_s 和 σ 的乘积达到一定的数值,以使信号实际斜率不超过这个数值。这个数值通常可以用增大 f_s 或 σ 来达到。

对于一般量化噪声,由图 8-32(a)不难看出,σ 大则这个量化噪声大,σ 小则噪声小。采用大的 σ 虽然能减小过载噪声,但却增大了一般量化噪声。因此,σ 值应适当选取。

不过,我们看到,ΔM 系统的抽样频率必须选得足够高,因为这样,既能减小过载量化噪声,又能降低一般量化噪声,从而使 ΔM 系统的量化噪声减小到给定的容许数值。一般,ΔM 系统中的抽样频率比 PCM 系统的抽样频率高得多(通常要高两倍以上)。

下面介绍 ΔM 的一个基本指标——起始编码电平。当输入交流信号峰-峰值小于 σ 时,则增量调制器的输出二进制序列为 0 和 1 交替的码序列,码序列并不随 $m(t)$ 的变化而变化;当输入交流信号单峰值大于 $\sigma/2$ 时,输出二进制序列才开始随 $m(t)$ 的变化而变化。于是,称此 $\sigma/2$ 电平为 ΔM 编码器的起始编码电平。

8.7.2 ΔM 系统中的量化噪声

图 8-29 是 ΔM 系统的组成方框图,它包括增量调制器、积分器(译码器)和 LPF 等。为了简明起见,我们将该图中 $m(t)$、$m'(t)$、$p_o(t)$ 及 $e_q(t)$ 的波形画于图 8-33,并设系统输出的信号和量化噪声分别为 $m_o(t)$ 和 $n_q(t)$。如果信道的加性噪声足够小,以致不造成误码,那么,收端积分器的输入 $p_o'(t)$ 与发端 $p_o(t)$ 完全相同,即 $p_o'(t) = p_o(t)$,此时,系统

的输出信号 $m_o(t)$ 与 $m(t)$ 将有最好的近似(因为,量化噪声仍然存在);如果信道噪声造成了误码,则在系统的输出噪声中不仅存在量化噪声,而且还存在由误码引起的噪声。

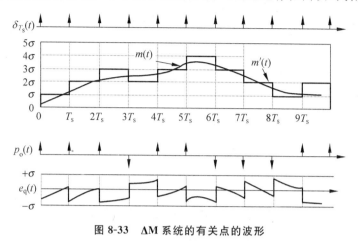

图 8-33 ΔM 系统的有关点的波形

下面分析存在量化噪声时的系统性能。设信道加性噪声很小,不造成误码。那么,接收端的 $p_o{}'(t)$ 就是发端 $p_o(t)$,而解调积分器输出端的信号便是 $m'(t)$(见图 8-33)。容易看出,在这个积分器输出端的误差波形正是量化误差波形 $e_q(t)$。因此,如果求得 $e_q(t)$ 的平均功率,则系统的输出量化噪声功率也就可以确定。我们还观察到,只要 ΔM 系统不发生过载现象(过载现象在设计时是需要克服的),那么,$e_q(t)$ 总是不大于 $\pm\sigma$ 的。我们假设随时间随机变化的 $e_q(t)$ 在区间 $(-\sigma,\sigma)$ 上均匀分布,于是 $e_q(t)$ 的一维概率密度 $f_q(e)$ 可表示为

$$f_q(e) = \frac{1}{2\sigma}, \quad -\sigma \leqslant e \leqslant \sigma$$

因而 $e_q(t)$ 的平均功率可表示成

$$E\left[e_q^2(t)\right] = \int_{-\sigma}^{\sigma} e^2 f_q(e)\mathrm{d}e = \frac{1}{2\sigma}\int_{-\sigma}^{\sigma} e^2 \mathrm{d}e = \frac{\sigma^2}{3} \tag{8.7-2}$$

但要注意,上述的量化噪声功率并不是系统最终输出的量化噪声功率。这是因为,由图 8-33 看出,$e_q(t)$ 的最小周期大致是抽样频率 f_s 的倒数,而且大于 $1/f_s$ 的任意周期都可能出现。因此,从频谱的角度看,$e_q(t)$ 的频谱将从很低频开始一直延伸到频率 f_s,甚至更高。设 $e_q(t)$ 的功率谱密度为 $P_e(f)$,则可以近似认为

$$P_e(f) = \frac{\sigma^2}{3f_s}, \quad 0 < f < f_s$$

这就是说,$e_q(t)$ 的平均功率被认为均匀地分布在频率范围 $(0,f_s)$ 之内。这样,具有功率谱密度为 $P_e(f)$ 的噪声,通过 LPF(截止频率为 f_m)之后的量化噪声功率为

$$N_q = P_e(f) f_m = \frac{\sigma^2}{3}\left(\frac{f_m}{f_s}\right) \tag{8.7-3}$$

由此可见,ΔM 系统输出的量化噪声功率与量化台阶 σ 及比值 f_m/f_s 有关,而与输入信号的幅度无关。当然,这后一条性质是在未过载的前提下才成立的。

不发生过载现象,这实际上是对输入信号的一个限制。现在以正弦型信号为例来说

明这个限制,并在此基础上找到系统的输出信号功率。设输入信号 $m(t)$ 为

$$m(t) = A\sin\omega_k t$$

式中,A 为振幅;ω_k 为正弦信号角频率。它的斜率变化由下式确定:

$$\frac{\mathrm{d}m(t)}{\mathrm{d}t} = A\omega_k\cos\omega_k t$$

可见,斜率的最大值为 $A\omega_k$。为了不发生过载现象,信号的最大斜率必须不大于解调器跟踪斜率 (σ/T_s),也即要求

$$A\omega_k \leqslant \frac{\sigma}{T_s} = \sigma f_s \tag{8.7-4}$$

式中,T_s 为抽样时间间隔。所以临界的过载振幅 $A_{\max}$ 由下式给定:

$$A_{\max} = \frac{\sigma f_s}{\omega_k} \tag{8.7-5}$$

由此看到,在 ΔM 系统中,临界振幅 $A_{\max}$ 将与量化台阶 σ 和抽样频率 f_s 成正比,与信号角频率 ω_k 成反比。这后一条性质是 ΔM 所特有的。

在临界条件下,系统将有最大的信号功率输出。不难看出,这时信号功率为

$$S_o = \frac{A_{\max}^2}{2} = \frac{\sigma^2 f_s^2}{2\omega_k^2} = \frac{\sigma^2 f_s^2}{8\pi^2 f_k^2} \tag{8.7-6}$$

利用式(8.7-3)及式(8.7-6),求得临界条件下最大的信噪比为

$$\frac{S_o}{N_q} = \frac{3}{8\pi^2} \cdot \frac{f_s^3}{f_k^2 f_m} \approx 0.04\frac{f_s^3}{f_k^2 f_m} \tag{8.7-7}$$

由此可见,最大信噪比 (S_o/N_q) 与抽样频率 f_s 的三次方成正比,而与信号频率 f_k 的二次方成反比。因此,对于 ΔM 系统而言,提高抽样频率将能明显地提高信号与量化噪声的功率比。

8.8   DPCM 系统中的量化噪声

下面分析 DPCM 系统的性能。如同 ΔM 一样,DPCM 系统中同样存在量化噪声的影响。下面将利用 PCM 和 ΔM 系统性能分析时所得到的结论来分析 DPCM 系统的性能。

信号 $m(t)$ 的平均输出功率 S_o 仍由式(8.7-6)给出,只是在 DPCM 系统中,由于误差范围 $(-\sigma,\sigma)$ 被量化为 M 个电平,故得 $\sigma=[(M-1)/2]\Delta v$。这里,Δv 为量化间隔。这样,利用式(8.7-6)就可得到信号功率 S_o 为

$$S_o = \frac{\sigma^2 f_s^2}{8\pi^2 f_k^2} = \frac{\left(\dfrac{M-1}{2}\right)^2 (\Delta v)^2 f_s^2}{8\pi^2 f_k^2} = \frac{(M-1)^2 (\Delta v)^2 f_s^2}{32\pi^2 f_k^2} \tag{8.8-1}$$

该信号的电压有效值为

$$V_o = \sqrt{S_o} = \frac{(M-1)(\Delta v) f_s}{4\sqrt{2}\,\pi f_k} \tag{8.8-2}$$

现在求 DPCM 系统的量化噪声功率 N_q。这时误差信号的量化误差不再是处于 $\pm\sigma$ 的范围内,而是在 $(-\Delta v/2,+\Delta v/2)$ 的范围内,按照推导式(8.5-3)同样的方法,就可

得出此时的 $N_q' = (\Delta v)^2/12$。我们仍假设经量化后的误差信号具有均匀的功率谱密度，而 DPCM 系统输出数字信号的码元速率为 Nf_s，于是噪声频谱就被认为均匀地分布于频带宽度为 Nf_s 的范围内，故可求得此时的单边功率谱密度为

$$P(f) = \frac{(\Delta v)^2}{12Nf_s} \tag{8.8-3}$$

经截止频率为 f_m 的 LPF 后，得噪声功率为

$$N_q = P(f)f_m = \frac{(\Delta v)^2 f_m}{12Nf_s} \tag{8.8-4}$$

由式(8.8-1)和式(8.8-4)，得 DPCM 系统的输出信噪比为

$$\frac{S_o}{N_q} = \frac{3N(M-1)^2}{8\pi^2} \cdot \frac{f_s^3}{f_k^2 f_m} \tag{8.8-5}$$

比较式(8.8-5)和式(8.7-7)可以看出，DPCM 系统的性能是优于 ΔM 的。由式(8.8-5)看出，当 M、N 增大时，S_o/N_q 也增大。同时看出，当式(8.8-5)中的 $M=2$，$N=1$ 时，S_o/N_q 的表示式和式(8.7-7)完全相同，这正是一般 ΔM 系统的情况。

8.9 时分复用和多路数字电话系统[10]

多路通信方式除了第 5 章介绍的频分复用(FDM)外，还有时分复用(time-division multiplexing, TDM)。时分复用借助"把时间帧划分成若干时隙和各路信号占有各自时隙"的方法来实现在同一信道上传输多路信号。相对地，FDM 是"把可用的带宽划分成若干频隙和各路信号占有各自频隙"的方法来实现在同一信道上传输多路信号。需注意，TDM 时在时域上各路信号是分离的，但在频域上各路信号谱是混叠的；FDM 在频域上各路信号谱是分离的，但在时域上各路信号是混叠的。

下面将详细地说明 TDM 的工作原理。设有 n 路话音输入信号，每路话音经 LPF 后的频谱最高频率为 f_H。当 $n=3$ 时，TDM 的系统框图如图 8-34 所示。三个输入信号 $m_1(t)$、$m_2(t)$、$m_3(t)$ 分别通过截止频率为 f_H 的 LPF，去"发旋转开关"S_T。在发送端，三路模拟信号顺序地被"发旋转开关"S_T 所抽样，该开关每秒钟做 f_s 次旋转，并在一周旋转期内由各输入信号提取一个样值。若该开关实行理想抽样，那么该开关的输出信号为

$$x(t) = \sum_{k=-\infty}^{\infty} \{m_1(kT_s)\delta(t-kT_s) + m_2(kT_s+\tau)\delta(t-kT_s-\tau)$$
$$+ m_3[kT_s+2\tau]\delta[t-kT_s-2\tau]\} \tag{8.9-1}$$

式中，输入信号路数为 3；把 $x(t)$ 中一组连续 3 个脉冲称为一帧，长度为 T_s；称 τ 为时隙长度，等于 $T_s/3$。$n=3$ 时相应的波形如图 8-35 所示。该波形是三路 PAM 信号在时间域上周期地互相错开的样值信号。

图 8-34 的"传输系统"包括量化、编码、调制解调、传输媒质和译码等。如果该传输系统不引起噪声误差的话，那么在接收端的"收旋转开关"S_R 处得到的信号 $y(t)$ 等于发端信号 $x(t)$。由于"收旋转开关"与"发旋转开关"是同步地运转(同步问题在第 12 章中讨论)，因此能把各路信号样值序列分离，并送到规定的通路上。这时各通路样值信号分别为

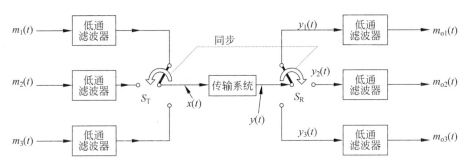

图 8-34　三路时 TDM 示意框图

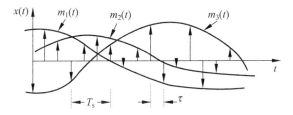

图 8-35　三路时 TDM 合路的 PAM 波形

$$
\begin{cases}
y_1(t) = \displaystyle\sum_{k=-\infty}^{\infty} m_1(kT_s)\delta(t - kT_s) \\[2mm]
y_2(t) = \displaystyle\sum_{k=-\infty}^{\infty} m_2(kT_s + \tau)\delta(t - kT_s - \tau) \\[2mm]
y_3(t) = \displaystyle\sum_{k=-\infty}^{\infty} m_3(kT_s + 2\tau)\delta(t - kT_s - 2\tau)
\end{cases}
\qquad (8.9\text{-}2)
$$

当该系统参数满足抽样定理条件时,则各路输出信号可分别恢复发端原始模拟信号,即第 i 路的输出信号为 $m_{oi}(t) = m_i(t)$。

上述概念可以应用到 n 路话音信号进行 TDM 的情形中去。这时,发送端的转换开关 S_T 以单路信号抽样周期为其旋转周期,按时间次序进行转换,每一路信号所占用的时间间隔称为时隙,这里的时隙 1 分配给第一路,时隙 2 分配给第二路,……n 个时隙的总时间在术语上称为一帧,每一帧的时间必须符合抽样定理的要求。通常由于单路话音信号的抽样频率规定为 8000Hz,故一帧时间为 $125\mu s$。

上面 TDM 系统中的合路信号是 PAM 多路信号,但它也可以是已量化和编码的多路 PCM 信号或 ΔM 信号。时分多路 PCM 系统有各种各样的应用,最重要的一种是 PCM 电话系统。

通常,时分多路的话音信号采用数字方式传输时,其量化编码的方式既可以用 PCM,也可以用 DPCM 或 ΔM。对于小容量、短距离 PCM 的多路数字电话系统,国际建议有两种制式,即 PCM30/32 路(A 律压扩特性)制式和 PCM24 路(μ 律压扩特性)制式,并规定国际通信时,以 A 律压扩特性为准;凡是两种制式的转换,其设备的接口均由采用 μ 律特性的国家负责解决。我国规定采用 PCM30/32 路制式。

为了对 TDM 数字电话系统有一个概略的了解,下面就该系统中的几个主要问题作一简单介绍。

8.9.1 TDM数字电话通信系统的组成

图 8-36 示出了一个 PCM 时分多路数字电话系统的组成方框图。图中,较详细地画出了第一路话音信号的发送和接收过程。输入的话音信号经二线进入混合线圈,并经放大、低通滤波和抽样。该已抽样信号与各路已抽样信号合在一起进行量化与编码,则变成PCM 信号,最后将 PCM 信号变换成适合于信道传输的码型送至信道。接收端将收到的PCM 信码经过再生加到译码器,译码器再将 PCM 信号转换成 PAM 信号,分路后的PAM 信号经低通滤波器恢复成模拟信号,然后经放大器、混合线圈输出。其他各路的发送与接收过程均与第一路相同。

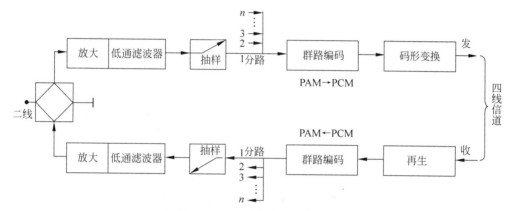

图 8-36 PCM 数字电话系统方框图

近年来随着大规模集成电路的发展,PCM 多路数字电话系统的组成也有所变化,由原来采用群路编译码器(见图 8-36)进行编译码,改用单路编译码器来实现编码与译码。图 8-37 示出了用在 PCM 数字电话系统中的单路编译码器。在发送端模拟信号同样经二线进入混合线圈,然后再加至 LPF,LPF 的输出 VF_X 直接加到单路编译码器,而在单路编译码器的 D_X 端便可获得数字信息。各个单路编译码器的输出线 D_X 均接至发送总线,构成多路 PCM 信号输出。收信端数字信息从 PCM 收信总线进入单路编译码器的 D_R 端,在 VF_R 端便能获得还原后的模拟信号,再经 LPF 和混合线圈送至用户。

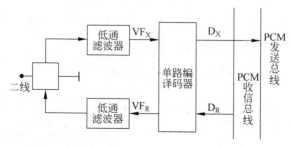

图 8-37 单路编译码器在 PCM 系统中的使用

目前，国外已经有多种用于 PCM 的单路编译码器集成电路。例如 Intel2911、MK5156 等。图 8-38 是单路编译码器 2911A 的组成方框图，全部电路约有 3000 余只NMOS 管，它们都容纳在一小片集成电路内。它除包括模/数转换和数/模转换外，还包含控制部分。其中，单路编译码器的模/数转换和数/模转换也是按 A 律 13 折线规律进行的，即和前面所说的 30/32 路 PCM 的规定相同；2911A 有两种使用方式：一种是微处理机控制方式，它适用于总线式小容量程控数字交换机；另一种是直接控制方式。

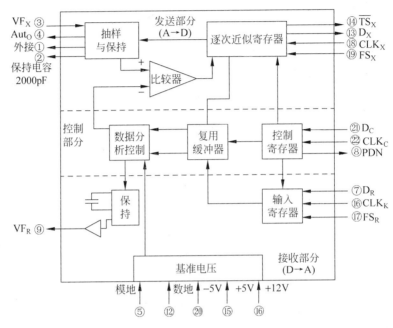

图 8-38 2911A 单路编译码器组成原理方框图

另外，图 8-37 中除单路编译码器外，还需要 LPF。目前，也有集成 LPF，例如 Intel2912，它和 2911A 配合使用时，可以大大缩减设备体积和重量。

用于数字电话终端设备的集成电路现已形成了系列。对于 PCM 编译码器的有Intel2911、MK5156；LPF 的有 Intel2912、MK5912、MT8912、MC14413/14；PCM 编译码器/滤波器共同集成的有 Intel2913/14、MT8961/63/65、MC14400/01/02/03/05、TLC32044。此外，还有与此相配套的集成电路，如时隙分配器 MC14461/17/18、定时与复用器 MB8717等。我国也研制类似的专用集成电路，用于数字电话终端设备中。

对于增量调制 TDM 数字电话系统，其组成与 PCM 数字电话系统基本相同。目前，也有了用于 ΔM 的编译码器集成电路，如 MC3417/18。

8.9.2 数字电话系统帧结构和传码率

目前我国规定采用的 PCM30/32 制式的帧结构如图 8-39 所示。划定一帧为 32 个时隙，其中 30 个时隙供 30 个话路用户使用，即 TS1～TS15 和 TS17～TS31 为话路用户时隙；而 TS0 和 TS16 分别是帧同步时隙和信令时隙。该制式规定采用的是 13 折线 A 律编码，因此所有的时隙都包含 8 位二进制码。话音的最高频率通常≤4000Hz，于是抽样

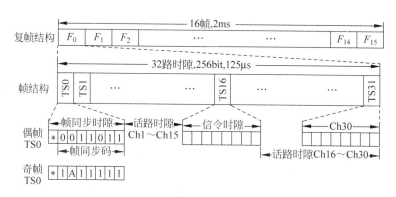

图 8-39　PCM30/32 制式的帧结构

频率被指定采用 $8000\,\mathrm{Hz}$，所以满足抽样定理对抽样速率的要求。可计算出帧的比特数为 $8\times32=256$，帧周期为 $1/8000=125\,\mu\mathrm{s}$。

帧同步时隙 TS0 划分为偶数帧时隙 TS0 和奇数帧时隙 TS0。① 偶帧 TS0 的后 7 位安排的是固定的帧同步码组 0011011，接收端根据此码组实现帧同步以建立正确的路序。而其第 1 位码元"∗"供国际间通信用。② 奇帧 TS0 的第 1 位"∗"的用途与偶数帧 TS0 的第 1 位作用相同。其第 2 位的"1"辅助表明本时隙中的码不是同步码。第 3 位码用作告警，正常状态时 $A=0$，告警时 $A=1$。后 2 位作为维护和性能检测等方面的用途。若在跨国线路上时奇帧 TS0 为 ∗1A11111。

话路信令是电话网中需传输的各种控制和业务信息，如话机上发出的自己的电话号码信息等。话路信令的传输方法有两种。一种为随路信令（channel associated signaling，CAS）方式，此时必须将相继的 16 个帧构成一个被称为复帧的更大的帧，复帧中的各帧按次序编号为 F_0、F_1、$\cdots$、F_{15}。此时将一复帧中的 15 个 TS16 分别顺次分配给 30 个话路使用，即每路信令可占 4bit，一个 TS16 安排两个话路信令。另一种是采用共路信令（common channel signaling，CCS）方式，它是将（$F_1\sim F_{15}$）的 TS16 集中起来传输话路信令信息；此外，复帧的 F_0 的 TS16 中前 4bit 为复帧同步信号，后 4bit 为备用比特。

下面计算上述制式的传输速率。由上述帧结构可以看到，抽样频率 $f_s=8\mathrm{kHz}$，一帧中所含时隙总数 $n=32$，一个时隙中所含比特数 $N=8$，因此该系统的信息传输速率为

$$R_{\mathrm{bp}}=f_s\times n\times N=8\mathrm{k}\times32\times8=2.048(\mathrm{Mbps}) \tag{8.9-3}$$

另外，相类似的 PCM24 制式被日本和北美等国所采用。该制式的帧结构主要参数为：抽样频率为 $f_s=8\mathrm{kHz}$，一帧中含有 24 个话路时隙和用于帧同步的 1/8 时隙，每个话路安排 8bit。该系统的信息传输速率为

$$R_{\mathrm{bp}}=f_s\times n\times N=8\mathrm{k}\times(24+1/8)\times8=1.544(\mathrm{Mbps}) \tag{8.9-4}$$

有关其复帧结构不再作介绍。

TDM 增量调制系统，尚无国际标准。这里介绍一种国内外应用较多的 DM32 制式。该制式中，抽样频率为 32kbps，一帧内的时隙数为 $n=32$，每个时隙安排 1bit。TS0 为帧同步时隙，TS1 为信令时隙，TS2 为勤务话时隙，TS3～TS5 为数据时隙，TS6～TS31 为用户话时隙。可见，该系统的传信率为

$$R_{bDM} = f_s \times n \times N = 32k \times 32 = 1.024(\text{Mbps})$$

60 路 ADPCM 系统的帧结构已有了国际标准,见 CCITTG761 建议,它的帧结构与 PCM30/32 帧配置(图 8-39)相类似。它规定,抽样间隔为 $125\mu s$,一帧有 32 个时隙,每个时隙中安排两路 ADPCM 的 4bit 信息,即含两个用户信息。其 TS0 作为传输同步等信息用,TS16 作为信令时隙,此外的 30 个时隙用来传输话路信息,即总共有 60 个话路用户可使用。显然,该系统的传信率为 2.048Mbps,与 PCM 基群比特率相同。

8.9.3 数字通信系统中的复接

上节讨论的 TDM 设备的各输入信号都是话音 PCM 脉冲列,输出的是较高速率的数字流,此即前面曾讨论的 PCM24 和 PCM30/32 路时分多路系统,人们称该输出数字流为基群或一次群数字流,也称其为一次群信号;这时的相应设备被称为 PCM 复用设备或第 1 级复接设备。随着传输线路性能的提高,为了充分利用传输线的频率资源,需要把较低群次的数字流逐级汇合成更高群次的数字信息流,这种将低次群合并成高次群的过程被称为复接,反之,相应的反过程被称为分接。对于各次群的速率等级,ITU 已建立起建议标准。在该建议标准中,ITU 给出了准同步数字体系(PDH)和同步数字体系(SDH)两种,下面先介绍 PDH。该建议的 PDH 包含有 E 体系和 T 体系。前者是欧洲和中国等地区采用的制式,后者是北美和日本等地区采用的制式。表 8-10 给出了 PDH 的数字速率,它按速率由低到高分为一次群、二次群、三次群、四次群和五次群。这里给出 PDH 复接的一些例子:接入第 2 级复接器的数字流,可以是来自 PCM30/32 端机的 2048kbps 的数字流外,还可以是来自"12 路载波基群编码器"或"宽带数据编码器";接入第 3 级复接器的数字流,可以是来自"第 2 级复接器"的也可以是来自"120 路话 PCM 编码器"、"60 路载波超群编码器"、"1MHz 可视电话编码器"或其他类型的数字流;接入第 4 级复接器的数字流,除可以是第 3 级复接器外,还可以是"300 路载波主群编码器"的数字流;接入第 5 级复接器的数字流,除可以是第 4 级复接器外,还可以是"彩色电视编码器"的数字流。总之,复接的终端设备可以是多种多样的。当然,无论哪种终端设备,其输出的数码速率都必须符合该次群所规定的标准。

表 8-10 PDH 数字速率等级和电话路数

国家	单位	基群	二次群	三次群	四次群	五次群
欧洲、中国	kbps	2048	8448	34.368	139264	565148
	路数	30	120	480	1920	7680
北美、日本	kbps	1544	6312	44736 或 32064	274176 或 97728	560160(北美)
	路数	24	96	672 或 480	4032 或 1440	8064(北美)

同步数字体系的构想起始于 20 世纪 80 年代中期出现的美国同步光网络(synchronous optical network,SONET)。SDH 不仅适用于光纤传输,也适用于微波及卫星等通信方式;它可按动态需求方式改变传输网拓扑,可充分发挥网络构成的灵活性和安全性,并大大增强网络管理功能;PDH 数字流可适配地进入 SDH 网,因此 SDH 体制成为全球统一标准有了坚实基础。CCITT 制定了 SDH 速率建议标准 G707,如表 8-11 所示。SDH 的

信息是以同步传送模块(synchronous transport module,STM)的信息结构来传送的。这里的 STM-N 都采用同步方式复接,所以称之为同步数字体系。STM 的基本模块是 STM-1,其比特率为 155.52Mbps。在 SDH 中,4 路 STM-1 可合并成 1 路 STM-4,比特率为 622.08Mbps。4 路 STM-4 可复接成 1 路 STM-16,比特率为 2488.32Mbps。4 路STM-16可复接成 1 路 STM-64,比特率为 9953.28Mbps。

表 8-11　SDH 数字速率等级

等　级	STM-1	STM-4	STM-16	STM-64
速率/Mbps	155.52	622.08	2488.32	9953.28

以上简要讨论了 TDM 数字电话系统中的几个问题,目的是使读者对实际的数字电话通信系统有一概略了解。

8.10　话音和图像的压缩编码

为了能在数字信道中传输模拟话音或图像信号,必须使模拟信号数字化。若采用 13 折线 A 律 PCM 的方法,一路话音信号数字化后的数码率或传信率为 64kbps,而彩色电视信号数字化后的传信率高于 100Mbps。它们在传输时需占用的信道带宽要比原始模拟信号带宽大许多倍。为节约带宽,需要降低该传信率,于是人们在过去的几十年内,研究开发了多种话音或图像信号压缩编码技术[10]。

8.10.1　话音压缩编码

早在 1972 年,CCITT(现已改称为 ITU-T)已制定出关于 PCM 话音编码的国际建议 G.711。其规定每话路抽样率为 8kHz,每样点量化为 8bit,即每话路数码率为 64kbps。为了压缩编码速率,CCITT 又于 1984 年制定出 32kbps 每话路数码率的建议,并建议采用自适应 DPCM。后来,为进一步降低每话路数码率,CCITT 相继制定出 16kbps 每话路数码率的建议 G.728、8kbps 的建议 G.729 以及 5.3/6.3kbps 双速率的建议 G.723.1。更低速率的话音编码国际标准尚未制定出来,但有一些地区性或国家标准。在各种 16kbps 以下的低速率话音压缩建议中,大多采用基于线性预测理论的方法。因此,下面对话音的线性预测原理作一简要介绍。

8.10.2　图像压缩编码

制定图像压缩编码标准的国际组织有两个:国际标准化组织(ISO)和 ITU-T。ISO 为静止图像编码制定了 JPEG 系列标准,为活动图像编码制定了 MPEG 系列标准,例如,MPEG 系列中包括 MPEG-1、MPEG-2、MPEG-3、MPEG-4 和 MPEG-7 等;ITU-T 为活动图像编码制定了 H 系列,包括 H.261、H.262、H.263 等。

图像压缩后,所需编码比特数可以大为降低。一般而言,根据对图像质量要求的不同,比特数可以压缩至十分之一左右,甚至达到低于百分之一。

思　考　题

8-1　什么是低通型信号的抽样定理？什么是带通型信号的抽样定理？

8-2　已抽样信号的频谱混叠是什么原因引起的？若要求从已抽样信号 $m_s(t)$ 中正确地恢复出原信号 $m(t)$，抽样速率 f_s 应满足什么条件？

8-3　试比较理想抽样、自然抽样和瞬时抽样的异同点。

8-4　什么叫作量化？为什么要进行量化？

8-5　什么是均匀量化？它的主要缺点是什么？

8-6　在非均匀量化时，为什么要进行压缩和扩张？

8-7　什么是 A 律压缩？什么是 μ 律压缩？A 律 13 折线与 μ 律 15 折线相比，各有什么特点？

8-8　什么是 PCM？在 PCM 中，选用折叠二进码为什么比选用自然二进码好？

8-9　均匀量化 PCM 系统的输出信号量噪比与哪些因素有关？

8-10　什么是 DPCM？什么是 ΔM？它们与 PCM 有何异同？

8-11　DM 系统输出的信号量噪比与哪些因素有关？DM 系统的量化噪声有哪些类型？

8-12　何谓 TDM？它与 FDM 有何异同？

8-13　什么是语音和图像的压缩编码？为什么要进行压缩编码？

习　　题

8-1　已知一低通信号 $m(t)$ 的频谱 $M(f)$ 为

$$M(f) = \begin{cases} 1 - \dfrac{|f|}{200}, & |f| < 200\,\text{Hz} \\ 0, & \text{其他} \end{cases}$$

(1) 假设以 $f_s = 300\,\text{Hz}$ 的速率对 $m(t)$ 进行理想抽样，试画出已抽样信号 $m_s(t)$ 的频谱草图；

(2) 若用 $f_s = 400\,\text{Hz}$ 的速率抽样，重做上题。

8-2　已知一基带信号 $m(t) = \cos 2\pi t + 2\cos 4\pi t$，对其进行理想抽样。

(1) 为了在接收端能不失真地从已抽样信号 $m_s(t)$ 中恢复 $m(t)$，试问抽样间隔应如何选择？

(2) 若抽样间隔取为 0.2s，试画出已抽样信号的频谱图。

8-3　已知某信号 $m(t)$ 的频谱 $M(\omega)$ 如图 P8-1(b) 所示。将它通过传输函数为 $H_1(\omega)$ 的滤波器后再进行理想抽样。

(1) 抽样速率应为多少？

(2) 若设抽样速率 $f_s = 3f_1$，试画出已抽样信号 $m_s(t)$ 的频谱。

(3) 接收端的接收网络应具有怎样的传输函数 $H_2(\omega)$，才能由 $m_s(t)$ 不失真地恢复

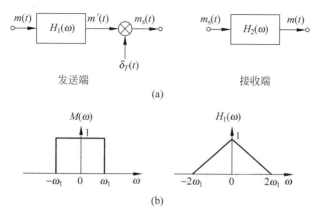

图 P8-1　题 8-3 图

$m(t)$?

8-4　已知信号 $m(t)$ 的最高频率为 f_m，若用图 P8-2 所示的 $q(t)$ 对 $m(t)$ 进行自然抽样，试确定已抽样信号频谱的表示式，并画出其示意图（注：$m(t)$ 的频谱 $M(\omega)$ 的形状可自行假设）。

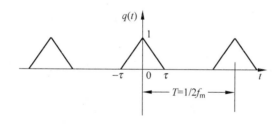

图 P8-2　抽样脉冲 $q(t)$ 波形

8-5　已知信号 $m(t)$ 的最高频率为 f_m，若用图 P8-2 所示 $q(t)$ 的单个脉冲对 $m(t)$ 进行瞬时抽样，试确定已抽样信号及其频谱表示式。

8-6　已知信号 $m(t)$ 的最高频率为 f_m，由矩形脉冲对 $m(t)$ 进行瞬时抽样，矩形脉冲的宽度为 2τ、幅度为 1，试确定已抽样信号及其频谱的表示式。

8-7　设输入抽样器的信号为门函数 $G_\tau(t)$，宽度 $\tau=20\mathrm{ms}$，若忽略其频谱第 10 个零点以外的频率分量，试求最小抽样速率。

8-8　设信号 $m(t)=9+A\cos\omega t$，其中 $A\leqslant 10\mathrm{V}$。若 $m(t)$ 被均匀量化为 40 个电平，试确定所需的二进制码组的位数 N 和量化间隔 Δv。

8-9　已知模拟信号抽样值的概率密度 $f(x)$ 如图 P8-3 所示。若按四电平进行均匀量化，试计算信号量化噪声功率比。

8-10　采用 13 折线 A 律编码，设最小量化间隔为 1 个单位，已知抽样脉冲值为 $+635$ 单位。

（1）试求此时编码器输出码组，并计算量化误差；

（2）写出对应于该 7 位码（不包括极性码）的均匀量化 11 位码。（采用自然二进制码）

8-11　采用 13 折线 A 律编码电路，设接收端收到的码组为"01010011"、最小量化间

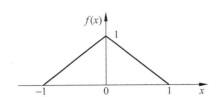

图 P8-3 模拟信号抽样值的概率密度

隔为 1 个量化单位,并已知段内码改用折叠二进码。

(1) 试问译码器输出为多少量化单位?

(2) 写出对应于该 7 位码(不包括极性码)的均匀量化 11 位自然二进制码。

8-12 采用 13 折线 A 律编码,设最小的量化间隔为 1 个量化单位,已知抽样脉冲值为 -95 量化单位。

(1) 试求此时编码器输出码组,并计算量化误差;

(2) 写出对应于该 7 位码(不包括极性码)的均匀量化 11 位自然二进制码。

8-13 信号 $m(t) = M\sin 2\pi f_0 t$ 进行简单增量调制,若台阶 σ 和抽样频率选择得既保证不过载,又保证不致因信号振幅太小而使增量调制器不能正常编码,试证明此时要求 $f_s > \pi f_0$。

8-14 对 10 路带宽均为 $300 \sim 5400\text{Hz}$ 的模拟信号进行 PCM 时分复用传输。抽样速率为 8000Hz,抽样后进行 8 级量化,并编为自然二进制码,码元波形是宽度为 τ 的矩形脉冲,且占空比为 1。试求传输此时分复用 PCM 信号所需的奈奎斯特基带带宽。(忽略帧同步)

8-15 单路话音信号的最高频率为 4kHz,抽样速率为 8kHz,以 PCM 方式传输。设传输信号的波形为单极矩形脉冲,其宽度为 τ,且占空比为 1。

(1) 抽样后信号按 8 级量化,求 PCM 基带信号第一零点频宽。

(2) 若抽样后信号按 128 级量化,PCM 二进制基带信号第一零点频宽又为多少?

8-16 若 12 路话音信号(每路信号的最高频率均为 4kHz)进行抽样和时分复用,将所得的脉冲用 PCM 系统传输,重做上题。

8-17 已知话音信号的最高频率 $f_m = 3400\text{Hz}$,今用无压扩 PCM 均匀量化系统传输,要求信号量化噪声比 S_o/N_q 不低于 30dB。试求此 PCM 系统所需的奈奎斯特基带频宽。

第 9 章

数字信号的最佳接收

9.1 引言

一个通信系统的质量优劣在很大程度上取决于接收系统的性能。这是因为,影响信息可靠传输的不利因素(信道特性不理想及信道中存在噪声等)将直接作用到接收端,对信号接收产生影响。那么,从接收角度看,在前面几章阐述的各种通信系统中,其接收系统是否是最好的呢? 这就涉及通信理论中一个重要的问题:最佳接收或信号接收最佳化问题。

最佳接收理论是以接收问题作为自己的研究对象,研究从噪声中如何最好地提取有用信号。"最好"或"最佳"并非是一个绝对的概念,它是在某个准则意义上的一个相对概念。这就是说,在某个准则下是最佳的接收机,在另一准则下就不一定是最佳的。

本章仅讨论数字信号最佳接收的基本原理。首先介绍最佳接收准则,然后推导满足一定准则的最佳接收机结构,并分析其性能。最后分析比较几种最佳接收机与普通接收机的性能并给出实现最佳接收机的途径。

9.2 数字信号接收的统计描述

在数字通信系统中,发送端把几个可能出现的信号之一发送给接收机。但对接收端的受信者来说,观察到接收波形后,要无误地断定某一信号的到来却是一件困难的事。因为,一方面,哪一个信号被发送,对受信者来说是不确定的;另一方面,即使预知某一信号被发送了,但由于信号在传输过程中可能发生各种畸变和混入随机噪声,也会使受信者对收到的信号产生怀疑。然而,不确定性或随机性的存在,决不意味着信号就无法可靠地接收。因为,从概率论的观点看,只要我们掌握接收波形的统计资料,就可以利用统计的方法,即统计判决法来获得满意的接收效果。因此可以说,带噪声的数字信号的接收,实质上是一个统计接收问题,或者说是一个统计判决的过程。

从统计学的观点来看,数字通信系统可以用一个统计模型来表述,如图 9-1 所示。图中的消息空间、信号空间、噪声空间、观察空间及判决空间分别代表消息、信号、噪声、接收波形及判决的所有可能状态的集合。例如 $x_i(i=1,2,\cdots,m)$ 代表消息空间的 m 个点,亦即 m 种可能的状态。如果 $m=2$,即二进制数字通信系统,则 x 有两种状态:例如 x_1 表示

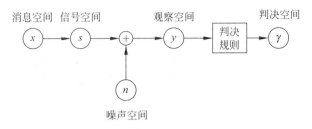

图 9-1　统计判决模型

消息符号"0"，x_2 表示"1"。与此相应，s_i 代表信号空间中的点，γ_i 代表判决空间中的点，……因为在一般情况下可假设接收波形是发送信号和噪声的简单相加，因此，对模型中的 x、s、n、y 等参数能够做出准确的统计描述。一旦得到了关于 y 的统计资料，就可借助一定的判决规则获得判决 γ。注意，γ_i 的可能状态数与 x_i 的相同。例如，在二进制系统中，γ 只有两种可能状态。

现在根据图 9-1 的模型对参数 x、s、n、y 作必要的统计描述。

参数 x 代表着离散消息的所有可能取值 $x_1, x_2, \cdots, x_m$。从接收端的角度看，发送哪一个可能值是不确定的，因而只能用概率的概念来描述这种不确定性。假设每一可能值的发送是互不依赖的，则 x 的出现概率可以用一维概率分布 $P(x)$ 加以表示，如图 9-2 所示。因为 m 个消息必定发送其一，故下式成立：

$$\sum_{i=1}^{m} P(x_i) = 1 \tag{9.2-1}$$

若 $x_1, x_2, \cdots, x_m$ 出现的可能性相同，则 $P(x_1) = P(x_2) = \cdots = P(x_m) = 1/m$，这就是"等概"情况。

因为消息本身不能直接经过信道传输，故必须把消息变换成适合信道传输的发送信号 $s(t)$，以 s 参数表示。正如我们已经知道的，x 与 s 之间必须建立一一对应的关系，故 s 必将有 m 个可能取值 $s_1, s_2, \cdots, s_m$，而且 s 出现的统计规律同样由 x 的概率分布所确定，即有

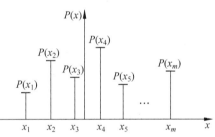

图 9-2　消息 x 的概率分布 $P(x)$

$$P(x_1) = P(s_1), P(x_2) = P(s_2), \cdots, P(x_m) = P(s_m)$$

而且，同样有

$$\sum_{i=1}^{m} P(s_i) = 1$$

$n(t)$ 这里简写为 n，代表信道噪声的取值。我们仍然假定噪声是高斯型的（均值为零）随机过程，于是 n 的统计特性应该用多维联合概率密度函数来描述。令 n 的 k 维联合概率密度函数为 $f_k(n)$，n 在 k 个不同时刻的取值为 $n_1, n_2, \cdots, n_k$，则

$$f_k(n) = f(n_1, n_2, \cdots, n_k)$$

考虑到 3.8 节给出的结果，即如果噪声是高斯白噪声，则它的任意两个时刻上得到的值都是互不相关的，因而也是相互独立的；如果噪声是限带高斯白噪声，其功率谱密度为 $n_0 G_{2\omega_H}(\omega)/2$，则在它的抽样时刻上得到的值（按 $2f_H$ 速率抽样）也是互不相关的，因而也

是相互独立的。因此,这时的 $f_k(n)$ 可表示为

$$f_k(n) = f(n_1)f(n_2)\cdots f(n_k) = \frac{1}{(\sqrt{2\pi}\sigma_n)^k}\exp\left[-\frac{1}{2\sigma_n^2}\sum_{i=1}^{k}n_i^2\right] \qquad (9.2\text{-}2)$$

这里的 σ_n^2 是噪声的方差,即功率。又因为当 k 很大时

$$\frac{1}{2f_H T}\sum_{i=1}^{k}n_i^2$$

代表在观察时间 $(0,T)$ 内的平均功率,因此根据巴塞伐尔定理[5]或卡切尔尼柯夫展开式[37],应有

$$\frac{1}{T}\int_0^T n^2(t)\mathrm{d}t = \frac{1}{2f_H T}\sum_{i=1}^{k}n_i^2$$

于是,式(9.2-2)还可表示为

$$f(n) = \frac{1}{(\sqrt{2}\pi\sigma_n)^k}\exp\left[-\frac{1}{n_0}\int_0^T n^2(t)\mathrm{d}t\right] \qquad (9.2\text{-}3)$$

式中,n_0 为噪声的(单边)功率谱密度,$n_0 = \sigma_n^2/f_H$。

因为 $y(t) = s(f) + n(t)$,故当接收到信号取值 $s_1(t),s_2(t),\cdots,s_m(t)$ 之一时有 $y(t)$ 将服从高斯分布:其方差仍为 σ_n^2,但其均值为 $s_i(t)(i=1,2,\cdots,m$ 中的某一个)。例如,对于 $s_1(t)=0,s_2(t)=1$ 的二进制情况,出现信号 $s_1(t)$ 时,$y(t)$ 的概率密度函数可表示成

$$f_{s_1}(y) = \frac{1}{(\sqrt{2\pi}\sigma_n)^k}\exp\left[-\frac{1}{n_0}\int_0^T y^2(t)\mathrm{d}t\right] \qquad (9.2\text{-}4)$$

因为 $y(t) = n(t) + s_1(t)$,现在 $s_1(t) = 0$,故 $y(t) = n(t)$。根据式(9.2-3)即可得到式(9.2-4)。同样根据式(9.2-3),出现信号 s_2 时 y 的概率密度函数为

$$f_{s_2}(y) = \frac{1}{(\sqrt{2\pi}\sigma_n)^k}\exp\left\{-\frac{1}{n_0}\int_0^T[y(t)-1]^2\mathrm{d}t\right\} \qquad (9.2\text{-}5)$$

因为这里 $s_2(t)=1$,即 $y(t)=n(t)+1$。$n(t)$ 是均值为 0 的高斯型,所以 $y(t)$ 为均值 1 的高斯型。利用推导式(9.2-3)的方法就可得出式(9.2-5)。

用与上面同样的方法可得到:在发送 $s_i(t)$ 条件下,$y(t)$ 的概率密度为

$$f_{s_i}[y(t)] = \frac{1}{(\sqrt{2\pi}\sigma_n)^k}\exp\left\{-\frac{1}{n_0}\int_0^T[y(t)-s_i(t)]^2\mathrm{d}t\right\} \qquad (9.2\text{-}6)$$

9.3　关于最佳接收准则

在数字通信中最直观和最合理的准则应该是"最小差错概率"。在数字通信系统中,如果没有任何干扰以及其他可能的畸变,则发送消息 $x_1,x_2,\cdots,x_m$ 就一定能够被无差错地做出相应判决 $\gamma_1,\gamma_2,\cdots,\gamma_m$,但是,这种理想情况是不可能发生的。实际上,由于噪声和畸变的作用,发送 x_i 不见得一定判为 γ_i,而可能判为非 γ_i 的任何一个。这样,就存在错误接收。自然,我们期望错误接收的概率越小越好。

以二进制数字信号接收为例来讨论最佳接收准则。此时传输的差错概率为

$$P_e = P(s_1)P(\gamma_2/s_1) + P(s_2)P(\gamma_1/s_2) \qquad (9.3\text{-}1)$$

式中，$P(s_1)$ 和 $P(s_2)$ 为先验概率；$P(\gamma_2/s_1)$ 和 $P(\gamma_1/s_2)$ 为错误转移概率。显然，使这个传输的误差概率最小是合理的。

经过一系列变换[12]，可有

$$\begin{cases} \dfrac{f_{s_1}(y)}{f_{s_2}(y)} > \dfrac{P(s_2)}{P(s_1)}, & \text{判为 } \gamma_1 \\[3mm] \dfrac{f_{s_1}(y)}{f_{s_2}(y)} < \dfrac{P(s_2)}{P(s_1)}, & \text{判为 } \gamma_2 \end{cases} \tag{9.3-2}$$

通常称式(9.3-2)为似然比准则，这是由于人们常称 $f_{s_1}(y)$ 或 $f_{s_2}(y)$ 为似然函数而得名。

如果 $P(s_1) = P(s_2)$，则式(9.3-2)变为 $[f_{s_1}(y)/f_{s_2}(y)] > 1$ 判为 s_1；反之，判为 s_2。或者

$$\begin{cases} f_{s_1}(y) > f_{s_2}(y), & \text{判为 } s_1 \\[2mm] f_{s_1}(y) < f_{s_2}(y), & \text{判为 } s_2 \end{cases} \tag{9.3-3}$$

式(9.3-3)的判决规则意味着 $f_{s_1}(y)$ 及 $f_{s_2}(y)$ 哪个大就判为哪个，它常称为最大似然准则。

以上讨论的准则可以推广到多进制的情形中。假定可能发送的信号有 m 个，则最大似然准则可表示为

$$f_{s_i}(y) > f_{s_j}(y)，\text{判为 } s_i \tag{9.3-4}$$
$$i, j = 1, 2, \cdots, m; \ i \neq j$$

此时已假定先验等概，即 $P(s_1) = P(s_2) = \cdots = P(s_m) = 1/m$。

有了判决规则以后，数字信号的最佳接收在理论上就变为收到一个 $y(t)$ 后，分别计算似然函数值，然后对它们进行比较，谁大就判为谁。

值得指出的是，最小差错概率准则是数字通信中通常被采用的，但不排除采用别的准则，如贝叶斯(Bayes)准则等。只是这类准则在数字通信中很少采用，故不再介绍。

9.4　确知信号的最佳接收

人们发现，经信道到达接收机输入端的信号可分为两大类：一类称确知信号，另一类称随参信号。这些信号就是从噪声中被检测的对象。确知信号的所有参数(幅度、频率、相位、到达时间等)都确知，例如，数字信号通过恒参信道时，接收机输入端的信号可认为是一种确知信号。对于它，从检测观点来说，未知的只是信号出现与否。随机相位信号，它被认为是除相位 φ 外其余参数都确知的信号形式，即 φ 是信号的唯一随机参数。它的随机性体现于在一个数字信号持续时间$(0, T)$内为某一值，而在另一持续时间内随机地取另一值。随机相位信号在实际中是较常见的，例如用键控法从独立振荡器那里得到的 FSK 或 ASK 信号及随机窄带信号经强限幅后的信号。随机振幅和相位信号(简称起伏信号)的振幅 a 和相位 φ 都是随机参数，而其余参数是确知的，如一般衰落信号等。本章重点讨论确知信号的最佳接收问题，随相信号和起伏信号最佳接收的问题将在后面作一般性讨论。

9.4.1　二进制确知信号的最佳接收机

设到达接收机输入端的两个可能确知信号为 $s_1(t)$ 和 $s_2(t)$，它们的持续时间为

$(0,T)$,且有相等的能量;接收机输入端的噪声 $n(t)$ 是 AWGN,且其均值为零、单边功率谱密度为 n_0。现在的目的是设计一个接收机,它能在噪声干扰下以最小的错误概率检测信号。

利用上一节的结果,为了能以最小错误概率判定是 $s_1(t)$ 还是 $s_2(t)$ 到达接收机,我们只需按式(9.3-2)或式(9.3-3)的判决规则来进行判断。

因为在观察时间 $(0,T)$ 内,观察到的波形 $y(t)$ 可表示为

$$y(t) = \{s_1(t) \text{ 或 } s_2(t)\} + n(t) \tag{9.4-1}$$

所以,在前面的假设条件下,可以容易地得出概率密度 $f_{s_1}(y)$ 和 $f_{s_2}(y)$(见式(9.2-6))

$$f_{s_1}(y) = \frac{1}{(\sqrt{2}\,\pi\sigma_n)^k}\exp\left\{-\frac{1}{n_0}\int_0^T[y(t)-s_1(t)]^2\mathrm{d}t\right\} \tag{9.4-2}$$

$$f_{s_2}(y) = \frac{1}{(\sqrt{2}\,\pi\sigma_n)^k}\exp\left\{-\frac{1}{n_0}\int_0^T[y(t)-s_2(t)]^2\mathrm{d}t\right\} \tag{9.4-3}$$

这样,由判决规则式(9.3-3)得到:若

$$P(s_1)\exp\left\{-\frac{1}{n_0}\int_0^T[y(t)-s_1(t)]^2\mathrm{d}t\right\} > P(s_2)\exp\left\{-\frac{1}{n_0}\int_0^T[y(t)-s_2(t)]^2\mathrm{d}t\right\}$$

$$\tag{9.4-4}$$

则判为 s_1 出现;若

$$P(s_1)\exp\left\{-\frac{1}{n_0}\int_0^T[y(t)-s_1(t)]^2\mathrm{d}t\right\} < P(s_2)\exp\left\{-\frac{1}{n_0}\int_0^T[y(t)-s_2(t)]^2\mathrm{d}t\right\}$$

$$\tag{9.4-5}$$

则判为 s_2 出现。这里 $P(s_1)$ 和 $P(s_2)$ 分别是 $s_1(t)$ 和 $s_2(t)$ 的先验概率。

再来化简上述不等式。在不等式两边取对数,不等式仍然成立。于是,得到:若

$$n_0\ln\frac{1}{P(s_1)} + \int_0^T[y(t)-s_1(t)]^2\mathrm{d}t < n_0\ln\frac{1}{P(s_2)} + \int_0^T[y(t)-s_2(t)]^2\mathrm{d}t \tag{9.4-6}$$

则判为 s_1 出现;反之,则判为 s_2 出现。再考虑到 $s_1(t)$ 和 $s_2(t)$ 具有相同的能量,即

$$\int_0^T s_1^2(t)\mathrm{d}t = \int_0^T s_2^2(t)\mathrm{d}t = E$$

则式(9.4-6)条件还可化简为:若

$$U_1 + \int_0^T y(t)s_1(t)\mathrm{d}t > U_2 + \int_0^T y(t)s_2(t)\mathrm{d}t \tag{9.4-7}$$

则判为 $s_1(t)$ 出现;反之,则判为 $s_2(t)$ 出现。其中

$$\begin{cases} U_1 = \dfrac{n_0}{2}\ln P(s_1) \\[2mm] U_2 = \dfrac{n_0}{2}\ln P(s_2) \end{cases} \tag{9.4-8}$$

由不等式(9.4-7)给出的判决规则,可以得到最佳接收机的原理结构,如图 9-3 所示。由图可见,这种最佳接收机的结构是按比较 $y(t)$ 与 $s_1(t)$ 和 $s_2(t)$ 的相关性而构成的,故称图 9-3 所示的结构为“相关检测器”。如果先验概率 $P(s_1)=P(s_2)$,则有 $U_1=U_2$,故图 9-3 中的相加器可以省掉,于是该图简化成如图 9-4 所示的结构。图中的比较器是在码元末了时刻 $t=kT$ 进行比较的,故可理解为是一个抽样判决的电路。图中积分器是在一

个码元内对信号积分,而在每个码元末了时刻 $kT + (kT + 要比 kT$ 时刻稍迟一点)受到猝熄脉冲清洗,使积分的输出的信号值归到零,然后对下一个码元进行积分和抽样比较。

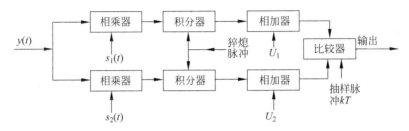

图 9-3 二进制确知信号的最佳接收机

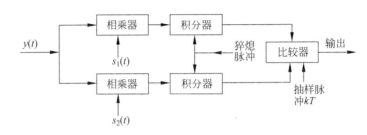

图 9-4 先验等概时二进制确知信号的最佳接收机

由上面的最佳接收机结构看到,完成相关运算的相关器是它的关键部件,因此该图结构的接收机常被称为相关型接收机。

9.4.2 二进制确知信号最佳接收机的性能

图 9-4 所示的最佳接收机,是按最佳判决规则设计的,因而,具有最小的错误概率。显然,这个"最小错误概率"表征了最佳接收机的极限性能。

最佳接收机发生错误判决将有两种可能:$y(t)$ 确实包含着信号 $s_1(t)$,而最后却判为 s_2 出现;$y(t)$ 确实包含着信号 $s_2(t)$,而最后却判为 s_1 出现。设发送 $s_1(t)$ 的条件下,判为出现 $s_2(t)$ 的概率为 $P_{s_1}(s_2)$;发送 $s_2(t)$ 条件下,判为出现 $s_1(t)$ 的概率为 $P_{s_2}(s_1)$。显然,这时的错误概率可由下式确定:

$$P_e = P(s_1)P_{s_1}(s_2) + P(s_2)P_{s_2}(s_1) \tag{9.4-9}$$

因此,计算 P_e 的问题就归结为求得 $P_{s_1}(s_2)$ 及 $P_{s_2}(s_1)$。由于 $P_{s_1}(s_2)$ 和 $P_{s_2}(s_1)$ 的求解方法相同,故我们将详细讨论其中之一:$P_{s_1}(s_2)$ 的计算。

由上面分析可知,$P_{s_1}(s_2)$ 便是当 $y(t) = s_1(t) + n(t)$ 的条件下使判决规则式(9.4-5)成立的概率。于是,将 $y(t) = s_1(t) + n(t)$ 代入这个不等式后,便得到

$$\int_0^T n(t)[s_1(t) - s_2(t)]\mathrm{d}t < \frac{n_0}{2}\ln\frac{P(s_2)}{P(s_1)} - \frac{1}{2}\int_0^T [s_1(t) - s_2(t)]^2 \mathrm{d}t \tag{9.4-10}$$

令

$$\xi = \int_0^T n(t)[s_1(t) - s_2(t)]\mathrm{d}t \tag{9.4-11}$$

及

$$a = \frac{n_0}{2} \ln \frac{P(s_2)}{P(s_1)} - \frac{1}{2} \int_0^T [s_1(t) - s_2(t)]^2 \mathrm{d}t \qquad (9.4\text{-}12)$$

容易看出，在前面的假设条件下，ξ 将仅依赖于随机噪声 $n(t)$，故 ξ 是一个随机变量，而 a 是一个确定的值。这样，所求概率 $P_{s_1}(s_2)$ 便成为下述不等式成立的概率：

$$\xi < a \qquad (9.4\text{-}13)$$

由式(9.4-11)看出，因为已假设 $n(t)$ 是高斯过程，故利用第 3 章的结论："高斯过程经线性变换后的过程仍为高斯的"，可知 ξ 是一个高斯随机变量。现在的问题是需要确定它的数学期望和方差。

ξ 的数学期望 $E\xi$ 为

$$E\xi = E\left\{ \int_0^T n(t)[s_1(t) - s_2(t)]\mathrm{d}t \right\} = \int_0^T E[n(t)][s_1(t) - s_2(t)]\mathrm{d}t$$

因为已知 $n(t)$ 的数学期望为零，故有 $E\xi = 0$。

ξ 的方差 $D\xi$ 为

$$D\xi = E(\xi^2) = E\left\{ \int_0^T \int_0^T n(t)[s_1(t) - s_2(t)]n(t')[s_1(t') - s_2(t')]\mathrm{d}t\mathrm{d}t' \right\}$$

$$= \int_0^T \int_0^T E[n(t)n(t')][s_1(t) - s_2(t)][s_1(t') - s_2(t')]\mathrm{d}t\mathrm{d}t' \qquad (9.4\text{-}14)$$

因为白噪声的自相关函数(见 3.8 节)为

$$B(\tau) = E[n(t)n(t+\tau)] = \frac{n_0}{2}\delta(\tau)$$

故有

$$E[n(t)n(t')] = \begin{cases} \dfrac{n_0}{2}\delta(0), & t = t' \\ 0, & \text{其他} \end{cases}$$

将上式代入式(9.4-14)，可得

$$D\xi = \frac{n_0}{2} \int_0^T [s_1(t) - s_2(t)]^2 \mathrm{d}t \qquad (9.4\text{-}15)$$

于是

$$P_{s_1}(s_2) = P(\xi < a) = \frac{1}{\sqrt{2\pi}\sigma_\xi} \int_{-\infty}^a \mathrm{e}^{-\frac{x^2}{2\sigma_\xi^2}} \mathrm{d}x \qquad (9.4\text{-}16)$$

式中 $\sigma_\xi^2 = D\xi$。利用相同的方法，我们可求得

$$P_{s_2}(s_1) = \frac{1}{\sqrt{2\pi}\sigma_\xi} \int_{a'}^\infty \mathrm{e}^{-\frac{x^2}{2\sigma_\xi^2}} \mathrm{d}x \qquad (9.4\text{-}17)$$

其中

$$a' = \frac{n_0}{2} \ln \frac{P(s_2)}{P(s_1)} + \frac{1}{2} \int_0^T [s_1(t) - s_2(t)]^2 \mathrm{d}t \qquad (9.4\text{-}18)$$

将式(9.4-16)及式(9.4-17)代入式(9.4-9)，便得到

$$P_e = \frac{P(s_1)}{\sqrt{2\pi}\sigma_\xi} \int_{-\infty}^a \mathrm{e}^{-\frac{x^2}{2\sigma_\xi^2}} \mathrm{d}x + \frac{P(s_2)}{\sqrt{2\pi}\sigma_\xi} \int_{a'}^\infty \mathrm{e}^{-\frac{x^2}{2\sigma_\xi^2}} \mathrm{d}x$$

或

$$P_e = P(s_1)\left[\frac{1}{\sqrt{2\pi}}\int_b^\infty e^{-\frac{z^2}{2}}dz\right] + P(s_2)\left[\frac{1}{\sqrt{2\pi}}\int_{b'}^\infty e^{-\frac{z^2}{2}}dz\right] \qquad (9.4\text{-}19)$$

其中

$$z = \frac{x}{\sigma_\xi}$$

$$b = -\frac{a}{\sigma_\xi} = \sqrt{\frac{1}{2n_0}\int_0^T[s_1(t)-s_2(t)]^2dt} + \frac{\ln\dfrac{P(s_1)}{P(s_2)}}{2\sqrt{\dfrac{1}{2n_0}\int_0^T[s_1(t)-s_2(t)]^2dt}} \qquad (9.4\text{-}20)$$

$$b' = \sqrt{\frac{1}{2n_0}\int_0^T[s_1(t)-s_2(t)]^2dt} + \frac{\ln\dfrac{P(s_2)}{P(s_1)}}{2\sqrt{\dfrac{1}{2n_0}\int_0^T[s_1(t)-s_2(t)]^2dt}} \qquad (9.4\text{-}21)$$

由此看出,所求的最佳接收机的极限性能 P_e 与先验概率 $P(s_1)$ 和 $P(s_2)$、噪声功率谱密度 n_0 及两信号之差的能量有关,而与 $s_1(t)$ 及 $s_2(t)$ 本身的具体结构无关。

现在简单分析一下 P_e 与先验概率的关系问题。

(1) 当 $\dfrac{P(s_1)}{P(s_2)}=0$ 或 ∞ 时,即 $P(s_1)=0$,而 $P(s_2)=1$ 或 $P(s_2)=0$;而 $P(s_1)=1$ 时,由式(9.4-19) 看出,P_e 将等于零,这是预料的结果。因为此时意味着接收端预先知道了发送的是什么,故不会有错误发生。

(2) 当 $\dfrac{P(s_1)}{P(s_2)}=1$ 时,即先验等概时,由于 $\ln\dfrac{P(s_1)}{P(s_2)}=0$,故 b 及 b' 的第二项为零,此时 P_e 仅与两信号之差的能量及 n_0 有关。

(3) 当 $\dfrac{P(s_1)}{P(s_2)}=10$ 或 0.1 时,因 $\ln\dfrac{P(s_1)}{P(s_2)}\neq 0$,故 b 及 b' 必须考虑两项之和,经计算可证此时的 P_e 将比先验等概时略小。图 9-5 表示了在先验等概和 $\dfrac{P(s_1)}{P(s_2)}=10$ 或 $1/10$ 时 P_e 与 A 的关系,其中,A 由下式决定:

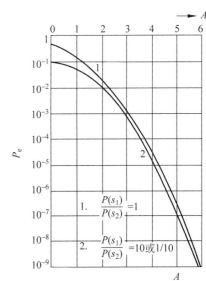

图 9-5 P_e 与 A 的关系曲线

图中标注:
1. $\dfrac{P(s_1)}{P(s_2)}=1$
2. $\dfrac{P(s_1)}{P(s_2)}=10$ 或 $1/10$

$$A = \sqrt{\frac{1}{2n_0}\int_0^T[s_1(t)-s_2(t)]^2dt} \qquad (9.4\text{-}22)$$

由图 9-5 不难看出如下几点重要概念:第一,在 A 一定的情况下,先验等概时的错误概率 P_e 最大,这就是说,先验等概对于差错性能而言是一种最不利的情况;第二,若先验不等概,则得到的 P_e 将比等概时有下降。因此,若确知先验概率分布,则应按图 9-3 设计最佳接收机，以便得到最小的 P_e。但事实上，先验分布是不易确知的，故实际中常常选择先验等概的假设，并按图 9-4 设计最佳接收机的结构。

9.4.3　二进制确知信号的最佳形式

为了更好地理解二进制确知信号最佳接收机极限性能对于实践的指导意义，对式(9.4-19)做进一步的分析。在通常的先验等概情况下，极限性能 P_e 可简化为

$$P_e = \frac{1}{\sqrt{2}\pi} \int_A^\infty e^{-\frac{z^2}{2}} dz \qquad (9.4\text{-}23)$$

式中，A 由式(9.4-22)确定。现在定义

$$\rho = \frac{\int_0^T s_1(t) s_2(t) dt}{\sqrt{E_1 E_2}} \qquad (9.4\text{-}24)$$

式中，E_1、E_2 分别是 $s_1(t)$ 和 $s_2(t)$ 在 $0 \leqslant t \leqslant T$ 内的能量。ρ 为信号 $s_1(t)$ 与 $s_2(t)$ 的互相关系数，其取值范围为 $(-1,1)$。

当信号 $s_1(t)$ 与 $s_2(t)$ 具有相同的能量 $(E_1 = E_2 = E_b)$ 时，式(9.4-22)可写成

$$A = \sqrt{\frac{E_b(1-\rho)}{n_0}} \qquad (9.4\text{-}25)$$

因此，式(9.4-23)变为

$$P_e = \frac{1}{2} \left\{ 1 - \text{erf} \left[\sqrt{\frac{E_b(1-\rho)}{2n_0}} \right] \right\} \qquad (9.4\text{-}26)$$

式中，$\text{erf}(x)$ 为误差函数。由式(9.4-26)看到，当信号能量 E_b 和噪声的 n_0 一定时，错误概率 P_e 是相关系数 ρ 的函数，而且 ρ 值越大，P_e 就越大。因为 $|\rho| \leqslant 1$，所以，当 $\rho = -1$ 时，P_e 有最小的值。此值即为

$$P_e = \frac{1}{2} \left[1 - \text{erf} \left(\sqrt{\frac{E_b}{n_0}} \right) \right] = \frac{1}{2} \text{erfc} \sqrt{\frac{E_b}{n_0}} \qquad (9.4\text{-}27)$$

当 $\rho = 1$ 时，P_e 有最大值，此值即为

$$P_e = \frac{1}{2}$$

当 $\rho = 0$ 时，则 P_e 即为

$$P_e = \frac{1}{2} \left[1 - \text{erf} \left(\sqrt{\frac{E_b}{2n_0}} \right) \right] = \frac{1}{2} \text{erfc} \sqrt{\frac{E_b}{2n_0}} \qquad (9.4\text{-}28)$$

由此得到结论：二进制确知信号的最佳形式为 $\rho = -1$ 的形式。使 ρ 越接近于 1 的信号形式，其接收性能就越差，以致通信无效。因为 $P_e = 1/2$ 就意味着判对和判错的可能性一样，故等于瞎猜的概率。使 $\rho = 0$ 的信号形式(即两信号正交时的形式)将比 $\rho = -1$ 的信号在信噪比[①]性能上劣 3dB。

当信号 $s_1(t)$ 的能量 $E_1 = 0$、$s_2(t)$ 的能量 $E_2 = E_b$ 时，则式(9.4-22)可写成

[①]　常把 E_b/n_0 称为信噪比，这个信噪比与以前定义的信噪比 r 有相同的量纲，但在数值上一般并不一样，两者的关系将在 9.7 节中详述。

$$A = \sqrt{\frac{E_b}{2n_0}} \tag{9.4-29}$$

因此,式(9.4-23)变为

$$P_e = \frac{1}{2}\left[1 - \operatorname{erf}\left(\sqrt{\frac{E_b}{4n_0}}\right)\right] = \frac{1}{2}\operatorname{erfc}\sqrt{\frac{E_b}{4n_0}} \tag{9.4-30}$$

根据式(9.4-27)、式(9.4-28)及式(9.4-30)画出的 P_e-E_b/n_0 关系曲线分别如图 9-6 中 ③、②、① 三条曲线所示。

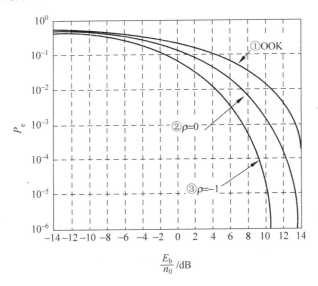

图 9-6 二进制时的最佳接收曲线

在数字通信中,二进制 PSK 信号将能使 $\rho = -1$;二进制 FSK 对应 $\rho = 0$。因此,这两种信号最佳接收时的错误概率分别如式(9.4-27)与式(9.4-28)所示。对于 OOK 信号,其最佳接收时的错误概率可用式(9.4-30)表示。由以上分析可见,在二进制确知信号的通信中,PSK 信号是最佳的信号形式之一,而 FSK 信号次之,用有和无表示的 2ASK 信号最差。但要注意,说 PSK 信号形式是最佳的,并不意味着第 7 章中介绍的相应解调系统就是最佳的接收系统,因为那里的解调系统并非按最佳接收机的结构设计的。

9.4.4 多进制确知信号的最佳接收机及其性能

在详细讨论了二进制确知信号的最佳接收问题的基础上,下面考察多进制确知信号时的情形。

我们将讨论如下条件下的最佳接收问题:在观察时间$(0,T)$内收到的波形 $y(t)$ 将包含 m 个信号 $s_i(t)$ $(i=1,2,\cdots,m)$ 中的一个,这些信号具有相等的先验概率、相同的能量,而且它们是正交的[①],即

---

① 这个假设在工程实际中通常是满足的。

$$\int^T M_0 s_i(t) s_j(t) \mathrm{d}t = \begin{cases} E, & i = j \\ 0, & i \neq j \end{cases} \tag{9.4-31}$$

式中，E 是信号的能量。

现在就以最大似然准则式（9.3-3）作为判决规则，来讨论这时的最佳接收机结构及其性能。利用二进制时的讨论结果，这时的判决规则可写成（见式（9.4-7），但此时 $U_1 = U_2$，故可略去）：若

$$\int_0^T y(t) s_i(t) \mathrm{d}t > \int_0^T y(t) s_j(t) \mathrm{d}t \tag{9.4-32}$$

则判为 s_i 出现。这里 $i, j = 1, 2, \cdots, m$；但 $j \neq i$。于是可画出相关器形式最佳接收机的结构，如图 9-7 所示。

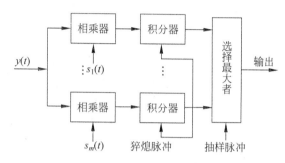

图 9-7　多进制确知信号的最佳接收机结构

下面来分析图 9-7 所示的最佳接收机的性能。设这时的错误概率用 P_e 表示，则 $1 - P_e = P_c$ 表示正确接收的概率。显然，在讨论的情况中，有

$$P_{s_1}(s_1) = P_{s_2}(s_2) = \cdots = P_{s_m}(s_m) \tag{9.4-33}$$

式中，$P_{s_i}(s_i)$ 表示发送信号 s_i 的条件下判为 s_i 出现的概率。所以，P_c 可以表示为

$$P_c = \frac{1}{m} [P_{s_1}(s_1) + P_{s_2}(s_2) + \cdots + P_{s_m}(s_m)] = P_{s_i}(s_i) \tag{9.4-34}$$

式中，i 是 $1, 2, \cdots, m$ 中的任一个。概率 $P_{s_i}(s_i)$ 是不难求得的，因为它表示接收机输入端出现 $s_i(t)$ 的情况下使下述不等式成立的概率

$$\int_0^T y(t) s_i(t) \mathrm{d}t > \int_0^T y(t) s_j(t) \mathrm{d}t \tag{9.4-35}$$

式中，$j = 1, 2, \cdots, m$，但 $j \neq i$。将 $y(t) = m(t) + s_i(t)$ 代入式（9.4-35），则有

$$\int_0^T n(t) s_i(t) \mathrm{d}t + E > \int_0^T n(t) s_j(t) \mathrm{d}t \tag{9.4-36}$$

令

$$\xi_i = \int_0^T n(t) s_i(t) \mathrm{d}t + E \tag{9.4-37}$$

$$\eta_j = \int_0^T n(t) s_j(t) \mathrm{d}t \tag{9.4-38}$$

利用在 9.4.2 节中曾采用过的分析方法，我们可求得：ξ_i、η_j 都是正态随机变量，而且具有

相同的方差 $\sigma_\xi^2 = \sigma_\eta^2 = n_0 E/2$,但 ξ_i 的均值为 E,而 η_j 的均值为零。利用信号之间的正交性,容易证明 $\eta_1,\eta_2,\cdots,\eta_m$ 都是相互独立的。于是

$$P_c = P_{s_i}(s_i) = P[\xi_i > n_j], \quad j = 1,2,\cdots,m,\text{但}\ j \neq i$$

或者

$$P_c = P[\xi_i > \eta_1, \xi_i > \eta_2, \cdots, \xi_i > \eta_{i-1}, \xi_i > \eta_{i+1}, \cdots, \xi_i > \eta_m]$$
$$= [P(\xi_i > \eta_1)]^{m-1} \tag{9.4-39}$$

这样

$$P_c = \int_{-\infty}^{\infty} [P(\eta_i < z)]^{m-1} f_{\xi_i}(z) \mathrm{d}z$$

式中,$f_{\xi_i}(z)$ 为 ξ_i 的概率密度函数,即

$$f_{\xi_i}(z) = \frac{1}{\sqrt{2\pi}\,\sigma_{\xi_i}} \exp\left[-\frac{(z-E)^2}{2\sigma_{\xi_i}^2}\right]$$

因为

$$P(\eta_i < z) = \frac{1}{\sqrt{2\pi}\,\sigma_{\xi_i}} \int_{-\infty}^{z} \exp\left[-\frac{u^2}{2\sigma_{\xi_i}^2}\right] \mathrm{d}u$$

而

$$\sigma_{\xi_i}^2 = \frac{n_0 E}{2}$$

所以,经整理可得

$$P_c = \int_{-\infty}^{\infty} \left[\frac{1}{\sqrt{2\pi}} \int_{-\infty}^{y+\left(\frac{2E}{n_0}\right)^{1/2}} \mathrm{e}^{-\frac{x^2}{2}} \mathrm{d}x\right]^{m-1} \frac{1}{\sqrt{2\pi}} \mathrm{e}^{-\frac{y^2}{2}} \mathrm{d}y$$

或有

$$P_e = 1 - P_c = 1 - \frac{1}{\sqrt{2\pi}} \int_{-\infty}^{\infty} \left[\int_{-\infty}^{y+\left(\frac{2E}{n_0}\right)^{1/2}} \frac{1}{\sqrt{2\pi}} \mathrm{e}^{-\frac{x^2}{2}} \mathrm{d}x\right]^{m-1} \mathrm{e}^{-\frac{y^2}{2}} \mathrm{d}y \tag{9.4-40}$$

上式表明,多进制确知信号的最佳接收性能除与信噪比 E/n_0 有关外,还与进制数 m 有关。为便于比较不同 m 时的性能,我们把式(9.4-40)化为 P_e 与每比特信噪比的关系。因每比特的等效时间为 $T_b = T/\log_2 m$,每比特所占有能量为

$$E_b = \frac{E}{T} T_b = \frac{E}{\log_2 m}$$

所以每比特的信噪比为

$$\frac{E_b}{n_0} = \frac{E}{n_0 \log_2 m} \tag{9.4-41}$$

图 9-8 画出了在不同 $k = \log_2 m$ 时的 P_e-E_b/n_0 关系曲线。

由图 9-8 可见,在相同 P_e 下,所需的信号能量将随进制 m 的增大而减小,但减小的量却越来越小。$m \to \infty (k \to \infty)$ 时,由式(9.4-40)可知,$P_e \to 0$。这说明,如果 $m \to \infty$,则这时的极限性能将达到香农定理所指出的极限。但实际上 m 总是有限的,故 P_e 也不能达到零。

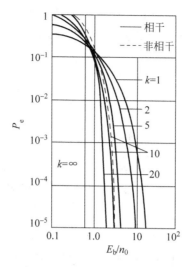

图 9-8 多进制正交确知信号的最佳性能曲线

9.5 随相信号的最佳接收

随机相位(简称"随相")信号的最佳接收问题,在总的分析思路上与上一节相仿。因此本节除阐述其特殊性外,仅作扼要叙述。

9.5.1 二进制随相信号的最佳接收机

设到达接收机输入端的两个等可能出现的随相信号为

$$\begin{cases} s_1(t,\varphi_1) = A_0\cos(\omega_1 t + \varphi_1) \\ s_2(t,\varphi_2) = A_0\cos(\omega_2 t + \varphi_2) \end{cases} \tag{9.5-1}$$

式中,ω_1 与 ω_2 为两个使信号满足"正交"的载频;φ_1 及 φ_2 是每个信号的唯一随机参数,它们在观察时间$(0,T)$内的取值服从均匀分布律。信号 $s_1(t,\varphi_1)$ 和 $s_2(t,\varphi_2)$ 的持续时间为$(0,T)$,且有相等的能量:

$$\int_0^T s_1^2(t,\varphi_1)\mathrm{d}t = \int_0^T s_2^2(t,\varphi_2)\mathrm{d}t = E \tag{9.5-2}$$

显然,这时的接收波形 $y(t)$ 为

$$y(t) = \{s_1(t,\varphi_1) \text{ 或 } s_2(t,\varphi_2)\} + n(t) \tag{9.5-3}$$

前文已经说明,若要获得最小的错误概率,则接收机应按比较似然函数哪一个大来进行设计。但应看到,那时的似然函数 $f_{s_1}(y)$ 及 $f_{s_2}(y)$ 都是确定的函数,故比较它们的大小就能达到最佳判决的目的。然而,对于随相信号的接收情况,正如在式(9.5-3)中看到的,$f_{s_1}(y)$ 和 $f_{s_2}(y)$ 已不再是确定的函数,而分别含有能够取任意值的随机相位。因此,直接比较它们的大小就不可能获得最佳判决。

但我们看出,由于这时似然函数 $f_{s_1}(y)$ 和 $f_{s_2}(y)$ 分别依赖于随机相位 φ_1 和 φ_2,故在假设 s_1 出现下观察值 y 的概率分布用联合概率密度函数 $f_{s_1}(y,\varphi_1)$ 来描述。同样,在假

设 s_2 出现下观察值 y 的概率分布用 $f_{s_2}(y,\varphi_2)$ 表述。现在的问题就归结为从 $f_{s_1}(y,\varphi_1)$ 和 $f_{s_2}(y,\varphi_2)$ 出发去寻求 $f_{s_1}(y)$ 和 $f_{s_2}(y)$。如果得到了 $f_{s_1}(y)$ 和 $f_{s_2}(y)$，则比较它们的大小就可获得最佳判决的结果。

根据概率论中求边际概率分布的知识，可得

$$f_{s_1}(y) = \int_{A_{\varphi 1}} f(\varphi_1) f_{s_1}(y/\varphi_1) \mathrm{d}\varphi_1 \tag{9.5-4}$$

$$f_{s_2}(y) = \int_{A_{\varphi 2}} f(\varphi_2) f_{s_2}(y/\varphi_2) \mathrm{d}\varphi_2 \tag{9.5-5}$$

式中，A_{φ_1} 及 A_{φ_2} 分别是 φ_1 及 φ_2 的取值域 $(0,2\pi)$；$f(\varphi_1)$ 及 $f(\varphi_2)$ 分别是 φ_1 及 φ_2 的先验概率密度，比较似然函数 $f_{s_1}(y)$ 和 $f_{s_2}(y)$ 哪一个大的判决规则(见文献[12])可被转化为：

$$\begin{cases} M_1 > M_2, \text{判为 } s_1 \text{ 出现} \\ M_1 < M_2, \text{判为 } s_2 \text{ 出现} \end{cases} \tag{9.5-6}$$

由此规则就可构成二进制随相信号的最佳接收机结构，如图 9-9 所示[12]。

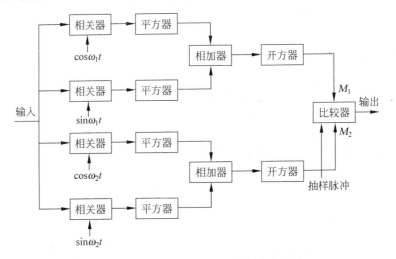

图 9-9 二进制随相信号的最佳接收机结构

9.5.2 二进制随相信号最佳接收机的性能

与上一节二进制确知信号最佳接收机性能的分析方法一样，此时的错误概率也用式(9.4-9)表示，即有

$$P_e = P(s_1) P_{s_1}(s_2) + P(s_2) P_{s_2}(s_1)$$

因为已设先验等概，故上式可写成

$$P_e = P_{s_1}(s_2) \text{ 或 } P_{s_2}(s_1) \tag{9.5-7}$$

下面求 $P_{s_1}(s_2)$。$P_{s_1}(s_2)$ 是在已知出现 $s_1(t,\varphi_1)$ 的条件下使下述不等式成立的概率：

$$M_1 < M_2$$

或写成

$$P_{s_1}(s_2) = P_{s_1}(M_1 < M_2)$$

略去推导过程，最后得到

$$P_e = \frac{1}{2} \exp\left(-\frac{E_b}{2n_0}\right) \tag{9.5-8}$$

式中 E_b 是信号 $s_1(t, \varphi_1)$ 的能量。由此可知,等概、等能量、正交的二进制随相信号的最佳接收机性能仅与输入信噪比(E_b/n_0)有关。

若在上述条件中,令 $s_1(t)$ 和 $s_2(t)$ 中的一个恒为零,则就是所谓非相干 OOK 调制方式。可以证明,在(E_b/n_0)足够大时,它的错误概率为

$$P_e = \frac{1}{2} \exp\left(-\frac{E_b}{4n_0}\right) \tag{9.5-9}$$

设接收机输入端有 m 个先验等概、互不相关及等能量的随相信号 $s_1(t, \varphi_1), s_2(t, \varphi_2), \cdots,$ $s_m(t, \varphi_m)$。那么,在接收机收到的输入波形为

$$y(t) = \{s_1(t, \varphi_1) \text{ 或 } s_2(t, \varphi_2), \cdots, \text{ 或 } s_m(t, \varphi_m)\} + n(t)$$

限于篇幅,这时的最佳接收机结构和性能公式不再推导了。

9.6 起伏信号的最佳接收

前面讨论的确知信号和随相信号,通常是数字信号通过恒参信道后所形成的信号形式。本节将要讨论的起伏信号(振幅服从瑞利分布、相位服从均匀分布),则可看成数字信号通过瑞利衰落(快衰落)信道后的信号形式。

处理起伏信号的最佳接收问题,在原理和方法上,与随相信号没有什么两样。因此,下面的讨论将较多地借助前面已叙述过的概念。

现在分析 m 进制 FSK 起伏信号的接收问题,因为这种信号是在衰落信道中常用的基本信号形式。假设在观察时间 $(0, T)$ 内到达接收机输入端的接收波形 $y(t)$ 为

$$y(t) = \{s_1(t, \varphi_1, a_1) \text{ 或 } s_2(t, \varphi_2, a_2), \cdots,$$
$$\text{ 或 } s_m(t, \varphi_m, a_m)\} + n(t) \tag{9.6-1}$$

式中, $s_1(t, \varphi_1, a_1), s_2(t, \varphi_2, a_2), \cdots, s_m(t, \varphi_m, a_m)$ 为 m 个可能的起伏信号。而且它们可表示为

$$\begin{cases} s_1(t, \varphi_1, a_1) = a_1 \cos(\omega_1 t + \varphi_1) \\ s_2(t, \varphi_2, a_2) = a_2 \cos(\omega_2 t + \varphi_2) \\ \qquad\qquad \vdots \\ s_m(t, \varphi_m, a_m) = a_m \cos(\omega_m t + \varphi_m) \end{cases} \tag{9.6-2}$$

这里, $\omega_1, \omega_2, \cdots, \omega_m$ 是确知的角频率,并认为各角频率之间有足够大的频差,以致可以认为各信号之间互不相关; $a_1, a_2, \cdots, a_m$ 分别为服从同一瑞利分布的随机变量,其概率密度为

$$f(a_i) = \frac{a_i}{\sigma_a^2} \exp\left(-\frac{a_i^2}{2\sigma_n^2}\right); \quad a_i \geqslant 0, i = 1, 2, \cdots, m \tag{9.6-3}$$

这里 $2\sigma_a^2$ 是随机变量 a_i 的均方值,即 $Ea_i^2 = 2\sigma_a^2$; $\varphi_1, \varphi_2, \cdots, \varphi_m$ 分别为在 $(0, 2\pi)$ 服从同一均匀分布的随机变量,其概率密度为

$$f(\varphi_i) = \frac{1}{2\pi}; \quad 0 < \varphi_i < 2\pi, i = 1, 2, \cdots, m \tag{9.6-4}$$

这时可得到起伏信号的最佳接收机结构与随机信号最佳接收机结构相同，但决不意味着它们就有相同的最佳性能。下面的性能分析将说明这一点。

为了说明存在瑞利衰落时与无衰落时的性能差距，我们把存在衰落时的二进制"非相干 FSK"和无衰落时的二进制"非相干 FSK"性能曲线画于图 9-10 中。由此图容易看到：第一，有衰落时的性能要比无衰落时的差；第二，当 $P_e = 10^{-2}$ 时，有衰落时比无衰落时信噪比大约增多 10dB，而且随 P_e 下降一个数量级，大约需要再增加 10dB。由此说明，存在衰落对信号的接收性能影响是很大的。因此，在随参信道中传输数字信号时，提供抗衰落的措施是非常必要的。

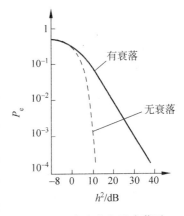

图 9-10　有衰落和无衰落时的性能比较

9.7　普通接收机与最佳接收机的性能比较

回顾第 7 章对普通数字调制系统的分析可以发现，在那里分析所得的结果与本章对最佳接收机的分析结果在公式的形式上是一样的，如表 9-1 所列。这就是说，普通接收系统的 $r(r = S/N, S$ 为信号功率，N 为噪声功率)与最佳接收系统的 E_b/n_0 相对应。

表 9-1　两种接收机误码公式比较

	普通接收系统	最佳接收系统
相干 OOK	$\dfrac{1}{2}\mathrm{erfc}\sqrt{\dfrac{r}{4}}$	$\dfrac{1}{2}\mathrm{erfc}\sqrt{\dfrac{E_b}{4n_0}}$
非相干 OOK	$\dfrac{1}{2}\exp\left(-\dfrac{r}{4}\right)$	$\dfrac{1}{2}\exp\left(-\dfrac{E_b}{4n_0}\right)$
相干 2FSK	$\dfrac{1}{2}\mathrm{erfc}\sqrt{\dfrac{r}{2}}$	$\dfrac{1}{2}\mathrm{erfc}\sqrt{\dfrac{E_b}{2n_0}}$
非相干 2FSK	$\dfrac{1}{2}\exp\left(-\dfrac{r}{2}\right)$	$\dfrac{1}{2}\exp\left(-\dfrac{E_b}{2n_0}\right)$
相干 2PSK	$\dfrac{1}{2}\mathrm{erfc}\sqrt{r}$	$\dfrac{1}{2}\mathrm{erfc}\sqrt{\dfrac{E_b}{n_0}}$
差分相干 2DPSK	$\dfrac{1}{2}\exp(-r)$	$\dfrac{1}{2}\exp\left(-\dfrac{E_b}{n_0}\right)$
同步检测 2DPSK	$\mathrm{erfc}\sqrt{r}\left(1-\dfrac{1}{2}\mathrm{erfc}\sqrt{r}\right)$	$\mathrm{erfc}\sqrt{\dfrac{E_b}{n_0}}\left(1-\dfrac{1}{2}\mathrm{erfc}\sqrt{\dfrac{E_b}{n_0}}\right)$

那么，公式形式的相同是否意味着有相同的接收性能呢？让我们去考察当接收机输入端加入相同的噪声 $n(t)$ 和数字信号 $s(t)$ 时 r 和 E_b/n_0 的相互关系，并假设 $n(t)$ 的单边功率谱密度为 n_0，$s(t)$ 的持续时间为 T，其能量为 E_b。

如第 7 章所述，当 $y(t) = n(t) + s(t)$，加到普通接收系统时，总是首先要经过带通滤波,然后进行信号检测。因此,普通接收系统的信噪比 r 直接与 BPF 的特性有关。在以前的分析中,均认为 BPF 能使信号顺利通过,并仅让通带内的噪声输出。于是,信噪比 r 即为 $s(t)$ 的平均功率与 BPF 输出噪声功率之比。设滤波器的等效矩形带宽为 $B^①$,则信噪比 r 可表示为

$$r = \frac{S}{N} = \frac{S}{n_0 B} \tag{9.7-1}$$

对于最佳接收机而言,其性能与 E_b/n_0 有关。由于 $E_b = ST$,故 E_b/n_0 还可表示为

$$\frac{E_b}{n_0} = \frac{ST}{n_0} = \frac{S}{n_0 \left(\frac{1}{T}\right)} \tag{9.7-2}$$

正如前面说过的,普通接收系统和最佳接收系统,其性能表示式在形式上是相同的。因而,如果式(9.7-1)和式(9.7-2)相等,则将表明以上两种系统具有完全相同的性能。显然,这时就要求下式成立:

$$B = \frac{1}{T} \tag{9.7-3}$$

可是,$1/T$ 是基带数字信号的重复频率。对于矩形的基带信号而言,$1/T$ 频率点便是频谱的第一个零点处。因此,倘若 BPF 的带宽 $B < 1/T$,则必然会使信号造成较大失真,这就与原假设"使信号顺利通过"相矛盾。这表明,普通系统所需的滤波器带宽 B 应满足

$$B > \frac{1}{T} \tag{9.7-4}$$

例如,对于 2ASK、2PSK 信号来说,通常已调信号的带宽是基带信号带宽的两倍或两倍以上,因而,为使信号通过 BPF 失真很小(比如,让第二个零点之内的基带信号频谱成分通过),则所需的 BPF 带宽 B 约为 $4/T$。此时,为了获得相同的系统性能,普通接收系统的信噪比需要比最佳接收系统的增加 6dB。

上述分析表明,由于实际的 BPF 带宽 B 总是大于或等于 $1/T$,故在同样的输入条件下,普通接收系统的性能总是比最佳接收系统的差。这个差值,将取决于 B 与 $1/T$ 的比值。

9.8 匹配滤波器

所谓匹配滤波器是指输出信噪比最大的最佳线性滤波器。这种滤波器在数字通信信号和雷达信号的检测中具有特别重要的意义。理论分析和实践都表明,如果滤波器的输出端能够获得最大信噪比,则我们就能最佳地判断信号的出现,从而提高系统的检测性能。可见,在输出信噪比最大准则下设计一个线性滤波器是具有实际意义的。

---

① 系统的等效矩形带宽定义为

$$B = \frac{\int_{-\infty}^{\infty} |H(\omega)|^2 \mathrm{d}f}{2}$$

式中,$H(\omega)$ 为系统的频率特性,且 $|H(\omega)|_{\max} = 1$。

9.8.1 匹配滤波器的原理

设线性滤波器输入端加入信号与噪声的混合波形为

$$x(t) = s(t) + n(t)$$

并假定噪声为白噪声,其功率谱密度 $P_n(\omega) = n_0/2$,而信号 $s(t)$ 的频谱函数为 $S(\omega)$,即 $s(t) \Leftrightarrow S(\omega)$。我们要求线性滤波器在某时刻 t_0 上有最大的信号瞬时功率与噪声平均功率的比值。

现在就来确定在上述最大输出信噪比准则下的最佳线性滤波器的传输特性 $H(\omega)$。

根据线性电路的叠加原理,$H(\omega)$ 的输出 $y(t)$ 也包含有信号与噪声两部分,即

$$y(t) = s_o(t) + n_o(t) \tag{9.8-1}$$

其中

$$s_o(t) = (1/2\pi) \int_{-\infty}^{\infty} H(\omega) S(\omega) e^{j\omega t} d\omega \tag{9.8-2}$$

根据式 3.6-6,这时的输出噪声平均功率 N_o 为

$$N_o = (1/2\pi) \int_{-\infty}^{\infty} |H(\omega)|^2 \cdot (n_0/2) d\omega = (n_0/4\pi) \int_{-\infty}^{\infty} |H(\omega)|^2 d\omega \tag{9.8-3}$$

则线性滤波器在 t_0 时刻的输出信号瞬时功率与噪声平均功率之比为

$$r_o = \frac{|s_o(t_0)|^2}{N_o} = \frac{\left| \dfrac{1}{2\pi} \int_{-\infty}^{\infty} H(\omega) S(\omega) e^{j\omega t_0} d\omega \right|^2}{\dfrac{n_0}{4\pi} \int_{-\infty}^{\infty} |H(\omega)|^2 d\omega} \tag{9.8-4}$$

显然,寻求最大 r_o 的线性滤波器,在数学上就归结为求式(9.8-4)达到最大值的 $H(\omega)$。这个问题可以用变分法或用许瓦尔兹不等式加以解决。下面用许瓦尔兹不等式的方法来求解。此不等式可以表述如下:

$$\left| (1/2\pi) \int_{-\infty}^{\infty} X(\omega) Y(\omega) d\omega \right|^2 \leqslant (1/2\pi) \int_{-\infty}^{\infty} |X(\omega)|^2 d\omega \cdot (1/2\pi) \int_{-\infty}^{\infty} |Y(\omega)|^2 d\omega$$

当

$$X(\omega) = K Y^*(\omega) \tag{9.8-5}$$

时,该不等式成为等式。这里 K 为常数。将此不等式用于式(9.8-4)的分子中,并令

$$X(\omega) = H(\omega); \quad Y(\omega) = S(\omega) e^{j\omega t_0}$$

则可得

$$r_o \leqslant \frac{\dfrac{1}{4\pi^2} \int_{-\infty}^{\infty} |H(\omega)|^2 d\omega \int_{-\infty}^{\infty} |S(\omega)|^2 d\omega}{\dfrac{n_0}{4\pi} \int_{-\infty}^{\infty} |H(\omega)|^2 d\omega} = \frac{\dfrac{1}{2\pi} \int_{-\infty}^{\infty} |S(\omega)|^2 d\omega}{\dfrac{n_0}{2}} = \frac{2E}{n_0} \tag{9.8-6}$$

其中

$$E = \frac{1}{2\pi} \int_{-\infty}^{\infty} |S(\omega)|^2 d\omega$$

式中,E 为信号 $s(t)$ 的总能量;$|S(\omega)|^2$ 为 $s(t)$ 的能量谱密度。

式(9.8-6)说明,线性滤波器所能给出的最大输出信噪比为

$$r_{\text{omax}} = \frac{2E}{n_0}$$

它出现于式(9.8-5)成立时,这时

$$H(\omega) = KS^*(\omega)e^{-j\omega t_0} \tag{9.8-7}$$

这就是最佳线性滤波器的传输特性。式中,$S^*(\omega)$即为$S(\omega)$的复共轭。

由此得到结论:在白噪声干扰的背景下,按式(9.8-7)设计的线性滤波器,将能在给定时刻t_0上获得最大的输出信噪比($2E/n_0$)。这种滤波器就是最大信噪比意义上的最佳线性滤波器。由于它的传输特性与信号频谱的复共轭相一致(除相乘因子$Ke^{-j\omega t_0}$外),故又称它为匹配滤波器。

匹配滤波器的传输特性$H(\omega)$当然还可用它的冲激响应$h(t)$来表示,这时有

$$h(t) = (1/2\pi)\int_{-\infty}^{\infty} H(\omega)e^{j\omega t}d\omega = (1/2\pi)\int_{-\infty}^{\infty} KS^*(\omega)e^{-j\omega t_0}e^{j\omega t}d\omega$$

$$= (K/2\pi)\int_{-\infty}^{\infty}\left[\int_{-\infty}^{\infty} s(\tau)e^{-j\omega\tau}d\tau\right]e^{-j\omega(t_0-t)}d\omega$$

$$= K\int_{-\infty}^{\infty}\left[(1/2\pi)\int_{-\infty}^{\infty} e^{j\omega(\tau-t_0+t)}d\omega\right]s(\tau)d\tau$$

$$= K\int_{-\infty}^{\infty} s(\tau)\delta(\tau-t_0+t)d\tau = Ks(t_0-t) \tag{9.8-8}$$

由此可见,匹配滤波器的冲激响应便是信号$s(t)$的镜像信号$s(-t)$在时间上再平移t_0。

为了获得物理可实现的匹配滤波器,要求当$t < 0$时有$h(t) = 0$。为了满足这个条件,就要求满足

$$s(t_0 - t) = 0, t < 0$$

即

$$s(t) = 0, t > t_0$$

这个条件表明,物理可实现的匹配滤波器,其输入端的信号$s(t)$必须在它输出最大信噪比的时刻t_0之前消失(等于零)。这就是说,若输入信号在t_1瞬间消失,则只有当$t_0 \geq t_1$时滤波器才是物理可实现的。一般总是希望t_0尽量小,故通常选择$t_0 = t_1$。

顺便指出,当专门关心匹配滤波器的输出信号波形时,它可表示为

$$s_o(t) = \int_{-\infty}^{\infty} s(t-\tau)h(\tau)d\tau = K\int_{-\infty}^{\infty} s(t-\tau)s(t_0-\tau)d\tau$$

$$= K\int_{-\infty}^{\infty} s(-\tau')s(t-t_0-\tau')d\tau' = KR(t-t_0) \tag{9.8-9}$$

由此可见,匹配滤波器的输出信号波形是输入信号的自相关函数的K倍。这是一个重要的概念,今后常把匹配滤波器看成一个相关器。

至于常数K,实际上它是可以任意选取的,因为r_0与K无关。因此,在分析问题时,可令$K=1$。

例 9-1　试求对单个矩形脉冲匹配的匹配滤波器之特性。

解:设单个矩形脉冲信号$s(t)$为

$$s(t) = \begin{cases} 1, & 0 \leqslant t \leqslant \tau \\ 0, & \text{其他} \end{cases}$$

如图 9-11(a)所示,于是可以求得信号的频谱为

$$S(\omega) = \int_{-\infty}^{\infty} s(t) \mathrm{e}^{-\mathrm{j}\omega t} \, \mathrm{d}t = (1/\mathrm{j}\omega)(1 - \mathrm{e}^{-\mathrm{j}\omega\tau}) \tag{9.8-10}$$

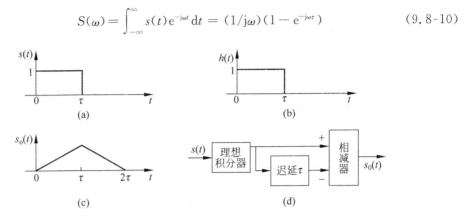

图 9-11 对单个矩形脉冲匹配的波形及匹配滤波器结构

根据式(9.8-7),所求匹配滤波器的传输特性 $H(\omega)$ 为

$$H(\omega) = (1/\mathrm{j}\omega)(\mathrm{e}^{\mathrm{j}\omega\tau} - 1)\mathrm{e}^{-\mathrm{j}\omega t_0} \tag{9.8-11}$$

式中,已假设 $K=1$。根据式(9.8-8),还可方便地找到匹配滤波器的冲激响应 $h(t)$:

$$h(t) = s(t_0 - t) \tag{9.8-12}$$

我们选择 $t_0 = \tau$,则最终可得

$$H(\omega) = (1/\mathrm{j}\omega)(1 - \mathrm{e}^{-\mathrm{j}\omega\tau}) \tag{9.8-13}$$

及

$$h(t) = s(\tau - t) \tag{9.8-14}$$

由式(9.8-13)看出,这时匹配滤波器可用图 9-11(d)来实现。这是因为 $(1/\mathrm{j}\omega)$ 是理想积分器的传输特性,而 $\mathrm{e}^{-\mathrm{j}\omega\tau}$ 是迟延 τ 网络的传输特性。由式(9.8-14)还可方便地求出匹配滤波器输出信号波形 $s_0(t)$,因为它是 $s(t)$ 与 $h(t)$ 的卷积积分。$h(t)$ 与 $s_0(t)$ 的波形分别示于图 9-11(b)、(c)。

例 9-2 试求对图 9-12(a)所示的射频脉冲波形匹配的匹配滤波器之特性,并确定其输出波形。

解:由图 9-12(a),输入信号可表示为

$$s(t) = \begin{cases} \cos\omega_0 t, & 0 \leqslant t \leqslant \tau \\ 0, & \text{其他} \end{cases}$$

于是,匹配滤波器的传输特性 $H(\omega)$ 为

$$H(\omega) = S^*(\omega)\mathrm{e}^{-\mathrm{j}\omega t_0} = \frac{(\mathrm{e}^{\mathrm{j}(\omega-\omega_0)\tau} - 1)\mathrm{e}^{-\mathrm{j}\omega t_0}}{2\mathrm{j}(\omega - \omega_0)} + \frac{(\mathrm{e}^{\mathrm{j}(\omega+\omega_0)\tau} - 1)\mathrm{e}^{-\mathrm{j}\omega t_0}}{2\mathrm{j}(\omega + \omega_0)}$$

令 $t_0 = \tau$,则

$$H(\omega) = \frac{\mathrm{e}^{-\mathrm{j}\omega\tau}}{2}\left[\frac{\mathrm{e}^{\mathrm{j}(\omega-\omega_0)\tau}}{\mathrm{j}(\omega-\omega_0)} + \frac{\mathrm{e}^{\mathrm{j}(\omega+\omega_0)\tau}}{\mathrm{j}(\omega+\omega_0)}\right] - \frac{\mathrm{e}^{-\mathrm{j}\omega\tau}}{2}\left[\frac{1}{\mathrm{j}(\omega-\omega_0)} + \frac{1}{\mathrm{j}(\omega+\omega_0)}\right]$$

利用式(9.8-8),可求得滤波器的冲激响应

$$h(t) = s(t_0 - t) = \cos\omega_0(t_0 - t), \quad 0 \leqslant t \leqslant \tau$$

在 $t_0 = \tau$ 时,上式变成

$$h(t) = \cos\omega_0(\tau - t), \quad 0 \leqslant t \leqslant \tau$$

为简便起见,我们假设射频脉冲信号的载频周期为 T_0,且有

$$\tau = KT_0, \quad K \text{ 是整数}$$

则

$$H(\omega) = \frac{1}{2}\left[\frac{1}{\mathrm{j}(\omega - \omega_0)} + \frac{1}{\mathrm{j}(\omega + \omega_0)}\right](1 - \mathrm{e}^{-\mathrm{j}\omega\tau}) \tag{9.8-15}$$

而

$$h(t) = \cos\omega_0 t, \quad 0 \leqslant t \leqslant \tau \tag{9.8-16}$$

如图 9-12(b) 所示。

利用式(9.8-9)可求得滤波器输出波形为

$$s_o(t) = \int_{-\infty}^{\infty} s(t')h(t - t')\mathrm{d}t'$$

由于这时的 $s(t)$ 及 $h(t)$ 在区间 $(0, \tau)$ 外恒为零,故上面的积分值可分别按 $t < 0, 0 \leqslant t \leqslant \tau, \tau \leqslant t \leqslant 2\tau$ 及 $t > 2\tau$ 的时间段来求解。

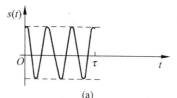

(a)

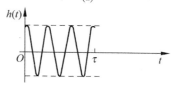

(b)

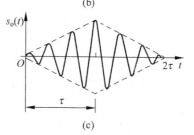

(c)

图 9-12 对单个射频脉冲匹配的波形

显然,当 $t < 0$ 及 $t > 2\tau$ 时,$s(t')$ 与 $h(t - t')$ 将不相交,故 $s_o(t)$ 为零。

当 $0 \leqslant t \leqslant \tau$ 时,有

$$s_o(t) = \int_0^t s(t')h(t - t')\mathrm{d}t' = \int_0^t \cos\omega_0 t' \cos\omega_0(t - t')\mathrm{d}t'$$

$$= \int_0^t \frac{1}{2}\left[\cos\omega_0 t + \cos\omega_0(t - 2t')\right]\mathrm{d}t' = \frac{t}{2}\cos\omega_0 t + (1/2\omega_0)\sin\omega_0 t$$

当 $\tau < t \leqslant 2\tau$ 时,有

$$s_o(t) = \int_{t-\tau}^{\tau} s(t')h(t - t')\mathrm{d}t' = \int_{t-\tau}^{\tau} \cos\omega_0 t' \cos\omega_0(t - t')\mathrm{d}t'$$

$$= \left[(2\tau - t)/2\right]\cos\omega_0 t - (1/2\omega_0)\sin\omega_0 t$$

当 ω_0 远大于 $1(\mathrm{rad/s})$ 时,于是可得

$$s_o(t) \approx \begin{cases} (t/2)\cos\omega_0 t, & 0 \leqslant t < \tau \\ \left[(2\tau - t)/2\right]\cos\omega_0 t, & \tau \leqslant t \leqslant 2\tau \\ 0, & \text{其他} \end{cases}$$

这个输出波形如图 9-12(c) 所示。

9.8.2 最佳接收的匹配滤波形式

1. 确知信号最佳接收时

由图 9-4 及图 9-7 的最佳接收机结构看到,完成相关运算的相关器是它的关键部件。下面我们将说明相关器的功能可以由匹配滤波器来代替。

对信号 $s(t)$ 匹配的滤波器,其冲激响应为

$$h(t) = Ks(t_0 - t) \qquad (9.8\text{-}17)$$

式中,K 为任意常数;t_0 为出现最大信噪比的时刻。

因为 $s(t)$ 只在 $(0,T)$ 内有值,故考虑到滤波器物理可实现条件,则当 $y(t)$ 加入匹配滤波器时,其输出可表示成

$$u_0(t) = K\int_{t-T}^{t} y(z)s(T-t+z)\mathrm{d}z \qquad (9.8\text{-}18)$$

这里,已假定 $t_0 = T$,于是,当 $t = T$ 时刻,输出即为

$$u_0(T) = K\int_{0}^{T} y(z)s(z)\mathrm{d}z \qquad (9.8\text{-}19)$$

可见,上式与相关器输出完全相同(除 K 外,但 K 值是能够预先调整的,比如使 $K=1$)。由此可以得到一个重要结论:由于匹配滤波器在 $t=T$ 时刻的输出值恰好等于相关器的输出值,即匹配滤波器可以代替相关器,因而,图 9-4 和图 9-7 所示的最佳接收机可以分别用图 9-13(a)、(b)替代。

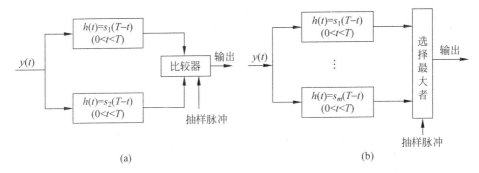

(a)   (b)

图 9-13   确知信号最佳接收机的匹配滤波器形式

应该强调指出,无论是相关器形式还是匹配滤波器形式的最佳接收机结构,它们的比较器都是在 $t=T$ 时刻才做出最后判决的。换句话说,即在每一个数字信号码元的结束时刻才给出最佳的判决结果。因此,判决时刻的任何偏离,都将直接影响接收机的最佳性能。

2. 随相信号最佳接收时

由于相关器能用某一抽样时刻观察的匹配滤波器代替,故图 9-9 所示的二进制随相信号最佳接收机结构中的相关器,同样可以用匹配滤波器来代替。不过,这种结构仍比较复杂。下面进一步说明,图 9-9 的最佳接收机结构还可以等效成更为简单的形式。

设有这样的一个滤波器,它与初始相位为零(也可假设非零)的信号 $\cos\omega_c t$ 匹配,即冲激响应函数为

$$h(t) = \cos\omega_c(T-t), 0 \leqslant t \leqslant T$$

当 $y(t)$ 输入时,该滤波器的输出即为

$$e(t) = \int_{0}^{t} y(\tau)\cos\omega_c(T-t+\tau)\mathrm{d}\tau$$

$$= \cos\omega_c(T-t)\int_0^t y(\tau)\cos\omega_c\tau\mathrm{d}\tau - \sin\omega_c(T-t)\int_0^t y(\tau)\sin\omega_c\tau\mathrm{d}\tau$$

$$= \sqrt{\left[\int_0^t y(\tau)\cos\omega_c\tau\mathrm{d}\tau\right]^2 + \left[\int_0^t y(\tau)\sin\omega_c\tau\mathrm{d}\tau\right]^2} \cdot \cos\left[\omega_c(T-t)+\theta\right]$$

其中

$$\theta = \arctan\frac{\int_0^t y(\tau)\sin\omega_c\tau\mathrm{d}\tau}{\int_0^t y(\tau)\cos\omega_c\tau\mathrm{d}\tau}$$

不难看出，在 $t=T$ 时刻，$e(t)$ 的包络恰好与前面分析中的参量 M_1 和 M_2 有完全相同的形式。这就证明，对信号任何一个相位匹配的滤波器，其后接一个包络检波器，它在时刻 T 的输出即为 M_1 或 M_2。于是图 9-9 的结构被简化为图 9-14 所示的形式。

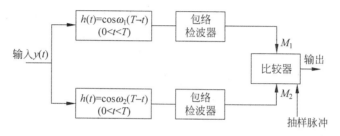

图 9-14　随相信号最佳接收机的另一种结构形式

对于随相信号的最佳接收（图 9-14），在接收机中出现包络检波器是容易理解的。因为与持续时间为 $(0,T)$ 的余弦波相匹配的滤波器，其输出如图 9-12(c)所示，它在抽样时刻 T（即图中的 τ）达到正的峰值。但是，若滤波器的相位与信号相位不匹配，则峰值将不在时刻 T 出现。事实上，如果相位相差 180°，则在时刻 T 将出现一个负的峰值。因此，在缺少相位先验知识的情况下，为了避免在 T 时刻得到偏离最大正峰值的抽样，最好的办法是提取输出包络。因为包络与相位的失配无关，故能够在 $t=T$ 时刻获得最大的包络值（示意图如图 9-15 所示）。然而，即便如此，缺少相位先验知识还是会使它的性能稍有下降。

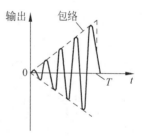

图 9-15　对信号除相位外匹配的滤波器输出

顺便指出，由于二进制起伏信号最佳接收机结构与图 9-10 给出的结构相同，故图 9-14(b)所示的随相信号最佳接收的另一种结构形式，同样也适用于起伏信号的最佳接收。

思　考　题

9-1　在数字通信中，为什么说"最小差错概率准则"是最直观和最合理的准则？

9-2　什么是似然比准则？什么是最大似然准则？

9-3　什么是确知信号？什么是随相信号？什么是起伏信号？

9-4　二进制确知信号的最佳接收机结构如何？

9-5 什么是二进制确知信号的最佳形式?

9-6 试述确知的二进制 PSK、DPSK 及 ASK 信号的最佳接收机的误码性能有何不同,并加以解释。

9-7 验证图 9-5 中的 P_e 与 A 关系曲线的正确性(任取合适的三组数据来证明),并讨论 P_e 与先验概率 $P(s_1)$、$P(s_2)$ 之间的关系。

9-8 试述对于二进制随相信号最佳接收机结构的确定与二进制确知信号有何异同。

9-9 如何才能使普通接收机的误码性能达到最佳接收机的水平?

9-10 什么是匹配滤波器?对于与矩形包络调制信号相匹配的滤波器的实现方法有哪些?它们各有什么特点?

9-11 相关器和匹配滤波器如何才能等效?

习 题

9-1 (a)试给出先验等概的确知 2ASK(OOK)信号的最佳接收机结构。(b)若非零信号的码元能量为 E_b 时,试求该系统的抗高斯白噪声的性能。

9-2 设 2FSK 信号为

$$\begin{cases} s_1(t) = A\sin\omega_1 t, & 0 \leqslant t \leqslant T_s \\ s_2(t) = A\sin\omega_2 t, & 0 \leqslant t \leqslant T_s \end{cases}$$

且 $\omega_1 = \dfrac{4\pi}{T_s}$、$\omega_2 = 2\omega_1$、$s_1(t)$ 和 $s_2(t)$ 等可能出现。

(1) 构成相关检测器形式的最佳接收机结构;

(2) 画出各点可能的工作波形;

(3) 若接收机输入高斯噪声功率谱密度为 $n_0/2$(W/Hz),试求系统的误码率。

9-3 在功率谱密度为 $n_0/2$ 的高斯白噪声下,设计一个对图 P9-1 所示 $f(t)$ 的匹配滤波器:

(1) 如何确定最大输出信噪比的时刻;

(2) 求匹配滤波器的冲激响应和输出波形,并绘出图形;

(3) 求最大输出信噪比的值。

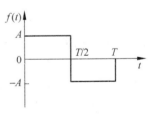

图 P9-1 匹配滤波器输入波形

9-4 在图 P9-2(a)中,设系统输入 $s(t)$ 及 $h_1(t)$、$h_2(t)$ 分别如图 P9-2(b)所示,试绘图解出 $h_1(t)$ 及 $h_2(t)$ 的输出波形,并说明 $h_1(t)$ 及 $h_2(t)$ 是否是 $s(t)$ 的匹配滤波器。

9-5 设 2PSK 方式的最佳接收机与普通接收机有相同的输入信噪比 E_b/n_0,如果 $E_b/n_0 = 10$dB,普通接收机的 BPF 带宽为 $6/T$(Hz),T 是码元宽度,问两种接收机的误码性能相差多少?

9-6 设到达接收机输入端的二进制信号码元 $s_1(t)$ 及 $s_2(t)$ 的波形如图 P9-3 所示,输入高斯噪声功率谱密度为 $n_0/2$(W/Hz)。

(1) 画出匹配滤波器形式的最佳接收机结构;

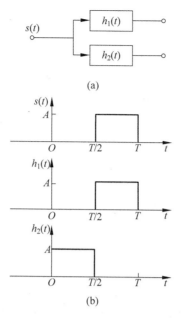

图 P9-2　滤波器输入波形和其冲激响应

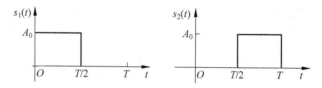

图 P9-3　二进制码之波形 I

（2）确定匹配滤波器的单位冲激响应及可能的输出波形；

（3）求系统的误码率。

9-7　将 9-6 题中 $s_1(t)$ 及 $s_2(t)$ 改为如图 P9-4 所示的波形，试重做上题。

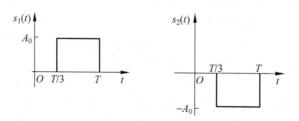

图 P9-4　二进制码之波形 II

9-8　在高斯白噪声下最佳接收二进制信号 $s_1(t)$ 及 $s_2(t)$ 分别为

$$\begin{cases} s_1(t) = A\sin(\omega_1 t + \varphi_1), & 0 < t < T \\ s_2(t) = A\sin(\omega_2 t + \varphi_2), & 0 < t < T \end{cases}$$

式中，在 $(0, T)$ 内 ω_1 与 ω_2 满足正交要求；φ_1 及 φ_2 分别是服从均匀分布的随机变量。

第 10 章

差错控制编码

10.1 引言

在第 6 章、第 7 章和第 9 章已讨论了数字信息通过有噪信道时的各种通信系统方案和性能。由这些章看到,某特定通信系统的误码率是接收机输入信噪比和数据速率的函数;误码率产生原因是信道传输特性的不理想和噪声的存在。用户对传输的误码率有一个可接受的数值,当然用户希望这个可接受的误码率值要小为好。为了使实际通信系统误码率小于用户可接受的差错概率,首先要合理地选择调制和解调制度;也可采用均衡技术,低噪声技术;还可适当加大发射功率。在采用这些手段时一定要考虑设备复杂性和成本皆最小化。在面临上述问题时,还存在另一种可选的降低系统误码率的方法,这就是下面要讨论的差错控制编码的方法,该方法也常称为信道编码。

在 4.3.2 节讨论了编码信道中的无记忆信道和有记忆信道的特点。实际上可以把编码信道分为无记忆信道、有记忆信道和混合差错信道三类。若信道中所传输的相继码元发生的随机差错是统计独立的,则称其为随机独立差错。相对应,称出现随机独立差错的信道为无记忆信道或随机差错信道。若所传输码元序列差错是集中出现在短促的时间区段内,而各集中差错区段之间却存在较长时间的无差错区间,则称这种差错为突发差错。人们称以出现突发差错为主的信道为有记忆信道或突发差错信道。突发差错的主要起因是信道中的脉冲噪声或信号传输的衰落。人们称随机独立差错和突发差错皆不可忽略的信道为混合差错信道。对于不同类型的信道,需要采用不同的差错控制技术。差错控制方式主要分为以下四类。

(1) 信息反馈重发请求(IFRQ),工作原理框图如图 10-1(a)所示。该方式是,接收端把收到的信息全部原封不动地通过反向信道回馈到发送端,发送端将已发送信息与该反馈的信息数据在发送端作比较,从而发现错误。若有错则再次传送该已发送信息,若无错则继续传送新的信息数据。图中,信道是指含有传输媒质、发射机和接收机的广义信道,而比较器是简单的模二加法器。

该方式的优点是设备简单,不需要信道编码器和信道译码器,只需要简单原封不动地反馈信息。该方式的缺点是,需要“与正向信道中一样传信率”的反馈信道;在正向传输无错,而相同位置码元反向传输有错时,会导致不必要的重传;在正向传输“0”错成“1”

（或"1"错成"0"），而相同位置码元反向传输"1"错成"0"（或"0"错成"1"）时，会导致应该重传而没有重传。此外，发送端需一定容量存储器作缓冲用，以等待完成校验后再决定取出所需发送的信息。该方式偶见有采用[7]。

（2）前向纠错（FEC）。该方式相应的工作原理框图如图10-1(b)所示。它首先在发送端的纠错码编码器将信源送来的信息序列帧插入多余码元，构成有纠错能力的帧。接收端收到帧后，纠错码译码器按预先规定好的法则进行译码，以确定该帧中哪些码元有错，并加以纠正。最后将纠正后的信息数据帧提供给信宿用户。前面提到的纠错码的编码和译码原理将在后面几节中详细研讨。

FEC方式的主要优点是：不需要反馈信道，便于应用在单向通信系统或一点对多点的同播通信系统中；其译码时间比较固定，适合于在实时传输系统中使用。FEC方式的缺点是：译码设备比较复杂；所选用的纠错码必须与所采用的信道特性相匹配，因此要事先测试信道差错的统计特性和选择合适的纠错码；如果要纠正较多的错误码元则需较大地增加多余码元所占的比例，这会使编码效率明显地降低。由于上述缺点，FEC方式较少在数据传输中采用。但由于集成电路技术的迅速发展，译码设备可做得越来越简单，其成本越来越低，该方式在深空通信和卫星通信中得到越来越广泛的应用。

（3）自动重发请求（ARQ）。该方式也常称为检错重发方式。该方式相应的原理框图如图10-1(c)所示。

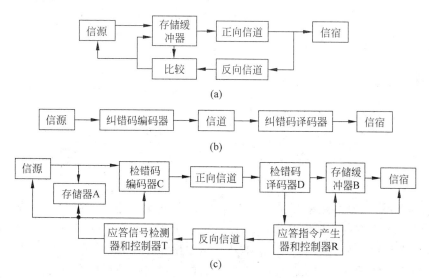

图 10-1　信息反馈式(a)、FEC方式(b)和ARQ方式(c)的通信系统

ARQ工作原理如下。信源输出数据帧给存储器A和检错码编码器C，数据信息帧副本被置入存储器A，同时编码器C对输入数据帧加入多余码元后构成具有一定检错能力的发送帧，该帧通过正向信道传输到检错码译码器D。译码器D一方面把帧中信息元存入存储器B，另一方面检测出帧中是否有错的信号提供给应答指令产生器和控制器R。这时有两种情况发生：①当帧无错时，D输出"无错"信号给R，于是R输出的信号使存储器B中的信息输送给信宿，同时指令产生器相应输出指令"确认（ACK）"信号通过反向信道至发端。然后，信号检测器检测出响应帧ACK，并通过控制器T使信源、存储器A和

编码器协调运作,导致继续发送新数据帧。②当帧有错时,D 可检测出帧有错和输出"有错"信号给 R,于是 R 输出的信号删去存储器 B 中的信息,同时指令产生器相应输出指令"否认(NAK)"通过反向信道至发端。然后,信号检测器检测出响应帧 NAK,并通过控制器 T 使存储器 A 和编码器协调运作,导致重发"对应于已被检测有传输差错帧"的帧副本。此后,发端继续检测后续的响应帧 ACK 或 NAK,以决定是继续发送新数据帧还是重发帧副本,以明显降低传输差错率来实现通信。

ARQ 工作方式主要分为两类:停等(Stop-and-wait)ARQ 方式和连续(Continuous)ARQ 方式。后者又细分为返退 N 组的连续(Go-back-N continuous)ARQ 和选择重发的连续(Selective-repeat continuous)ARQ。

停等 ARQ 方式是,在发送端发送一数据帧和存储帧副本后就停止发送后续的数据帧,并等待响应帧 ACK 或 NAK 的出现;当发送端等到和检测出响应帧为 NAK 时,则重发数据帧副本。当发送端等到和检测出响应帧为 ACK 时,则发送下一新数据帧。依次下去,实现数据的正确传输。

为分析停等 ARQ 方式时的信道利用率,画出此时的帧数据流图如图 10-2 所示。主站首先发出帧宽度为 t_f 的"数据 0"帧,经信道延迟 t_p 后到达从站。经过一段处理时间 t_s,从站发送宽度为 t_r 的响应帧,设为 ACK。ACK 经反向信道延迟 t_p 后到达主站。然后,经一段处理时间 t_s,主站发送新帧数据 1。依此反复执行,完成数据通信。若忽略接收处理时间 t_s 和响应帧宽度 t_r,不考虑差错的发生,那么停等 ARQ 方式的信道或链路利用率为

$$U = \frac{t_f}{t_f + 2t_p} \tag{10.1-1}$$

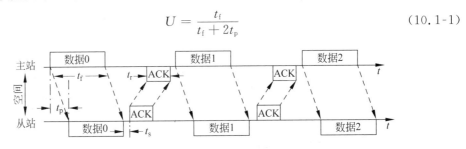

图 10-2 停等 ARQ 方式的帧数据流图

由上式看到,链路利用率 U 随数据帧宽度 t_f 的减小或链路延迟时间 t_p 的加大而降低。由停等 ARQ 方式的帧流图看到,它采用的是半双工运作方式,链路没有得到充分的利用,即链路利用率 U 比较低。为了提高链路利用率,人们提出了返退 N 组连续 ARQ 和选择重发连续 ARQ 两种差错控制方式,其中的后者的链路利用率更为高些,这两方式的原理细节可参见有关文献[22]。

与 FEC 相比较,ARQ 的主要优点是:只需少量的冗余码元附加在信息数据上就能获得较低的传输误码率,即编码效率比较高;编码和解码的复杂度较低;对于差错统计特性的变化,ARQ 都能获得较低的传输误码率。因此 ARQ 方式在数据传输系统中常被采用。

(4) 混合差错控制(HEC)。该方式相应的原理框图可在图 10-1(c)的基础上把图中的编码器和译码器分别改成"纠检码编码器"和"纠检码译码器",即所发送的帧是具有纠错和检错能力的帧。

该方式是 FEC 和 ARQ 方式的结合。首先,发送端编码器对输入数据帧加入多余码

元后构成具有一定纠错和检错能力的发送帧。然后,收端译码器检查此帧后有下面三种情况:①若其中无差错,则该帧可直接送往信宿,同时通过指令产生器、反向信道、信号检测器和控制器 T 协调运作,导致发送端可继续发送新数据帧。②若差错是在码纠错能力之内,则差错被自动纠正。于是类似"①无差错"过程,导致发送端可继续发送新数据帧。③若干扰更严重,但差错仍在码检错能力之内,则 D 输出"有错"信号。于是此后出现类似 ARQ 运作过程,导致发送端重发帧副本。依次下去,实现数据的正确传输。

该方式的特点是,其编码冗余度、译码器复杂度和对于信道差错变化的适应性,皆优于 FEC 和次于 ARQ;通信的连贯性、实时性和信道利用效率,皆优于 ARQ,更优于 IFRQ,但次于 FEC;类似 IFRQ 和 ARQ,需采用双向信道,不可像 FEC 那样用于单向信道传输,也不可采用在一点对多点的同播通信系统中。

还需指出,总体设备复杂度由高到低的排序是 FEC、HEC、ARQ 和 IFRQ。HEC 方式常见在卫星通信中使用。

此外,在个别场合,比如采用检错码的循环重复单向发送某遥测数据帧时,信息的多余度很大。这时见有采用所谓的检错删除法的报道,即当发现接收到的数据帧有错码的部分时,可删除之,而不输送给信宿,反之就输送。下面将详细地讨论差错控制时用到的编码和译码的工作原理。

10.2 纠错编码的基本原理

现在讨论纠错编码的基本原理。为了便于理解,先举一个例子。一个由 3 位二进制数字构成的码组,共有 8 种不同的可能组合。若将其全部用来表示天气,则可以表示 8 种不同的天气,譬如:000(晴),001(云),010(阴),011(雨),100(雪),101(霜),110(雾),111(雹)。其中任一码组在传输中若发生一个或多个错码,则将变成另一信息码组。这时接收端将无法发现错误。

若在上述 8 种码组中只准许使用 4 种来传送信息,譬如:

$$\begin{cases} 000 = 晴, & 011 = 云, \\ 101 = 阴, & 110 = 雨。 \end{cases} \tag{10.2-1}$$

这时,虽然只能传送 4 种不同的天气,但是接收端却有可能发现码组中的一个错码。例如,若 000(晴)中错了一位,则接收码组将变成:100 或 010 或 001。这三种码组都是不准许使用的,称为禁用码组,故接收端在收到禁用码组时,就认为发现了错码。当发生三个错码时,000 变成 111,它也是禁用码组,故这种编码也能检测三个错码。但是这种码不能发现两个错码,因为发生两个错码后产生的是许用码组。

上述这种码只能检测错误,不能纠正错误。例如,当收到的码组为禁用码组 100 时,在接收端无法判断是哪一位码发生了错误,因为晴、阴、雨三者错了一位都可以变成 100。要想能纠正错误,还要增加多余度。例如,若规定许用码组只有两个:000(晴),111(雨),其余都是禁用码组。这时,接收端能检测两个以下错码,或能纠正一个错码。例如,当收到禁用码组 100 时,如果认为该码组中仅有 1 个错码,则可判断此错码发生在"1"位,从而纠正为 000(晴)。因为"雨"(111)发生任何一位错码都不会变成这种形式。若上述接收码组中的错码数认为不超过两个,则存在两种可能性:000 错一位和 111 错两位都可能变成 100,因而只能检测出存在错码而无法纠正它。

从上例中可以得到关于"分组码"的一般概念。如果不要求检(纠)错,为了传输 4 种不同的信息,我们用两位码组就够了,它们是:00,01,10,11。代表所传信息的这些两位码,称为信息位。在式(10.2-1)中使用了 3 位码,多增加的那位称为监督位。表 10-1 示出了这种情况。我们把这种将信息码分组,为每组信码附加若干监督码的编码集合,称为分组码。在分组码中,监督码元仅监督本码组中的信息码元。后面将讨论的卷积码的监督位就不具备这一特点。

表 10-1

	信息位	监督位
晴	00	0
云	01	1
阴	10	1
雨	11	0

分组码用符号 (n,k) 表示,其中 k 是每组二进信息元数,n 是码组总位数,又称为码组长度(码长),$n-k=r$ 为每码组中的监督元数。通常将分组码规定为如图 10-3 所示结构。图中前 k 位($a_{n-1}\cdots a_r$)为信息位,后面附加 r 个监督位($a_{r-1}\cdots a_0$)。人们称 k/n 为编码效率。在式(10.2-1)的分组码中 $n=3,k=2,r=1$。

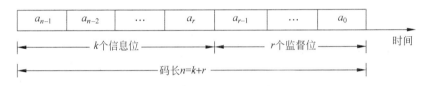

| a_{n-1} | a_{n-2} | $\cdots$ | a_r | a_{r-1} | $\cdots$ | a_0 |

$\overset{\longleftarrow k个信息位 \longrightarrow}{}$ $\overset{\longleftarrow r个监督位 \longrightarrow}{}$ 时间

$\overset{\longleftarrow 码长n=k+r \longrightarrow}{}$

图 10-3 分组码的结构

在分组码中,把"1"的数目称为码组的重量,而把两个码组对应位上数字不同的位数称为码组的距离,简称码距,又称汉明(Hamming)距离。式(10.2-1)中 4 个码组之间,任两个的距离均为 2。把某种编码中各个码组间距离的最小值称为该码的最小码距(d_0)。例如,按式(10.2-1)编码的最小码距 $d_0=2$。

对于 $n=3$ 的编码组,可以在三维空间中说明码距的几何意义。如前所述,3 位的码共有 8 种不同的可能码组。因此,在 3 维空间中它们分别位于一个单位立方体的各顶点上,如图 10-4 所示。每一码组的 3 个码元的值(a_2,a_1,a_0)就是此立方体各顶点的坐标,而上述码距概念在此图中则对应于各顶点之间沿立方体各边行走的几何距离。由此图可以直观看出,式(10.2-1)中 4 个许用码组之间的距离均为 2。

一种编码或码的最小码距 d_0 的大小直接关系着这种码的检错和纠错能力。下面将具体说明。

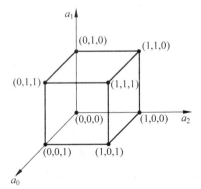

图 10-4 码距的几何意义

(1)为检测 e 个错码,要求最小码距

$$d_0 \geqslant e+1 \tag{10.2-2}$$

这可以用图 10-5(a)简单证明如下:设一码组 A 位于 0 点。若码组 A 中发生一位错码,

则可以认为 A 的位置将移动至以 0 点为圆心、以 1 为半径的圆上某点,但其位置不会超出此圆;若码组 A 中发生两位错码,则其位置不会超出以 0 点为圆心、以 2 为半径的圆。因此,只要最小码距不小于 3(如图中 B 点),在此半径为 2 的圆上及圆内就不会有其他码组。这就是说,码组 A 发生两位以下错码时,不可能变成另一任何许用码组。因而能检测错码的位数等于 2。同理,若一种编码的最小码距为 d_0,则将能检测 (d_0-1) 个错码;反之,若要求检测 e 个错码,则最小码距 d_0 至少应不小于 $(e+1)$。例如,式(10.2-1)中的编码,由于 $d_0=2$,故按式(10.2-2)它只能检测 1 位错码。

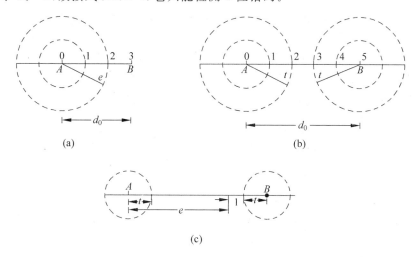

图 10-5 码距与检错和纠错能力的关系

(2) 为纠正 t 个错码,要求最小码距

$$d_0 \geqslant 2t+1 \tag{10.2-3}$$

上式可用图 10-5(b)来加以说明。图中画出码组 A 和 B 的距离为 5。码组 A 或 B 若发生不多于两位错码,则其位置均不会超出以原位置为圆心、以 2 为半径的圆。由于这两个圆的面积是不重叠的,故可以这样判决:若接收码组落于以 A 为圆心的圆上,就判决收到的是码组 A;若落于以 B 为圆心的圆上,就判决为码组 B。这样,就能够纠正两位错码。若这种编码中除码组 A 和 B 外,还有许多种不同码组,但任意两码组之间的码距均不小于 5,则以各码组的位置为中心、以 2 为半径画出的圆都不会互相重叠。这样,每种码组如果发生不超过两位错码都将能纠正。因此,当最小码距 $d_0=5$ 时,能够纠正两个错码,且最多能纠正 2 个。若错码达到 3 个,就将落于另一圆上,从而发生错判。故一般说来,为纠正 t 个错码,最小码距应不小于 $(2t+1)$。

(3) 为纠正 t 个错码,同时检测 e 个错码,要求最小码距

$$d_0 \geqslant e+t+1, \quad e>t \tag{10.2-4}$$

在解释此式之前,先来说明什么是"纠正 t 个错码,同时检测 e 个错码"(简称纠检结合)。在某些情况下,要求对于出现较频繁但错码数很少的码组,按前向纠错方式工作,以节省反馈重发时间;同时又希望对一些错码数较多的码组,在超过该码的纠错能力后,能自动按检错重发方式工作,以降低系统的总误码率。这种工作方式就是"纠检结合"。

在上述"纠检结合"系统中,差错控制设备按照接收码组与许用码组的距离自动改变

工作方式。若接收码组与某一许用码组间的距离在纠错能力 t 范围内,则将按纠错方式工作;若与任何许用码组间的距离都超过 t,则按检错方式工作。现用图 10-5(c)来加以说明。若设码的检错能力为 e,则当码组 A 中存在 e 个错码时,该码组与任一许用码组(例如图中码组 B)的距离至少应为 $t+1$,否则将进入许用码组 B 的纠错能力范围内,而被错纠为 B。这样就要求最小码距满足式(10.2-4)所示的条件。

下面再用图 10-5(b)为例来说明,此例中的最小码距 $d_0=5$。在按检错方式工作时,由式(10.2-2)可知,它的检错能力为 $e=4$;在按纠错方式工作时,由式(10.2-3)可知,它的纠错能力 $t=2$。但在按纠检结合方式工作时,若设计的纠错能力 $t=1$,则同时只能具有检错能力 $e=3$。因为当许用码组 A 中出现 4 个错码时,接收码组将落入另一许用码组的纠错能力范围内,从而转为按纠错方式工作并错纠为 B 了。

在简要讨论编码的纠(检)错能力之后,现在转过来分析采用差错控制编码的效用。

假设在随机信道中发送"0"时的错误概率和发送"1"时的相等,都等于 p,且 $p \ll 1$,则容易证明,在码长为 n 的码组中恰好发生 r 个错码的概率为

$$P_n(r) = C_n^r p^r (1-p)^{n-r} \approx \frac{n!}{r!(n-r)!} p^r \tag{10.2-5}$$

例如,当码长 $n=7$, $p=10^{-3}$ 时,则有

$$P_7(1) \approx 7p = 7 \times 10^{-3}$$
$$P_7(2) \approx 21p^2 = 2.1 \times 10^{-5}$$
$$P_7(3) \approx 35p^3 = 3.5 \times 10^{-8}$$

可见,采用差错控制编码,即使仅能纠正(或检测)这种码组中 1~2 个错误,也可以使误码率下降几个数量级。这就表明,即使是较简单的差错控制编码也具有较大实际应用价值。

不过,在突发信道中,由于错码是成串集中出现的,故上述仅能纠正码组中 1~2 个错码的编码,其效用就不像在随机信道中那样显著了。

10.3 常用的简单码

下面先介绍几种常用的简单码,这些码都属于分组码一类,而且是行之有效的。

1. 奇偶监督码

奇偶监督码可分为奇数监督码和偶数监督码两种,两者的原理相同。在偶数监督码中,无论信息位有多少,监督位只有一位,它使码组中"1"的数目为偶数,即满足下式条件:

$$a_{n-1} \oplus a_{n-2} \oplus \cdots \oplus a_0 = 0 \tag{10.3-1}$$

式中,a_0 为监督位,其他为信息位。表 10-1 中的编码,就是按照这种规则加入监督位的。这种码能够检测奇数个错码。在接收端,按照式(10.3-1)将码组中各码元相加(模 2),若结果为"1"就说明存在错码,为"0"就认为无错。

奇数监督码与其相似,只不过其码组中"1"的数目为奇数,即满足条件

$$a_{n-1} \oplus a_{n-2} \oplus \cdots \oplus a_0 = 1 \tag{10.3-2}$$

且其检错能力与偶数监督码一样。

2. 二维奇偶监督码

二维奇偶监督码又称方阵码。它是把上述奇偶监督码的若干码组排列成矩阵,每一码组写成一行,然后再按列的方向增加第二维监督位,如图 10-5 所示。图中 $a_0^1 a_0^2 \cdots a_0^m$ 为 m 行奇偶监督码中的 m 个监督位;$c_{n-1} c_{n-2} \cdots c_0$ 为按列进行第二次编码所增加的监督位,它们构成了一监督位行。

$$
\begin{array}{cccc}
a_{n-1}^1 & a_{n-2}^1 \cdots a_1^1 & a_0^1 \\
a_{n-1}^2 & a_{n-2}^2 \cdots a_1^2 & a_0^2 \\
& \cdots & \\
a_{n-1}^m & a_{n-2}^m \cdots a_1^m & a_0^m \\
c_{n-1} & c_{n-2} \cdots c_1 & c_0
\end{array}
$$

图 10-6 二维奇偶监督码

这种码有可能检测偶数个错误。因为每行的监督位 $a_0^1 \cdots a_0^m$ 虽然不能用于检测本行中的偶数个错码,但按列的方向有可能由 $c_{n-1} \cdots c_0$ 等监督位检测出来。有一些偶数错码不可能检测出。例如,构成矩形的 4 个错码就检测不出,譬如图 10-6 中的 a_{n-2}^2、a_1^2、a_{n-2}^m、a_1^m。

这种二维奇偶监督码适于检测突发错码。因为这种突发错码常常成串出现,随后有较长一段无错区间,所以在某一行中出现多个奇数或偶数错码的机会较多,而这种方阵码正适于检测这类错码。前述的一维奇偶监督码一般只适于检测随机错误。

由于方阵码只是对构成矩形四角的错码无法检测,故其检错能力较强。一些试验测量表明,这种码可使误码率降至原误码率的百分之一到万分之一。

二维奇偶监督码不仅可用来检错,还可用来纠正一些错码。例如,当码组中仅在一行中有奇数个错误时,则能够确定错码位置,从而纠正它。

3. 恒比码

在恒比码中,每个码组均含有相同数目的"1"(和"0")。由于"1"的数目与"0"的数目之比保持恒定,故得此名。这种码在检测时,只要计算接收码组中"1"的数目是否正确,就知道有无错误。

在我国用电传机传输汉字电码时,每个汉字用 4 位阿拉伯数字表示,而每个阿拉伯数字又用 5 位二进制符号构成的码组表示。每个码组的长度为 5,其中恒有 3 个"1",称为"5 中取 3"恒比码。这时可能编成的不同码组数目等于从 5 中取 3 的组合数 $C_5^3 = 5!/(3! \ 2!) = 10$。这 10 种许用码组恰好可用来表示 10 个阿拉伯数字,如表 10-2 所列的"保护电码"。表中还列入了过去通用的 5 单元国际电码中这 10 个阿拉伯数字的电码,以作比较。在老的国际电码中,数字"1"和"2"之间、"5"之"9"之间、"7"和"8"之间、"8"和"0"之间等,码距都为 1,容易出错。而在保护电码中,由于长度为 5 的码组共有 $2^5 = 32$ 种,除 10 种许用码组外,还有 22 种禁用码组,其多余度较高,实际使用经验表明,它能使差错减至原来的十分之一左右。具体来说,这种码能够检测码组中所有奇数个码元的错误及部分偶数个码元错误,但不能检测码组中"1"变为"0"与"0"变为"1"的错码数目相同的那些偶数错码。

在国际无线电报通信中,广泛采用的是"7 中取 3"恒比码,这种码组中规定总是有 3 个"1"。因此,共有 $7!/(3! \ 4!) = 35$ 种许用码组,它们可用来代表 26 个英文字母及其他符号。

表 10-2

阿拉伯数字	保护电码	国际电码	阿拉伯数字	保护电码	国际电码
1	01011	11101	6	10101	10101
2	11001	11001	7	11100	11100
3	10110	10000	8	01110	01100
4	11010	01010	9	10011	00011
5	00111	00001	0	01101	01101

恒比码的主要优点是简单并适于用来传输电传机或其他键盘设备产生的字母和符号。对于信源来的二进随机数字序列,这种码就不适合了。

4. 正反码

正反码是一种简单的能够纠正错码的码。其中的监督位数目与信息位数目相同,监督码元与信息码元相同(是信息码的重复)或者相反(是信息码的反码),则由信息码中“1”的个数而定。现以电报通信中常用的 5 单元电码为例来加以说明。

电报通信用的正反码的码长 $n=10$,其中信息位 $k=5$,监督位 $r=5$。其编码规则为:①当信息位中有奇数个“1”时,监督位是信息位的简单重复;②当信息位有偶数个“1”时,监督位是信息位的反码。例如,若信息位为 11001,则码组为 1100111001;若信息位为 110001,则码组为 1000101110。

接收端解码的方法为:先将接收码组中信息位和监督位按位模 2 相加,得到一个 5 位的合成码组,然后,由此合成码组产生一校验码组。若接收码组的信息位中有奇数个“1”,则合成码组就是校验码组;若接收码组的信息位中有偶数个“1”,则取合成码组的反码作为校验码组。最后,观察校验码组中“1”的个数,按表 10-3 进行判决及纠正可能发现的错码。

表 10-3

	校验码组的组成	错码情况
1	全为“0”	无错码
2	有 4 个“1”,1 个“0”	信息码中有一位错码,其位置对应校验码组中“0”的位置
3	有 4 个“0”,1 个“1”	监督码中有一位错码,其位置对应校验码组中“1”的位置
4	其他组成	错码多于 1 个

例如,发送码组为 1100111001,接收码组中无错码,则合成码组应为 $11001 \oplus 11001 = 00000$。由于接收码组信息位中有奇数个“1”,所以校验码组就是 00000。按表 10-3 判决,结论是无错码。若传输中产生了差错,使接收码组变成 1000111001,则合成码组为 $10001 \oplus 11001 = 01000$。由于接收码组中信息位有偶数个“1”,所以校验码组应取合成码组的反码,即 10111。由于其中有 4 个“1”,1 个“0”,按表 10-3 判断信息位中左边第二位为错码。若接收码组错成 1100101001,则合成码组变成 $11001 \oplus 01001 = 10000$。由于接收码组中信息位有奇数个“1”,故校验码组就是 10000,按表 10-3 判断,监督位中第一位为错码。最后,若接收码组为 1001111001,则合成码组为 $10011 \oplus 11001 = 01010$,校验码

组与其相同,按表 10-3 判断这时错码多于一个。

上述这种长度为 10 的正反码具有纠正一位错码的能力,并能检测全部两位以下的错码和大部分两位以上的错码。

10.4 线性分组码

从上节介绍的一些简单编码可以看出,每种码所依据的原理各不相同,而且是大不相同,其中奇偶监督码的编码原理利用了代数关系式。把这类建立在代数学基础上的码称为代数码。在代数码中,常见的是线性码。线性码中信息位和监督位是由一些线性代数方程联系着的,或者说,线性码是按一组线性方程构成的。本节将以汉明(Hamming)码为例引入线性分组码的一般原理。

上述正反码中,为了能够纠正一位错码,使用的监督位数和信息位一样多,即编码效率只有 50%。那么,为了纠正一位错码,在分组码中最少要增加多少监督位才行呢?编码效率能否提高呢?从这种思想出发进行研究,便导致汉明码的诞生。汉明码是一种能够纠正一位错码且编码效率较高的线性分组码。下面介绍汉明码的构造原理。

先来回顾一下按式(10.3-1)条件构成的偶数监督码。由于使用了一位监督位 a_0,故它就能和信息位 $a_{n-1}\cdots a_1$ 一起构成一个代数式,如式(10.3-1)所示。在接收端解码时,实际上就是在计算

$$S = a_{n-1} \oplus a_{n-2} \oplus \cdots \oplus a_0 \qquad (10.4\text{-}1)$$

若 $S=0$,就认为无错;若 $S=1$,就认为有错。式(10.4-1)称为监督关系式,S 称为校正子(也称检验子或伴随式)。由于校正子 S 的取值只有这样两种,它就只能代表有错和无错这两种信息,而不能指出错码的位置。不难推想,如果监督位增加一位,即变成两位,则能增加一个类似于式(10.4-1)的监督关系式。由于两个校正子的可能值有 4 种组合:00,01,10,11,故能表示 4 种不同信息。若用其中一种表示无错,则其余 3 种就有可能用来指示一位错码的 3 种不同位置。同理,r 个监督关系式能指示一位错码的 (2^r-1) 个可能位置。

一般说来,若码长为 n,信息位数为 k,则监督位数 $r=n-k$。如果希望用 r 个监督位构造出 r 个监督关系式来指示一位错码的 n 种可能位置,则要求

$$2^r - 1 \geqslant n \text{ 或 } 2^r \geqslant k + r + 1 \qquad (10.4\text{-}2)$$

下面举例来说明如何具体构造这些监督关系式。

设分组码 (n,k) 中 $k=4$。为了纠正一位错码。由式(10.4-2)可知,要求监督位数 $r\geqslant$ 3。若取 $r=3$,则 $n=k+r=7$。我们用 $n_6 a_5 \cdots a_0$ 表示这 7 个码元,用 S_1、S_2、S_3 表示三个监督关系式中的校正子,则 $S_1 S_2 S_3$ 的值与错码位置的对应关系可以规定如表 10-4(自然,我们也可以规定成另一种对应关系,这不影响讨论的一般性)所列。

表 10-4 校正子与错码位置

$S_1 S_2 S_3$	错码位置	$S_1 S_2 S_3$	错码位置
001	a_0	101	a_4
010	a_1	110	a_5
100	a_2	111	a_6
011	a_3	000	无错

由表 10-4 中规定可见,仅当一错码位置在 a_2、a_4、a_5 或 a_6 时,校正子 S_1 为 1;否则 S_1 为 0。这就意味着 a_2、a_4、a_5 和 a_6 四个码元构成偶数监督关系

$$S_1 = a_6 \oplus a_5 \oplus a_4 \oplus a_2 \qquad (10.4\text{-}3)$$

同理,a_1、a_3、a_5 和 a_6 构成偶数监督关系

$$S_2 = a_6 \oplus a_5 \oplus a_3 \oplus a_1 \qquad (10.4\text{-}4)$$

以及 a_0、a_3、a_4 和 a_6 构成偶数监督关系

$$S_3 = a_6 \oplus a_4 \oplus a_3 \oplus a_0 \qquad (10.4\text{-}5)$$

在发送端编码时,信息位 a_6、a_5、a_4 和 a_3 的值决定于输入信号,因此它们是随机的。监督位 a_2、a_1 和 a_0 应根据信息位的取值按监督关系来确定,即监督位应使上三式中 S_1、S_2 和 S_3 的值为零(表示编成的码组中应无错码)

$$\begin{cases} a_6 \oplus a_5 \oplus a_4 \oplus a_2 = 0 \\ a_6 \oplus a_5 \oplus a_3 \oplus a_1 = 0 \\ a_6 \oplus a_4 \oplus a_3 \oplus a_0 = 0 \end{cases} \qquad (10.4\text{-}6)$$

由上式经移项运算,解出监督位

$$\begin{cases} a_2 = a_6 \oplus a_5 \oplus a_4 \\ a_1 = a_6 \oplus a_5 \oplus a_3 \\ a_0 = a_6 \oplus a_4 \oplus a_3 \end{cases} \qquad (10.4\text{-}7)$$

给定信息位后,可直接按上式算出监督位,其结果如表 10-5 所列。

接收端收到每个码组后,先按式(10.4-3)~式(10.4-5)计算出 S_1、S_2 和 S_3,再按表 10-4 判断错码情况。例如,若接收码组为 0000011,按式(10.4-3)~式(10.4-5)计算可得:$S_1=0$,$S_2=1$,$S_3=1$。由于 $S_1 S_2 S_3$ 等于 011,故根据表 10-4 可知在 a_3 位有一错码。

按上述方法构造的码称为汉明码。表 10-5 中所列的(7,4)汉明码的最小码距

表 10-5　(7,4)汉明码的信息位与监督位

信息位 $a_6 a_5 a_4 a_3$	监督位 $a_2 a_1 a_0$	信息位 $a_6 a_5 a_4 a_3$	监督位 $a_2 a_1 a_0$
0000	000	1000	111
0001	011	1001	100
0010	101	1010	010
0011	110	1011	001
0100	110	1100	001
0101	101	1101	010
0110	011	1110	100
0111	000	1111	111

$d_0=3$,因此,根据式(10.2-2)和式(10.2-3)可知,这种码能纠正一个错码或检测两个错码。由式(10.4-2)可知,汉明码的编码效率等于 $k/n = (2^r-1-r)/(2^r-1) = 1-r/(2^r-1) = 1-r/n$。当 n 很大时,则编码效率接近 1。可见,汉明码是一种高效码。

下面讨论线性分组码的一般原理。上面已经提到,线性码是指信息位和监督位满足一组线性方程的码。式(10.4-6)就是一组线性方程的例子。现在将它改写成

$$\begin{cases} 1 \cdot a_6 + 1 \cdot a_5 + 1 \cdot a_4 + 0 \cdot a_3 + 1 \cdot a_2 + 0 \cdot a_1 + 0 \cdot a_0 = 0 \\ 1 \cdot a_6 + 1 \cdot a_5 + 0 \cdot a_4 + 1 \cdot a_3 + 0 \cdot a_2 + 1 \cdot a_1 + 0 \cdot a_0 = 0 \\ 1 \cdot a_6 + 0 \cdot a_5 + 1 \cdot a_4 + 1 \cdot a_3 + 0 \cdot a_2 + 0 \cdot a_1 + 1 \cdot a_0 = 0 \end{cases} \qquad (10.4\text{-}8)$$

上式中已将"$\oplus$"简写为"$+$"。在本章后面,除非另加说明,这类式中的"$+$"都指模 2 加。式(10.4-8)可以表示成如下矩阵形式

$$\begin{bmatrix} 1110100 \\ 1101010 \\ 1011001 \end{bmatrix} \begin{bmatrix} a_6 \\ a_5 \\ a_4 \\ a_3 \\ a_2 \\ a_1 \\ a_0 \end{bmatrix} = \begin{bmatrix} 0 \\ 0 \\ 0 \end{bmatrix} (模\ 2) \tag{10.4-9}$$

上式还可以简记为

$$\boldsymbol{H} \cdot \boldsymbol{A}^{\mathrm{T}} = \boldsymbol{0}^{\mathrm{T}} \ 或\ \boldsymbol{A} \cdot \boldsymbol{H}^{\mathrm{T}} = \boldsymbol{0} \tag{10.4-10}$$

其中,$\boldsymbol{H} = \begin{bmatrix} 1110100 \\ 1101010 \\ 1011001 \end{bmatrix}$;$\boldsymbol{A} = [a_6 a_5 a_4 a_3 a_2 a_1 a_0]$;$\boldsymbol{0} = [000]$。

右上标"T"表示将矩阵转置。例如 $\boldsymbol{H}^{\mathrm{T}}$ 是 $\boldsymbol{H}$ 的转置,即 $\boldsymbol{H}^{\mathrm{T}}$ 的第一行为 $\boldsymbol{H}$ 的第一列,$\boldsymbol{H}^{\mathrm{T}}$ 的第二行为 $\boldsymbol{H}$ 的第二列,等等。

人们将 $\boldsymbol{H}$ 称为监督矩阵。只要监督矩阵 $\boldsymbol{H}$ 给定,编码时监督位和信息位的关系就完全确定了。由式(10.4-8)、式(10.4-9)都可看出,$\boldsymbol{H}$ 的行数就是监督关系式的数目,它等于监督位的数目 r。$\boldsymbol{H}$ 的每行中"1"的位置表示相应码元之间存在的监督关系。例如,$\boldsymbol{H}$ 的第一行 1110100 表示监督位 a_2 是由信息位 $a_6 a_5 a_4$ 之和决定的。式(10.4-9)中的 $\boldsymbol{H}$ 矩阵可以分成两部分

$$\boldsymbol{H} = \begin{bmatrix} 1110 \vdots 100 \\ 1101 \vdots 010 \\ 1011 \vdots 001 \end{bmatrix} = [\boldsymbol{P} \boldsymbol{I}_r] \tag{10.4-11}$$

式中,$\boldsymbol{P}$ 为 $r \times k$ 阶矩阵,$\boldsymbol{I}_r$ 为 $r \times r$ 阶单位方阵。我们将具有 $[\boldsymbol{P} \boldsymbol{I}_r]$ 形式的 $\boldsymbol{H}$ 矩阵称为典型监督阵。

由代数理论可知,$\boldsymbol{H}$ 矩阵的各行应该是线性无关的,否则将得不到 r 个线性无关的监督关系式,从而也得不到 r 个独立的监督位。若一矩阵能写成典型阵形式 $[\boldsymbol{P} \boldsymbol{I}_r]$,则其各行一定是线性无关的。因为容易验证 $[\boldsymbol{I}_r]$ 的各行是线性无关的,故 $[\boldsymbol{P} \boldsymbol{I}_r]$ 的各行也是线性无关的。

类似于式(10.4-6)改变成式(10.4-9)中矩阵形式那样,式(10.4-7)也可以改写成

$$\begin{bmatrix} a_2 \\ a_1 \\ a_0 \end{bmatrix} = \begin{bmatrix} 1 & 1 & 1 & 0 \\ 1 & 1 & 0 & 1 \\ 1 & 0 & 1 & 1 \end{bmatrix} \begin{bmatrix} a_6 \\ a_5 \\ a_4 \\ a_3 \end{bmatrix} \tag{10.4-12}$$

或者

$$[a_2 a_1 a_0] = [a_6 a_5 a_4 a_3] \begin{bmatrix} 1 & 1 & 1 \\ 1 & 1 & 0 \\ 1 & 0 & 1 \\ 0 & 1 & 1 \end{bmatrix} = [a_6 a_5 a_4 a_3] \boldsymbol{Q} \tag{10.4-13}$$

式中 Q 为一 $k \times r$ 阶矩阵,它为 P 的转置,即

$$Q = P^{\mathrm{T}} \tag{10.4-14}$$

式(10.4-13)表明,信息位给定后,用信息位的行矩阵乘矩阵 Q 就产生出监督位。

我们将 Q 的左边加上一 $k \times k$ 阶单位方阵就构成一矩阵 G:

$$G = [I_k Q] = \begin{bmatrix} 1 & 0 & 0 & 0 & 1 & 1 & 1 \\ 0 & 1 & 0 & 0 & 1 & 1 & 0 \\ 0 & 0 & 1 & 0 & 1 & 0 & 1 \\ 0 & 0 & 0 & 1 & 0 & 1 & 1 \end{bmatrix} \tag{10.4-15}$$

G 称为生成矩阵,因为由它可以产生整个码组,即有

$$[a_6 a_5 a_4 a_3 a_2 a_1 a_0] = [a_6 a_5 a_4 a_3] \cdot G \tag{10.4-16}$$

或者

$$A = [a_6 a_5 a_4 a_3] G \tag{10.4-17}$$

因此,如果找到了码的生成矩阵 G,则编码的方法就完全确定了。具有 $[I_k Q]$ 形式的生成矩阵称为典型生成矩阵。由典型生成矩阵得出的码组 A 中,信息位不变,监督位附加于其后,这种码称为系统码。

比较式(10.4-11)和式(10.4-15)可见,典型监督矩阵 H 和典型生成矩阵 G 之间由式(10.4-14)相联系。

与 H 矩阵相似,我们也要求 G 矩阵的各行是线性无关的。因为由式(10.4-17)可以看出,任一码组 A 都是 G 的各行的线性组合。G 共有 k 行,若它们线性无关,则可组合出 2^k 种不同的码组 A,它恰是有 k 位信息位的全部码组;若 G 的各行有线性相关的,则不可能由 G 生成 2^k 种不同码组了。实际上,G 的各行本身就是一个码组。因此,如果已有 k 个线性无关的码组,则可以用其作为生成矩阵 G,并由它生成其余的码组。

一般说来,式(10.4-17)中 A 为一 n 列的行矩阵。此矩阵的 n 个元素就是码组中的 n 个码元,所以发送的码组就是 A。此码组在传输中可能由于干扰引入差错,故接收码组一般说来与 A 不一定相同。若设接收码组为一 n 列的行矩阵 B,即

$$B = [b_{n-1} b_{n-2} \cdots b_0] \tag{10.4-18}$$

则发送码组和接收码组之差为

$$B - A = E(\text{模 } 2) \tag{10.4-19}$$

它就是传输中产生的错码行矩阵

$$E = [e_{n-1} e_{n-2} \cdots e_0] \tag{10.4-20}$$

其中

$$\begin{cases} 0, & b_i = a_i \\ 1, & b_i \neq a_i \end{cases}$$

因此,若 $e_i = 0$,表示该位接收码元无错;若 $e_i = 1$,则表示该位接收码元有错。式(10.4-19)也可以改写成

$$B = A + E \tag{10.4-21}$$

例如,若发送码组 $A = [1000111]$,错码矩阵 $E = [0000100]$,则接收码组 $B = [1000011]$。

错码矩阵有时也称为错误图样。

接收端译码时,可将接收码组 B 代入式(10.4-10)中计算。若接收码组中无错码,即 $E=0$,则 $B=A+E=A$,把它代入式(10.4-10)后,该式仍成立,即有

$$B \cdot H^{\mathrm{T}} = 0 \qquad\qquad (10.4-22)$$

当接收码组有错时,$E \neq 0$,将 B 代入式(10.4-10)后,该式不一定成立。在错码较多,已超过这种编码的检错能力时,B 变为另一许用码组,则式(10.4-22)仍能成立。这样的错码是不可检测的。在未超过检错能力时,上式不成立,即其右端不等于零。假设这时式(10.4-22)的右端为 S,即

$$B \cdot H^{\mathrm{T}} = S \qquad\qquad (10.4-23)$$

将 $B=A+E$ 代入式(10.4-23)中,可得

$$S = (A+E)H^{\mathrm{T}} = AH^{\mathrm{T}} + EH^{\mathrm{T}}$$

由式(10.4-10)知 $AH^{\mathrm{T}}=0$,所以

$$S = EH^{\mathrm{T}} \qquad\qquad (10.4-24)$$

式中 S 称为校正子。它与式(10.4-1)中的 S 相似,有可能利用它来指示错码位置。这一点可以直接从式(10.4-24)中看出,式中 S 只与 E 有关,而与 A 无关,这就意味着 S 与错码 E 之间有确定的线性变换关系。若 S 和 E 之间一一对应,则 S 将能代表错码的位置。

线性码有一个重要性质,就是它具有封闭性。所谓封闭性,是指一种线性码中的任意两个码组之和仍为这种码中的一个码组。这就是说,若 A_1 和 A_2 是一种线性码中的两个许用码组,则 (A_1+A_2) 仍为其中的一个码组。这一性质的证明很简单,若 A_1、A_2 为码组,则按式(10.4-10)有

$$A_1 \cdot H^{\mathrm{T}} = 0, \quad A_2 \cdot H^{\mathrm{T}} = 0$$

将上两式相加,可得

$$A_1 \cdot H^{\mathrm{T}} + A_2 \cdot H^{\mathrm{T}} = (A_1+A_2) \cdot H^{\mathrm{T}} = 0 \qquad\qquad (10.4-25)$$

所以 (A_1+A_2) 也是一码组。读者不难利用表 10-5 验证这一结论。既然线性码具有封闭性,因而两个码组之间的距离必是另一码组的重量。故码的最小距离即是码的最小重量(除全"0"码组外)。

线性码又称群码,这是由于线性码的各许用码组构成代数学中的群[①]。

---

① 在代数学中,将某种集合称为群,若此集合中的元素对于一种运算满足下列四个条件:

(1) 封闭性——集合中任两元素经此运算后得到的仍为该集合中的元素;

(2) 有单位元素——单位元素是指集合中的某一元素,它与集合中任一元素运算后仍等于后者;

(3) 有逆元素——集合中任一元素与某一元素运算后能得到单位元素,则称该二元素互为逆元素;

(4) 结合律成立。

例如,所有整数的集合对于加法构成群,因为:①任两整数相加仍为整数,具有封闭性;②单位元素为 0,因 0 与任何整数相加均等于后者;③正整数 n 和负整数 $-n$ 互为逆元素,因为 $n+(-n)=0=$ 单位元素;④结合律成立,即有 $(m+n)+p=m+(n+p)$。

如果一个集合除满足上述 4 个条件外,又满足交换律,则称之为可交换群或阿贝尔(Abel)群。例如,在上例整数群中交换也成立,即 $m+n=n+m$,所以整数群是一种可交换群。

线性码对于模 2 加法构成可交换群,因为上述五个条件它都满足。线性码的封闭性上面已经证明过。线性码中的单位元素为 $A=0$,即全零码组。由于 $A=0$ 可使式(9.4-10)成立,所以全零组一定是线性码中的一个元素。线性码中一元素的逆元素就是该元素本身,因为 $A+A=0$。至于结合律和交换律,也容易看出是满足的。所以线性码是一种群码。

10.5 循环码

10.5.1 循环码原理

在线性分组码中,有一种重要的码称为循环码。它是在代数学理论基础上建立起来的。这种码的编码和解码设备都不太复杂,且检(纠)错的能力较强,目前在理论和实践上都有了较大的发展。循环码除了具有线性码的一般性质外,还具有循环性,即循环码中任一码组循环一位(将最右端的码元移至左端,或反之)以后,仍为该码中的一个码组。在表 10-6 中给出一种 (7,3) 循环码的全部码组。由此表可以直观看出这种码的循环性。例如,表中的第 2 码组向右移一位即得到第 5 码组;第 6 码组向右移一位即得到第 7 码组。一般来说,若 $(a_{n-1}a_{n-2}\cdots a_0)$ 是一个循环码组,则

$$(a_{n-2}a_{n-3}\cdots a_0 a_{n-1})、(a_{n-3}a_{n-4}\cdots a_{n-1}a_{n-2})、\cdots、(a_0 a_{n-1}\cdots a_2 a_1)$$

表 10-6 (7,3)循环码

码组编号	信息位 $a_6 a_5 a_4$	监督位 $a_3 a_2 a_1 a_0$	码组编号	信息位 $a_6 a_5 a_4$	监督位 $a_3 a_2 a_1 a_0$
1	000	0000	5	100	1011
2	001	0111	6	101	1100
3	010	1110	7	110	0101
4	011	1001	8	111	0010

也是该编码中的码组。在代数编码理论中,为了便于计算,把这样的码组中各码元当作一个多项式的系数,即把一长为 n 的码组表示成

$$T(x) = a_{n-1}x^{n-1} + a_{n-2}x^{n-2} + \cdots + a_1 x + a_0 \tag{10.5-1}$$

表 10-6 中的任一码组可以表示为

$$T(x) = a_6 x^6 + a_5 x^5 + a_4 x^4 + a_3 x^3 + a_2 x^2 + a_1 x^1 + a_0 \tag{10.5-2}$$

例如,表中的第 7 码组可以表示为

$$T_7(x) = 1 \cdot x^6 + 1 \cdot x^5 + 0 \cdot x^4 + 0 \cdot x^3 + 1 \cdot x^2 + 0 \cdot x + 1$$
$$= x^6 + x^5 + x^2 + 1 \tag{10.5-3}$$

这种多项式中,x 仅是码元位置的标记,例如上式表示第 7 码组中 a_6、a_5、a_2 和 a_0 为"1",其他均为零。因此我们并不关心 x 的取值。这种多项式有时称为码多项式。

1. 码多项式的按模运算

在整数运算中,有模 n 运算。例如,在模 2 运算中,有 $1+1=2\equiv0$(模 2),$1+2=3\equiv1$(模 2),$2\times3=6\equiv0$(模 2)等。一般来说,若一整数 m 可以表示为

$$\frac{m}{n} = Q + \frac{p}{n}, \quad p < n \tag{10.5-4}$$

式中,Q 为整数,则在模 n 运算下,有

$$m \equiv p \quad (\text{模 } n) \tag{10.5-5}$$

这就是说,在模 n 运算下,一整数 m 等于其被 n 除得之余数。

在码多项式运算中也有类似的按模运算。若一任意多项式 $F(x)$ 被一 n 次多项式 $N(x)$ 除,得到商式 $Q(x)$ 和一个次数小于 n 的余式 $R(x)$,即

$$F(x) = N(x)Q(x) + R(x) \tag{10.5-6}$$

则写为

$$F(x) \equiv R(x) \quad (\text{模 } N(x)) \tag{10.5-7}$$

这时,码多项式系数仍按模 2 运算。例如,x^3 被 (x^3+1) 除得余项 1,所以有

$$x^3 \equiv 1 \quad (\text{模 } x^3+1) \tag{10.5-8}$$

同理

$$x^4 + x^2 + 1 \equiv x^2 + x + 1 \quad (\text{模 } x^3+1) \tag{10.5-9}$$

因为

$$
\begin{array}{r}
x \\
x^3+1 \overline{)\ x^4+x^2+1\ } \\
\underline{x^4+x} \\
x^2+x+1
\end{array}
$$

注意,由于在模 2 运算中,用加法代替了减法,故余项不是 x^2-x+1,而是 x^2+x+1。

在循环码中,若 $T(x)$ 是一个长为 n 的许用码组,则 $x^i \cdot T(x)$ 在按模 x^n+1 运算下,亦是一个许用码组,即若

$$x^i \cdot T(x) \equiv T'(x) \quad (\text{模 } x^n+1) \tag{10.5-10}$$

则 $T'(x)$ 也是一个许用码组。其证明是很简单的,因为若

$$T(x) = a_{n-1}x^{n-1} + a_{n-2}x^{n-2} + \cdots + a_1 x + a_0 \tag{10.5-11}$$

则

$$x^i \cdot T(x) = a_{n-1}x^{n-1+i} + a_{n-2}x^{n-2+i} + \cdots + a_{n-1-i}x^{n-1} + \cdots + a_1 x^{1+i} + a_0 x^i$$
$$\equiv a_{n-1-i}x^{n-1} + a_{n-2-i}x^{n-2} + \cdots + a_0 x^i + a_{n-1}x^{i-1} + \cdots + a_{n-i} \quad (\text{模 } x^n+1) \tag{10.5-12}$$

所以这时有

$$T'(x) = a_{n-1-i}x^{n-1} + a_{n-2-i}x^{n-2} + \cdots + a_0 x^i + a_{n-1}x^{i-1} + \cdots + a_{n-i} \tag{10.5-13}$$

上式中 $T'(x)$ 正是式(10.5-11)中 $T(x)$ 代表的码组向左循环移位 i 次的结果。因为原已假定 $T(x)$ 为一循环码,所以 $T'(x)$ 也必为该码中一个码组。例如,式(10.5-3)中循环码

$$T(x) = x^6 + x^5 + x^2 + 1$$

其码长 $n=7$。现给定 $i=3$,则

$$x^i \cdot T(x) = x^3(x^6 + x^5 + x^2 + 1) = x^9 + x^8 + x^5 + x^3$$
$$= x^5 + x^3 + x^2 + x \quad (\text{模 } x^7+1) \tag{10.5-14}$$

其对应的码组为 0101110,它正是表 10-6 中第 3 码组。

由上述分析可见,一个长为 n 的循环码,它必为按模 (x^n+1) 运算的一个余式。

2. 循环码的生成矩阵 G

由式(10.4-17)可知,有了生成矩阵 G,就可以由 k 个信息位得出整个码组,而且生成

矩阵 G 的每一行都是一个码组。例如,在式(10.4-17)中,若 $a_6a_5a_4a_3=1000$,则码组 A 就等于 G 的第一行;若 $a_6a_5a_4a_3=0100$,则码组 A 就等于 G 的第二行;等等。由于 G 是 k 行 n 列矩阵,因此,若能找到 k 个已知码组,就能构成矩阵 G。如前所述,这 k 个已知码组必须是线性不相关的,否则,给定的信息位与编出的码组就不是一一对应的。

在循环码中,一个 (n,k) 码有 2^k 个不同码组。若用 $g(x)$ 表示其中前 $(k-1)$ 位皆为"0"的码组,则 $g(x),xg(x),x^2g(x),\cdots,x^{k-1}g(x)$ 都是码组,而且这 k 个码组是线性无关的。因此它们可以用来构成此循环码的生成矩阵 G。

在循环码中除全"0"码组外,再没有连续 k 位均为"0"的码组,即连"0"的长度最多只能有 $(k-1)$ 位。否则,在经过若干次循环移位后将得到一个 k 位信息位全为"0",但监督位不全为"0"的码组,这在线性码中显然是不可能的。因此 $g(x)$ 必须是一个常数项不为"0"的 $(n-k)$ 次多项式,而且,这个 $q(x)$ 还是这种 (n,k) 码中次数为 $(n-k)$ 的唯一的一个多项式。因为如果有两个,则由码的封闭性,把这两个相加也应该是一个码组,且此码组多项式的次数将小于 $(n-k)$,即连续"0"的个数多于 $(k-1)$。显然,这与前面的结论是矛盾的,故是不可能的。我们称这唯一的 $(n-k)$ 次多项式 $g(x)$ 为码的生成多项式。一旦确定了 $g(x)$,则整个 (n,k) 循环码就被确定了。

因此,循环码的生成矩阵 G 可以写成

$$G(x)=\begin{bmatrix} x^{k-1}g(x) \\ x^{k-2}g(x) \\ \vdots \\ xg(x) \\ g(x) \end{bmatrix} \tag{10.5-15}$$

例如。在表 10-6 所给出的循环码中,$n=7,k=3,n-k=4$。可见,唯一的一个 $(n-k)=4$ 次码多项式代表的码组是第二码组 0010111,相对应的码多项式(即生成多项式)$g(x)=x^4+x^2+x+1$。将此 $g(x)$ 代入上式,得到

$$G(x)=\begin{bmatrix} x^2g(x) \\ xg(x) \\ g(x) \end{bmatrix} \tag{10.5-16}$$

或

$$G=\begin{bmatrix} 1011100 \\ 0101110 \\ 0010111 \end{bmatrix} \tag{10.5-17}$$

由于上式不符合式(10.4-15)所示的 $G=[I_k \ Q]$ 形式,所以此生成矩阵不是典型的。不过,将此矩阵做线性变换,不难化成典型阵。

类似式(10.4-17),我们可以写出此循环码组,即

$$T(x)=[a_6a_5a_4]G(x)=[a_6a_5a_4]\begin{bmatrix} x^2g(x) \\ xg(x) \\ g(x) \end{bmatrix}$$

$$=a_6x^2g(x)+a_5xg(x)+a_4g(x)=(a_6x^2+a_5x+a_4)\cdot g(x) \tag{10.5-18}$$

式(10.5-18)表明,所有码多项式 $T(x)$ 都可被 $g(x)$ 整除,而且任一次数不大于 $(k-1)$ 的多项式乘 $g(x)$ 都是码多项式。

3. 如何寻找任一 (n,k) 循环码的生成多项式

由式(10.5-18)可知,任一循环码多项式 $T(x)$ 都是 $g(x)$ 的倍式,故可以写成

$$T(x) = h(x) \cdot g(x) \tag{10.5-19}$$

而生成多项式 $g(x)$ 本身也是一个码组,即有

$$T'(x) = g(x) \tag{10.5-20}$$

由于码组 $T'(x)$ 为一个 $(n-k)$ 次多项式,故 $x^k T'(x)$ 为一个 n 次多项式。由式(10.5-10)可知,$x^k T'(x)$ 在模 (x^n+1) 运算下亦为一个码组,故可以写成

$$\frac{x^k T'(x)}{x^n+1} = Q(x) + \frac{T(x)}{x^n+1} \tag{10.5-21}$$

上式左端分子和分母都是 n 次多项式,故商式 $Q(x)=1$,因此,上式可化成

$$x^k T'(x) = (x^n+1) + T(x) \tag{10.5-22}$$

将式(10.5-19)和式(10.5-20)代入上式,并化简后可得

$$x^n + 1 = g(x)[x^k + h(x)] \tag{10.5-23}$$

式(10.5-23)表明,生成多项式 $g(x)$ 应该是 (x^n+1) 的一个因式。这一结论为我们寻找循环码的生成多项式指出了一条道路,即循环码的生成多项式应该是 (x^n+1) 的一个 $(n-k)$ 次因式。例如,(x^7+1) 可以分解为

$$x^7 + 1 = (x+1)(x^3 + x^2 + 1)(x^3 + x + 1) \tag{10.5-24}$$

为了求 $(7,3)$ 循环码的生成多项式 $g(x)$,要从上式中找到一个 $(n-k)=4$ 次的因子。不难看出,这样的因子有两个,即

$$(x+1)(x^3 + x^2 + 1) = x^4 + x^2 + x + 1 \tag{10.5-25}$$

$$(x+1)(x^3 + x + 1) = x^4 + x^3 + x^2 + 1 \tag{10.5-26}$$

以上两式都可作为生成多项式用。不过,选用的生成多项式不同,产生出的循环码码组也不同。用式(10.5-25)作为生成多项式产生的循环码即为表10-6所列。

10.5.2 循环码的编、解码方法

1. 循环码的编码方法

在编码时,首先要根据给定的 (n,k) 值选定生成多项式 $g(x)$,即从 (x^n+1) 的因子中选一个 $(n-k)$ 次多项式作为 $g(x)$。

由式(10.5-18)可知,所有码多项式 $T(x)$ 都可被 $g(x)$ 整除。根据这条原则,就可以对给定的信息位进行编码:设 $m(x)$ 为信息码多项式,其次数小于 k。用 x^{n-k} 乘 $m(x)$,得到的 $x^{n-k}m(x)$ 的次数必小于 n。用 $g(x)$ 除 $x^{n-k}m(x)$,得到余式 $r(x)$,$r(x)$ 的次数必小于 $g(x)$ 的次数,即小于 $(n-k)$。将此余式 $r(x)$ 加于信息位之后作为监督位,即将 $r(x)$ 与 $x^{n-k}m(x)$ 相加,得到的多项式必为一个码多项式。因为它必能被 $g(x)$ 整除,且商的次数不大于 $(k-1)$。

根据上述原理,编码步骤可归纳如下。

(1) 用 x^{n-k} 乘 $m(x)$。这一运算实际上是把信息码后附加上 $(n-k)$ 个"0"。例如,信息码为110,它相当 $m(x)=x^2+x$。当 $n-k=7-3=4$ 时,$x^{n-k}m(x)=x^4(x^2+x)=x^6+x^5$,它相当于 1100000。

(2) 用 $g(x)$ 除 $x^{n-k}m(x)$,得到商 $Q(x)$ 和余式 $r(x)$,即

$$\frac{x^{n-k}m(x)}{g(x)}=Q(x)+\frac{r(x)}{g(x)} \tag{10.5-27}$$

例如,若选定 $g(x)=x^4+x^2+x+1$,则

$$\frac{x^{n-k}m(x)}{g(x)}=\frac{x^6+x^5}{x^4+x^2+x+1}=(x^2+x+1)+\frac{x^2+1}{x^4+x^2+x+1} \tag{10.5-28}$$

上式相当于

$$\frac{1100000}{10111}=111+\frac{101}{10111} \tag{10.5-29}$$

(3) 编出的码组 $T(x)$ 为

$$T(x)=x^{n-k}m(x)+r(x) \tag{10.5-30}$$

在上例中,$T(x)=1100000+101=1100101$,它就是表 10-6 中第 7 码组。

上述三步运算,在用硬件实现时,可以由除法电路来实现。除法电路的主体由一些移存器和模 2 加法器组成。例如,上述(7,3)码的编码器组成示于图 10-7 中。图中有 4 级移存器,分别用 a、b、c、d 表示。另外有一个双刀双掷开关 S。当信息位输入时,开关 S 倒向下,输入信码一方面送入除法器进行运算,另一方面直接输出。在信息位全部进入除法器后,开关转向上,这时输出端接到移存器,将移存器中存储的除法余项依次取出,同时切断反馈线。此编码器的工作过程示于表 10-7(a)。用这种方法编出的码组,前面是原来的 k 个信息位,后面是 $(n-k)$ 个监督位。因此它是系统分组码。

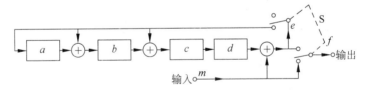

图 10-7 (7,3)码编码器

表 10-7(a) 编码器工作过程

输入 m	移存器 $abcd$	反馈 e	输出 f
0	0000	0	0
1	1110	1	1
1	1001	1	1 $\}f=m$
0	1010	1	0
0	0101	0	0
0	0010	1	1
0	0001	0	0 $\}f=e$
0	0000	1	1

顺便指出,由于微处理器和数字信号处理器的应用日益广泛,目前已多采用这些先进器件和相应的软件来实现上述编码。

2. 循环码的解码方法

接收端解码的要求有两个:检错和纠错。达到检错目的的解码原理十分简单。由于任一码组多项式 $T(x)$ 都应能被生成多项式 $g(x)$ 整除,所以在接收端可以将接收码组 $R(x)$ 用原生成多项式 $g(x)$ 去除。当传输中未发生错误时,接收码组与发送码组相同,即 $R(x)=T(x)$,故接收码组 $R(x)$ 必定能被 $g(x)$ 整除;若码组在传输中发生错误,则 $R(x)\neq T(x)$,$R(x)$ 被 $g(x)$ 除时可能除不尽而有余项,即有

$$R(x)/g(x) = Q'(x) + r'(x)/g(x) \tag{10.5-31}$$

因此,我们就以余项是否为零来判别码组中有无错码。根据这一原理构成的解码器如图 10-8(a)所示。由图可见,解码器的核心就是一个除法电路和缓冲移存器,而且这里的除法电路与发送端编码器中的除法电路相同。若在此除法器中进行 $R(x)/g(x)$ 运算的结果,余项为零,则认为码组 $R(x)$ 无错,这时就将暂存于缓冲移存器中的接收码组送出到解码器输出端;若运算结果余项不等于零,则认为 $R(x)$ 中有错,但错在何位不知,这时,就可以将缓冲移存器中的接收码组删除,并向发送端发出一重发指令,要求重发一次该码组。

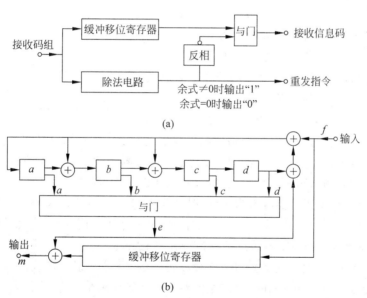

(a)

(b)

图 10-8　解码器

需要指出,有错码的接收码组也有可能被 $g(x)$ 整除,这时的错码就不能检出了。这种错误称为不可检错误。不可检错误中的错码数必定超过了这种编码的检错能力。

在接收端为纠错而采用的解码方法自然比检错时复杂。容易理解,为了能够纠错,要求每个可纠正的错误图样必须与一个特定余式有一一对应关系。这里,错误图样是指式(10.4-19)中错码矩阵 E 的各种具体取值的图样,余式是指接收码组 $R(x)$ 被生成多项

式 $g(x)$ 除所得的余式。因为只有存在上述一一对应的关系时,才可能从上述余式唯一地决定错误图样,从而纠正错码。因此,原则上纠错可按下述步骤进行:

(1) 用生成多项式 $g(x)$ 除接收码组 $R(x) = T(x) + E(x)$,得出余式 $r(x)$;

(2) 按余式 $r(x)$ 用查表的方法或通过某种运算得到错误图样 $E(x)$,例如,通过计算校正子 S 和利用类似表 10-4 的关系,就可确定错码位置;

(3) 从 $R(x)$ 中减去 $E(x)$,便得到已纠正错误的原发送码组 $T(x)$。

上述第(1)步运算和检错解码时的相同,第(3)步也很简单;只是第(2)步可能需要较复杂的设备,并且在计算余式和决定 $E(x)$ 的时候需要把整个接收码组 $R(x)$ 暂时存储起来。第(2)步要求的计算,对于纠正突发错误或单个错误的编码还算简单,但对于纠正多个随机错误的编码却是十分复杂的。

上例中的 (7,3) 码,由表 10-6 可以看出,其码距为 4,因此它有纠正一个错误的能力。这里,仍以此码为例给出一种用硬件实现的纠错解码器的原理方框图,如图 10-8(b) 所示。图中上部为一 4 级反馈移位寄存器组成的除法电路,它和图 10-7 中编码器的组成基本一样。接收到的码组,除了送入此除法电路外,同时还送入一缓冲寄存器暂存。假定现在接收码组为 10×00101,其中右上角打"×"号者为错码。此码组进入除法电路后,移位寄存器各级的状态变化过程列于表 10-7(b) 中。当此码组的 7 个码元全部进入除法电路后,移位寄存器的各级状态自右向左依次为 0100。其中移位寄存器 c 的状态为 1,它表示接收码组中第 2 位有错(接收码组无错时,

表 10-7(b)

输入	移位寄存器	"与门"输出
f	$abcd$	e
0	0000	0
1	1110	0
0×	0111	0
0	1101	0
0	1000	0
1	1010	0
0	0101	0
1	001×0	0
0	0001	1
0	0000	0

移位寄存器中状态应为全"0",即表示码组可被生成多项式整除)。在此时刻以后,输入端使其不再进入信号,即保持输入为"0";而将缓冲寄存器中暂存的信码开始逐位移出。在信码第 2 位(错码)输出时刻,反馈移位寄存器的状态(自右向左)为 1000。"与门"输入为 $abcd$,故仅当反馈移位寄存器状态为 1000 时,"与门"输出为"1"。这个输出"1"有两个功用,一是与缓冲寄存器输出的有错信码模 2 相加,从而纠正错码;二是与反馈移位寄存器 d 级输出模 2 相加,达到清除各级反馈移位寄存器的目的。

在实际使用中,一般情况下码组不是孤立传输的,而是一组组连接传输的。但是,由以上解码过程可知,除法电路在一个码组的时间内运算求出余式后,尚需在下一码组时间中进行纠错。因此,实际的解码器需要两套除法电路(和"与门"电路等)配合一个缓冲寄存器,这两套除法电路由开关控制交替接收码组。此外,在解码器输出端也需有开关控制只输出信息位,删除监督位。这些开关图中均未示出。目前,解码器也多采用微处理器或数字信号处理器实现。

这种解码方法称为捕错解码法。通常,一种编码可以有不同的几种纠错解码法。对于循环码来说,除了用捕错解码、多数逻辑解码等外,其判决方法也有所谓硬判决解码与软判决解码。在这里,只举例说明了捕错解码方法的解码过程,使我们看到错码是可以自

动纠正以及是如何自动纠正的。至于循环码解码原理的详细分析,已超出本书范围,故不再讨论。

10.5.3 缩短循环码

在对循环码的研究中发现,并不是在所有长度 n 和信息位数 k 上都能找到相应的满足某纠错能力的循环码,但在系统设计中,码长 n、信息位数 k 和纠错能力常常是预先给定的,这时若将循环码缩短,即可满足 n、k 和纠错码能力的要求,且拥有循环码编译码简单的特点。

给定一个 (n,k) 循环码组集合,使前 $i(0<i<k)$ 个高阶信息数字全为零,于是得到有 2^{k-i} 个码组的集合,然后从这些码组中删去这 i 个零信息位数字,最终得到一种新的 $(n-i,k-i)$ 的线性码,我们称这种码为缩短循环码。缩短循环码与产生该码的原循环码至少具有相同的纠错能力,缩短循环码的编码和译码可用原循环码使用的电路完成。例如,若要求构造一个能够纠正一位错误的 $(13,9)$ 码,则可以由 $(15,11)$ 汉明码挑出前面两个信息位均为零的码组,构成一个码组集合。然后在发送时,这两个零信息位皆不发送,即发送的是 $(13,9)$ 缩短循环码。因校验位数相同,$(13,9)$ 码与 $(15,11)$ 循环码具有相同的纠错能力。原循环码可纠正一位错,所以 $(13,9)$ 码也可纠正一位错,满足要求。

10.5.4 BCH 码

在已提出的许多纠正随机错误的码中,BCH 码是至今用得最广泛和很有效的一种码。BCH 码是以发明这种码的三个人的名字"Bose-Chaudhuri-Hocguenghem"来命名的。

由前可知,只要找到循环码的生成多项式 $g(x)$,则该码的编码问题就解决了。但是,在系统设计中常是在给定纠正随机错误个数的条件下来寻找码生成多项式 $g(x)$,从而得到满足抗干扰性能要求的码。BCH 码就是为了解决这个问题而发展起来的一类纠正多个随机错误的循环码,而且该码的译码也比较容易实现。

BCH 码分两类,即本原 BCH 和非本原 BCH 码。本原 BCH 码的码长为 $n=2^m-1$(m 是 $\geqslant 3$ 的任意正整数),它的生成多项式 $g(x)$ 中含有最高次数为 m 次的本原多项式;非本原 BCH 码的码长 n 是 2^m-1 的一个因子,它的生成多项式 $g(x)$ 中不含有最高次数为 m 的本原多项式。关于本原多项式的概念将在下一章中介绍。

对于正整数 $m(m\geqslant 3)$ 和 $t(t<m/2)$ 必存在有下列参数的二进制 BCH 码:码长 $n=2^m-1$,监督位数 $r\leqslant mt$,能纠正所有的小于或等于 t 个随机错误的 BCH 码。

由下面所列的循环码生成多项式 $g(x)$ 产生的码,是一个能纠正 t 个错误的 BCH 码:

$$g(x) = \mathrm{LCM}[m_1(x),m_3(x),\cdots,m_{2t-1}(x)] \tag{10.5-32}$$

式中,t 为可纠正的错误个数;$m_i(x)$ 为最小多项式;LCM( ) 为指取括号内所有多项式的最小公倍式。

关于具体由此式出发,如何一步步地寻找 BCH 码生成多项式的方法不再作介绍。这里只直接列表给出已研究得到的 BCH 码生成多项式和主要参数,以便使用。表 10-8 和表 10-9 分别列出二进制本原 BCH 码参数[36]和部分非本原 BCH 码参数。表 10-8 列出码长 $n\leqslant 127$ 的 BCH 码参数,目前文献已给出 $n\leqslant 255$ 的 BCH 码参数,这里不再列出。

表 10-8　二进制本原 BCH 码参数

$n=3$			$n=63k$	t	$g(x)$
k	t	$g(x)$	57	1	103
1	1	7	51	2	12471
$n=7$			45	3	1701317
k	t	$g(x)$	39	4	166623567
4	1	13	36	5	1033500423
1	3	77	30	6	157464165347
$n=15$			24	7	17323260404441
k	t	$g(x)$	18	10	1363026512351725
11	1	23	16	11	6331141367235453
7	2	721	10	13	472622305527250155
5	3	2467	7	15	5231045543503271737
1	7	77777	1	31	全部为 1

$n=31$					
k	t	$g(x)$	k	t	$g(x)$
26	1	45	11	5	5423325
21	2	3551	6	7	313365047
16	3	107657	1	15	17777777777

$n=127$		
k	t	$g(x)$
120	1	211
113	2	41567
106	3	11554743
99	4	3447023271
92	5	624730022327
85	6	130704476322273
78	7	26230002166130115
71	9	6255010713253127753
64	10	1206534025570773100045
57	11	235265252505705053517721
50	13	5444651252331401242150142 1
43	15	1772177221365122752122057 4343
36	$\geqslant 15$	3146074666522075044764574721735
29	$\geqslant 22$	4031144613676706036675301411 76155
22	$\geqslant 23$	1233760704047225224354456266 37647043
15	$\geqslant 27$	2205704244560455477052301376 2217604353
8	$\geqslant 31$	7047264052751030651476224271 567733130217
1	63	全部为 1

表 10-9 部分非本原 BCH 码参数

n	k	t	$g(x)$	n	k	t	$g(x)$
17	9	2	727	47	24	5	43073357
21	12	2	1663	65	53	2	10761
23	12	3	5343	65	40	4	354300067
33	22	2	5145	73	46	4	1717773537
41	21	4	6647133				

需指出,表 10-8 和表 10-9 中的生成多项式是用八进制方法列出的。例如 $g=(13)_8$ 意指 $g(x)=x^3+x+1$,这就是(7,4)循环码,也属 BCH 码。相反,该表中的 $g(x)=x^4+x+1$ 生成的 BCH 码是(15,11)汉明码。

在 10.4 节中已作分析,汉明码是一种纠正单个随机错误的码,它的码长 $n=2^m-1$,信息位长 $k=2^m-1-m$。可以证明,具有循环性质的汉明码是纠正单个随机错误的本原 BCH 码。例如,(7,4)汉明码就是以 $g_1(x)=x^3+x+1$ 或 $g_2(x)=x^3+x^2+1$ 生成的 BCH 码。

表 10-9 中的(23,12)码称为戈莱(Golay)码,它是一个纠正三个随机错误的码,且容易解码,实际中使用的比较多。BCH 码的码长为奇数。在实际中,为了得到偶数长度的码,并增加检错性能,可在 BCH 码生成多项式中乘上一个 $(x+1)$ 因式,从而得到 $(n+1,k+1)$ 扩展 BCH 码。扩展 BCH 码相当于在原 BCH 码上增加了一个校验位,这时的码距比原 BCH 码增加 1。扩展 BCH 码已不再具有循环性。例如,实际中多采用扩展戈莱码,(24,12)码,它的最小码距为 8,它可纠正 3 个错误和检测 4 个错误。注意此时它不再是循环码。

10.5.5 里德-索洛蒙码

里德-索洛蒙码(Reed-Solomon)是一类具有很强纠错能力的多进制 BCH 码,它首先由里德和索洛蒙提出,故又简称 RS 码。对于该码的编码要用到伽罗华域运算,因此需要先介绍一下该运算的原理。

对于有限个符号,若符号的数目是一素数的幂,可以定义有加法和乘法,则称这有限符号域为有限域;若它是 2^m 个符号域,则称为伽罗华域 GF(2^m)。例如,有"0"和"1"两个符号,定义有加法(0+0=0,0+1=1,1+0=1,1+1=0,此运算又称模 2 加法)和乘法(0·0=0,0·1=0,1·0=0,1·1=1,此运算又称模 2 乘法),则称为二元域,它是伽罗华域 GF(2)。首先,从两个符号"0"和"1"及一个 m 次多项式 $p(x)$ 开始,并引入一个新符号 α,且设 $p(\alpha)=0$。若适当地选择 $p(x)$,就可得到 α 的各次幂,一直到 2^m-2 次幂,都不相同,并且 $\alpha^{2^m-1}=1$。这样一来,$0,1,\alpha,\alpha^2,\cdots,\alpha^{2^m-1}$ 就构成 GF(2^m)的所有元素。域中每个元素还可以用元素 $1,\alpha,\alpha^2,\cdots,\alpha^{m-1}$ 的和来表示。例如 $m=4$ 和 $p(x)=x^4+x+1$,则可得到 GF(2^4)的所有元素,如表 10-10 所列。此时 $p(\alpha)=\alpha^4+\alpha+1=0$,或 $\alpha^4=\alpha+1$。表中 $2^4=16$ 个元素皆不相同,而且有 $\alpha^{15}=\alpha(\alpha^3+1)=\alpha^4+\alpha=1$。GF($2^m$)中的元素 α 称为本原元。一般说来,若 GF(2^m)的任一元素,它的幂能够生成 GF(2^m)的全部非零元素,则称为本原元。例如 α^4 是 GF(2^4)的本原元,读者可以自行证明。

q 进制 BCH 码的特殊子类是 RS 码,它有如下参数:码长为 $n=g-1$,监督元数目 $r=2t$,能纠正 t 个错误。RS 码的生成多项式为

$$g(x) = (x+\alpha)(x+\alpha^2)\cdots(x+\alpha^{2t})　\qquad(10.5\text{-}33)$$

式中,α 为伽罗华域 $GF(2^m)$ 中的本原元。

表 10-10　GF(2^4)的全部元素

0	$\alpha^7 = \alpha(\alpha^3+\alpha^2) = \alpha^4+\alpha^3 = \alpha^3+\alpha+1$
1	$\alpha^8 = \alpha(\alpha^3+\alpha+1) = \alpha^4+\alpha^2+\alpha = \alpha^2+1$
α	$\alpha^9 = \alpha(\alpha^2+1) = \alpha^3+\alpha$
α^2	$\alpha^{10} = \alpha(\alpha^3+\alpha) = \alpha^4+\alpha^2 = \alpha^2+\alpha+1$
α^3	$\alpha^{11} = \alpha(\alpha^2+\alpha+1) = \alpha^3+\alpha^2+\alpha$
$\alpha^4 = \alpha+1$	$\alpha^{12} = \alpha(\alpha^3+\alpha^2+\alpha) = \alpha^4+\alpha^3+\alpha^2 = \alpha^3+\alpha^2+\alpha+1$
$\alpha^5 = \alpha(\alpha+1) = \alpha^2+\alpha$	$\alpha^{13} = \alpha(\alpha^3+\alpha^2+\alpha+1) = \alpha^4+\alpha^3+\alpha^2+\alpha = \alpha^3+\alpha^2+1$
$\alpha^6 = \alpha(\alpha^2+\alpha) = \alpha^3+\alpha^2$	$\alpha^{14} = \alpha^4+\alpha^3+\alpha = \alpha^3+1$

若每个 q 进制码元用其对应的 m 位二进制码元表示,那么可得到一个二进制码的参数:码长为 $n=m(2^m-1)$ 个二进元,监督元数目为 $r=2tm$ 个二进元。

RS 码有重要的应用。首先,由于它采用了 q 进制,所以它是多进制调制时的自然和方便的编码手段。因为 RS 码能够纠正 t 个 q 位二进制码,即可以纠正 $\leqslant g$ 个连续的二进制错误(当然,对于 q 位二进制码中分散的单个错误也能被纠正),所以适合于在衰落信道使用,以克服突发性差错。其次,RS 码也被应用在计算机存储系统中,以克服此系统中的差错串。

10.6　卷积码

卷积码,或称连环码,是由伊莱亚斯(P. Elias)于 1955 年提出来的一种非分组码。它与前面几节讨论的分组码不同。

分组码编码时,先将输入的信息序列分为长度为 k 个码元的段,然后按照一定的编码规则(由生成矩阵或监督矩阵所决定),给含 k 个信息元的段附加上 r 长的监督元,于是生成 n 长($n=k+r$)的码组。在编码时,各 n 长码组是分别编码,各码组之间没有约束关系,因此在译码时各码组是分别独立地进行。卷积编码则不同于此。卷积码编码器把 k 比特信息段编成 n 比特的码组,但所编的 n 长码组不仅同当前的 K 比特信息段有关联,而且还同前面的 $(N-1)$ 个($N>1$,整数)信息段有关联。人们常称这 N 个信息段中的码元数目 nN 为该卷积码的约束长度,也常称 N 为码的约束长度,不同的是 nN 是以比特为单位的约束长度,而后者是以码组个数为单位的长度。本书下面的约束长度是指 N。一般来说,对于卷积码,k 和 n 是较小的整数。常把卷积码记作 (n,k,N) 卷积码,它的编码效率为 $R_c = k/n$。

10.6.1 卷积码的图形描述

1. 树状图

下面以图 10-9 的(3,1,3)卷积码编码器为例说明卷积码编码器的工作过程。它由 3 触点转换开关和一组 3 位移存器及模 2 加法器组成。每输入一个信息比特,经该编码器后产生 3 个输出比特。为方便起见,先假设该移位寄存器的起始状态全为零,当第一个输入比特为“0”时,输出比特为“000”;若第一个输入比特为“1”时,则输出比特为“111”。当输入第二比特时,第一比特右移一位,此时的输出比特显然与“当前输入比特和前一输入比特”有关。当输入第三比特时,第一和第二比特皆右移一位,可看到此时的输出比特与“当前输入比特和前二位输入比特”有关。当第四比特输入时,原第一输入比特已移出移位寄存器而消失,即第一输入比特已不再影响当前的输入比特,如图 10-10 所示。以上编码器在移位过程中可能产生的各种序列,可用树状图来描述。

输入序列
$m_1, m_2, \cdots, m_j, \cdots$
M_3
M_2
M_1
$y_{1,j}$
$y_{2,j}$
$y_{3,j}$
输出序列

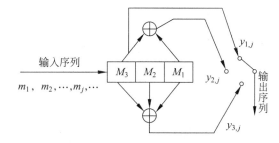

图 10-9 (3,1,3)卷积码编码器

输入
m_1
m_2
m_3
m_4
m_5
t
输出
m_1 y_{21} y_{31} m_2 y_{22} y_{32} m_3 y_{23} y_{33} m_4 y_{24} y_{34} m_5
t

图 10-10 编码器输入-输出关系

图 10-11 给出了(3,1,3)卷积码的树状图。按照习惯的做法,码树的起始节点位于左边;移位寄存器的初始状态取 00,取 $M_1M_2=00$,用 a 来表示,并把该 a 标注于起始节点处。当输入码元是“0”时,则由节点出发走上支路;当输入码元是“1”时,则由节点出发走下支路。例如,当该编码器第一输入比特为“0”时,则走上支路,此时移存器的输出码“000”就写在上支杈的上方;当该编码器第一输入比特为“1”时,则走下支路,此时移存器的输出码“111”就写在图中下支杈的上方。在输入第二比特时,移位寄存器右移一位,此时上支路情况下的移位寄存器的状态为 00,即 a,并标注于上支路节点处;此时下支路情况下的移位寄存器状态为 01,即 b,并标注于下支路节点处;同时上下支路都将分两杈。以后每一个新输入比特都会使上下支路各分两杈。经过 4 个输入比特后,得到的该编码器的树状图如图 10-10 所示。树状图中,节点上标注的 a 表示 $M_1M_2=00$,b 表示 $M_1M_2=01$,c 表示 $M_1M_2=10$,d 表示 $M_1M_2=11$。

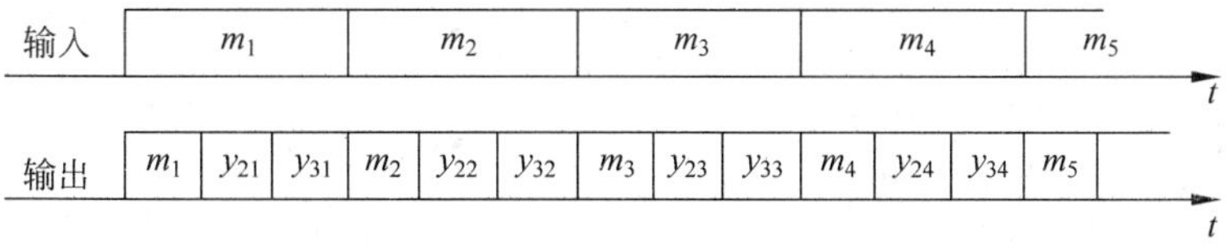

2. 网格图

由树状图看到,对于第 j 个输入信息比特,相应出现有 2^j 条支路,且在 $j \geqslant N=3$ 时树状图出现节点,自上而下重复取 4 种状态。又看到,当 j 变大时,图的纵向尺寸越来越大。于是提出一种网格图,注意到码树状态的重复性,使图形变得紧凑。上例 $(3,1,3)$ 码的网格图示于图 10-12。网格图中,把码树中具有相同状态的节点合并在一起;码树中的上支路用实线表示,下支路用虚线表示;支路上标注的码元为输出比特;自上而下的 4 行节点分别表示 a、b、c、d 的四种状态。网格图中的状态,通常有 2^{N-1} 种状态。从第 N 个节点开始,图形开始重复,且完全相同。

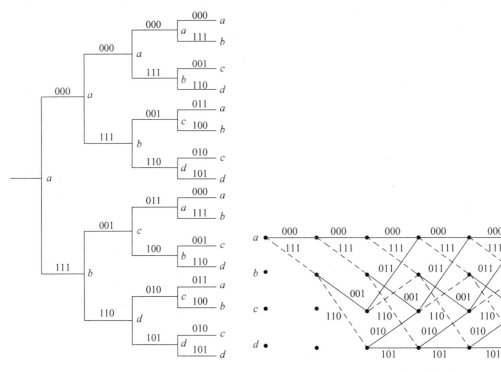

图 10-11　$(3,1,3)$ 卷积码的树状图　　　　图 10-12　$(3,1,3)$ 卷积码网格图

3. 状态图

当网格图达到稳定状态后,取出两个节点间的一段网格图,即得到图 10-13(a)的状态转移图。此后,再把目前状态与下一节拍状态合并起来,即可得到图 10-13(b)的最简的状态转移图,称为卷积码状态图。

例 10-1　图 10-9 所示编码器,若起始状态为 a,输入序列为 11010101,求输出序列和状态变化路径。

解: 由卷积码的网格图,可找出编码时网格图中的编码路径如图 10-14 所示,由此即可得到输出序列。

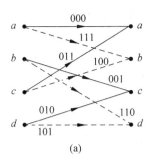 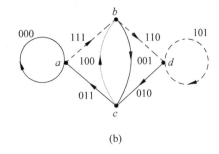

(a)　　　　　　　　　　　(b)

图 10-13　（3，1，3）卷积码状态图

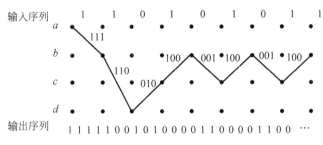

图 10-14　（3，1，3）卷积码路径举例

10.6.2　卷积码的解析表示

1. 生成矩阵

卷积码是一种线性码。由 10.4 节可知，一个线性码完全由一个监督矩阵 H 或生成矩阵 G 所确定。下面将寻求卷积码的生成矩阵。

仍由上例来讨论生成矩阵。当第一信息比特 m_1 输入时，若移位寄存器起始状态全为零，那么三个输出比特为

$$y_{1,1} = m_1, \quad y_{2,1} = m_1, \quad y_{3,1} = m_1$$

第二个信息比特 m_2 输入时，m_1 右移一位，那么输出比特为

$$y_{1,2} = m_2, \quad y_{2,2} = m_2, \quad y_{3,2} = m_1 + m_2$$

当第 j 个 $(j \geqslant 3)$ 信息比特 m_j 输入时，输出为

$$\begin{cases} y_{1,j} = m_j \\ y_{2,j} = m_j + m_{j-2} \\ y_{3,j} = m_j + m_{j-1} + m_{j-2} \end{cases} \tag{10.6-1}$$

上式可写成矩阵形式

$$[m_{j-2} m_{j-1} m_j] \boldsymbol{A} = [y_{1,j} y_{2,j} y_{3,j}] \tag{10.6-2}$$

其中系数矩阵

$$\boldsymbol{A} = \begin{bmatrix} 0 & 1 & 1 \\ 0 & 0 & 1 \\ 1 & 1 & 1 \end{bmatrix}$$

由上看到,在第一和第二信息比特输入时,存在过渡过程,此时有

$$\begin{bmatrix} m_1 & 0 & 0 \end{bmatrix} \boldsymbol{T}_1 = \begin{bmatrix} y_{1,1} & y_{2,1} & y_{3,1} \end{bmatrix}$$

$$\begin{bmatrix} m_1 & m_2 & 0 \end{bmatrix} \boldsymbol{T}_2 = \begin{bmatrix} y_{1,2} & y_{2,2} & y_{3,2} \end{bmatrix}$$

其中

$$\boldsymbol{T}_1 = \begin{bmatrix} 1 & 1 & 1 \\ 0 & 0 & 0 \\ 0 & 0 & 0 \end{bmatrix}, \quad \boldsymbol{T}_2 = \begin{bmatrix} 0 & 0 & 1 \\ 1 & 1 & 1 \\ 0 & 0 & 0 \end{bmatrix}$$

类同线性码的输出序列矩阵与输入序列矩阵的关系式有

$$\boldsymbol{Y} = \boldsymbol{MG} \tag{10.6-3}$$

式中,$\boldsymbol{M} = \begin{bmatrix} m_1 & m_2 & m_3 \cdots \end{bmatrix}$,为输入序列矩阵;$\boldsymbol{Y} = \begin{bmatrix} y_{1,2} & y_{2,1} & y_{3,1} & y_{1,2} & y_{2,2} & y_{3,2} & \cdots \end{bmatrix}$,为输出序列矩阵;$\boldsymbol{G}$ 为生成矩阵。

这里 $\boldsymbol{M}$ 和 $\boldsymbol{Y}$ 显然是半无限矩阵。

总括上面的编码过程,并由式(10.6-3)出发,生成矩阵应该是

$$\boldsymbol{G} = \begin{bmatrix} \boldsymbol{T}_1 & \boldsymbol{T}_2 & \boldsymbol{A} & & 0 \\ & & \boldsymbol{A} & & \\ & & & \boldsymbol{A} & \\ & 0 & & & \boldsymbol{A} \\ & & & & \cdots \end{bmatrix}$$

$$= \begin{bmatrix} 1 & 1 & 1 & 0 & 0 & 1 & 0 & 1 & 1 & & & & & & \\ & 1 & 1 & 1 & 0 & 0 & 1 & 0 & 1 & 1 & & & & 0 & \\ & & 1 & 1 & 1 & 0 & 0 & 1 & 0 & 1 & 1 & & & & \\ & & & 1 & 1 & 1 & 0 & 0 & 1 & 0 & 1 & 1 & & \\ & & & & 1 & 1 & 1 & 0 & 0 & 1 & & & \\ & 0 & & & & & & & 1 & 1 & 1 & & \\ & & & & & & & & & & \cdots & \end{bmatrix}$$

$$\tag{10.6-4}$$

式中矩阵空白区元素都为 0。显然,该生成矩阵是半无限矩阵,然而分组码的生成矩阵则是有限矩阵。式(10.6-4)的生成矩阵常记作 $\boldsymbol{G}_\infty$。

2. 多项式表示

可以用多项式来表示输入序列、输出序列、编码器中移位寄存器与模 2 和的连接关系。

例如:输入序列 1101110… 可表示为

$$M(x) = 1 + x + x^3 + x^4 + x^5 + \cdots \tag{10.6-5}$$

在一般情况下,输入序列可表示为

$$M(x) = m_1 + m_2 x + m_3 x^2 + m_4 x^3 + \cdots \tag{10.6-6}$$

这里 $m_1 m_2 m_3 m_4 \cdots$ 为二进制表示(1 或 0)的输入序列。x 常称为移位算子或延迟算子,它标志着位置状况。

可以用多项式表示移位寄存器各级与模 2 加的连接关系。若某级寄存器与模 2 加相连接,则相应多项式项的系数为 1;反之,无连接线时的相应多项式项系数为 0。以图 10-8 的编码器为例,相应的生成多项式为

$$\begin{cases} g_1(x) = 1 \\ g_2(x) = 1 + x^2 \\ g_3(x) = 1 + x + x^2 \end{cases} \tag{10.6-7}$$

利用生成多项式与输入序列多项式相乘,可以产生输出序列多项式,即得到输出序列。设输入序列为 1101010111…,借助上述生成多项式来求输出序列如下。输入序列多项式为

$$1 + x + x^3 + x^5 + x^7 + x^8 + x^9 \cdots = M(x)$$

所以

$$Y_1(x) = M(x)g_1(x) = 1 + x + x^3 + x^5 + x^7 + x^8 + x^9 \cdots$$

$$Y_2(x) = M(x)g_2(x) = (1 + x + x^3 + x^5 + x^7 + x^8 + x^9 \cdots)(1 + x^2)$$
$$= 1 + x + x^2 + x^8 + x^{10} + \cdots$$

$$Y_3(x) = (1 + x + x^3 + x^5 + x^7 + x^8 + x^9 \cdots)(1 + x + x^2)$$
$$= 1 + x^4 + x^6 + x^9 + \cdots$$

即有序列

$$y_1 = (y_{1,1} \quad y_{1,2} \quad y_{1,3} \quad y_{1,4} \cdots) = 1\,1\,0\,1\,0\,1\,0\,1\,1\,1\cdots$$
$$y_2 = (y_{2,1} \quad y_{2,2} \quad y_{2,3} \quad y_{2,4} \cdots) = 1\,1\,1\,0\,0\,0\,0\,0\,1\,0\cdots$$
$$y_3 = (y_{3,1} \quad y_{3,2} \quad y_{3,3} \quad y_{3,4} \cdots) = 1\,0\,0\,0\,1\,0\,1\,0\,0\,1\cdots$$

于是有输出序列

$$y = 1\,1\,1\,1\,1\,0\,0\,1\,0\,1\,0\,0\,0\,0\,1\,1\,0\,0\,0\,0\,1\,1\,0\,0\cdots$$

该输出序列与图 10-14 的路径图得到的结果完全相同。

为方便起见,还常用八进制序列和二进制序列来表示生成多项式,例如

$$g_1(x) = 1 \rightarrow g_1 = (100) = (4)_8$$
$$g_2(x) = 1 + x^2 \rightarrow g_2 = (101) = (5)_8$$
$$g_3(x) = 1 + x + x^2 \rightarrow g_3 = (111) = (7)_8$$

3. 生成矩阵与生成多项式的关系

下面将利用生成序列(注意,生成序列与生成多项式是完全的对应关系)来表示生成矩阵。已知 $(3,1,3)$ 卷积码的生成序列为

$$\begin{cases} g_1 = (100) = (g_1^1 g_1^2 g_1^3) \\ g_2 = (101) = (g_2^1 g_2^2 g_2^3) \\ g_3 = (111) = (g_3^1 g_3^2 g_3^3) \end{cases} \tag{10.6-8}$$

把生成序列按以下顺序排列,即

$$\boldsymbol{G_\infty} = \begin{bmatrix} g_1^1 & g_2^1 & g_3^1 & g_2^2 & g_3^2 & g_1^3 & g_2^3 & g_3^3 & & & 0 \\ & g_1^1 & g_2^1 & g_3^1 & g_2^2 & g_3^2 & g_1^3 & g_2^3 & g_3^3 & & \\ & & g_1^1 & g_2^1 & g_3^1 & g_2^2 & g_3^2 & g_1^3 & g_2^3 & g_3^3 & \\ 0 & & & & \cdots & & \cdots & & & & \end{bmatrix}$$

$$\tag{10.6-9}$$

代入 g_j^i 值,得到的 $\boldsymbol{G}_\infty$ 形式与式(10.6-4)完全相同。上式还可表示成

$$\boldsymbol{G}_\infty = \begin{bmatrix} \boldsymbol{G}_1 & \boldsymbol{G}_2 & \boldsymbol{G}_3 & & 0 \\ & \boldsymbol{G}_1 & \boldsymbol{G}_2 & \boldsymbol{G}_3 & \\ & & \boldsymbol{G}_1 & \boldsymbol{G}_2 & \boldsymbol{G}_3 \\ 0 & & & \cdots & \cdots \end{bmatrix} \tag{10.6-10}$$

式中,每个生成子矩阵 $\boldsymbol{G}_i$ 为:$\boldsymbol{G}_1 = \begin{bmatrix} g_1^1 & g_2^1 & g_3^1 \end{bmatrix}$;$\boldsymbol{G}_2 = \begin{bmatrix} g_1^2 & g_2^2 & g_2^2 \end{bmatrix}$;$\boldsymbol{G}_3 = \begin{bmatrix} g_1^3 & g_3^3 & g_3^3 \end{bmatrix}$。
下面简单讨论一般情况下的卷积码编码器结构、生成序列和生成多项式。

图 10-15 给出 (n,k,N) 卷积码编码器的一般形式。它包括 Nk 级的输入移位寄存器,一组 n 个模 2 和加法器和 n 级的输出移位寄存器。

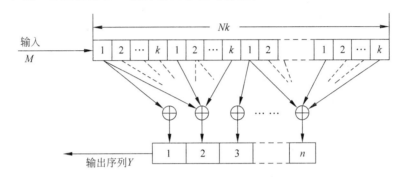

图 10-15 卷积码编码器的一般形式

图中

$$M = \begin{bmatrix} m_{1,1} & m_{2,1} & m_{3,1} & \cdots & m_{k,1} & m_{1,2} & m_{2,2} & m_{3,2} & \cdots & m_{k,2} & \cdots \end{bmatrix}$$

$$Y = \begin{bmatrix} y_{1,1} & y_{2,1} & y_{3,1} & \cdots & y_{n,1} & y_{1,2} & y_{2,2} & y_{3,2} & \cdots & y_{n,2} & \cdots \end{bmatrix}$$

码的生成序列为

$$\boldsymbol{g}_{i,j} = \begin{bmatrix} g_{i,j}^1 & g_{i,j}^2 & \cdots & g_{i,j}^L & \cdots & g_{i,j}^N \end{bmatrix}$$

$$i = 1,2,\cdots,k;\ j = 1,2,3,\cdots,n;\ L = 1,2,3,\cdots,N \tag{10.6-11}$$

$g_{i,j}^L$ 表示了输入寄存器的输入端(第 L 组的第 i 个寄存单元)到第 j 个模 2 加法器输入端的连接线的情况。如果有连接线则 $g_{i,j}^L = 1$,如果无连接线则 $g_{i,j}^L = 0$。当给定该码生成序列后,我们可写出 (n,k,N) 码的生成矩阵为

$$\boldsymbol{G}_\infty = \begin{bmatrix} G_1 & G_2 & G_3 & \cdots & G_N & \\ & G_1 & G_2 & G_3 & \cdots & G_N & \\ & & G_1 & G_2 & G_3 & \cdots & G_N \\ & & & & \cdots & \cdots \end{bmatrix} \tag{10.6-12a}$$

$$\boldsymbol{G}_L = \begin{bmatrix} g_{1,1}^L & g_{1,2}^L & g_{1,3}^L & \cdots & g_{1,n}^L \\ g_{2,1}^L & g_{2,2}^L & g_{2,3}^L & \cdots & g_{2,n}^L \\ \cdots & \cdots & \cdots & & \cdots \\ g_{k,1}^L & g_{k,2}^L & g_{k,3}^L & \cdots & g_{k,n}^L \end{bmatrix} \tag{10.6-12b}$$

式中,$\boldsymbol{G}_L (L=1,2,\cdots,N)$ 是 k 行 n 列生成子矩阵。

由图 10-15 可以看到,n 个输出比特同当前的 k 个输入比特有关联,而且还同以前的

$(N-1)k$ 个输入比特有关联,即它的编码过程可以看成输入序列同编码器序列(该列由移位寄存器、模 2 加法器和连线所决定)的卷积,所以常称为卷积码。

4. 监督矩阵

前面已经讨论过卷积码的生成矩阵 $\boldsymbol{G}$,对于一种线性码来说,还需研究它的监督矩阵 $\boldsymbol{H}$,我们仍以图 10-9 的卷积码为例来讨论监督矩阵。

设输入码序列为 $M=[m_1\ m_2\ m_3\cdots m_j\cdots]$,那么该编码器的输出码序列为

$$y=[m_1\ y_{2,1}\ y_{3,1}\ m_2\ y_{2,2}\ y_{3,2}\ m_3\ y_{2,3}\ y_{3,3}\ m_4\ y_{2,4}\ y_{3,4}\ \cdots\ m_j\quad y_{2,j}\quad y_{3,j}\cdots]$$

并假定移存器初始状态为全 0,于是得到信息元与监督元的关系为

$$\begin{cases} y_{2,1}=m_1,\quad y_{3,1}=m_1 \\ y_{2,2}=m_2,\quad y_{3,2}=m_1+m_2 \\ y_{2,3}=m_3+m_1 \\ y_{3,3}=m_3+m_2+m_1 \\ \cdots \end{cases} \tag{10.6-13}$$

把上面方程组写成矩阵形式为

$$\begin{bmatrix} 1 & 1 & 0 \\ 1 & 0 & 1 \\ 0 & 0 & 0 & 1 & 1 & 0 \\ 1 & 0 & 0 & 1 & 0 & 1 \\ 1 & 0 & 0 & 0 & 0 & 0 & 1 & 1 & 0 \\ 1 & 0 & 0 & 1 & 0 & 0 & 1 & 0 & 1 \\ 0 & 0 & 0 & 1 & 0 & 0 & 0 & 0 & 0 & 1 & 1 & 0 \\ 0 & 0 & 0 & 1 & 0 & 0 & 1 & 0 & 0 & 1 & 0 & 1 \\ & & & & & & & & & & & & \cdots \end{bmatrix} \begin{bmatrix} m_1 \\ y_{2,1} \\ y_{3,1} \\ m_2 \\ y_{2,2} \\ y_{3,2} \\ m_3 \\ y_{2,3} \\ y_{3,3} \\ \vdots \end{bmatrix}=\mathbf{0}^{\mathrm{T}} \tag{10.6-14}$$

把此式同分组码公式 $\boldsymbol{H}\cdot\boldsymbol{A}^{\mathrm{T}}=\mathbf{0}^{\mathrm{T}}$ 相比较,可见上式左边的矩阵是卷积码的监督矩阵,即

$$\boldsymbol{H}_\infty=\begin{bmatrix} 1 & 1 & 0 \\ 1 & 0 & 1 \\ 0 & 0 & 0 & 1 & 1 & 0 \\ 1 & 0 & 0 & 1 & 0 & 1 \\ 1 & 0 & 0 & 0 & 0 & 0 & 1 & 1 & 0 \\ 1 & 0 & 0 & 1 & 0 & 0 & 1 & 0 & 1 \\ 0 & 0 & 0 & 1 & 0 & 0 & 0 & 0 & 0 & 1 & 1 & 0 \\ 0 & 0 & 0 & 1 & 0 & 0 & 1 & 0 & 0 & 1 & 0 & 1 \\ & & & & & & & \cdots \end{bmatrix} \tag{10.6-15}$$

由此看到卷积码的监督矩阵是一个半无限矩阵,因此它的矩阵常记为 $\boldsymbol{H}_\infty$,观察此矩阵发现,该矩阵前三列的结构与后三列的结构相同,而后三列只是比前三列向下移两行。因此从结构上看,只要知道前 6 行结构状况,即可得到 $\boldsymbol{H}_\infty$ 的全部信息。为研究问题的简便,

于是引入截短监督矩阵

$$
H = \begin{bmatrix}
1 & 1 & 0 & & & & & & \\
1 & 0 & 1 & & & & & & \\
0 & 0 & 0 & 1 & 1 & 0 & & & \\
1 & 0 & 0 & 1 & 0 & 1 & & & \\
1 & 0 & 0 & 0 & 0 & 0 & 1 & 1 & 0 \\
1 & 0 & 0 & 1 & 0 & 0 & 1 & 0 & 1
\end{bmatrix}
$$

$$
= \begin{bmatrix}
P_1 & I_2 & & & & \\
P_2 & 0 & P_1 & I_2 & & \\
P_3 & 0 & P_2 & 0 & P_1 & I_2
\end{bmatrix}
\tag{10.6-16}
$$

式中,P_i 为 2×1 阶矩阵;I_2 为二阶单位方阵;0 为二阶全零矩阵。

推广到一般情况,(n,k,N) 卷积码的截短监督矩阵为

$$
H = \begin{bmatrix}
P_1 I_{n-k} & & & \\
P_2 0 & P_1 I_{n-k} & & \\
\vdots & \vdots & \ddots & \\
P_N 0 & P_{N-1} 0 & \cdots & P_1 I_{n-k}
\end{bmatrix}
\tag{10.6-17}
$$

式中,I_{n-k} 为 $(n-k)$ 阶单位方阵;P_i 为 $(n-k) \times k$ 阶 P 矩阵;0 为 $n-k$ 阶全零矩阵。人们还称上式最后一行矩阵

$$
h = \begin{bmatrix} P_N 0 & P_{N-1} 0 & \cdots & P_1 I_{n-k} \end{bmatrix}
\tag{10.6-18}
$$

为 (n,k,N) 卷积码的基本监督矩阵。显然由上式看到,一旦 h 给定,则可完全确定截短监督矩阵 H。

下面讨论卷积码的生成矩阵 G 和监督矩阵 H 之间的关系。比较同样卷积码得到的式(10.6-16)H 矩阵和式(10.6-4)G_∞ 矩阵。可以得到

$$
G_\infty = \begin{bmatrix}
I_1 P_1^T & 0 P_2^T & 0 P_3^T & & & \\
& I_1 P_1^T & 0 P_2^T & 0 P_3^T & & \\
& & I_1 P_1^T & 0 P_2^T & 0 P_3^T & \\
& & & & \cdots &
\end{bmatrix}
\tag{10.6-19}
$$

式中,I_1 为 1 阶单位方阵;P_i^T 为 P_i 矩阵的转置。

类同截短监督矩阵的想法,可引入截短生成矩阵 G 为

$$
G = \begin{bmatrix}
I_1 P_1^T & 0 P_2^T & 0 P_3^T \\
& I_1 P_1^T & 0 P_2^T \\
& & I_1 P_1^T
\end{bmatrix}
\tag{10.6-20}
$$

推广到一般情况,截短生成矩阵为

$$
G = \begin{bmatrix}
I_k P_1^T & 0 P_2^T & \cdots & 0 P_N^T \\
& I_k P_1^T & \cdots & 0 P_{N-1}^T \\
& & \ddots & \vdots \\
& & & I_k P_1^T
\end{bmatrix}
\tag{10.6-21}
$$

式中，I_k 为 k 阶单位方阵；$\mathbf{0}$ 为 k 阶全零方阵；$\mathbf{P}_i^{\mathrm{T}}$ 为该码截短监督矩阵 $\mathbf{H}$ 中的 $\mathbf{P}_i$ 矩阵之转置。由上式看到，其第一行矩阵

$$\mathbf{g} = \begin{bmatrix} I_k \mathbf{P}_1^{\mathrm{T}} & \mathbf{0}\mathbf{P}_2^{\mathrm{T}} & \cdots & \mathbf{0}\mathbf{P}_N^{\mathrm{T}} \end{bmatrix} \tag{10.6-22}$$

完全决定着 $\mathbf{G}$ 矩阵，人们称此 $\mathbf{g}$ 矩阵为基本生成矩阵。一旦得到基本生成矩阵，则立即可写出该卷积码的截短生成矩阵 $\mathbf{G}$。

如同线性分组码的 $\mathbf{G}$ 和 $\mathbf{H}$ 满足 $\mathbf{G} \cdot \mathbf{H}^{\mathrm{T}} = \mathbf{0}$，在卷积码中的 $\mathbf{G}$ 和 $\mathbf{H}$ 也同样满足此等式。

10.6.3 卷积码译码

卷积码的译码方法有两类：一类是大数逻辑译码，又称门限译码；另一类是概率译码，概率译码又分为维特比译码和序列译码两种。门限译码方法是以分组码理论为基础的，其译码设备简单，速度快，但其误码性能要比概率译码法差。下面先讨论大数逻辑译码。

1. 大数逻辑译码

该译码方法是从线性码的伴随式出发，找到一组特殊的能够检查信息位置是否发生错误的方程组，从而实现纠错译码。下面通过一个例子来说明该译码的工作原理。

设有 $(2,1,6)$ 卷积码的编码器如图 10-16 所示。

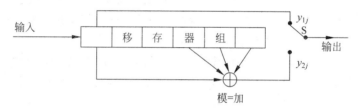

图 10-16 $(2,1,6)$ 卷积码

它的监督矩阵为

$$\mathbf{H} = \begin{bmatrix} 1 & 1 & & & & & & & & & & \\ 0 & 0 & 1 & 1 & & & & & & & & \\ 0 & 0 & 0 & 0 & 1 & 1 & & & & & & \\ 1 & 0 & 0 & 0 & 0 & 0 & 1 & 1 & & & & \\ 1 & 0 & 1 & 0 & 0 & 0 & 0 & 0 & 1 & 1 & & \\ 1 & 0 & 1 & 0 & 1 & 0 & 0 & 0 & 0 & 0 & 1 & 1 \end{bmatrix} \tag{10.6-23}$$

像分组码那样，由 $\mathbf{H}$ 可得伴随式 $\mathbf{E} \cdot \mathbf{H}^{\mathrm{T}}$。这里 $\mathbf{E} = (e_{11}e_{21}e_{12}e_{22}\cdots e_{16}e_{26})$ 是信道传输后所产生的错误图样。这样就有

$$\mathbf{E} \cdot \mathbf{H}^{\mathrm{T}} = \mathbf{S} = \begin{bmatrix} s_1 & s_2 & s_3 & s_4 & s_5 & s_6 \end{bmatrix}$$

式中，$s_1 = e_{11} + e_{21}$；$s_2 = e_{12} + e_{22}$；$s_3 = e_{13} + e_{23}$；$s_4 = e_{11} + e_{14} + e_{24}$；$s_5 = e_{11} + e_{12} + e_{15} + e_{25}$；$s_6 = e_{11} + e_{12} + e_{13} + e_{16} + e_{26}$。

由上面一组方程，可以得到下面方程组

$$\begin{cases} s_1 = e_{11} + e_{21} \\ s_4 = e_{11} + e_{14} + e_{24} \\ s_5 = e_{11} + e_{12} + e_{15} + e_{25} \\ s_2 + s_6 = e_{11} + e_{22} + e_{13} + e_{16} + e_{26} \end{cases} \tag{10.6-24}$$

该方程组的特点是,错误元 e_{11} 在各方程中都出现,其他的错误元在方程中出现总数不超过一次。人们称具有该特点的方程组为正交于 e_{11} 错误元的一致校验和式。这样一来,在相邻的 12 码元中,若错误图样 E 中的错误个数不多于 2 个,且其中一个发生在 e_{11} 位上,另一个发生在其他位上,那么方程组(10.6-24)中至少有三个方程为 1,即 $\sum s_i \geqslant 3(i=1,2,4,5,6)$;如果 E 中错误个数不多于 2 个,且 e_{11} 位上未发生错误,则 $\sum s_i \leqslant 2$。由此可根据 $\sum s_i$ 的多少来进行大数判决,以决定对收到的 e_{11} 值进行纠正或不纠正。

根据上面的想法,画出(2,1,6)卷积码的译码器如图 10-17 所示。该译码器由输入分路开关 S、两组移位寄存器、四个模 2 加法器和大数判决门等所组成。开关 S 把收到的序列进行信息位和监督位的分路。信息移位寄存器在存入 6 位信息后于"1"模 2 加法器输出端产生 1 位监督位,该监督位同收到的监督位在"2"模 2 加法器处相加,从而得到校正子送给"校正子移位寄存器"组。校正子移位寄存器,在得到连续的六个校正子后,按照式(10.6-24)输出校正子值,在"大数判决门"处实现门限判决:若 $\sum s_i \geqslant 3$,则输出 1;反之,则输出 0。判决门输出 1,就可通过"4"模 2 加法器改变 e_{11} 位置上的信息位,纠正了错误;反之,判决器输出 0,则不会改变经检验是正确的第一位信息位。判决门输出 1,则还用来改变有关的已发生差错的校正子,为后续码元的纠错做好准备。这里看到该译码器采用了门限判决的方法,所以又称为门限判决译码器。可以看到,该译码器能纠正在约束长度内的两位随机错误。如果要纠正多于 2 位的随机差错或克服突发错误,则需找约束长度更长和性能更好的卷积码。

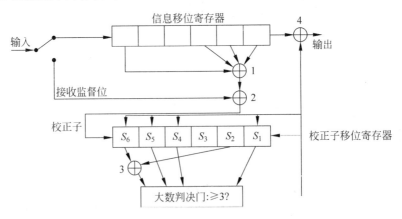

图 10-17　(2,1,6)卷积码门限译码器

2. 维特比译码

维特比(Viterbi)译码和序列译码都属于概率译码。当卷积码的约束长度不太大时,

与序列译码相比,维特比译码器比较简单,计算速度更快。维特比译码算法,以后简称 VB 算法,是 1967 年由 Viterbi 提出,近年来有大的发展。目前在数字通信的前向纠错系统中用得较多,而且在卫星深空通信中应用更多,该算法在卫星通信中已被采用作为标准技术。

采用概率译码的一种基本想法是:把已接收序列与所有可能的发送序列作比较,选择其中码距最小的一个序列作为发送序列。如果发送 L 组信息比特,对于 (n,k) 卷积码来说,可能发送的序列有 2^{kL} 个,计算机或译码器需存储这些序列并进行比较,以找到码距最小的那个序列。当传信率和信息组数 L 较大时,使得译码器难以实现。VB 算法则对上述概率译码(又称最大似然解码)做了简化,以至成为一种实用化的概率算法。它并不是在网格图上一次比较所有可能的 2^{kL} 条路径(序列),而是接收一段,计算和比较一段,选择一段有最大似然可能的码段,从而达到整个码序列是一个有最大似然值的序列。

下面将以图 10-18 的 $(2,1,3)$ 卷积码编码器所编出的码为例,来说明维特比解码的方法和运作过程。为了能说明解码过程,这里给出该码的状态图,如图 10-19 所示。维特比译码需要利用图来说明译码过程。根据前面的画网格的例子,读者可验证和画出该码网格图如图 10-20 所示。该图设输入信息数目 $L=5$,所以画有 $L+N=8$ 个时间单位(节点),图中分别标以 0 至 7。这里设编码器从 a 状态开始运作。该网格图的每一条路径都对应着不同的输入信息序列。由于所有的可能输入信息序列共有 2^{kL} 个,因而网格图中所有可能路径也有 2^{kL} 条。这里节点 $a=00,b=01,c=10,d=11$。

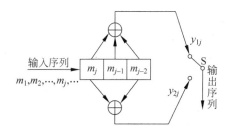

图 10-18 $(2,1,3)$ 卷积码编码器

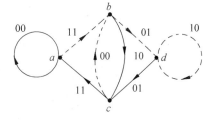

图 10-19 $(2,1,3)$ 卷积码状态图

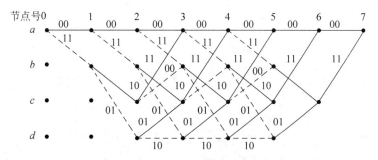

图 10-20 $(2,1,3)$ 卷积码网格图

设输入编码器的信息序列为 $(1\,1\,0\,1\,1\,0\,0\,0)$,则由编码器输出的序列 $Y=(1\,1\,0\,1\,0\,1\,0\,0\,0\,1\,0\,1\,1\,1\,0\,0)$,编码器的状态转移路线为 $abdcbdca$。若收到的序列 $R=(0\,1\,0\,1\,0\,1\,1\,0\,0\,1\,0\,1\,1\,1\,0\,0)$,对照网格图来说明维特比译码的方法。

由于该卷积码的约束长度为6位,因此先选择接收序列的前6位序列 $R_1 = (010101)$ 同到达第3时刻的可能的8个码序列(即8条路径)进行比较,并计算出码距。该例中到达第3时刻 a 点的路径序列是(000000)和(111011),它们与 R_1 的距离分别是3和4;到达第3时刻 b 点的路径序列是(000011)和(111000),它们与 R_1 的距离分别是3和4;到达第3时刻 c 点的路径序列是(001110)和(110101),与 R_1 的距离分别是4和1;到达第3时刻 d 点的路径序列是(001101)和(110110),与 R_1 的距离分别是2和3。上述每个节点都保留码距较小的路径作为幸存路径,所以幸存路径码序列是(000000)、(000011)、(110101)和(001101),如图10-21(a)所示。用与上面类同的方法可以得到第4、5、6、7时刻的幸存路径。需指出对于某一个节点而言比较两条路径与接收序列的累计码距时,若发生两个码距值相等,则可以任选一路径作为幸存路径,此时不会影响最终的译码结果。图10-21(b)给出了第5时刻幸存路径,读者可自行验证。在码的终了时刻 a 状态,得到一条幸存路径,如图10-21(c)所示。由此看到译码器输出是 $R' = (110101000101110000)$,即可变换成序列(11011000),恢复了发端原始信息。比较 R' 和 R 序列,可以看到在译码过程中已纠正了在码序列第1和第7位上的差错。当然,差错出现太频繁,以致超出卷积码的纠错能力,则会发生误纠,这是不希望的。有关此问题这里不再讨论。

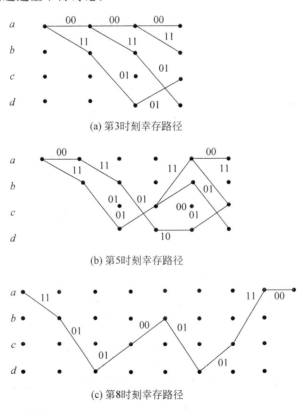

(a) 第3时刻幸存路径

(b) 第5时刻幸存路径

(c) 第8时刻幸存路径

图 10-21   维特比译码图解

从译码过程看到,维特比算法所需的存储量是 2^N,在上例中仅为 8。这对于约束长度 $N<10$ 的译码是很有吸引力的。目前某些卷积码的 Viterbi 译码芯片,在市场已可以购买到,其硬件结构不再介绍。

思 考 题

10-1 在通信系统中,采用差错控制的目的是什么?

10-2 什么是随机差错信道?什么是突发差错信道?什么是混合差错信道?

10-3 常用的差错控制方法有哪些?

10-4 ARQ 系统的组成框图如何?该系统的主要优缺点是什么?

10-5 什么是分组码?其结构特点如何?

10-6 码的最小码距与其检、纠错能力有何关系?

10-7 什么叫作奇偶监督码?其检错能力如何?

10-8 什么是方阵码?其检、纠错能力如何?

10-9 什么是正反码?其检、纠错能力如何?

10-10 什么是线性码?它具有哪些重要性质?

10-11 什么是循环码?循环码的生成多项式如何确定?

10-12 什么是系统分组码?试举例说明。

10-13 什么是缩短循环码?它有何优点?

10-14 什么是 BCH 码?什么是本原 BCH 码?什么是非本原 BCH 码?

10-15 什么是 RS 码?它与 BCH 码的关系如何?

10-16 什么是卷积码?什么是卷积码的码树图、网格图和状态图?

习 题

10-1 已知码集合中有 8 个码组为(000000)、(001110)、(010101)、(011011)、(100011)、(101101)、(110110)、(111000),求该码集合的最小码距。

10-2 上题给出的码集合若用于检错,能检出几位错码?若用于纠错,能纠正几位错码?若同时用于检错与纠错,纠错、检错的性能如何?

10-3 已知两码组为(0000)、(1111)。若该码集合用于检错,能检出几位错码?若用于纠错,能纠正几位错码?若同时用于检错与纠错,各能纠、检几位错码?

10-4 若方阵码中的码元错误情况如图 P10-1 所示,试问能否检测出来?

10-5 一个码长 $n=15$ 的汉明码,监督位 r 应为多少?码效率为多少?试写出监督码元与信息码元之间的关系。

10-6 已知某线性码监督矩阵为

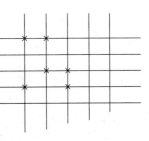

图 P10-1

$$H = \begin{bmatrix} 1 & 1 & 1 & 0 & 1 & 0 & 0 \\ 1 & 1 & 0 & 1 & 0 & 1 & 0 \\ 1 & 0 & 1 & 1 & 0 & 0 & 1 \end{bmatrix}$$

列出所有许用码组。

10-7 已知(7,3)码的生成矩阵为

$$G = \begin{bmatrix} 1 & 0 & 0 & 1 & 1 & 1 & 0 \\ 0 & 1 & 0 & 0 & 1 & 1 & 1 \\ 0 & 0 & 1 & 1 & 1 & 0 & 1 \end{bmatrix}$$

列出所有许用码组,并求监督矩阵。

10-8 已知(7,4)循环码的全部码组为

```
0000000    1000101    0100111    1100010
0001011    1001110    0101100    1101001
0010110    1010011    0110001    1110100
0011101    1011000    0111010    1111111
```

试写出该循环码的生成多项式 $g(x)$ 和生成矩阵 $G(x)$,并将 $G(x)$ 化成典型阵。

10-9 由上题写出 H 矩阵和其典型阵。

10-10 已知(15,11)汉明码的生成多项式为

$$g(x) = x^4 + x^3 + 1$$

试求其生成矩阵和监督矩阵。

10-11 已知 $x^{15}+1 = (x+1)(x^4+x+1)(x^4+x^3+1)(x^4+x^3+x^2+x+1)(x^2+x+1)$,试问由它共可构成多少种码长为 15 的循环码? 列出它们的生成多项式。

10-12 已知(7,3)循环码的监督关系式为:

$$x_6 + x_3 + x_2 + x_1 = 0; \quad x_5 + x_2 + x_1 + x_0 = 0;$$
$$x_6 + x_5 + x_1 = 0; \quad x_5 + x_4 + x_0 = 0。$$

试求该循环码的监督矩阵和生成矩阵。

10-13 证明 $x^{10}+x^8+x^5+x^4+x^2+x+1$ 为(15,5)循环码的生成多项式。求出该码的生成矩阵,并写出消息码为 $m(x) = x^4+x+1$ 时的码多项式。

10-14 若要产生上题所给出的(15,5)循环码,试画出编码器电路。

10-15 (15,7)循环码由 $g(x) = x^8+x^7+x^6+x^4+1$ 生成。试问接收码组 $T(x) = x^{14}+x^5+x+1$ 经图 10-7(a)所示的电路后是否需重发?

10-16 已知 $g_1(x) = x^3+x^2+1, g_2(x) = x^3+x+1, g_3(x) = x+1$,试分别讨论:

(1) $g(x) = g_1(x) \cdot g_2(x)$

(2) $g(x) = g_3(x) \cdot g_2(x)$

两种情况下,由 $g(x)$ 生成的七位循环码能检测出哪些类型的单个错误和突发错误。

10-17 一个卷积码编码器如图 P10-2 所示,已知 $k=1, n=2, N=3$。试写出生成矩阵 G 的表达式。

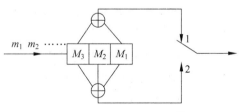

图 P10-2 (2,1,3)编码器

10-18　已知 $k=1,n=2,N=4$ 的卷积码,其基本生成矩阵为 $\boldsymbol{g}=[11010001]$。试求该卷积码的生成矩阵 $\boldsymbol{G}$ 和监督矩阵 $\boldsymbol{H}$。

10-19　已知一个卷积码的参量为:$N=4,n=3,k=1$,其基本生成矩阵为 $\boldsymbol{g}=[111001010011]$。试求该卷积码的生成矩阵 $\boldsymbol{G}$ 和截短监督矩阵,并写出输入码为$(1001\cdots)$时的输出码。

10-20　已知$(2,1,3)$卷积码编码器的输出与 m_1、m_2 和 m_3 的关系为

$$y_1 = m_1 + m_2, \quad y_2 = m_2 + m_3$$

试确定:

(1) 编码器电路;

(2) 卷积码的码树图、状态图及网格图。

10-21　已知$(3,1,4)$卷积码编码器的输出与 m_1、m_2、m_3 和 m_4 的关系为

$$y_1 = m_1, \quad y_2 = m_1 + m_2 + m_3 + m_4, \quad y_3 = m_1 + m_3 + m_4$$

试画出编码器电路和码树图。当输入编码器的信息序列为 10110 时,求它的输出码序列。

10-22　已知$(2,1,3)$卷积码编码器的输出与 m_1、m_2 和 m_3 的关系为

$$y_1 = m_1 + m_2, \quad y_2 = m_1 + m_2 + m_3$$

当接收码序列为 1 0 0 0 1 0 0 0 0 0 时,试用维特比解码法求解发送信息序列。

第 11 章

伪随机序列及误码测试

11.1　引言

在数字通信中伪随机序列原理是重要的常见的技术基础,它在数字通信系统误码率测试、信号的时延测量、扩展频谱通信、通信加密和分离多径等方面都有广泛的使用。本章将讨论其原理和描述应用中常见的一个例子。

随机噪声序列是随机噪声的数字形式,又称随机序列。应用随机序列的最大困难是不易重复产生和处理。直到 20 世纪 60 年代,伪随机序列的出现才使这一困难得到解决。

一方面,由数字电路产生的和被称为伪随机序列的周期性脉冲列经滤波等处理后可得到伪随机噪声。由此得到的伪随机噪声具有类似随机噪声的一些统计特性,同时又便于重复产生和处理;重要的是在另一方面,由于伪随机序列是一种接近随机噪声序列统计特性的序列,又易于重复产生和处理,因此可在通信系统误码率测试等方面替代随机序列。该伪随机序列又称为伪随机码或伪随机信号码。下面先讨论伪随机序列的产生原理和其特性。

11.2　m 序列

通常产生伪随机序列的是一反馈移存器。该移存器可分为线性反馈移存器和非线性反馈移存器两类。由线性反馈移存器产生的周期最长的二进制数字序列称为线性反馈移存器最大长度序列,简称 m 序列。m 序列的理论比较成熟,实现比较简便,应用也较广泛,这里将重点讨论。

11.2.1　m 序列的产生

下面先举一个例子。如图 11-1 示出一 4 级反馈移存器。假若其初始状态为 $(a_3,a_2,a_1,a_0)=(1,0,0,0)$,那么在移位一次(即第 1 拍)时,$a_1$ 和 a_0 模 2 加后产生新的输入 $a_4=0+0=0$,新的状态变为 $(a_4,a_3,a_2,a_1)=(0,1,0,0)$。如此这样移位 15 次的变化过程见表 11-1。由该表看见,在第 15 拍时移存器的状态已回到了初始态,并且它以 15 拍为周

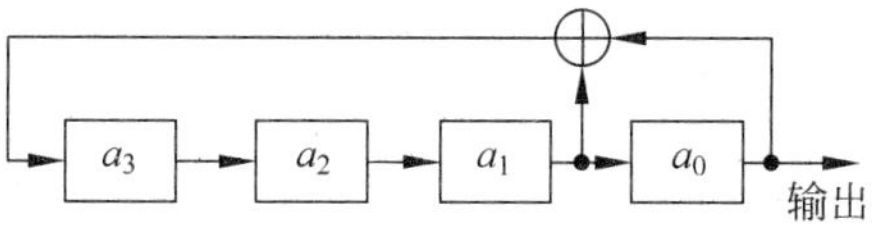

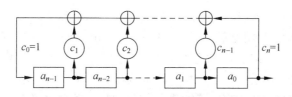

图 11-1 四级移存器的 m 序列发生器

期不断循环出现原有状态,即其输出的是周期为 $2^n-1=15$(式中 n 取移存器级数 4)的移存器序列。显然,当初始状态为"全 0",即为"0,0,0,0"时,那么移位后的移存器状态仍为"全 0"。这意指该反馈移存器运行中应避免出现"全 0",否则该移存器状态保持不变,总是输出 0。还可看到,4 级移存器共有 $2^4=16$ 种可能的不同状态,其中除去不可用的"全 0"状态,剩下只可用 15 种状态,即任何 4 级反馈移存器产生的序列最长为 15。总之,上例中的 4 级线性反馈移存器能够产生周期最长的序列,即它输出的是 m 序列。

我们常希望用尽可能少的移存器级数产生周期尽可能长的序列。由上例可见,一个 n 长的移存器可产生序列的最长周期为 2^n-1。于是人们会问,反馈电路如何连接才能使该移存器产生的序列周期最长?这就是下面要讨论和解决的问题。

表 11-1 m 序列发生器的状态变化

	a_3	a_2	a_1	a_0
初始态	1	0	0	0
第 1 拍	0	1	0	0
第 2 拍	0	0	1	0
第 3 拍	1	0	0	1
第 4 拍	1	1	0	0
第 5 拍	0	1	1	0
第 6 拍	1	0	1	1
第 7 拍	0	1	0	1
第 8 拍	1	0	1	0
第 9 拍	1	1	0	1
第 10 拍	1	1	1	0
第 11 拍	1	1	1	1
第 12 拍	0	1	1	1
第 13 拍	0	0	1	1
第 14 拍	0	0	0	1
第 15 拍	1	0	0	0

图 11-2 给出一个一般性线性反馈移存器的构造。图中移存器第 i 级的状态用 a_i 表示,$a_i=0$ 或 1,i 取整数。反馈线的连接状态用 c_i 表示,$c_i=1$ 表示此线接通,即有反馈线;$c_i=0$ 表示此线断开,即无反馈线。可推想,反馈线的连接状态不同,可能会改变线性反馈移存器输出序列的周期 p。为研究线性反馈移存器和输出序列等特性,需建立几个关系式。

图 11-2 n 级线性反馈移存器

设该 n 级线性反馈移存器的初始状态为 $(a_{-1},a_{-2},\cdots,a_{-n})$,经过一次移位后得到状态为 $(a_0,a_{-1},\cdots,a_{-n+1})$,经过 n 次移位后出现状态为 $(a_{n-1},a_{n-2},\cdots,a_0)$,图 11-2 中标示的就是这一状态。按照该图线路的连接关系,此时在移存器左输入端有

$$a_n = c_1 a_{n-1} \oplus c_2 a_{n-2} \oplus \cdots \oplus c_{n-1} a_1 \oplus c_n a_0 = \sum_{i=1}^{n} c_i a_{n-i} \qquad (11.2\text{-}1)$$

式中,$\oplus$表示模 2 运算,因此通常的相加符 $\sum$ 在这里表示的是模 2 相加符。由此式可导出,对于任意一个输入 a_k 有

$$a_k = \sum_{i=1}^{n} c_i a_{k-i} \qquad (11.2\text{-}2)$$

上式中的相加符 $\sum$ 仍表示模 2 相加。本章中类似的方程都是按模 2 运算,因此本章后面的公式中不再指明是模 2 了。式(11.2-2)给出了移存器输入 a_k 与移位前各单元状态的关系,人们称其为递推方程。

上面曾指出,c_i 的取值直接决定了移存器的反馈线结构,故是一个重要参量。人们将它用下列方程表示:

$$f(x) = c_0 + c_1 x + c_2 x^2 + \cdots + c_n x^n = \sum_{i=1}^{n} c_i x^i \qquad (11.2\text{-}3)$$

上述方程被称为特征方程或特征多项式。式中 x^i 仅指明其系数 1 或 0 所代表的 c_i 值,x 本身的取值并无实际意义,也不需要去计算 x 的值。例如已知特征方程为

$$f(x) = 1 + x^3 + x^4 \qquad (11.2\text{-}4)$$

那么它表示 x^0、x^3 和 x^4 的系数 $c_0 = c_3 = c_4 = 1$,其余的 $c_1 = c_2 = 0$。由此得到的线性反馈移存器的结构就是前面的图 11-1 所示的原理图。这说明一个特征方程对应有一个固定的线性反馈移存器结构。

【定理 11-1】 一个 n 级线性反馈移存器,其状态变化具有周期性,且周期 $p \leqslant 2^n - 1$。

【推论 11-1】 一个 n 级线性反馈移存器产生的周期 $p = 2^n - 1$ 的序列是 m 序列。

这里先给出本原多项式的定义,以便于给出特征多项式 $f(x)$ 与本原多项式关系的定理。若一个 n 次多项式 $f(x)$ 满足下列三个条件:

(1) $f(x)$ 是既约的;(2) $f(x)$ 可整除 $(x^p + 1)$,$p = 2^n - 1$;(3) $f(x)$ 除不尽 $(x^q + 1)$,$q < p$

则称该 $f(x)$ 为本原多项式。

【定理 11-2】 一个线性反馈移存器能够产生 m 序列的充要条件是,其特征多项式 $f(x)$ 为本原多项式。

以上两个定理和推论这里不再作证明,更多的知识可参见文献[9]。

由以上定理可见,只要找到了本原多项式,就能由它构成 m 序列产生器。于是得到经前人大量计算的本原多项式,这里在表 11-2 中列出其一部分本原多项式。为了使 m 序列产生器尽量简单,该表中对于一个特定 n 列出含 3 项的或含项数最少的本原多项式,且只列出一个本原多项式。显然,含 3 项的本原多项式构成的移存器只使用一个模二加法器,这时的 m 序列产生器对一个特定 n 来说最为简单。

由于本原多项式的逆多项式也是本原多项式,所以在表 11-2 中的一个多项式可按取逆的方法写出另一多项式,于是可得到两个 m 序列产生器。比如,查表 11-2 中的 4 次本原多项式为 $x^4 + x + 1$,其二进制码是 10011,其逆码是 11001,那么逆码对应的多项式为 $x^4 + x^3 + 1$,它就是图 11-1 所对应的本原多项式。

表 11-2　常用本原多项式

n	本原多项式	n	本原多项式
2	x^2+x+1	14	$x^{14}+x^{10}+x^6+x+1$
3	x^3+x+1	15	$x^{15}+x+1$
4	x^4+x+1	16	$x^{16}+x^{12}+x^3+x+1$
5	x^5+x^2+1	17	$x^{17}+x^3+1$
6	x^6+x+1	18	$x^{18}+x^7+1$
7	x^7+x^3+1	19	$x^{19}+x^5+x^2+x+1$
8	$x^8+x^4+x^3+x^2+1$	20	$x^{20}+x^3+1$
9	x^9+x^4+1	21	$x^{21}+x^2+1$
10	$x^{10}+x^3+1$	22	$x^{22}+x+1$
11	$x^{11}+x^2+1$	23	$x^{23}+x^5+1$
12	$x^{12}+x^6+x^4+x+1$	24	$x^{24}+x^7+x^2+x+1$
13	$x^{13}+x^4+x^3+x+1$	25	$x^{25}+x^3+1$

11.2.2　m 序列的性质

1. 均衡性

在 m 序列的一周期中"1"的个数比"0"个数要多一个。显然,在 n 足够大的时候"1"和"0"的数目接近相等。

2. 游程特性

人们把一个序列周期中取值相同的那些连在一起的若干元素合称为一个"游程"。在一个游程中元素的个数被称为游程长度。

在 m 序列一个周期中,游程总数 $N=2^{n-1}$;长度为 k 的游程数目占游程总数的 2^{-k},其中 $1\leqslant k\leqslant(n-1)$;长度为 k 的游程$[1\leqslant k\leqslant(n-2)]$中,"连1"游程和"连0"游程各占一半;最后还有一个长度为 n 的"连1"游程和长度为$(n-1)$的"连0"游程。

这里以前面图 11-1 产生的 m 序列为例对上述游程特性进行说明。该例的 m 序列 1001101011111000,总共有 8 个游程,刚好等于 2^{4-1}。其中长度 1 的占游程总数的 1/2,为 4 个;长度 2 的占游程总数的 1/4,即 2 个;长度 3 的占游程总数的 1/8,即 1 个。显然其中有一个长度为 $n=4$ 的"连1"游程和长度为$(n-1)=3$的"连0"游程。

3. 移位相加特性

一个 m 序列 M_p 与其经任意次延迟或移位产生的另一不同序列 M_r 模 2 相加,得到的仍是 M_p 的某次移位序列 M_s,即

$$M_p \oplus M_r = M_s \tag{11.2-5}$$

举一个例子来说明上述移位相加特性。设有一周期为 7 的 m 序列 $M_p=1110100\cdots$,另一 m 序列 M_r 是 M_p 向右作一次移位的序列,即 $M_r=0111010\cdots$。这两个序列的模 2 和为

$$1110100\cdots \oplus 0111010\cdots = 1001110\cdots \tag{11.2-6}$$

上式等号右边序列是 m 序列 M_s,它刚好是 M_p 作三次右移位后的序列。

4. 自相关特性

在二进制编码理论中,常采用码元的可能取值为 0 和 1。此时,自相关函数定义为

$$R(j) = \frac{A-D}{A+D} = \frac{A-D}{p} \tag{11.2-7}$$

式中,A 是 m 序列与其 j 次移位序列在一个周期中对应元素相同的数目;D 是该 m 序列与其 j 次移位序列在一个周期中对应元素不同的数目;p 是该序列的周期。

这里利用 m 序列的移位相加特性和 m 序列均衡特性可知,m 序列一周期中"1"的个数比"0"个数要多一个,所以上式分子等于 -1,于是得到

$$R(j) = -\frac{1}{p}, \quad j = \pm 1, \pm 2, \cdots, \pm(p-1)$$

式中,p 为 m 序列的周期。当 $j=0$ 时,显然有 $R(j)=1$。最后得到 m 序列的离散自相关函数为

$$R(j) = \begin{cases} 1, & j = 0 \\ -1/p, & j = \pm 1, \pm 2, \cdots, \pm(p-1) \end{cases} \tag{11.2-8}$$

上述的 m 序列自相关函数 $R(j)$ 只有两种取值为 0 和 $-1/p$,人们称这类只有两种取值自相关函数的序列为双值自相关函数序列。

该离散相关函数 $R(j)$ 的分布如图 11-3 所示。图中 $T_p = T_0/p$ 为码元宽度。该图表明,$R(j)$ 各点连成的折线就是连续相关函数 $R_s(\tau)$ 曲线;当 m 序列波形的周期 T_0 很长和码元宽度 T_p 很小时,其相关函数接近为一单位冲激函数 $\delta(t)$ 的形状。

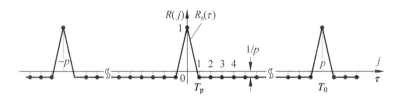

图 11-3　m 序列的自相关函数

11.3　误码测试

在本书第 1 章中早已指出,数字通信系统的误码率是很重要的质量指标,为此人们研制了误码率测试仪。该仪器的技术关键是采用了 m 序列来作传输误码率的测试。

系统维护人员遇到通信数据收不到或误码率高等问题时,系统设计研制人员对数字通信设备作抗干扰质量测试时,以及通信网络建设人员对线路/收发信机/MODEM 抗干扰性能作检测时,需采用误码率测试仪。其同时可作为数字信号源使用。

实际通信系统中的数字信源可能呈现出的序列构造是随机多样的,且 0 和 1 出现的概率是相等的。为模仿实际情况下的误码率测试,最好采用随机序列为测试信号源。此时误码率测试方案只可能采用闭环测试,如图 11-4 所示。该误码仪只能放在本地一端

上,把源输出的随机序列加到数字信号调制器后进入正向信道,在信道末端数字信号被环回进入反向信道,再经过数字信号解调器得到解调后随机序列;将发送随机序列延迟以保证与解调后随机序列实现序列同步;使延迟后随机序列与解调后随机序列作逐位比较,若两者不同则说明发生码元错误,反之则没有发生码元错误,并把误码位数和比较的总位数记录下来,即可在显示器上给出误码率。

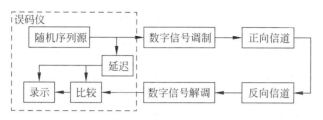

图 11-4 用随机序列时误码测试方案

实际中主要需要测试的是单向通信系统的传输误码率,这时要在发送端和远方接收端各放置一台误码仪进行测量,但在收端误码仪中的随机序列源无法产生与发端误码仪中的随机序列源相同的随机序列,因此不能用随机序列测量误码率。该单向通信系统误码率测量可以用伪随机序列代替它来实现,因为在收端误码仪中的 m 序列源可以产生与发端误码仪中的 m 序列源相同的序列,且 m 序列又很接近随机序列的特性。图 11-5 给出了采用 m 序列的单向误码率测试法,此又常称为误码率开环测试法。该误码仪含有帧同步(序列同步)提取单元,它使 m 序列源输出的本地序列与解调后序列完全同步,然后将这两个序列逐位比较,若两者不同则说明发生码元错误,反之则没有发生码元错误,于是仪器可记录和显示该误码率。

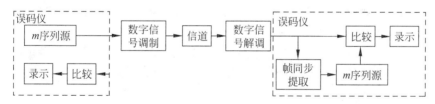

图 11-5 m 序列时开环测试误码率

含 m 序列源的误码仪也用在通信系统闭环测试中,此测试环在实际使用中经常遇到,其方案如图 11-6 所示。该测试只需要单台误码仪放置在某一地点就可完成。它可得到某一传输段对误码率影响的信息;如果闭环点放置如图中虚线箭头那样,那刚好就是误码仪的闭环自校。

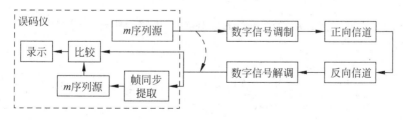

图 11-6 m 序列时闭环测试误码率

CCITT 建议用于数据传输系统测量误码率的 m 序列周期是 511,并建议其采用特征多项式 x^9+x^5+1；CCITT 还建议速率为(1544/2048/6312/8448kbps)的数字传输系统测量中采用周期 $2^{15}-1=32767$ 的 m 序列,并建议其采用特征多项式 $x^{15}+x^{14}+1$。

关于 m 序列的更多应用可参见文献[12]。

思 考 题

11-1 什么是 m 序列？

11-2 何谓本原多项式？

11-3 一个 n 级移存器的特征多项式 $f(x)$ 能够产生 m 序列的充要条件是什么？

11-4 本原多项式的逆多项式是本原多项式吗？

11-5 m 序列的均衡特性是指什么？

11-6 什么叫序列的游程？ m 序列的游程特性是指什么？

11-7 什么是 m 序列的移位相加特性？

11-8 为什么要用 m 序列来测试数字通信系统的误码率而不能采用随机序列来测试？

11-9 画出用 m 序列测试通信系统误码率时的开环测试方案。

11-10 若用 0、1 为周期的确定数字信号来测试通信系统的误码率,是否合理？

习 题

11-1 一个三级反馈移存器,已知其特征方程为 $f(x)=1+x^2+x^3$,试验证它为本原多项式。

11-2 已知三级移位寄存器的原始状态为 111,试写出两种 m 序列的输出序列。

11-3 一个四级反馈移存器的特征方程为 $f(x)=x^4+x^3+x^2+x+1$,证明由它所产生的序列不是 m 序列。

11-4 一个由 9 级移存器所产生的 m 序列,写出在每一周期内所有可能的游程长度的个数。

11-5 一个由 9 级移存器所组成的 m 序列产生器,其第 3、第 6、第 9 级移存器的输出分别为 Q_3、Q_6、Q_9,试说明：

(1)将它们通过"或门"后得到一新的序列,2^9-1 仍为所得序列的周期,并且"1"的符号率约为 7/8；

(2)将它们通过"与门"后得到一新的序列,2^9-1 仍为所得序列的周期,并且"1"的符号率约为 1/8。

第 12 章

CHAPTER 12

同 步 原 理

12.1 引言

同步是通信系统中一个重要的实际问题。当采用同步解调或相干检测时,接收端需要提供一个与发射端调制载波同频同相的相干载波。这个相干载波的获取就称为载波提取,或称为载波同步。

数字通信中,除了有载波同步的问题外,还有位同步的问题。因为消息是一串相继的信号码元的序列,解调时常需知道每个码元的起止时刻。例如图 9-4 和图 9-13 介绍的两种最佳接收机结构中,需要对积分器或匹配滤波器的输出进行抽样判决。抽样判决的时刻应位于每个码元的终止时刻,因此,接收端必须产生一个用作抽样判决的定时脉冲序列,它和接收码元的终止时刻应对齐。我们把在接收端产生与接收码元的重复频率和相位一致的定时脉冲序列的过程称为码元同步或位同步,而称这个定时脉冲序列为码元同步脉冲或位同步脉冲。

数字通信中的消息数字流总是用若干码元组成一个"字",又用若干"字"组成一"句"。因此,在接收这些数字流时,同样也必须知道这些"字"、"句"的起止时刻。在接收端产生与"字"、"句"起止时刻相一致的定时脉冲序列,称为"字"同步和"句"同步,统称为群同步或帧同步。

当通信是在两点之间进行时,完成了载波同步、位同步和群同步之后,接收端不仅获得了相干载波,而且通信双方的时标关系也解决了。这时,接收端就能以较低的错误概率恢复出数字信息。

同步系统性能的降低,会直接导致通信系统性能的降低,甚至使通信系统不能工作。

本章将分别讨论载波同步、位同步和群同步。

12.2 载波同步的方法

提取载波的方法一般分为两类:一类是在发送有用信号的同时,在适当的频率位置上,插入一个(或多个)称为导频的正弦波,接收端就由导频提取出载波,这类方法称为插入导频法;另一类是不专门发送导频,而在接收端直接从发送信号中提取载波,这类方法称为直接法。

12.2.1 载波同步时插入导频法

DSB-SC 信号本身不含有载波；VSB 信号虽然一般都含有载波分量，但很难从已调信号的频谱中将它分离出来；二进制相位调制信号由式(7.2-35)的功率谱密度表示式看出，当 $P=1/2$ 时，该信号中的载波分量为零；SSB 信号更是不存在载波分量。对这些信号的载波提取，可以用插入导频法，特别是 SSB 调制信号，只能用插入导频法提取载波。在这一节，我们将讨论 DSB-SC 信号的插入导频法。

假设我们采用第 6 章介绍过的某种相关编码信号去进行 DSB-SC 调制，从图 12-1 所示的频谱图可以看出，在载频处，已调信号的频谱分量为零，载频附近的频谱分量也很小，这样就便于插入导频以及解调时易于滤出它。插入的导频并不是加于调制器的那个载波，而是将该载波移相 90° 后的所谓"正交载波"，如图 12-1 所示。这样，就可组成插入导频的发端方框图 12-2。设调制信号为 $m(t)$，$m(t)$ 中无直流分量，被调载波为 $a_c\sin\omega_c t$，调制器假设为一相乘器，插入导频是被调载波移相 90° 形成的，为 $-a_c\cos\omega_c t$，其中，a_c 是插入导频的振幅。于是输出信号为

$$u_o(t) = a_c m(t)\sin\omega_c t - a_c\cos\omega_c t \qquad (12.2\text{-}1)$$

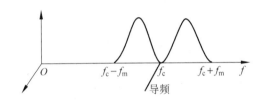

图 12-1　DSB-SC 信号的导频插入频谱图

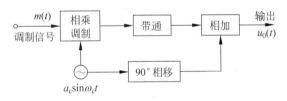

图 12-2　DSB-SC 时插入导频法发端方框图

设收端收到的信号与发端输出信号相同，则收端用一个中心频率为 f_c 的窄带滤波器就可取得导频 $-a_c\cos\omega_c t$，再将它移相 $\pi/2$，就可得到与调制载波同频同相的信号 $\sin\omega_c t$。收端的方框图如图 12-3 所示。

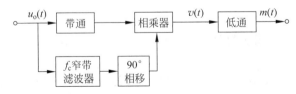

图 12-3　DSB-SC 时插入导频法收端方框图

前面提到,插入的导频应为正交载波,这是什么原因呢? 只要看收端相乘器的输出 $u(t)$ 就清楚了,即

$$u(t) = u_o(t)\sin\omega_c t = a_c m(t)\sin^2\omega_c t - a_c \sin\omega_c t\cos\omega_c t$$

$$= \frac{a_c}{2}m(t) - \frac{a_c}{2}m(t)\cos 2\omega_c t - \frac{a_c}{2}\sin 2\omega_c t \tag{12.2-2}$$

若方框图中 LPF 的截止频率为 f_m,$v(t)$ 经 LPF 后,就可以恢复出调制信号 $m(t)$。然而,如果发端加入的导频不是正交载波,而是调制载波,则从收端相乘器的输出可以发现,除了有调制信号外,还有直流分量,这个直流分量将通过 LPF 对数字信号产生影响。这就是发端导频正交插入的原因。

二进制调相信号就是一个 DSB-SC 信号,所以,上述插入导频法完全适用。对于 SSB 调制信号,导频插入的原理与上面讨论的一样。

12.2.2 载波同步时直接法

DSB-SC 信号虽然不包含载波分量,但对该信号进行某种非线性变换后,就可以直接从其中提取出载波分量来。此有平方变换法和平方环如下。

设调制信号为 $m(t)$,$m(t)$ 中无直流分量,则 DSB-SC 为

$$s(t) = m(t)\cos\omega_c t$$

接收端将该信号进行平方变换,即经过一个平方律部件后就得到

$$e(t) = m^2(t)\cos^2\omega_c t = \frac{m^2(t)}{2} + \frac{1}{2}m^2(t)\cos 2\omega_c t \tag{12.2-3}$$

由上式看出,虽然前面假设了 $m(t)$ 中无直流分量,但 $m^2(t)$ 中却有直流分量,而 $e(t)$ 表示式的第二项中包含有 $2\omega_c$ 频率的分量。若用一窄带滤波器将 $2\omega_c$ 频率分量滤出,再进行二分频,就获得所需的载波。由此所得出的平方变换法提取载波的方框图如图 12-4 所示。若调制信号 $m(t)=\pm 1$,该 DSB-SC 信号就成为二进制相移信号,这时

$$e(t) = [m(t)\cos\omega_c t]^2 = 0.5 + 0.5\cos 2\omega_c t \tag{12.2-4}$$

因而,用图 12-4 所示的方框图同样可以提取出载波。

图 12-4 平方变换法提取载波

由于提取载波的方框图中用了一个二分频电路,故提取出的载波存在 $180°$ 的相位含糊问题。对移相信号而言,解决这个问题的常用方法是采用前面已介绍过的相对移相。

平方变换法提取载波方框图中的 $2f_c$ 窄带滤波器若用锁相环代替,构成如图 12-5 所示的方框图,就称为平方环法提取载波。由于锁相环具有良好的跟踪、窄带滤波和记忆性能,平方环法比一般的平方变换法具有更好的性能。因此,平方环法提取载波应用较为广泛。

利用锁相环提取载波的另一种常用方法如图 12-6 所示。加于两个相乘器的本地信号分别为压控振荡器的输出信号 $\cos(\omega_c t+\theta)$ 和它的正交信号 $\sin(\omega_c t+\theta)$,因此通常称这种环路为同相正交环,有时也称这种环路为科斯塔斯(Costas)环。

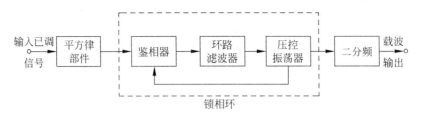

图 12-5　平方环法提取载波

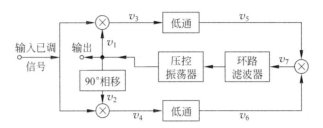

图 12-6　同相正交环法提取载波

设输入的 DSB-SC 信号为 $m(t)\cos\omega_c t$，则

$$v_3 = m(t)\cos\omega_c t\cos(\omega_c t + \theta) = 0.5m(t)[\cos\theta + \cos(2\omega_c t + \theta)]$$

$$v_4 = m(t)\cos\omega_c t\sin(\omega_c t + \theta) = 0.5m(t)[\sin\theta + \sin(2\omega_c t + \theta)]$$

经 LPF 后的输出分别为

$$v_5 = 0.5m(t)\cos\theta \tag{12.2-5}$$

$$v_6 = 0.5m(t)\sin\theta \tag{12.2-6}$$

LPF 应该允许 $m(t)$ 通过。将 v_5 和 v_6 加于相乘器，得

$$v_7 = v_5 v_6 = 0.125m^2(t)\sin2\theta \tag{12.2-7}$$

式中 θ 是压控振荡器输出信号与输入已调信号载波之间的相位误差。当 θ 较小时，

$$v_7 \approx 0.25m^2(t)\theta \tag{12.2-8}$$

式(12.2-8)中 v_7 的大小与相位误差 θ 成正比，它就相当于一个鉴相器的输出。用 v_7 去调整压控振荡器输出信号的相位，最后使稳态相位误差减小到很小的数值。这样压控振荡器的输出 v_1，就是所需提取的载波。

同相正交环的工作频率是载波频率本身，而平方环的工作频率是载波频率的两倍。显然当载波频率很高时，工作频率较低的同相正交环路易于实现。

载波同步系统的主要性能指标是高效率和高精度。所谓高效率，就是为了获得载波信号而尽量少消耗发送功率。用直接法提取载波时，发端不专门发送导频，因而效率高；而用插入导频法时，由于插入导频要消耗一部分功率，因而系统的效率降低。所谓高精度，就是提取出的载波应是相位尽量精确的相干载波，也就是相位误差应该尽量小。

此外，还要求同步建立时间快、保持时间长等，这里不再展开讨论。

12.3　位同步的方法

实现位同步的方法也和载波同步类似，可分插入导频法和直接法两类。这两类方法有时也分别称为外同步法和自同步法。

基带信号若为随机的二进制 NRZ 脉冲序列,那么这种信号本身不包含位同步信号。为了获得位同步信号,就应在基带信号中插入位同步导频信号,或者对该基带信号进行某种变换。

12.3.1 位同步时插入导频法

这种方法与载波同步时的插入导频法类似,它是在基带信号频谱的零点插入所需的导频信号,如图 12-7(a)所示。若经某种相关编码的基带信号,其频谱的第一个零点在 $f = 1/2T$ 处时,插入导频信号就应在 $1/2T$ 处,如图 12-7(b)所示。

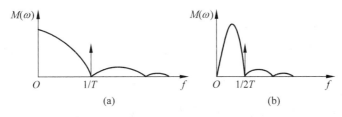

图 12-7 位同步时插入导频法频谱图

在接收端,对图 12-7(a)所示的情况,经中心频率为 $f = 1/T$ 的窄带滤波器,就可从解调后的基带信号中提取出位同步所需的信号,这时,位同步脉冲的周期与插入导频的周期是一致的;对图 12-7(b)所示的情况,窄带滤波器的中心频率应为 $1/2T$,因为这时位同步脉冲的周期为插入导频周期的 $1/2$,故需将插入导频倍频,才得所需的位同步脉冲。

以上载波同步和位同步中所采用的导频插入法都是在频域内的插入。事实上,同步信号也可以在时域内插入,这时载波同步信号、位同步信号和数据信号分别被配置在不同的时间内传送。接收端用锁相环路提取出同步信号并保持,就可以对继之而来的数据进行解调。

12.3.2 位同步时直接法

这一类方法是发端不专门发送导频信号,而直接从数字信号中提取位同步信号。

1. 滤波法

已经知道,对于 NRZ 的随机二进制序列,不能直接从其中滤出位同步信号。但是,若对该信号进行某种变换,例如,变成 RZ 脉冲后,则该序列中就有 $f = 1/T$ 的位同步信号分量,其大小可由式(6.2-21)算出。经一个窄带滤波器,可滤出此信号分量,再将它通过一移相器调整相位后,就可以形成位同步脉冲。这种方法的方框图如图 12-8 所示。它的特点是先形成含有位同步信息的信号,再用滤波器将其滤出。

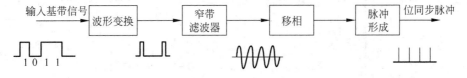

图 12-8 滤波法原理图

图 12-8 原理图中的波形变换,在实际应用中可以是一微分、整流电路,经微分、整流后的基带信号波形如图 12-9 所示。这里,整流输出的波形与图 12-8 中波形变换电路的输出波形有些区别,但由式(6.2-21)可以看出,这个波形同样包含有位同步信号分量。

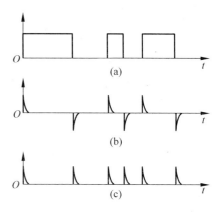

图 12-9　基带信号微分、整流波形

2. 锁相法

位同步锁相法的基本原理和载波同步的类似。在接收端利用鉴相器比较接收码元和本地产生的位同步信号的相位,若两者相位不一致(超前或滞后),鉴相器就产生误差信号去调整位同步信号的相位,直至获得准确的位同步信号为止。前面讨论的滤波法原理图中,窄带滤波器可以是简单的单调谐回路或晶体滤波器,也可以是锁相环路。

下面介绍在数字通信中常采用的数字锁相法提取位同步信号的原理。

数字锁相的原理方框图如图 12-10 所示,它由高稳定度振荡器(晶振)、分频器、相位比较器和控制器所组成。其中,控制器包括图中的扣除门、附加门和"或门"。高稳定度振荡器产生的信号经整形电路变成周期性脉冲,然后经控制器再送入分频器,输出位同步脉冲序列。若接收码元的速率为 FBd,则要求位同步脉冲的重复速率也为 FHz。这里,晶振的振荡频率设计在 nFHz,由晶振输出经整形得到重复频率为 nFHz 的窄脉冲[图 12-11(a)],经扣除门、或门并 n 次分频后,就可得重复频率为 FHz 的位同步信号[图 12-11(c)]。如果接收端晶振输出经 n 次分频后,不能准确地和收到的码元同频同相,这时就要根据相位比较器输出的误差信号,通过控制器对分频器进行调整。调整的原理是当分频器输出的位同步脉冲超前于接收码元的相位时,相位比较器送出一超前脉冲,加到扣除门(常开)的禁止端,扣除一个 a 路脉冲[图 12-11(d)],这样,分频器输出脉冲的相位就推后 $1/n$ 周期($360°/n$),如图 12-11(e)所示。若分频器输出的位同步脉冲相位滞后于接收码元的相位,如何对分频器进行调整呢? 晶振的输出整形后除 a 路脉冲加于扣除门外,同时还有与 a 路相位相差 $180°$ 的 b 路脉冲序列[图 12-11(b)]加于附加门。附加门在不调整时是封闭的,对分频器的工作不起作用。当位同步脉冲相位滞后时,相位比较器送出一滞后脉冲,加

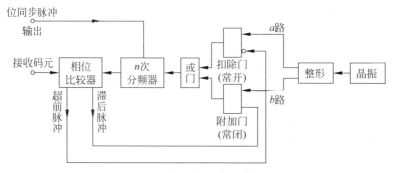

图 12-10　数字锁相原理方框图

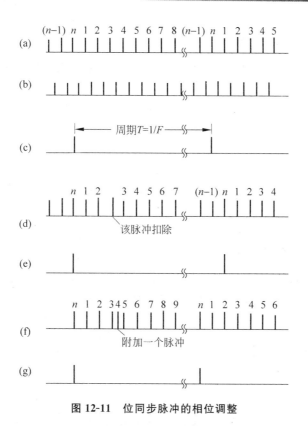

图 12-11　位同步脉冲的相位调整

于附加门,使 b 路输出的一个脉冲通过"或门",插入在原 a 路脉冲之间[图 12-11(f)],使分频器的输入端添加了一个脉冲。于是,分频器的输出相位就提前 $1/n$ 周期[图 12-11(g)]。经这样反复地调整相位,即实现了位同步。

位同步系统的性能与载波同步系统类似,通常也是用效率、相位误差、建立时间、保持时间等指标来衡量。

12.4　群同步

数字通信时,一般总是以一定数目的码元组成一个个的"字"或"句",即组成一个个的"群"进行传输,因此群同步信号的频率很容易由位同步信号经分频而得出,但是,每群的开头和末尾时刻却无法由分频器的输出决定。群同步的任务就是要给出这个"开头"和"末尾"的时刻。群同步有时也称为帧同步。为了实现群同步,通常有两类方法:一类是在数字信息流中插入一些特殊码组作为每群的头尾标记,接收端根据这些特殊码组的位置就可以实现群同步;另一类方法不需要外加的特殊码组,它类似于载波同步和位同步中的直接法,利用数据码组本身之间彼此不同的特性来实现自同步。我们将主要讨论用插入特殊码组实现群同步的方法,最后简单介绍一下用自同步法实现群同步的概念。

插入特殊码组实现群同步的方法有两种,即连贯式插入法和间隔式插入法。在介绍这两种方法以前,先简单介绍一种首先在电传机中广泛使用的起止式群同步法。

12.4.1 起止式同步法

电传报的一个字由 7.5 个码元组成,如图 12-12 所示。每个字开头,先发一个码元的起脉冲(负值),中间 5 个码元是消息,字的末尾是 1.5 码元宽度的止脉冲(正值),收端根据正电平第一次转到负电平这一特殊规律,确定一个字的起始位置,因而就实现了群同步。由于这种同步方式中的止脉冲宽度与码元宽度不一致,就会给同步数字传输带来不便。另外,在这种同步方式中,7.5 个码元中只有 5 个码元用于传递消息,因此效率较低。

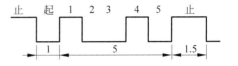

图 12-12　起止式同步的信号波形

12.4.2 连贯式插入法

连贯式插入法就是在每群的开头集中插入群同步码组的方法。作群同步码组用的特殊码组首先应该具有尖锐单峰特性的局部自相关函数。由于这个特殊码组 $\{x_1, x_2, x_3, \cdots, x_n\}$ 是一个非周期序列或有限序列,在求它的自相关函数时,在时延 $j=0$ 的情况下,序列中的全部元素都参加相关运算,在 $j \neq 0$ 的情况下,序列中只有部分元素参加相关运算,其表示式为

$$R(j) = \sum_{i=1}^{n-j} x_i x_{i+j} \qquad (12.4\text{-}1)$$

通常把这种非周期序列的自相关函数称为局部自相关函数。对同步码组的另一个要求是识别器应该尽量简单。在数据通信中常用的群同步码组是巴克码[12]。

12.4.3 间隔式插入法

在某些情况下,群同步码组不是集中插入在信息码流中,而是分散地插入,即每隔一定数量的信息码元,插入一个群同步码元。群同步码码型选择的主要原则是:一方面要便于收端识别,即要求群同步码具有特定的规律性,这种码型可以是全"1"码、"1""0"交替码等;另一方面,要使群同步码的码型尽量和信息码相区别。例如在某些 PCM 多路数字电话系统中,用全"0"码代表"振铃",用全"1"码代表"不振铃",这时,为了使群同步码组与振铃相区别,群同步码就不能使用全"1"或全"0"。收端要确定群同步码的位置,就必须对收码进行搜索检测。一种常用检测方法为逐码移位法,它是一种串行的检测方法;另一种方法是 RAM 帧码检测法,它是利用 RAM 构成帧码提取电路的一种并行检测方法。

群同步系统应该建立时间短和有较强的抗干扰能力(如具备很低的漏同步概率 P_1、假同步概率 P_2)。

思 考 题

12-1　对 DSB-SC 信号、VSB 信号和 SSB 信号用插入导频法实现载波同步时,所插入的导频信号形式有何异同点?

12-2 对 DSB-SC 信号,试叙述用插入导频法和直接法实现载波同步各有什么优缺点。

习　题

12-1 若图 12-2 所示的插入导频法发端方框图中,$a_c\sin\omega_c t$ 不经 $90°$相移,直接与已调信号相加输出,试证明接收端的解调输出中含有直流分量。

12-2 已知 SSB 信号的表示式为

$$s(t) = m(t)\cos\omega_c t + \hat{m}(t)\sin\omega_c t$$

若采用与 DSB-SC 信号导频插入完全相同的方法,试证明接收端可正确解调;若发端插入的导频是调制载波,试证明解调输出中也含有直流分量,并求出该值。

12-3 已知 SSB 信号的表示式为

$$s(t) = m(t)\cos\omega_c t + \hat{m}(t)\sin\omega_c t$$

试证明不能用图 12-4 所示的平方变换法提取载波。

12-4 设有图 P12-1 所示的基带信号,它经过一带限滤波器后会变为带限信号,试画出从带限基带信号中提取位同步信号的原理方框图和波形。

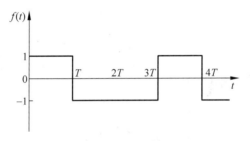

图 P12-1 双极 NRZ 矩形基带信号

附　　录

附录 A　Q 函数

一、Q 函数的定义

$$Q(\alpha) = \frac{1}{\sqrt{2\pi}} \int_\alpha^\infty \exp(-y^2/2)\,\mathrm{d}y \qquad\qquad (\text{附 A-1})$$

二、Q 函数的性质

(1) $Q(0) = 0.5$；(2) $Q(-\alpha) = 1 - Q(\alpha)$，$\alpha > 0$；

(3) $Q(\alpha) \approx \dfrac{1}{\alpha\sqrt{2\pi}} \exp(-\alpha^2/2)$，$\alpha \gg 1$（通常 $\alpha > 4$ 即可）。

三、Q 函数与补误差函数的关系

(1) $Q(\alpha) = 0.5\,\mathrm{erfc}(\alpha/\sqrt{2})$ \qquad\qquad (附 A-2)

(2) $\mathrm{erfc}(\alpha) = 2Q(\sqrt{2}\,\alpha)$ \qquad\qquad (附 A-3)

附录 B　补误差函数表

$$\mathrm{erfc}(x) = \frac{2}{\sqrt{\pi}} \int_x^\infty \exp(-z^2)\,\mathrm{d}z$$

	1.2	1.3	1.4	1.5	1.6
0	0.0896860217	0.0659920550	0.0477148802	0.0338948535	0.0236516166
1	0.0870444920	0.0639368772	0.0461475606	0.0327232518	0.0227931634
2	0.0844661189	0.0619348449	0.0446238213	0.0315865030	0.0219619116
3	0.0819498958	0.0599849738	0.0431427468	0.0304837909	0.0211571603
4	0.0794948157	0.0580862847	0.0417034303	0.0294143101	0.0203782204
5	0.0770998717	0.0562378038	0.0403049743	0.0283772667	0.0196244149
6	0.0747640581	0.0544385634	0.0389464904	0.0273718779	0.0188950786
7	0.0724863707	0.0526876019	0.0376271001	0.0263973725	0.0181895584
8	0.0702658069	0.0509839647	0.0363459345	0.0254529906	0.0175072129
9	0.0681013673	0.0493267041	0.0351021351	0.0245379841	0.0168474131

	1.7	1.8	1.9	2.0	2.1
0	0.0162095414	0.0109094983	0.0072095707	0.0046777349	0.0029794666
1	0.0155929924	0.0104754553	0.0069100601	0.0044751506	0.0028451549
2	0.0149971726	0.0100568435	0.0066217749	0.0042805485	0.0027163932
3	0.0144215001	0.0096531948	0.0063443498	0.0040936515	0.0025929767
4	0.0138654050	0.0092640524	0.0060774291	0.0039141904	0.0024747073
5	0.0133283287	0.0088889699	0.0058206664	0.0037419039	0.0023613929
6	0.0128097247	0.0085275116	0.0055737245	0.0035765382	0.0022528477
7	0.0123090577	0.0081792523	0.0053362753	0.0034178469	0.0021488917
8	0.0118258040	0.0078437772	0.0051079996	0.0032655913	0.0020493509
9	0.0113594512	0.0075206815	0.0048885868	0.0031195394	0.0019540567

	2.2	2.3	2.4	2.5	2.6
0	0.0018628462	0.0011431765	0.0006885138	0.0004069520	0.0002360344
1	0.0017755620	0.0010875768	0.0006537984	0.0003857054	0.0002232886
2	0.0016920516	0.0010344874	0.0006207165	0.0003654991	0.0002111910
3	0.0016121679	0.0009838049	0.0005891976	0.0003462860	0.0001997110
4	0.0015357687	0.0009354301	0.0005591738	0.0003280208	0.0001888193
5	0.0014627165	0.0008892670	0.0005305801	0.0003106603	0.0001784877
6	0.0013928788	0.0008452233	0.0005033536	0.0002941630	0.0001686894
7	0.0013261275	0.0008032102	0.0004774342	0.0002784890	0.0001593988
8	0.0012623388	0.0007631420	0.0004527641	0.0002636004	0.0001505912
9	0.0012013935	0.0007249363	0.0004292878	0.0002494605	0.0001422433

	2.7	2.8	2.9	3.0
0	0.0001343327	0.0000750131	0.0000410978	0.0000220904
1	0.0001268379	0.0000706933	0.0000386573	0.0000207389
2	0.0001197385	0.0000666095	0.0000363547	0.0000194663
3	0.0001130149	0.0000627497	0.0000341827	0.0000182684
4	0.0001066487	0.0000591023	0.0000321344	0.0000171408
5	0.0001006219	0.0000556562	0.0000302030	0.0000160798
6	0.0000949176	0.0000524011	0.0000283823	0.0000150815
7	0.0000895197	0.0000493270	0.0000266662	0.0000141425
8	0.0000844126	0.0000464243	0.0000250491	0.0000132595
9	0.0000795818	0.0000436841	0.0000235256	0.0000124292

	3.1	3.2	3.3	3.4
0	0.0000116486	0.0000060257	0.0000030577	0.0000015219
1	0.0000109150	0.0000056354	0.0000028541	0.0000014179
2	0.0000102256	0.0000052693	0.0000026636	0.0000013207
3	0.0000095779	0.0000049261	0.0000024853	0.0000012299
4	0.0000089695	0.0000046043	0.0000023185	0.0000011451
5	0.0000083982	0.0000043027	0.0000021624	0.0000010660
6	0.0000078617	0.0000040201	0.0000020165	0.0000009922
7	0.0000073581	0.0000037554	0.0000018801	0.0000009232
8	0.0000068854	0.0000035074	0.0000017525	0.0000008589
9	0.0000064418	0.0000032751	0.0000016333	0.0000007990

附录 C 中英文缩写名词对照表

缩写名词	英文全称	中文译名
A/D(converter)	analog/digital (converter)	模/数(变换器)
AC	alternating current	交流电,交流
ACK	acknowledge	确认
ADPCM		见 DPCM
AM	amplitude modulation	幅调
AMI(code)	alternate mark invertion	交替传号反转(码)
APK	amplitude phase keying	幅相键控
ARQ	automatic repeat request	自动重发请求
ASIC	application specific integrated circuit	专用集成电路
ASK	amplitude-shift keying	幅移键控
AWGN	additive white Gaussian noise	加性白色高斯噪声
BCD	binary coded decimal	二进编码的十进制数
BCH(code)	Bose-Chaudhuri-Hocguenghem(code)	BCH(码)
BER	bit error rate	比特差错率
BFSK	binary frequency shift keying	二进制频移键控
BPF	bandpass filter	带通滤波器
bps	bits per second	比特每秒
BPSK	binary phase shift keying	二进制相移键控
BSC	binary symmetric channel	二进制对称信道
CCIR	International Consultive Committee for Radio telecommunication	国际无线通信咨询委员会
CCITT	Consultive Committee for International Telegraph and Telephone	国际电报电话咨询委员会[注]
CDM	code division multiplexing	码分复用
CDMA	code division multiple access	码分多址
D/A(converter)	digital/analog(converter)	数/模(变换器)
dB	decibel	分贝
dBmW	decibel referenced to 1 milliwatt	分贝毫瓦
dBW	decibel referenced to 1 watt	分贝瓦
DC	direct current	直流
DM	delta modulation	增量调制
DPCM	differential PCM	差分脉(冲编)码调制
(ADPCM	adaptive DPCM	自适应差分脉码调制)
DPSK	differential PSK	差分相移键控
DSB	double sideband	双边带
DSB-SC	DSB-suppresed carrier	抑制载波双边带

FDM	frequency division multiplexing	频分复用
FDMA	frequency division multiple access	频分多址
FEC	forward error correction	前向纠错
FM	frequency modulation	频调
(NBFM	narrowband FM	窄带频调)
(WBFM	wideband FM	宽带频调)
FSK	frequency-shift keying	频移键控
GMSK		见 MSK
HDB3(code)	3nd order high density bipolar code	三阶高密度双极(码)
Hz	Hertz	赫兹
IC	integrated circuit	集成电路
IEEE	Institute of Electrical and Electronics Engineers	电气和电子工程师协会
ISI	intersymbol interference	码间串扰
ISO	International Standards Organization	国际标准化组织
ITU	International Telecommunications Union	国际电信联盟
LED	light-emmiting diode	发光二极管
LPF	lowpass filter	低通滤波器
m sequence	maximal-length shift-register sequence	m 序列
MASK	M-ary amplitude-shift keying	多进制幅移键控
MFSK	M-ary frequency-shift keying	多进制频移键控
MHz	Megahertz	兆赫
modem(MODEM)	modulator and demodulator	调(制)解(调)器
MPSK	M-ary phase-shift keying	多进制相移键控
ms	millisecond	毫秒
MSK	minimum shift keying	最小频移键控
(GMSK	Gaussian-filtered MSK	高斯过滤最小频移键控)
NAK	negative acknowledge	否认
NBFM		见 FM
NRZ(waveform)	nonreturn to zero(waveform)	非归零(波形)
OOK	on-off keying	通断键控
OQPSK	offset quadriphase shift keying	偏置四相移键控
PAM	pulse amplitude modulation	脉(冲振)幅调制
PCM	pulse code modulation	脉码调制
pdf	probability density function	概率密度函数
PDM	pulse duration modulation	脉宽调制
PDH	plesiochronous digital hierarchy	准同步数字体系
PLL	phase locked loop	锁相环
PM	phase modulation	相调
PM	pulse modulation	脉冲调制
PN	pseudo noise	伪噪声
PPM	pulse position modulation	脉位调制

QAM	quadrature amplitude modulation	正交振幅调制
QDPSK	quarternary differential PSK	四进制差分相移键控
QPSK	quadriphase shift keying	四相移键控
RS(code)	Reed-Solomon(code)	里德-索洛蒙(码)
RZ(waveform)	return to zero(waveform)	归零(波形)
SDH	synchronous digital hierarchy	同步数字体系
SNR	signal-to-noise ratio	信噪比
SSB	single sideband	单边带
TDM	time division multiplexing	时分复用
TDMA	time division multiple access	时分多址
TS	time slot	时隙
VB(algorithm)	Viterbi(algorithm)	维特比(算法)
VCO	voltage-controlled oscillator	压控振荡器
VLSI	very large scale integration	超大规模集成电路
VSB	vestigial sideband	残留边带
WBFM		见 FM
WDM	wave division multiplexing	波分复用
μs	microsecond	微秒

[注] CCITT 现在已改名为 ITU,即改称为国际电信联盟。

附录 D　部分习题答案

第　1　章

1-1　3.25bit,8.97bit

1-2　2.23b/字母

1-3　1.75b/符号

1-4　200bps,198.5bps

1-5　0.415bit,0.81b/符号

1-6　6403bps

1-7　8.028×10^6 bit,8.352×10^6 bit

1-8　2000Bd,2000bps;2000Bd,4000bps

1-9　1.25×10^{-5}

第　2　章

2-1　证明略

2-2　$P_S(f)=$
$0.25A^2\delta(f-2)+0.25A^2\delta(f+2)$

2-3　能量谱密度为 $|S(f)|^2=A^2/(a^2+4\pi^2f^2)$

2-4　$\exp(a-f^2)$ 满足

2-5　$R_S(\tau)=0.5A^2\cos\omega_0\tau,P=0.5A^2$

2-6　$R_S(\tau)=\begin{cases}1-|\tau|, & -1\leqslant\tau\leqslant1\\0, & \text{其他}\end{cases}$

2-7、2-8　答案与习题 3-5、3-6 分别相同

2-9　54W

第　3　章

3-1　$E[\xi(1)]=1,R_\xi(0,1)=2$

3-2　(1) $E[Z(t)]=0,E[Z^2(t)]=\sigma_2$

(2) $f_1(z) = \dfrac{1}{\sqrt{2}\pi\sigma}\exp[-z^2/(2\sigma^2)]$

(3) $R(t_1,t_2) = B(t_1,t_2) = \sigma^2\cos\omega_0\tau$

3-3 $R_Z(t_1,t_2) = R_X(\tau)\cdot R_Y(\tau)$

3-4 (1) $E[Z(t)]=0, R_Z(t_1,t_2)=R_Z(\tau)$

所以是平稳的

(2) $R_Z(\tau) = 0.5R_m(\tau)\cos\omega_0\tau$

(3) $S = R_Z(0) = 0.5$

3-5 (1) $P_n(\omega) = \dfrac{\alpha^2}{\alpha^2+\omega^2}$

$S = R_n(0) = a/2$

(2) 图略

3-6 $P_\xi(\omega) = \pi\displaystyle\sum_{n=-\infty}^{\infty}\text{Sa}^2(n\pi/2)\delta(\omega-n\pi)$

3-7 (1) $R_n(\tau) = n_0 B\cdot\text{Sa}(\pi B\tau)\cdot\cos\omega_c\tau$

(2) $f_1(x) = \dfrac{1}{2\pi n_0 B}\exp\left(-\dfrac{x^2}{2n_0 B}\right)$

3-8 $P_0(\omega) = (n_0/2)\cdot\dfrac{1}{1+(\omega RC)^2}$

$R_0(\tau) = \dfrac{n_0}{4RC}\exp(-|\tau|/RC)$

3-9 (1) $R_0(\tau) = \dfrac{n_0 R}{4L}\exp[-(R/L)|\tau|]$

(2) 方差 $= \dfrac{n_0 R}{4L}$

3-10 证明略

3-11 $P_{12}(\omega) = H_1^*(\omega)H_2(\omega)P_\eta(\omega)$

3-12 $R_0(t,t+\tau) = 2R_\xi(\tau)+R_\xi(\tau-T)+R_\xi(\tau+T)$

$P_0(\omega) = 2(1+\cos\omega T)\cdot P_\xi(\omega)$

3-13 $f_1(x) = \sqrt{\dfrac{2RC}{\pi n_0}}\exp\left(-\dfrac{2RCx^2}{n_0}\right)$

3-14 证明略

第 4 章

4-1 $y(t) = K_0 s(t-t_d)$

4-2 $y(t) = s(t-t_d)+0.5s(t-t_d+T_0)+0.5s(t-t_d-T_0)$

4-3 有幅频失真；有相频失真

4-4 (1) $\tau(\omega) = 0$

(2) $\tau(\omega) = \dfrac{-RC}{1+\omega^2 R^2 C^2}$

4-5 证明略

4-6 $V=\sigma$ 时

4-7 $E(V) = \sqrt{\pi/2}\,\sigma$;

$D(V) = [2-\pi/2]\sigma^2$

4-8 (1) $f=n+0.5$ 千赫上衰耗为最大

(2) $f=n$ 千赫上传输信号最有利

4-9 图略

4-10 $B_s = 111\sim66.7\text{Hz}$

4-11 $C = 6.5\times10^6\times3 = 19.5(\text{Mbps})$

4-12 $C = 24\text{kbps}$

4-13 最小带宽为 4.49kHz

第 5 章

5-1、5-2 图略

5-3 上边带信号

$0.5(\cos12000\pi t+\cos14000\pi t)$

下边带信号

$0.5(\cos8000\pi t+\cos6000\pi t)$

5-4 VSB 信号 $0.5m_0\cos20000\pi t+$

$0.275A\sin20100\pi t-$

$0.225A\sin19900\pi t+0.5A\sin26000\pi t$

5-5 证明略

5-6 上支路输出为 $0.5f_1(t)$

下路输出为 $0.5f_2(t)$

5-7 (1) 中心频率为 100kHz

(2) $N_i = 10\text{W}$

(3) $S_o/N_o = 2000$

（4）图略

5-8　（1）$S_i = 0.25 n_m f_m$

　　（2）$S_o = 0.125 n_m f_m$

　　（3）$S_o/N_o = 0.25 n_m/n_o$

5-9　（1）中心频率为 102.5kHz

　　（2）$S_i/N_i = 2000$

　　（3）$S_o/N_o = 2000$

5-10　（1）$S_T = 2000W$

　　（2）$S_T = 4000W$

5-11　（1）$S_i = n_m f_m/8$

　　（2）$S_o = n_m f_m/32$

　　（3）$S_o/N_o = 0.125 n_m/n_o$

　　（4）$G_{SSB} = 1$

5-12　证明略

5-13　（1）$S_i/N_i = 5000$

（2）$S_o/N_o = 2000$

（3）$G_{AM} = 0.4$

5-14　$S_o/N_o = 0.25 n_m/n_o$

5-15　证明略

5-16　（1）$H(\omega) =$

$$\begin{cases} K, & 99.92\text{MHz} \leqslant |f| \leqslant 100.08\text{MHz} \\ 0, & 其他 \end{cases}$$

　　（2）$S_i/N_i = 31.25$

　　（3）$S_o/N_o = 37500$

　　（4）$(S_o/N_o)_{FM}/(S_o/N_o)_{AM} = 75$

　　　　$B_{FM}/B_{AM} = 16$

5-17　（1）$B_{FM} = 2481.2\text{kHz}$

　　（2）降低了 4052.5 倍

第 6 章

6-1　图略

6-2　（1）$P_s(f) = 4 f_s P(1-P)|G(f)|^2 +$

$$f_s^2 (2P-1)^2 \sum_{-\infty}^{\infty} |G(mf_s)|^2$$
$$\delta(f-mf_s)$$
$$S = 4 f_s P(1-P) \int_{-\infty}^{\infty} |G(f)|^2 \mathrm{d}f$$
$$+ f_s^2 (2P-1)^2 \sum_{-\infty}^{\infty} |G(mf_s)|^2$$

　　（2）无 f_s 分量　（3）有 f_s 分量

6-3　（1）$P_s(f) = \dfrac{A^2 T_s}{16} \text{Sa}^4(\pi f T_s/2) +$

$$\dfrac{A^2}{16} \sum_{-\infty}^{\infty} \text{Sa}^4(m\pi/2)\delta(f-mf_s)$$

　　（2）能，f_s 分量的功率 $= 2A^2/\pi^4$

6-4　（1）$P_s(f) =$

$$\begin{cases} (T_s/16)(1+\cos\pi f T_s)^2, & |f| \leqslant 1/T_s \\ 0, & 其他 \end{cases}$$

　　（2）不能

　　（3）$R_B = 1000\text{Bd}, B = 1000\text{Hz}$

6-5　（1）$P_s(f) = (T_s/12)\text{Sa}^2(\pi f T_s/3)$

$$+ (1/36) \sum_{-\infty}^{\infty} \text{Sa}^2(m\pi/3)\delta(f-mf_s)$$

　　（2）能，$S = 3/(8\pi^2)$

6-6、6-7　图略

6-8　（1）$H(\omega) = (T_s/2)\text{Sa}^2(\omega T_s/4) \times$
　　　　$\exp(-j\omega t_s/2)$

　　（2）$G_T(\omega) = G_R(\omega) = \sqrt{T_s/2}$
　　　　$\text{Sa}(\omega T_s/4) \times \exp(-j\omega t_s/4)$

6-9　（1）$h(t) = \dfrac{\omega_0}{2\pi}\text{Sa}^2(\omega_0 t/2)$　（2）不能

6-10　图略

6-11　（1）图略（2）$\eta = 2/(1+a)$ Bd/Hz

6-12　图略

6-13　$R_B = 1/2\tau_0$，　$T_s = 2\tau_0$

6-14　图略

6-15、6-16　证明略

6-17　（1）$S = n_0/2$

　　（2）$P_e = 0.5\exp\left(-\dfrac{A}{2\lambda}\right)$

6-18　（1）$P_e = 6 \times 10^{-3}$　（2）$A \geqslant 1.708\text{V}$

6-19　（1）$P_e = 2.87 \times 10^{-7}$

(2) $A \geqslant 0.854\mathrm{V}$

6-20　图略

6-21　$D_x = 37/48, D_y = 71/4$

第　7　章

7-1　图略

7-2　(1) 图略　(2) $B_z = 2000\mathrm{Hz}$

7-3　图略

7-4　(1)、(2) 图略

(3) $P_E(f) = 0.0002 \times \{\mathrm{Sa}[\pi(f + 2400)/1200]\}^2 + 0.0002 \times \{\mathrm{Sa}[\pi(f - 2400)/1200]\}^2 + 0.01[\delta(f+2400) + \delta(f-2400)]$

7-5　图略

7-6　(1) $P_e = 1.21 \times 10^{-4}$

(2) $P_e = 2.05 \times 10^{-5}$

7-7　(1) 110.8dB　(2) 111.8dB

7-8　(1) $V_d = 6.44\mu\mathrm{V}$　(2) 要小

(3) $P_e = 1.28 \times 10^{-2}$

7-9　证明略

7-10　(1) $B_z = 4.4\mathrm{MHz}$　(2)、(3) 略

7-11　(1) 113.9dB　(2) 114.8dB

7-12　$P_e = 4 \times 10^{-6}, 8 \times 10^{-6}, 2.27 \times 10^{-5}$

7-13　$k = 1 + \dfrac{\mathrm{Ln}\sqrt{\pi r_{\mathrm{psk}}}}{r_{\mathrm{psk}}};$

$P_{\mathrm{epsk}}/P_{\mathrm{eDpsk}} = \dfrac{1}{\sqrt{\pi r}}$

7-14　$S_{\mathrm{OOK}} = 14.6 \times 10^{-6}\mathrm{W}$

$S_{\mathrm{FSK}} = 8.66 \times 10^{-6}\mathrm{W}$

$S_{\mathrm{DPS}} = 4.33 \times 10^{-6}\mathrm{W}$

$S_{\mathrm{PSK}} = 3.64 \times 10^{-6}\mathrm{W}$

7-15　(1) $P_{\mathrm{eook}} = 4.1 \times 10^{-2}$

(2) $P_{\mathrm{epsk}} = 4 \times 10^{-6}$

7-16、7-17　图略

第　8　章

8-1　图略

8-2　(1) $T \leqslant 0.25\mathrm{s}$　　(2) 图略

8-3　(1) $f_s = f_1$　　(2) 图略

(3) $H_2(\omega) = \begin{cases} 1/H_1(\omega), & |\omega| \leqslant \omega_r \\ 0, & \text{其他} \end{cases}$

8-4　略

8-5　$x_s(t) = \displaystyle\sum_{-\infty}^{\infty} m(nT)\,\mathrm{tri}[(t - nT)/\tau]$

$X_s(\omega) = 2f_m\tau \displaystyle\sum_{-\infty}^{\infty} \mathrm{Sa}^2(\omega\tau/2)M(\omega - 2n\omega_m)$

8-6　$m_H(t) = \displaystyle\sum_{-\infty}^{\infty} m(nT)\mathrm{rect}[(t - nT)/2\tau]$

$X_s(\omega) = 2f_s\tau\mathrm{Sa}(\omega\tau) \displaystyle\sum_{-\infty}^{\infty} M(\omega - n\omega_s)$

8-7　最小抽样速率 $= 1000$ 样点/秒

8-8　$N = 6$, $\Delta v = 0.5\mathrm{V}$

8-9　$S/N_q = 8$

8-10　(1) 11100011, $\Delta q = 11$ 量化单位

(2) 01001111011

8-11　(1) -328 量化单位

(2) 00101001000

8-12　(1) $\Delta q = 1$ 量化单位

(2) 00001011111

8-13　证明略

8-14　$B_N = 120\mathrm{kHz}$

8-15　(1) $B_z = 24\mathrm{kHz}$　(2) $B_z = 56\mathrm{kHz}$

8-16　(1) $B_z = 288\mathrm{kHz}$　(2) $B_z = 672\mathrm{kHz}$

8-17　$B_N = 17\mathrm{kHz}$

第　9　章

9-1　$P_e = 0.5\mathrm{erfc}(\sqrt{E_b/4n_0})$

9-2　(1)、(2) 图略

(3) $P_e = 0.5 \text{erfc}(A\sqrt{T_s/4n_0})$

9-3 (1) $t_0 \geqslant T$ (2) 图略

     (3) $r_{max} = 2A^2 T/n_0$

9-4 图略

9-5 $P_{eOR} = 4 \times 10^{-6}, P_{eGR} = 3.4 \times 10^{-2}$

9-6 (1)、(2) 图略

     (3) $P_e = 0.5 \text{erfc}(A\sqrt{T/4n_0})$

9-7 (1)、(2) 图略

     (3) $P_e = 0.5 \text{erfc}(A\sqrt{2T/3n_0})$

9-8 图略

第 10 章

10-1 $d_0 = 3$

10-2 检错时 $e=2$ 和 1；纠错时 $t=1$；
不能同时检错和纠错

10-3 检错时 $e=3$ 或 2 或 1；纠错时 $t=1$；
可用于纠 1 位错，检 2 位错

10-4 不能检出

10-5 $r=4$；码效率 $=11/15$；

$$\begin{cases} a_3 = a_{14} + a_{13} + a_{12} + a_{11} + a_{10} + a_9 + a_8 \\ a_2 = a_{14} + a_{13} + a_{12} + a_{11} + a_7 + a_6 + a_5 \\ a_1 = a_{14} + a_{13} + a_{10} + a_9 + a_7 + a_6 + a_4 \\ a_0 = a_{14} + a_{12} + a_{10} + a_8 + a_7 + a_5 + a_4 \end{cases}$$

10-6、10-7 略（因结论过长）

10-8 $g(x) = x^3 + x + 1$；

$$G_0 = \begin{bmatrix} 1 & 0 & 0 & 0 & 1 & 0 & 1 \\ 0 & 1 & 0 & 0 & 1 & 1 & 1 \\ 0 & 0 & 1 & 0 & 1 & 1 & 0 \\ 0 & 0 & 0 & 1 & 0 & 1 & 1 \end{bmatrix}$$

10-9 $H = \begin{bmatrix} 1 & 1 & 1 & 0 & 1 & 0 & 0 \\ 0 & 1 & 1 & 1 & 0 & 1 & 0 \\ 1 & 1 & 0 & 1 & 0 & 0 & 1 \end{bmatrix}$

10-10~10-12 略（因结论过长）

10-13 证明略

10-14 图略

10-15 需重发

10-16 检错时 $e=6\sim1$；纠错时 $t=3\sim1$；
纠 1 检 (2~5)，纠 2 检 (3~4)。

10-17、10-18 略

10-19 输出码 $=[1\ 1\ 1\ 0\ 0\ 1\ 0\ 1\ 0\ 1\ 0\ 0 \cdots]$

10-20 图略

10-21 输出 $=011011001111001$

第 11 章

11-1 证明略

11-2 输出 $1110100\cdots$；输出 $1110010\cdots$

11-3 证明略

11-4 长度 1 的游程 $=128$ 个，长度 2 的
游程 $=64$ 个，长度 3 的游程 $=32$

个，长度为 4 的游程 $=16$ 个，长度 5
的游程 $=8$ 个，长度 6 的游程 $=4$
个，长度 7 的游程 $=2$ 个，长度 8 和
9 的游程 $=$ 各 1 个。

11-5 证明略

第 12 章

12-1 证明略

12-2 证明略；直流 $=0.5a$

12-3 证明略

12-4 图略

参 考 文 献

[1]　[美]贝尔特 W R,戴维 J R. 数据传输[M]. 数据传输翻译组译. 北京：国防工业出版社,1978.

[2]　北京邮电学院数字通信教研室. 数据传输原理[M]. 北京：人民邮电出版社,1978.

[3]　曹志刚,钱亚生. 现代通信原理[M]. 北京：清华大学出版社,1992.

[4]　樊昌信,张甫翊,徐炳祥,等. 通信原理[M]. 5版. 北京：国防工业出版社,200.

[5]　冯炳昌等. 脉码调制通信(修订本)[M]. 北京：人民邮电出版社,1982.

[6]　[日]广田宪一朗等. 数据传输系统[M]. 数据传输系统翻译组译. 北京：国防工业出版社,1978.

[7]　郭梯云,刘增基,王新梅等. 数据传输(修订本)[M]. 北京：人民邮电出版社,1998.

[8]　惠论 A D. 噪声中的信号检测[M]. 刘其培,等译. 北京：科学出版社,1977.

[9]　[美]勒基 R W 等. 数据通信原理[M]. 成都电信工程学院 205 教研室译. 北京：人民邮电出版社,1975.

[10]　倪维祯等编. 数字电话通信原理[M]. 北京：人民邮电出版社,1982.

[11]　清华大学通信教材编写小组. 增量调制数字电话机[M]. 北京：人民邮电出版社,1982.

[12]　张甫翊,徐炳祥,吴成柯. 通信原理[M]. 2版. 北京：清华大学出版社,2017.

[13]　中华人民共和国国家标准(GB 739487). 600～9600bps 基带调制解调器技术要求. 北京：中国标准出版社,1987.

[14]　Buchner J B. Ternary Line Codes. PTR,1976,34(2)：72～86.

[15]　Davenport Jr W B,Root W I. An Introduction to the Theory of Random Signals and Noise. New York：McGraw Hill,1958.

[16]　Downig J J. Modulation Systems and Noise. Prentice Hall,1964.

[17]　Gallage R G. Information Theory and Reliable Communication. New York：John Wiley,l968.

[18]　Peebles Jr P Z. Communication System Principles. Addison-Wesley Publishing Co. ,1976.

[19]　Proakis J G. Digital Communications,5th ed. Beijing：Publishing House of Electronics Industry,2009(original work was published by McGraw-Hill companies,Inc. 2007).

[20]　Shanmugan K S. Digital and Analog Communication Systems. John Willy&Sons,1979.

[21]　Shannon C E,Weaver W. Mathematical Theory of Communication. Univ. of Illinois Press,1963 (original work was published in the Bell System Technical Journal,1848,27：379-423,623-658).

[22]　Tanenbaum A S. Computer Networks. Beijing：Univ. of Tsinghua Press,2000(original work was published by Prentice Hall,lnc. 1996).

[23]　Weaver D K. A Third Method of Generating and Detection of Single Sideband Signals. Proceedings of the IRE,1956,12(44)：1703～1705.

[24]　Wilson S G. Digital Modulation and Coding. Beijing：Publishing House of Electronics Industry,1998(original work was published by Prentice Hall,lnc. 1996).